普通高等教育"十一五"国家级规划教材
普通高等教育"十三五"规划教材

计算机网络技术教程
——从原理到实践

主　编　臧海娟

副主编　王　尧　陶为戈

科学出版社

北　京

内 容 简 介

本书是依据普通高等院校计算机类专业本科教学的要求而编写的。全书共 8 章。首先，在介绍计算机网络基本概念、体系结构、数据通信知识的基础上，分析比较成熟的计算机网络技术及协议，其中包括 TCP/IP 协议、局域网、Internet 技术以及流行的无线网技术；接着，又从实用角度出发，结合实例对局域网技术、网络互连、互连设备、网络操作系统、Internet 应用服务器的安装与配置、网络管理以及网络方案设计等方面的内容进行了重点介绍。

本书概念准确、条理清晰、结构新颖，既重视基本概念、基本原理和基本技术的阐述，又注重理论与工程实际的联系，书中介绍了许多工程设计实例，以提高读者的实践应用能力。

本书既可以作为计算机类专业、信息以及电子类专业的本科生教材，也可以供从事计算机网络及相关工作的工程人员学习和参考。

图书在版编目（CIP）数据

计算机网络技术教程：从原理到实践 / 臧海娟主编. —北京：科学出版社，2017.8
普通高等教育"十三五"规划教材
ISBN 978-7-03-054500-8

Ⅰ. ①计… Ⅱ. ①臧… Ⅲ. ①计算机网络—高等学校—教材
Ⅳ. ①TP393

中国版本图书馆 CIP 数据核字（2017）第 224227 号

责任编辑：邹 杰 / 责任校对：郭瑞芝
责任印制：徐晓晨 / 封面设计：迷底书装

科 学 出 版 社 出版
北京东黄城根北街 16 号
邮政编码：100717
http://www.sciencep.com

北京虎彩文化传播有限公司 印刷
科学出版社发行 各地新华书店经销
*

2017 年 8 月第 一 版 开本：787×1092 1/16
2018 年 5 月第二次印刷 印张：20
字数：474 000

定价：59.80元
（如有印装质量问题，我社负责调换）

前　　言

　　计算机网络涉及的内容较为广泛，发展也很迅速。本书在阐述计算机网络基本原理、概念和技术的基础上，侧重从工程和应用的角度对本书第 1 版的内容进行了大刀阔斧的改写，详细讲述最主流的交换机、路由器等网络主要设备的配置和使用方法，然后介绍了 Windows Server 2012 等网络操作系统的 DNS、Web 以及 FTP 服务器的安装与配置，还有网络方案的设计和综合布线设计。

　　本书按照"计算机网络基础知识→Internet 基本应用技术→局域网应用技术→网络应用系统规划与设计"的思路来讲述计算机网络技术。全书共 8 章。第 1 章给出计算机网络的基本概念及几种网络体系结构，是全书学习的基础；第 2 章介绍数据通信的基本原理，并以 OSI 体系结构为主线，以类比的方法，将广域网、局域网和互联网的主要物理层和数据链路层协议进行了对应分析；第 3 章系统介绍计算机网络协议，对 TCP/IP 协议核心部分进行重点阐述，并讨论下一代网际层协议 IPv6 的主要内容；第 4~8 章分别介绍 Internet 技术及其应用、计算机局域网、网络连接设备及技术、网络操作系统、网络方案设计与规划等内容。前 3 章是为了使读者掌握计算机网络的基本知识而安排的，后 5 章不仅重视计算机网络的基本原理和技术的阐述，而且结合许多工程应用实例，以加强读者的实践技能。

　　本书面向普通高等院校学生，以培养计算机类专业高级应用型人才为主要目标，以简明、实用、反映计算机技术最新发展和应用为特色。具体归纳为以下几点：

　　(1)应用驱动，突出网络应用系统设计与实现技术的训练。本书编写力求突出应用型以及技能型教学要求的实用性和可操作性，将许多技术理论结合工程实例讲述，能够激发学生学习兴趣，有利于培养学生的工程实践能力。

　　(2)写法上叙述简明、通俗易懂，有利于学生的自主学习。本书是由教学经验丰富的一线老师编写，避免了许多网络教材语言上翻译痕迹重、概念表述含混和不严谨的问题。教材编写也力求做到主干结构清晰、重点突出、前后内容衔接、语言简洁易懂、便于学生自主学习。

　　(3)本书反映最新技术和最新发展动态，尤其是在无线局域网、网络管理、网络组建、规划和设计方面。

　　本教材的第 1 版被遴选为普通高等教育"十一五"国家级规划教材，同时也是江苏省成人高等教育精品课程和江苏理工学院精品课程的指定教材。教材自出版以来得到应用型本科院校师生的广泛使用和好评，已印刷 9 次。

　　本教材 2015 年获批江苏省高等教育教改研究课题，并得到经费资助，同年也获得江苏理工学院重点教材立项建设经费资助。本教材是 2016 年江苏省中高等职业教育衔接课程体系建设优秀课题"中高等计算机专业教育衔接课程体系建设的研究(201436)"研究成果之一。这些都激励我们用更高的热情完成教材的修订，以顺应应用型本科院校人才培养的改革趋势。

本书的第 1～3 章由王尧老师在陶为戈老师编写的第 1 版基础上改写和新编，第 4～8 章由臧海娟老师编写。

在本书的编写过程中，参考了大量的文章和书籍，尤其是星网锐捷通讯股份有限公司赠送的技术资料和相关的技术白皮书。借本书出版的机会，对这些书籍、资料的作者和公司表示感谢！本书还得到安淑梅等多位同行专家的支持和帮助，在此，特对他们表示诚挚的谢意。

由于计算机网络技术发展十分迅速，而我们的水平有限，书中难免存在一些错误，殷切希望广大读者给予批评指正。作者的联系地址：zhj@jsut.edu.cn。

编　者

2017 年 6 月 18 日

目　　录

第 1 章　计算机网络概述

本章将首先对计算机网络的定义、功能和分类做一个简单的介绍，然后对 Internet 的发展状况做一个概括性的说明，最后在讨论网络标准化的基础上，介绍基于分层思想的计算机网络体系结构，包括 OSI 体系结构、局域网体系结构、Internet 体系结构。

1.1　引　　言

人类社会已经进入信息化时代，计算机网络作为信息社会的基础设施，已成为整个社会结构的一个基本组成部分。目前，计算机网络已经在工业生产、邮电通信、文化教育、交通运输、航空航天、科学研究、政府机关、国防等领域得到了广泛的应用。人们可以在精彩的网络世界里进行网页浏览、网上购物、信息查询、视频点播、远程教学、电子政务、网络游戏等各项日常活动，享受着网络资源所带来的服务和便利。

图 1-1 给出了某校园网的拓扑结构实例图，它是 CERNET（中国教育和科研计算机网）及 Internet（因特网）的一个组成部分，在教学和科研等活动中发挥着重要的作用。

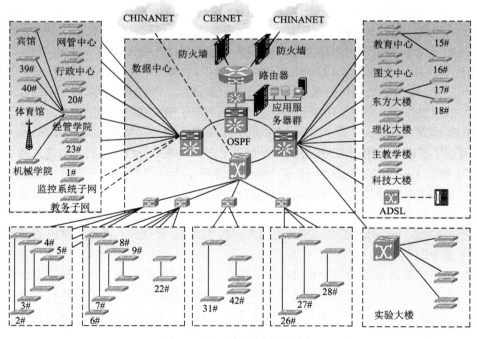

图 1-1　校园网拓扑结构实例

1.1.1　计算机网络发展历程

计算机网络是计算机技术和通信技术高度发展、密切结合的产物，计算机网络技术和网络应用已不再是几十年前的计算机网络所能比拟的了，计算机网络技术的迅速发展推动了计算机网络及其相关技术的应用进程，目前计算机网络已经遍布社会的各个领域，彻底改变了人们的工作和生活方式。总体来说，我们可以把计算机网络的发展归纳为以下几个阶段。

1. 第一代计算机网络

世界上最早的数字电子计算机(electronic numerical integrator and calculator，ENIAC)是1946年由美国宾夕法尼亚大学研制的，当时轰动了整个世界，同时它宣告了信息革命的开始。至1954年，一种具有收发器(transceiver)功能的终端诞生，利用该终端，人们首次通过电话线把数据发送至远端的计算机，这标志着计算机开始与通信相结合。

第一代计算机网络是以计算机主机为中心，一台或多台终端围绕计算机主机分布在各处，而计算机主机的任务是进行成批处理，用户终端则不具备数据处理能力。严格说来，这种网络结构根本不能算是真正的计算机网络，因为终端不具备独立工作的能力。所以我们现在所说的计算机网络，通常不是指第一代计算机网络，而是从第二代计算机网络开始算起。到了20世纪50年代中后期，通过多路复用器、线路集中器、前端控制器等通信控制设备，计算机网络系统可以将在地理上分散的多个终端通过公用电话交换网络集中连接到一台主机上，这才是真正意义上的第一代计算机网络。

2. 第二代计算机网络

1968年，美国国防部高级计划局(defense advanced research project agency，DARPA)和美国麻省坎布里奇(剑桥)的BBN公司签订合同，研制适合计算机通信的网络。1969年，建成了连接美国加州大学洛杉矶分校(UCLA)、加州大学圣巴巴拉分校(UCSB)、斯坦福大学(SRI)和犹他大学(UTAH)4个结点的ARPANET，并投入运行。ARPANET是计算机网络技术发展的一个重要里程碑，使计算机网络的概念发生了根本性的变化，它的研究成果对于网络技术的发展具有重要的促进作用：提出了资源子网、通信子网两级子网的网络结构的概念；研究了报文分组交换的数据交换方法；采用了层次结构的网络体系结构模型与协议体系；为Internet的形成和发展奠定了基础。ARPANET被公认为是世界上第一个采用分组交换技术组建的网络。

1976年，ARPANET发展到60多个结点，连接了100多台计算机主机，跨越整个美国大陆，并通过卫星链路连接至夏威夷，甚至延伸至欧洲，形成了覆盖世界范围的通信网络。在ARPANET研究的同时，一些厂商也在研究计算机联网技术，推出了自己的网络产品，组成了自己的网络，如IBM公司、DEC公司等。20世纪70年代末，微型计算机的问世使局域网得到了迅速的发展。

APPNAET的运行成功使计算机网络的概念发生了根本性的变化，也标志着计算机网络的发展进入了一个新的纪元。这种在计算机网络中运行各种应用程序的计算机称为主机，这些主机提供资源共享，组成"资源子网"；各计算机之间不是直接用线路相连，而是由接口报文处理机(internet message processor，IMP)转接后互连。各IMP之间互连的通信线路一起负责主机间的通信任务，构成"通信子网"。

第二代计算机网络中的终端用户不仅可以共享"通信子网"中的线路和设备资源，还可以共享用户"资源子网"的丰富硬件和软件资源。这种以"通信子网"为中心的计算机网络就构成了第二代计算机网络。

第二代计算机网络采用"存储-转发"的数据通信方式，也就是各个 IMP 在接收到数据后，先按接收顺序把数据存储在自己的缓存中，然后再按接收顺序一次进行数据转发。

第二代计算机网络的这种既分散又统一的多主机计算机网络，使得整个计算机网络的系统性能大大提高，同时也不会因为单机故障而导致整个网络系统瘫痪。另外，可以使原来第一代计算机网络中的单一计算机主机的负载分散到整个计算机网络的各个主机上，使得计算机网络系统的响应性能也大大提高。

3. 第三代计算机网络

第二代计算机网络虽然采用了"存储-转发"的传输方式，但仍存在许多弊端，主要表现为没有统一的网络体系架构和协议标准。尽管第二代计算机网络已经进行了通信子网和资源网的两级分层，但不同公司的网络体系结构都只适用于自己公司的设备，不能进行互联。如 IBM 于 1974 年推出了系统网络结构(system network architecture，SNA)，为用户提供能够互连的成套通信产品；1975 年，DEC 公司宣布了自己的数字网络体系结构(digitaoNetwork architecture，DNA)；1976 年，UNIVAC 宣布了自己的分布式通信体系结构(Distributed Communication Architecture，DCA)。这些网络技术标准只在一个公司范围内有效，遵从某种标准的、能够互连的网络通信产品，只适用于同一公司生产的设备，但不同公司间的网络仍不能相互通信。

针对以上情况，1977 年，ISO 的 TC97 信息处理系统技术委员会 SC16 分技术委员会开始着手指定开放系统互连参考模型(OSI/RM)，并于 1984 年发布。OSI/RM 的诞生也标志着第三代计算机网络的诞生。此时的计算机网络在共同遵循 OSI 标准的基础上，形成了统一的计算机网络体系结构，并遵循国际标准的开发式和表示化。1980 年 2 月，IEEE 学会下属的 802 局域网标准委员会宣告成立，并相继推出了若干个 802 局域网协议标准，其中绝大部分后来被 OSI 正式认可，并成为局域网的国际标准。这标志着局域网协议及标准化工作向前迈出了一大步。

4. 第四代计算机网络

第三代计算机网络中的 OSI/RM 体系构架的诞生，大大促进了以 Internet 为代表的因特网的发展，这就是第四代计算机网络。第四代计算机网络的定义为"将多个具有独立工作能力的计算机系统通过通信设备和线路由功能完善的网络软件实现资源共享和数据通信的系统"，它所采用的协议为 TCP/IP 协议规范。

1980 年左右，DARPA 开始致力于互联网技术的研究——Interneting Project，构成了最初期的因特网——Internet，推出了 TCP/IP 协议集，将 TCP/IP 嵌入 UNIX 操作系统，并把 TCP/IP 作为异种计算机互连的协议集。1986 年，美国国家科学基金会 NSF 把建立在 TCP/IP 协议集上的主干网 NSFNET(National Science Foundation Network)向全社会开放。20 世纪 90 年代以来，特别是 1991 年 WWW(World Wide Web)技术的实现，Internet 被国际社会广泛接受。从此，Internet 的功能和信息服务获得了空前的发展，其注册的主机数和用户数进入了高速增长的时期，成为今天众所周知的全球性的互连网络。

5. 下一代计算机网络

下一代计算机网络是因特网、移动通信网络、固定电话通信网络的融合，IP 网络和光网

络的融合；是可以提供包括语音、数据和多媒体等各种业务的综合开发的网络构架；是业务
驱动、业务与呼叫控制分离、呼叫与承载分离的网络；是基于统一协议的、基于分组的网络。
我们能看得见的一些下一代计算机网络的主要特征包括：计算机网络、电信网络和电视网络
的融合，物联网、虚拟化、云计算、HTML5 等新的革命性技术等。

1.1.2　计算机网络的定义及分类

　　计算机网络是通信技术与计算机技术紧密结合的产物，在其发展的不同历史时期，人们
对计算机网络给出了不同的定义。不同的定义反映了当时人们对计算机网络的理解程度，以
及当时计算机网络技术的发展水平。这些定义可以分为三类：广义的观点、资源共享的观点
及用户透明的观点。

　　目前通常采用的计算机网络的定义为：计算机网络是指把地理位置不同且具有独立功能
的若干台计算机，通过通信线路和设备相互连接起来，存在一个能为用户自动管理资源的网
络操作系统，按照网络通信协议实现信息传输和资源共享的信息系统。

　　也就是说，计算机网络建立的主要目的是实现系统资源共享和数据传输，位于不同地理
位置的计算机通过无线或有线的通信链路交互信息，不仅能使网络中的各个计算机(称为结点)
之间相互通信，而且还能共享某些结点上的系统资源，这些都必须遵循共同的网络协议。这
里的系统资源主要包括硬件资源(如网络打印机、大容量磁盘空间等)、软件资源(系统软件和
应用软件)和数据资源(其他主机或用户的数据文件、数据库等)。

　　计算机网络从逻辑功能上可以分成两级子网结构：资源子网和通信子网，如图 1-2 所示。

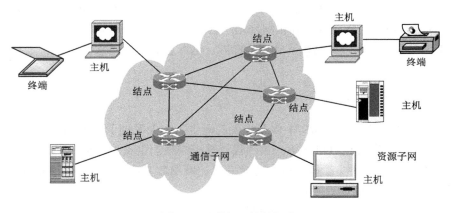

图 1-2　计算机网络的组成

　　资源子网(resourse subnet)是指所有端结点(含其所拥有的设备)以及连接这些结点的链
路的集合体，由其向网络用户提供各种网络资源与网络服务。主要设备有主机、终端、终端
控制器、各种软件资源和数据服务器等。

　　通信子网(communication subnet)是指所有转接结点以及连接这些结点的链路的集合体，
提供网络通信功能，负责完成网络数据的传输、控制、变换、转发等通信任务。主要设备有
结点处理机、通信线路，以及其他通信设备和通信软件等。

　　网络中的结点有两类：端结点和转接结点。端结点指自身拥有或者要求拥有网络资源的
用户主机、用户终端等，它又分为源结点和宿(目的)结点；转接结点指网络通信过程中起转

发信息和控制作用的结点，拥有通信资源，例如交换机、路由器等。

链路有物理链路和逻辑链路两种形式，物理链路指传输媒体，逻辑链路指传输数据的可靠、确认、同步，与物理媒体无关。有时人们把某一从源结点到宿结点所经过的所有结点和链路的集合体称为通路或路径。

计算机网络又是一个由一些硬件设备和相应的软件系统组成的完整系统，该系统的基本组成包括：计算机(或者只具有计算机功能的计算机终端)、网络连接和通信设备、传输介质、网络通信软件(包括网络通信协议)。以上基本组成可归纳为硬件系统和软件系统两大部分。

计算机网络硬件系统就是指计算机网络中可以看得见的物理设施，包括各种计算机设备、传输介质、网络设备三大部分。

计算机网络软件系统为计算机网络通信和应用软件，这些软件安装在终端计算机中，用于计算机网络通信或应用的计算机程序。在该系统中首先需要的就是一个网络应用平台，如计算机和服务器上所安装的、具备计算机网络通信功能的操作系统(包括交换机、路由器和防火墙等)。除了操作系统外，还需要独立或者内植于操作系统中的网络通信协议，如 TCP/IP 协议簇、IEEE802 协议簇、PPP、PPPoE、IPX/SPX 等，以及网络设备中的 VLAN、STP、RIP、OSPF、BGP 协议等。最后需要的是进行各种具体网络应用的工具软件，如 QQ、Chrome、Outlook 等，用于拨号的 PPP、PPPoE 协议，用于 VPN 通信的 IPSec、PPTP、L2TP 协议等。

通过对网络组成的分析，我们看到，构成网络的元素较多，且结合方式多种多样，性能也存在差异，这些决定了网络类型的多样性。从不同的角度，计算机网络主要有以下一些分类方法。

1. 按网络的覆盖及作用范围进行分类

(1)局域网(local area network，LAN)：是指将有限的范围内(一般为 1 千米左右，如一个房间、一个建筑物、一个园区等)的各种计算机、终端同外部设备进行互连而构成的网络。局域网可以通过路由器等网络互连设备接入广域网，具有速率高、组建方便、传输延迟小等特点，在校园和企业等单位内部都得到广泛的应用。局域网的详细内容将在第 4 章介绍。

(2)城域网(metropolitan area network，MAN)：一般指城市地区网络，是一种作用范围介于广域网与局域网之间的高速网络，覆盖范围为几千米到几十千米。城域网的设计目的是满足一座城市内的企业、校园、政府机关等多个局域网互连的需求，以实现大量用户之间的语音、数据、图形、图像等多种业务的传输服务。由于目前很多城域网采用局域网技术，与局域网具有相同的体系结构，故本书不对城域网技术进行专门的讨论。

(3)广域网(wide area network，WAN)：是指地理分布范围较大的网络。因此，有些情况下广域网也称远程网。广域网通常达数十千米至数千千米，可以跨越一个国家、地区，甚至洲际，如数字数据网、分组交换数据网、帧中继、ATM 等。广域网的主要内容我们将在第 5 章进行讨论。

(4)接入网(access network，AN)：随着多媒体业务的日益膨胀，用户接入部分成为阻碍速率增长的瓶颈，接入网技术受到人们更多的关注。ITU-T G13 于 1995 年 7 月通过的关于接入网框架结构方面的建议 G.902，对接入网做了明确的定义：接入网由业务结点接口(SNI)和用户网络接口(UNI)之间的一系列传送实体(如线路设施和传输设施)组成。目前的接入网大多采用宽带接入，如采用 ADSL 的铜双绞线接入、光纤接入、光纤同轴电缆混合接入、无线接入等。

　　图 1-3 描述了上述按覆盖范围划分的各种网络之间的关系。当然，随着网络技术的不断发展，这种以距离作为划分的界限也越来越模糊。

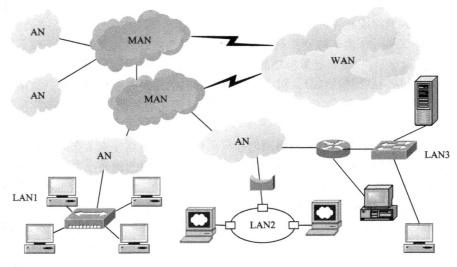

图 1-3　按覆盖范围划分的网络之间的关系

2. 按网络的拓扑结构进行分类

　　网络拓扑结构是指网络中各结点和链路的几何构形。网络的拓扑结构主要有星型、总线型、环型、树型、网状几种。

　　(1)星型拓扑结构：指每个从结点均以一条单独的信道直接与中心主结点连接，中心主结点与每个从结点之间采用点-点连接方式，所有从结点之间的通信，必须经过中心主结点转接，如图 1-4(a)所示。中心结点可以是计算机，具有存储转发数据和处理数据功能，或者是交换机(switcher)或集线器(Hub)，起到从结点之间的转接作用。

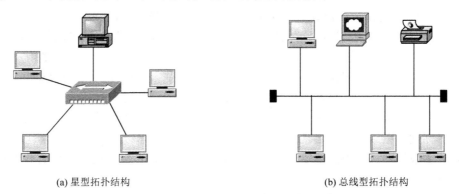

(a) 星型拓扑结构　　　　　　　　　　　　(b) 总线型拓扑结构

图 1-4　星型拓扑结构和总线型拓扑结构

　　星型网的主要特点是：结构简单、组网容易、便于管理，但中心结点是全网的瓶颈，出现故障时将导致全网瘫痪，而某条信道或从结点有故障时，则不影响其他部分的正常工作。

　　(2)总线型拓扑结构：是指采用一条公共高速总线通过相应的硬件接口连接所有结点的

一种拓扑结构形式，如图 1-4(b)所示。其中结点可以是主机，也可以是其他共享设备(如打印机、文件服务器等)。为了防止末端由于阻抗不匹配而造成信号反射，两端必须装有"终止器"以吸收信号。

总线网的主要特点是：结构简单，可靠性好，网络构造方便。由于只有一条公用信道，必须采用某种介质访问策略(如争用、令牌)来分配信道，解决数据传输问题。公用总线的长度也受到一定的限制，一般小于 2.5 千米，结点至总线的距离也不宜过长。这种结构主要用于局域网中，如以太网(Ethernet)。

(3)环型拓扑结构：各主机或终端结点首先连接到一个转发器上，所有的转发器通过点-点式信道连成一个闭合环型，如图 1-5(a)所示。

环型网的主要特点是：数据在环中沿一个方向逐站传送；初始安装容易，故障诊断定位较准确。但扩展重新配置较困难，可靠性差，一旦任一结点出现故障，都可能形成全网瘫痪。为了增加网络的容错性，可采用双环结构，如光纤分布式接口(FDDI)。

(4)树型拓扑结构：在构建一个较大型的网络时，将多级星型网络按层次方式进行排列，即形成树型网络，如图 1-5(b)所示。网络的最高层是中央处理机，最低层是终端，其他各层可以是多路复用器、集中器或计算机。

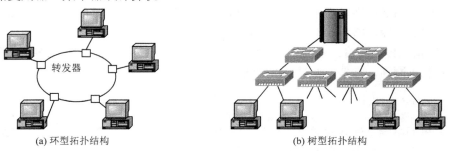

(a) 环型拓扑结构　　　　　　　　　(b) 树型拓扑结构

图 1-5　环型拓扑结构和树型拓扑结构

树型拓扑结构的主要特点是：信息交换主要在上下层结点之间进行，相邻、同层结点间通常不进行数据交换或数据交换量小；网络结构比星型复杂，适用于汇集信息或分级管理和控制系统。

(5)网状拓扑结构：网状拓扑结构是指结点间的连接任意、构成网状，如图 1-6 所示。每个结点至少有两条链路与其他结点相连。

网状拓扑的主要特点是：结点间的连接是任意的，系统可靠性高，结构复杂，需要采用相应的路由选择算法及流量控制方法解决路由问题。目前的广域网基本都采用这种网状拓扑结构。

3. 按网络的运营对象进行分类

(1)公用网(public network)：由国家电信部门

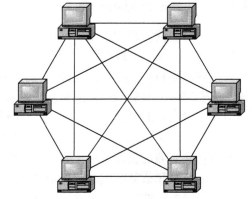

图 1-6　网状拓扑结构

组建的大型网络，网内的传输和交换设备可租借给任何缴纳费用的人和单位使用，如公用分组交换网、数字数据网等。

(2)专用网(private network)：由某个部门为本部门特殊业务工作的需要而组建的网络，如铁路、民航、银行、公安、军队等均设有专用网。这种网络不允许其他部门和单位使用，但一些专用网仍可租用电信部门的传输线路。

4．按网络管理模式进行分类

(1)对等网(Peer-to-Peer)模式：网络中各成员计算机的地位都是平等的，没有管理与被管理之分。对等网中的每台计算机既可以作为其他计算机资源访问的服务器，又可作为工作站来访问其他计算机，整个网络中没有专门的资源服务器。

(2)客户机/服务器(Client/Server，C/S)模式：该模式针对具体服务器的功能，这些服务器可以是用于管理整个计算机网络中计算机和用户账号的服务器，也可以是其他网络或应用服务器。这些服务器一般只作为服务器角色而存在，专门为网络中其他用户计算机提供对应的服务。

5．按传输方式进行分类

(1)点对点传输网络：采用的通信协议都是基于点对点通信，如 SLIP(串行线路 Internet 协议)、PPP(点对点协议)、PPPoE(基于以太网的点对点协议)、PPTP(点对点隧道协议)等。点对点传输网络是由许多互相连接的结点构成，在每对机器之间都有一条专用的通信通道，因此在点对点传输网络中，不存在信道共享与复用的情况。

(2)广播式传输网络：是一种可以仅使用由网络上的所有节点共享的公共信道进行广播传输的计算机网络，它是一点对多点的网络结构。

6．其他分类方法

计算机网络除上述几种常见的分类方法外，还有一些其他分类方法，如按网络的服务对象和使用范围进行分类，有工作组网络、部门网络、企业网络、校园网络；按传输速率进行划分，有高速网络和低速网络；按传输信息的介质分类，有无线网络、有线网络、微波网络、光纤网络等。

1.1.3　计算机网络的功能

自计算机网络出现以来，其应用范围越来越广泛，计算机网络的功能也随之有了极大的扩展，其主要功能体现在以下几个方面。

(1)信息传输：这是计算机网络的最基本功能。可以通过计算机网络进行电子数据交换、传递电子邮件、浏览网页、发布新闻消息等，实现用户之间信息的交互，满足当今信息化社会中人们对信息的快速性、多样性及广泛性的需求。

(2)资源共享：共享网络资源是早期建立计算机网络的初衷，也是计算机网络最具有吸引力的功能。通过资源共享，减少了硬件设备的重复设置，提高了设备的利用率，避免了软件的重复开发和重复购置，使得用户使用计算机资源不受地理位置的限制，大大提高了整个系统的数据处理能力，以及软硬件资源及数据资源的利用率。

(3)提高系统的可靠性：计算机在单机运行时，不可避免地会产生故障。计算机连成网络之后，各计算机可以通过网络互为后备机，当某处计算机或设备发生故障后，便可通过网络将任务交由其他计算机或设备完成，提高了系统的可靠性。

(4)分布式处理：在计算机网络中，对于较大型的综合性任务，可按一定的算法将任务分给不同的计算机分工协作完成，达到均衡地使用网络资源进行分布处理的目的。利用网络技术，一方面用户可以根据任务的具体要求与情况合理地选择网络资源，就近快速处理；另一方面，还能够把许多微型机或小型机连接成高性能的计算机网络系统，使用该系统可以解决大型复杂问题，降低费用。

(5)均衡负荷：当网络中计算机负荷过重时，通过合理的网络管理，将作业传送给网络中另一较空闲的计算机去处理，从而减少了用户的等待时间，均衡了各计算机的负荷，增加了系统的可用性。

除此之外，计算机网络在实际应用中，还具有很多其他功能，如拓展容易、多媒体信息传输、综合服务等。

1.2　计算机网络的体系结构和模型

1.2.1　层次型体系结构

从 20 世纪 70 年代中期开始，国际上各种局域网、广域网、公用分组交换网发展迅速，各个计算机厂家纷纷发展自己的计算机网络系统，使得不同厂家生产的计算机实现网络互连变得极其困难。1974 年，美国的 IBM 公司率先在世界上提出了网络体系结构——系统网络体系结构(system network architecture，SNA)。此后，许多公司陆续推出自己的各具特色的网络体系结构，如 DEC 公司发布的计算机网络体系结构(digital network architecture，DNA)，UNIVAC 公司推出的分布式控制网络体系结构(distributed control architecture，DCA)，ARPANET 提出的 ARPANET 参考模型(ARPANET reference model，ARM)等。这些网络体系结构共同之处在于采用分层技术，但它们对于层次的划分、协议的描述及使用的术语等均有区别，由此决定了不同公司的计算机无法联网互通，造成了系统的不兼容。随着信息技术的飞速发展，网络互连成为人们迫切需要解决的重要课题。1977 年国际标准化组织 ISO 为适应计算机网络向标准化发展的形势，成立专门机构开始着手研究"开放系统互连"问题。不久提出了异种计算机联网标准的框架结构，即著名的 ISO7498 国际标准(我国相应的标准是GB9387)，通常称之为开放系统互连参考模型(open system interconnection/reference model，OSI/RM)，简称 OSI。OSI/RM 得到了国际上的普遍认可，成为其他各种计算机网络体系结构发展的基础标准，大大推动了网络体系结构理论的形成和网络技术的发展。

所谓网络体系结构(network architecture)，是指计算机网络的层次结构及其协议的集合。也就是说，网络体系结构是关于计算机网络应设置哪些层次，每个层次又应提供哪些功能的精确定义，但不涉及各层功能如何具体实现，即网络体系结构并不牵涉每一层硬件和软件的组成，更不关心这些硬件和软件本身的实现问题。对于同样的网络体系结构，可采用不同的设计方法设计出完全不同的软件和硬件，但它们能为相应的层次提供完全相同的功能和接口；相反，那些使用不同的网络体系结构设计的计算机网络，是不能直接互通的。

1.2.2　计算机网络通信协议、分层、服务

1. 网络协议的概念及要素

我们已经知道，计算机网络是由多个互连的结点和链路组成的，为了实现资源共享，各结点之间需要经常地进行信息交换。然而结点之间如何交换信息、何时开始、信息格式如何等成为信息交换的重要问题。解决的办法是必须使得各通信结点遵守一些事先约定好的通信规则，这些规则明确地规定交换信息的格式和时序，并对交换什么、怎样交换及何时交换等细节做详细的说明。一般我们把这些规则的集合体称为协议（protocol）。网络协议主要含有以下 3 个要素。

（1）语法（syntax）：说明用户数据和控制信息的结构与格式，即语法是对所表达内容的数据结构形式的一种规定。例如在传输一个 HDLC 帧时，帧结构可按图 1-7 格式来表示。

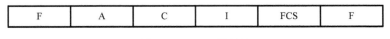

| F | A | C | I | FCS | F |

图 1-7　HDLC 帧结构

（2）语义（semantics）：协议的语义是指构成协议的协议元素的含义，不同类型的协议元素定义了通信双方所表达的不同内容，即规定了哪些是控制信息，哪些是通信数据信息。例如上述 HDLC 帧中，定义协议元素 F 的语义是标志符 01111110，其含义是作为一帧数据的开始或结束的分界符，可直接利用标志符 F 进行帧同步；又如协议元素 A 表示站地址，占用一个字节。

（3）时序（timing）：规定事件的执行顺序。例如采用应答方式进行通信时，首先由源站发送报文信息，如果宿站收到的报文正确，就应该遵循协议规则，利用协议元素 ACK 应答源站，以便源站获知所发报文已被正确接收；相反，若宿站收到的报文错误，应利用协议元素 NAK 应答源站，告知源站应重新发送该报文。以上事件的发生必须遵循协议的时序规则，最终使得通信双方能有条不紊地交换数据信息。

2. 协议分层

计算机网络具有高度的复杂性，而结构化的分层设计方法是处理复杂问题的一种有效途径。通过模块化设计方法，将网络的通信子系统划分成一组相对独立、功能明确和易于操作管理的多个层次，能大大降低网络通信的难度。这犹如我们通常在进行结构化程序设计中使用的方法，用户只需知道程序模块的功能，而不必知道其内部结构与细节。大家熟知的 ARPANET 就采用层次结构。

计算机网络采用层次结构，主要具有如下优点：

（1）各层之间相互独立。上层无需知道下层实现细节，而只知道该层通过层间接口所提供的服务。

（2）灵活性好。其一是当任一层发生改变时，只要不改变其接口关系，则上、下层不会受到影响，修改、取消某层提供的服务都非常方便；其二是各层都可以采用最合适的技术来实现。

（3）便于实现、调试和维护。这主要是由于整个系统被分解成若干易于处理的、相对简单的层次的缘故。

(4)利于标准化。因为每层的功能和所提供的服务均已有精确的说明，有利于促进标准化进程。

3. 服务与接口

在分层结构中，每个系统都分成相同的若干层次，每层的功能体现在为上层提供服务(services)。下面讨论一些与服务有关的概念。

设 N 层表示当前正在讨论的某一特定层，则第 $N+1$ 层为其相邻的上一层，第 $N-1$ 层为其相邻的下一层(注意，最高层没有第 $N+1$ 层，最低层没有第 $N-1$ 层)。每一层中的活动元素通常称为实体(entity)，它是任何可发送或接收信息的硬件(如网卡)或软件进程(如某一特定的软件模块)，各层实体不尽相同，每层可看成由一个或多个实体构成。对于相互通信的不同结点上的同一层的实体，我们称之为对等实体(peer entity)。相邻实体间通信是手段，对等实体间通信是目的。在同一结点中，N 层实体(服务提供者，service provider)为 $N+1$ 层实体(服务用户，service user)提供服务，并为 $N+1$ 层实体所利用，而 N 层实体利用 $N-1$ 层实体的服务来提供它自己的增值服务。实体提供服务的类型可以是多样的，如高速的或低速的服务，面向连接的或面向无连接的服务。

相邻实体之间的信息传递是通过它们的公共边界进行的，一般称之为相邻层间的接口(interface)，服务的提供都是通过相邻层间的接口来完成。服务提供的地点称为服务访问点(service access point，SAP)，位于相邻层间的接口处(例如 N 层 SAP 就是 $N+1$ 层实体可以访问 N 层实体提供服务的接口处)，每个 SAP 都有一个唯一识别的地址，某一接口可以有多个SAP。层、实体和服务接口之间的关系如图 1-8 所示。

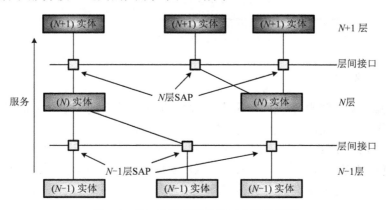

图 1-8　层、实体和服务接口之间的关系

前面已经指出，对等实体间通信是目的。N 层对等实体间传输的信息称为 N 层协议数据单元(protocol data unit，PDU)，它主要由两个部分构成：N 层的服务数据单元(service data unit，SDU)和 N 层的协议控制信息(protocol control information，PCI)。其中 SDU 为 N 层的用户数据，与上层($N+1$ 层)的 PDU 相对应；PCI 是按照 N 层协议的规定加上协调两个对等实体间通信的控制信息。值得注意的是，PCI 加上 SDU 并不一定等同于 PDU。有些情况下，N 层的SDU 较长而 N 层协议所要求的 N 层 PDU 较短时，就须对 SDU 进行分段处理、分段传输，当然每个 PDU 的 PCI 也不同；当 PDU 较长，而 SDU 较短时，可将若干个 SDU 及相应的 PCI

合并成一个 PDU。相邻实体间通信是手段，PDU 需通过 SAP 传到下一层（N-1 层）。PDU 通过 SAP 前，需要加上接口控制信息（interface control information，ICI），用来说明共通过多少字节等情况。一般情况下，通过 SAP 的信息称为接口数据单元（interface data unit，IDU），IDU 通过接口之后，去除所加的 ICI，作为 N−1 层的 SDU。不考虑分段情况下相邻层之间的数据单元关系如图 1-9 所示。

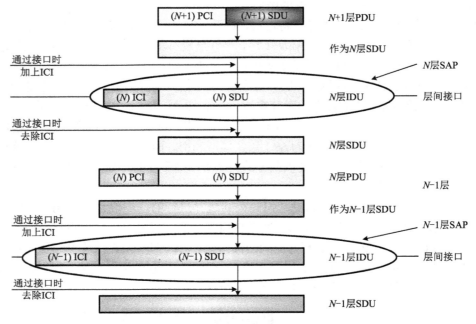

图 1-9　相邻层之间的数据单元关系

4. 服务与协议

由前述可知，协议和服务是两个不同的概念。服务是垂直的，定义了该层能够代表它的用户完成的操作，未涉及操作如何实现；描述了上下层之间的接口，上层是服务用户，下层是服务提供者，本层的服务用户只能看见服务而看不到下层的协议。而协议是水平的，定义的是对等实体间交换数据的格式、内容、时序，协议的实现保证了能够向上层提供服务。图 1-10 描述了服务和协议之间的关系。

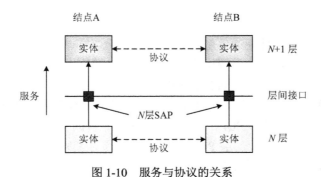

图 1-10　服务与协议的关系

1.2.3 OSI 体系结构

1. OSI/RM 的概念

1997 年，国际标准化组织 ISO 开始研究"开放系统互连"问题，1983 年形成开放系统互连基本参考模型的正式文件，即 ISO7498 国际标准。我国相应的国家标准是GB9387。

开放系统互连参考模型 OSI/RM 中的"开放"是指 OSI 所遵循的标准是开放的，任何人都可以参照；遵循标准开发的系统是开放的，可以同任何地方、任何与该系统遵循相同标准的系统进行通信。"开放系统"是指依据 OSI 标准开发的软硬件设施的总称。"开放系统互连"指彼此开放的系统通过联合使用适当的 OSI 标准进行信息交换。

2. OSI/RM 的分层结构

ISO 的 SC16 委员会在确定采用分层化设计技术来开发网络体系结构模型之后，就如何进行分层的一些原则，取得了一致的意见。分层原则简要归纳如下：

(1)划分的层次数目要适中，层次太多，会形成体系结构过于庞大；层次太少，会造成不同的功能混杂于同一层次之中。

(2)网络中各结点都应具有相同的层次结构。

(3)每层协议的功能要明确。

(4)每一层仅与它相邻的上、下层发生服务接口，且接口清晰，每个层次的界面都应设置在服务描述少、信息流穿过接口最少的地方。

(5)允许在一个层次内改变功能和协议，但不影响其他层，即不改变服务；也可根据需要在层内设置子层。

OSI 是采用分层体系结构的一个典型例子，根据模块化结构设计思想，将整个通信系统功能划分为 7 个层次。所形成的 OSI/RM 为开放式互连信息系统提供了一种功能结构的框架，分层结构如图 1-11 所示。

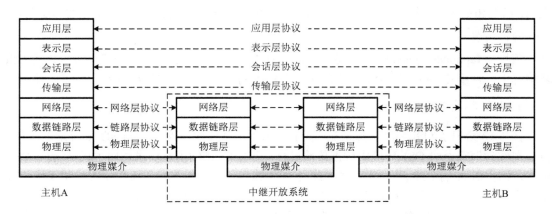

图 1-11 开放系统互连参考模型

3. OSI/RM 各层主要功能

1) 物理层

物理层(physical layer，PH)提供通信媒体的物理连接。主要功能体现在：利用传输物理介质，提供建立、维持和拆除物理连接的机械、电气、功能和规程等方面的手段，以进行比特流的透明传输。

2) 数据链路层

数据链路层(data link layer，DL)是在物理层提供服务的基础上，面向网络层在相邻的结点间提供可靠的、无差错传输链路。主要功能有：传输以帧为单位的数据包，屏蔽物理介质，提供流量控制和差错控制，确保数据不过载，克服数据丢失、重复或错误。另外，与物理层类似，数据链路层也要负责建立、维持和释放数据链路的连接。

3) 网络层

在网络层(network layer，NL)中，数据的传输单位是分组或包，为端到端传输数据提供面向连接的或无连接的服务。主要功能有：路由选择、中继、网络连接、数据分割与组合、高层次的差错控制和拥塞控制、网络层管理等。

4) 传输层

传输层(transport layer，TL)在上三层和下三层之间起承上启下的作用，是体系结构中关键的一层。功能概述为：向用户提供端到端服务，包括传输层连接的建立/释放、分段/合段、拼接/分割、报文编号、传输层的流量控制等。

5) 会话层

会话层(session layer，SL)的主要功能是：负责在两个进程之间建立、组织和同步会话，解决进程之间会话的具体问题，进行会话管理。如会话连接的建立、释放、中断和恢复、数据交换的同步控制和控制选择、同步点插入等。

6) 表示层

表示层(presentation layer，PL)用来定义信息表示方法，提供语法转换、数据结构的商定、识别、解释和变换等控制管理。另外，数据的加密/解密、压缩/解压缩等功能也属于表示层范畴。

7) 应用层

应用层(application layer，AL)是 OSI 参考模型的最高层，直接为用户应用进程访问 OSI 环境提供一种手段，处理应用进程之间发送和接收的信息内容，如远程登录、电子邮件等。

4. OSI 环境下的数据流

图 1-12 给出了 OSI 环境中数据流，我们以采用文件传输协议(file transfer protocol，FTP)传输文件为例来说明 OSI 环境中数据传输过程。当主机 B 的用户要求访问主机 A 的一个文件时，则主机 A 的 FTP 和主机 B 的 FTP 之间先建立一个逻辑连接，而数据的控制及用户数据的实际传输路径是通过 OSI 模型的各个层次实现的。下面介绍数据传输过程。

当主机 A 的应用进程的数据传到应用层时，应用层为数据加上本层的协议控制信息报头，构成应用层的协议数据单元，然后经过应用层与表示层之间的接口传输到表示层。表示层收到这个信息后，将其作为表示层服务数据单元，提供虚拟文件与本地文件格式之间的转换、加密、压缩等服务，加上本层的控制信息报头，组成表示层的协议数据单元，经过表示层与会话层之间的接口传输到会话层。会话层收到信息后提供会话服务、会话管理、会话同步等服务，加上本层的控制信息报头，组成会话层的协议数据单元，经过会话层与传输层之间的接口传输到传输层。传输层接收到该信息后提供端到端的性能可靠、价格合理、透明传输的通信服务，加上本层的控制信息报头，组成传输层的协议数据单元，被称为报文（message）。传输到网络层时，加上网络层的控制信息报头（如网络地址等）构成网络层的协议数据单元，它被称为分组（packet）。由于数据链路层对服务数据单元的长度有一定的限制，所以传输层较长的报文在网络层应被分成多个较短的数据字段，分别加上控制信息报头构成相应的分组传输到数据链路层，加上数据链路层的控制信息（如物理地址、帧同步位等）构成数据链路层的协议数据单元，称之为帧（frame）。当帧传输到物理层后，物理层将以比特流的方式通过传输介质传输出去。当比特流到达主机 B 时，再从物理层依层次上传，每层对相应层的控制信息报头进行处理，逐层剥去相应的附加信息，将服务数据单元传到上层，最终将主机 A 应用进程的数据传送给主机 B 的应用进程。

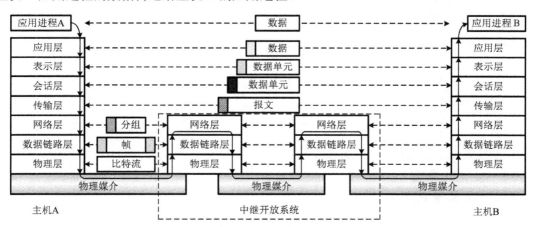

图 1-12　OSI 环境下的数据流

通过上面的分析，我们看出主机 A 的应用进程的数据在 OSI 环境下经过复杂的处理过程，才能传送到主机 B 的应用进程，但就每台主机的应用进程而言，OSI 环境中的数据流的复杂处理过程是透明的，这就是说从用户看来，主机 A 应用进程的数据好像直接传输给主机 B 应用进程，忽略了所有中间的复杂处理过程。另一方面，实际传输中，比特流还要经过中继系统的若干中间结点，每一个中间结点都要进行数据处理，信息首先由物理层经数据链路层传到网络层，如同主机 B 接收信息时进行数据处理一样。在其最高层（网络层）选择路由，然后如同主机 A 发送信息时数据处理过程，由网络层经数据链路层直至物理层转发到下一个结点，如此重复直到主机 B。

5. OSI 基本标准

ISO 和 CCITT 等组织为 OSI 的各层次开发了一系列的标准，主要为 OSI 总体标准和 OSI 基本标准，表 1-1 列出了其中的部分标准。

表 1-1　部分 OSI 标准

	适用层次	ISO 标准	CCITT 标准	功能说明
总体标准		7498		OSI 基本参考模型
基本标准	应用层	8571/1-4	X.400 系列 X.500 系列	文件传送、存取和管理
		9040/1		虚拟终端
		8831/2		作业传输和操纵
		8849/50		公共应用服务元素
		10021/1-7		报文处理系统
		9594/1-9		目录服务
	表示层	8822/3/4/5	X.408/ X.409	服务定义和协议规范
	会话层	8326/7	X.215/ X.225	服务定义和协议规范
	传输层	8072/7	X.214/ X.224	服务定义和协议规范
	网络层	8473/8	X.213	服务定义
			X.25	分组协议
				数据链路协议 LPAB
	数据链路层	3309，4335，7809		高级数据链路控制规程
		8802		局域网协议
		8802.3/4/5/6		
	物理层	2110, 4903	X.20/ X.20bis X.21/ X.21bis X.26, X.27, V.28	电气特性
		1177	X.20/ X.20bis	功能特性
		1177	X.21/ X.21bis	规程特性
		2110, 4902, 4903	V.24	机械特性

1.2.4　局域网体系结构

　　随着 PC 机的普及，局域网的迅猛发展，局域网的标准化也成为必然趋势。美国电气与电子工程师协会(IEEE)所设立的局域网标准委员会(简称 IEEE802 委员会)就是一个最有影响的研究局域网标准协议的机构，它成立于 1980 年，1984 年公布了 IEEE802 标准最初的几项标准，形成了局域网的体系结构。之后，更多的标准相继推出，对局域网技术的应用起到了极大的促进作用。目前，IEEE802 标准已经被 ISO 采用，包括在 ISO8802 系列标准中，成为事实上的局域网标准。

　　1.　局域网的层次结构——IEEE802 参考模型

　　图 1-13 描述了 IEEE802 参考模型及其与 OSI 参考模型之间的对应关系。在 IEEE802 参考模型中，只定义了物理层和数据链路层，其中数据链路层划分为两个子层：逻辑链路控制(logical link control，LLC)子层和介质访问控制(media access control，MAC)子层。IEEE802 参考模型中的物理层与 OSI 参考模型中的物理层的功能相同；LLC 子层集中了与媒体接入无关的功能：建立和释放数据链路连接，向高层提供一个或多个服务访问点(SAP)的逻辑接口，帧的收发、差错控制、加上序号等；MAC 子层集中与媒体接入有关的功能：在物理层的基

础上进行无差错通信，负责把 LLC 帧组装成带有地址和差错校验段的 MAC 帧，接收数据时拆卸 MAC 帧，进行地址识别、差错校验等。

2. IEEE802 标准

IEEE802 主要标准如下。

- IEEE802.1：综述、体系结构、网络互连、网络管理和性能测试
- IEEE802.2：逻辑链路控制子层功能和服务
- IEEE802.3：CSMA/CD 总线介质访问方法和物理层规范
- IEEE802.4：令牌总线介质访问方法和物理层规范
- IEEE802.5：令牌环介质访问方法和物理层规范
- IEEE802.6：城域网介质访问方法和物理层规范
- IEEE802.7：宽带网络技术
- IEEE802.8：光纤技术
- IEEE802.9：综合语音数据局域网技术
- IEEE802.10：可互操作的局域网安全规范
- IEEE802.11：无线局域网技术
- IEEE802.12：优先级高速局域网技术
- IEEE802.14：交互式电视网技术

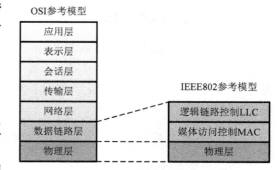

图 1-13　IEEE802 参考模型及其与 OSI 参考模型之间的对应关系

图 1-14 给出了 IEEE802 系列标准中各主要标准之间的相互关系。从图中我们会观察到不同类型的局域网在物理层和介质访问控制（MAC）子层上都有区别，而在逻辑链路控制（LLC）子层是相同的，它提供了高层协议与任何介质访问控制子层之间的标准接口。

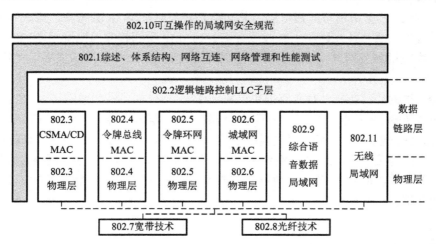

图 1-14　IEEE802 系列标准之间的关系

1.2.5　Internet 体系结构

建立 OSI 体系结构的初衷是希望为网络通信提供一种统一的国际标准，然而，其固有的复杂性等缺点制约了它的实际应用。一般而言，由于 OSI 体系结构具有概念清晰的优点，主要适合于教学研究。透过现实的网络世界，我们看到 Internet 正风靡全球，TCP/IP 协议簇已经成为计算机网络的工业标准。

1.　Internet 的层次结构——TCP/IP 参考模型

TCP/IP 参考模型与 OSI 参考模型及其协议之间的对应关系如图 1-15 所示。

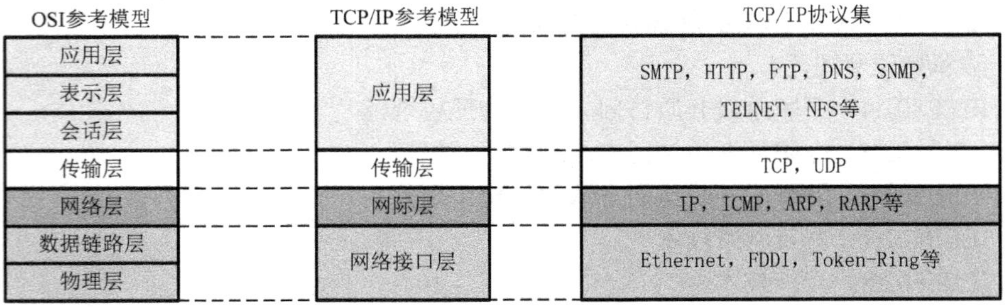

OSI参考模型	TCP/IP参考模型	TCP/IP协议集
应用层	应用层	SMTP，HTTP，FTP，DNS，SNMP，TELNET，NFS等
表示层		
会话层		
传输层	传输层	TCP，UDP
网络层	网际层	IP，ICMP，ARP，RARP等
数据链路层	网络接口层	Ethernet，FDDI，Token-Ring等
物理层		

图 1-15　TCP/IP 参考模型、协议集及其与 OSI 参考模型之间的对应关系

Internet 的层次结构采用 TCP/IP 参考模型，分为 4 个层次：应用层、传输层、网际层、网络接口层。应用层对应于 OSI 的会话层、表示层和应用层；传输层和网际层分别对应于 OSI 的传输层和网络层；网络接口层对应于 OSI 的物理层和数据链路层。

2.　TCP/IP 参考模型各层的功能

1）网络接口层

该层是 TCP/IP 参考模型的最低层，其功能是接收网际层 IP 数据报，形成物理帧通过特定的网络发送出去；或从网络上接收物理帧，抽出 IP 数据报交给网际层。网络接口层可以利用任何物理层和数据链路层，有时甚至更高层，为 TCP/IP 的网际层提供传输 IP 数据报的服务。

网络接口层的协议包括各种链路层协议和物理层协议，如各种局域网协议、X.25 协议等，只要能被作为传输 IP 数据报的通道，都可看作网络接口层的内容。当然，TCP/IP 协议集本身并不包含这些物理层和数据链路层协议，只定义了它们与 TCP/IP 之间的接口规范，任何物理网络只要按照该接口规范开发网络接口程序，就能与 TCP/IP 集成。正是网络接口层协议所具有的这种多样性，保证了 TCP/IP 协议簇的兼容性与适应性，同时也为 TCP/IP 获得成功奠定了良好的基础。

2）网际层

网际层的主要任务是解决主机之间的通信问题。主要功能有：收到传输层的报文发送请求后，能够形成 IP 数据报(有时称为 IP 包、IP 数据包或 IP 分组)，通过网络接口层将其发出；

对收到的 IP 数据报进行处理,形成相应的报文交给传输层或转发 IP 数据报;解决路由、差错控制、流量控制、拥塞控制、处理 ICMP(Internet control message protocol)报文等问题。

网际层的主要协议是面向无连接的 IP(Internet protocol)协议,基本功能是通过网络传送 IP 数据报。其他的协议提供 IP 协议的辅助功能,ICMP 用于报告差错和传送控制信息;地址解析协议 ARP(address resolution protocol)实现将 IP 地址转换成物理地址;逆地址解析协议 RARP(reverse address resolution protocol)负责将物理地址转换成 IP 地址。

3)传输层

TCP/IP 的传输层提供应用进程之间的端到端通信服务,传输层传输的数据单位一般称为报文(message)。本层的功能为:格式化信息流;提供可靠传输;解决不同应用进程的识别问题。

传输层有两种不同的协议:一种是传输控制协议(transmission control protocol,TCP),提供可靠的面向连接的服务,适合于每个报文仅含有很少字符的交互式终端的应用或大量数据的文件传输;另一种是用户数据报协议(user datagram protocol,UDP),提供简单的不可靠的无连接服务,适合于一次传输少量报文的场合。

4)应用层

应用层为 TCP/IP 参考模型的最高层,为用户访问 Internet 提供一组应用协议。应用层的协议常分为三类:其一是依赖于面向连接的 TCP 的协议,如虚拟终端协议 TELENET、简单电子邮件传输协议 SMTP、文件传输协议 FTP 等;另一类是依赖于面向无连接的 UDP 的协议,如简单文件传输协议 SFTP、简单网络管理协议 SNMP、远程过程调用协议 RPC 等;第三类是既依赖于 TCP 又依赖于 UDP 的协议,如域名系统 DNS、通用管理信息协议 CMOT 等。

上面讨论了基于层次的网络体系结构的 3 种形式,随着网络技术和应用的不断发展,这些目前广泛应用的层次型网络体系结构逐渐暴露出了部分问题,一些新的网络体系结构也在不断诞生,如面向对象的网络体系结构、基于角色的网络体系结构、服务元网络体系结构等。下面章节将以上述层次型网络体系结构为基础,较详细地讨论各层次的功能和有关协议。

1.3　标准及其制定机构

1.3.1　标准

计算机网络采用分层的处理方法获得了计算机网络界的一致认可,自 20 世纪 70 年代以来,各计算机生产和供应商都相继推出了自己的计算机联网标准和产品,但是这些产品只能供本公司连网使用,不同厂商的产品互不兼容。为了使不同厂商生产的产品能够互通(既有利于用户选择网络产品,又有利于生产商扩大市场份额),必须制定相同的网络标准。

1.3.2　国际性标准化组织

1.　国际标准化组织(ISO)

国际标准化组织(international organization for standardization,ISO)正式运作于 1947 年

2 月，它由参与国的国家标准化组织所选派的代表组成，是世界上最大的国际标准化专门机构，总秘书处设于日内瓦。至今，ISO 发布的国际标准已超过 13700 个，内容涉及农业、建筑、机械工程、医疗器械、信息技术等众多行业。

ISO 下设 200 多个技术委员会(technical committee，TC)，每个技术委员会都设有若干个分委员会 SC，下面又设有工作组 WG。其中 TC97 是信息处理系统技术委员会，与计算机网络的关系最为密切，其下设的 SC6 负责数据通信标准，SC16 负责有关开放系统互连参考模型 OSI/RM 标准。鉴于 TC97 的研究对象与国际电工技术委员会(international electrotechnical commission，IEC)的 TC83 联系密切，于 1987 年成立了一个新的联合机构，称为联合技术委员会(joint technical commission，JTC)，即 ISO/IEC JCT1 替代了原来的 ISO TC97。

ISO 的互联网网址为：http://www.iso.ch。

2. 国际电信联盟(ITU)

国际电信联盟(international telecommunication union，ITU)是联合国下的一个官方机构，成立于 1932 年，总部设于日内瓦，主要工作任务是国际电信标准化。ITU 有 4 个主要部门：总秘书处、无线电通信部门 ITU-R、电信标准化部门 ITU-T 和开发部门 ITU-D。ITU-R 负责管理无线电频带的分配与注册；ITU-T 由原国际电报电话咨询委员会(international telephone and telegraph consultative committee，CCITT)和国际无线电咨询委员会(consultative committee on international radio，CCIR)于 1993 年合并而成，负责制定电信方面的标准，所制定的标准称为 ITU-T 标准。对于 CCITT 而言，虽然该委员会已被取代，但其过去制定的标准仍可继续使用。ITU-T 的主要标准有：F 系列建议，提出有关电报、数据传输和远程信息通信业务的定义、操作和服务质量方面的标准；I 系列建议，提出有关数字网(包括综合业务数字网)的标准；T 系列建议，提出有关终端设备的标准；V 系列建议，提出有关电话网数据通信标准；X 系列建议，提出公用数据网数据通信标准。

ITU 的互联网网址为：http://www.itu.ch。

3. 国际电报电话咨询委员会(CCITT)

国际电报电话咨询委员会(Consultative Committee On International Telegraph and Telephone，CCITT)为联合国组织国际电信联盟(ITU)的两个组织之一。它为国际条约组织，主要由各成员国的邮政、电话、电报部门组成。CCITT 早期主要从事有关通信标准的研究和制定，随着计算机网络与数据通信的发展，该组织与 ISO 密切合作，目前也采纳了 OSI 体系结构，并将其制定的数据通信标准融入 OSI 七层模型中。CCITT 从事计算机网络标准工作的主要研究部门是 SG VII(第七工作组)，它的专题是有关数据网络的标准工作。

1.3.3　因特网标准化组织

1. Internet 协会(ISOC)

Internet 协会(internet society，ISOC)是 1992 年成立的一个国际性组织，由对 Internet 感兴趣的人员组成，对 Internet 进行全面的管理，并在全球促进 Internet 的发展和使用。ISOC 下设一个技术组织 Internet 体系结构委员会(internet architecture board，IAB)，负责管理 Internet

有关协议的开发。IAB 下设网络工程任务组(internet engineering task force，IETF)和网络研究任务组(internet research task force，IRTF)，IETF 处理短期的工程问题，其下设的一些工作组(working group)主要进行协议的开发和标准化，标准以请求评注(request for comments，RFC)文档的形式发表；IRTF 也下设若干个研究组(research group)，主要集中长期的理论研究和开发。我们即将学到的 Internet 体系结构和各层协议就是由 ISOC 研究开发的。

ISOC 的互联网网址为：http://www.isoc.org。

2. 电气与电子工程师协会(IEEE)

电气与电子工程师协会(institute of electrical and electronics engineers，IEEE)是世界上最大的专业性组织，开发通信和网络标准，它是美国国家标准协会(American national standards institute，ANSI)的主要成员之一。由于 IEEE 的成员分布于全球各地，实际上它具有国际学会的性质。IEEE 在电子工程和计算机领域内都有一个标准化组负责各种标准的制定，由其制定的 IEEE 802 标准(关于局域网的标准)，已经成为当今局域网事实上的标准。另外，IEEE 每年还出版大量的杂志。

IEEE 的互联网网址为：http://www.ieee.org。

与通信和网络标准有关的国际组织机构还有欧洲计算机制造商协会(European computer manufacturers association，ECMA)、美国电子工业协会(electronic industries association，EIA)等。我国从事标准化工作的官方机构是国家标准局，颁布的标准代号是 GB××××-××，其中前 4 位数字是标准编号，后两位数字是标准颁布年份。有关国标的相关信息可访问中国国家标准咨询服务网：http://www.chinagb.org。

3. 美国国家标准学会(ANSI)

美国国家标准学会(American national standards institute，ANSI)是由制造商、用户通信公司组成的非政府组织，是美国自发标准情报交换结构，也是由美国指定的 ISO 投票成员。它的研究范围与 ISO 相对应，例如，美国电子工业协会(electronic industry association，EIA)是电子工业的商界协会，也是 ANSI 的成员，主要涉及 OSI 的物理层的标准。又如 IEEE 也是 ANSI 的成员。

4. 欧洲计算机制造协会(ECMA)

欧洲计算机协会(European computer manufacture association，ECMA)由欧洲经营的计算机厂商组成，包括某些美国公司的欧洲分部，专门致力于有关计算机技术标准的协同开发。ECMA 是 CCITT 和 ISO 的无表决权成员，并且也发布它自己的标准，对 ISO 的工作有重大影响。

5. 中国国家标准化管理委员会(SAC)

中国国家标准化管理委员会(standardization administration of the People's Republic of China，SAC)又称中华人民共和国国家标准化管理局，为国家质检总局下属的事业单位，是我国有关工程和技术标准的法律指定机构，它负责有关标准的颁布。由于我国决定在计算机与通信领域等采用相应的国际标准，因此国家标准化管理委员会的主要工作是将有关国际标准采纳为国家标准。1983 年成立了"中国计算机和信息处理标准化技术委员会",与 ISO/TC9 对口,有关 OSI 国家标准的制定由其下属"开发系统互连"和"数据通信"两个分技术委员会负责。另外,我国邮电部门还组织了 CCITT/SG VII 的国内对口工作组,负责有关数据网络的国家标准的制定。

1.4　网络技术的发展趋势

1.4.1　泛在网络和泛在计算

1. 泛在网络

随着芯片制造、无线宽带、射频识别、信息传感及网络业务等信息通信技术 (ICT) 的发展,信息网络将会更加全面深入地融合人与人、人与物乃至物与物之间的现实物理空间与抽象信息空间,并向无所不在的泛在网络(ubiquitous network)方向演进。信息社会的理想正在逐步走向现实,强调网络与应用的"无所不在"或"泛在"通信理念的特征正日益凸显,"泛在"将成为信息社会的重要特征。泛在网络(简称泛网或泛在网)作为未来信息社会的重要载体和基础设施,已得到国际上普遍范围的重视,各国相继将泛在网络建设提升到国家信息化战略高度。

2008 年年底,IBM 公司率先在全球范围内首次提出"智慧地球(smart planet)"概念,随即得到美国政府认可,将其作为继"信息高速公路"之后又一新的国家信息化战略举措。

2009 年,我国政府提出的"感知中国"战略适逢由"十一五"迈向"十二五"这一历史阶段,高屋建瓴地提出我国"泛在信息社会"国家战略。同时,我国学术界与产业界共同启动泛在网络相应标准化制定工作。与泛在网络密切相关的两种特殊应用需求驱动下产生的传感网与物联网以其广阔产业应用前景也获得了政府高度重视和强力推动。泛在网络作为服务社会公众的信息化基础设施,强调面向行业的基础应用,更和谐地服务社会信息化应用需求。

Ubiquitous(无所不在)源自拉丁语,意为普遍存在、无所不在(existing everywhere)。泛在网络由最早提出 U 战略的日本和韩国定义为由智能网络、最先进的计算技术及其他领先的数字技术基础设施武装而成的技术社会形态。根据这样的构想,泛在网络将信息空间与物理空间实现无缝的对接,其服务将以无所不在、无所不包、无所不能为 3 个基本特征,帮助人类实现在"4A"条件——任何时间(anytime)、任何地点(anywhere)、任何人(anyone)、任何物(anything)都能顺畅地通信,都能通过合适的终端设备与网络进行连接,获得前瞻性、个性化的信息服务。

2009 年 9 月,ITU-T 通过的 Y.2002(Y.NGN-Ubi Net)标准给出了泛在网络的定义:在预订服务的情况下,个人/设备无论何时、何地、何种方式以最少的技术限制接入到服务和通信的能力。同时初步描绘了泛网的愿景——"5C+5Any"成为泛网的关键特征,5C 分别是融合、内容、计算、通信和连接;5Any(任意)分别是任意时间、任意地点、任意服务、任意网络和任意对象。泛在网络通过对物理世界更透彻的感知、构建无所不在的连接及提供无处不在的个人智能服务,并扩展对环境保护、城市建设、物流运输、医疗监护、能源管理等重点行业的支撑,为人们提供更加高效的服务;让人们享受信息通信的便利,让信息通信改变人们的生活，更好地服务于人们的生活，自然而深刻地融入人们的日常生活及工作中，实现人人、时时、处处、事事的服务。随着信息技术的演进和发展，泛在化的信息服务将渗透到人们日常生活的方方面面，即进入"泛在网络社会"。然而，"泛在"主要面向用户周边所暗藏的各种物质、能量与信息，形成上述三者内部间的协作。泛在网络已不再局限于单一的某种具体技术或覆盖的无所不在，而是包含信息层面含义的逻辑融合网络，将包容现有 ICT，更加深刻地影响社会发展进程。

泛在网络在兼顾物与物相连的基础上，涵盖了涵盖了物与人、人与人的通信，是全方位沟通物理世界与信息世界的桥梁。从泛在的内涵来看，首先关注的是人与周边的和谐交互，各种感知设备与无线网络只是手段。最终的泛在网络形态上，既有互联网的部分，也有物联网的部分，同时还有一部分属于智能系统(智能推理、情境建模、上下文处理、业务触发)范畴。泛在网络是通信网、互联网、物联网的高度协同和融合，将实现跨网络、跨行业、跨应用、异构多技术的融合和协同，因此，"感知中国"是泛在网络发展阶段当前的具体体现。

由于泛在网络不是一个全新的网络，而是对现有网络能力的加强和挖掘，其分层概念架构仍然遵循传统的网络架构思想，可粗略划分为 3 层：终端及感知延伸层、网络层及应用层，如图 1-16 所示。

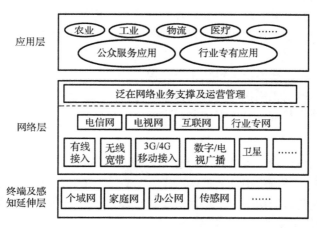

图 1-16　泛在网络分层概念架构

1)终端及感知延伸层

其主要包括传感器及机器类型通信(MTC)终端、传感器网络、传感器网关、电子标签和识读器、RFID 读写器、摄像头和全球定位系统(GPS)、智能终端及设备等。泛在网络需支持 3 种新技术特征：

(1)传感器等感知设备的引入及其联网，可使网络获知物理世界的更多状况和变化，以提高应对和掌控能力。

(2)RFID 等智能电子标签的引入及其联网，可以使物理世界的事物很方便地以信息空间方式标示和交互，便于自动进行物理世界标识及流程追踪和管理。

(3)泛在终端和设备的协同联网，使业务的呈现能更体现对用户的关怀，实现更高的业务体验及更高效的资源使用。

此外，在泛在周边环境(或者终端环境)下包括传感器、电子标签、RFID、泛在终端和设备的通信连接、信息互通和服务的协同也将是泛在网络新出现的特征。最后，还需解决低功耗、小型化和低成本的问题。

2) 网络层

网络层将包括泛在网互联子层和泛在网业务支撑及运营管理子层。互联子层实现泛在周边的节点互连及其组网，提供与物理世界自然和谐的交互能力，泛在信息化应用借助无线、有线的接入网将泛在周边的节点及信息服务能力接入，并在网络分组化、扁平化趋势下提供对信息传递、共享和服务的支撑。而泛在周边节点在信息服务体系中将显现出低移动性、群迁移性、高并发性、单点低速率、群体高速率、低功耗、可重构性等业务模式和特征，这些业务具有相应特定的服务质量(QoS)要求，这都将带来泛在互联的新问题。互联子层要完成对泛在终端及感知延伸的接入、协议转换和控制，且其将具备信息融合处理和控制的新功能。此外，还需解决接入域面临的泛在性和动态性，支持泛在节点、接入设备基于认知的灵活重构组网的挑战。

泛在网络是传统通信网络的基本业务从信息的传递和交换，进一步扩展到业务信息的处理，因此泛在业务支撑及运营管理层针对网络业务功能扩展实现相应的业务支撑形成符合互联网分层架构设计思想，并实现对业务支撑的开放性，即所谓的业务引擎(enabler)。该层功能主要涉及泛在感知信息的传递控制、存储、关联、分析等，且支持分布式、扁平化的信息处理框架(如云、网格、分布式计算)。在网络智能化和业务智能化的趋势下，认知技术、情景建模技术、语义分析、智能决策等技术在该层得到重点应用，并将向上支撑应用，向下优化网络互联。此外，该层也提供对网络通信、信息处理两个层次运营的能力支持，从而支持可信、可管的泛在网络基础设施的形成。

3) 应用层

泛在网络将成为电信网、互联网、行业和企业专网的协同和融合，因此泛在网络应用将对信息进行综合分析，并提供更加智能的服务，推动人的智能潜力、社会物质与能源资源充分发挥，为各种行业具体应用提供公共服务支撑环境，提供面向行业应用(城市建设、工业、农业、环保、医疗等)子集的共性支撑平台。

泛在网络不是一个全新的网络，而是对现有网络高效融合、潜能挖掘和效能的提升，根据泛在网络体系架构分层模型及其面向应用的特性，泛在网络必须解决异构网络融合、业务支撑的高效性和智能性方面的挑战。因此，泛在网络研究将围绕异构网络/终端共存与协同、上下文感知、移动性管理、业务适配与合成以及管理与安全等关键技术展开，体现多域认知、跨域跨层、以用户为中心、自组织设计原则，向用户提供最佳业务体验的研究思路。

2. 泛在计算

泛在计算(ubiquitous computing)，或称普适计算(pervasive computing)，普遍认为最早是由前 Xerox PARC 首席科学家 Mark Weiser 提出的。1991 年，他发表在《科学美国人》杂志上的论文预言了 21 世纪的计算将是泛在计算。按照他的设想，数字设备应当嵌入人们日常生活环境中，互相连接，延伸到世界的每一个角落。他认为这也是计算机技术的发展趋势。1999 年，IBM 正式提出泛在计算的概念，即为无所不在的、随时随地可以进行计算的一种方式。跟 Weiser 一样，IBM 也尤其强调计算资源普存于周围环境之中，提升人们实时获取所需信息和服务的便捷性。随后，IBM 将泛在计算确定为电子商务之后又一重大发展战略。IBM 认为，实现泛在计算的基本条件是计算设备小型化，方便人们随时随地携带和使用。在计算设备无所不在的前提下，泛在计算才有可能实现。

同年，欧洲研究团体 ISTAG 提出环境智能(ambient intelligence)。这是和泛在计算类似的概念，虽然两者有不同的提法，但是内涵相同，实验方向也是一致的。目前，普遍的观点是，泛在计算是一种状态，在这种状态下，移动设备、云计算应用程序、高速无线网络将整合在一起，取代"计算机"作为获取数字服务的中央媒介的地位。随着小型、超小型计算设备的嵌入，人们身边的所有物品几乎都能拥有无限的计算能力，计算机将彻底退居"幕后"，以至于用户感觉不到计算的存在。

泛在计算目前主要有物联网和泛在网两大应用领域。物联网在当今中国是个非常热门的词汇，然而到目前为止，国际上并没有形成一个关于"物联网"的明确的通用官方定义。相对权威的物联网(Internet of things)描述来源于 ITU 的《ITU 互联网报告 2005：物联网》。在这个报告中，ITU 将"物联网"形容成为一个无所不在的，在任何时间、任何地方，任何人、任何物体之间都可以相互连接的计算及通信网络。对比泛在计算的内涵描述，可以发现，物联网其实包含着很深的泛在计算理念，两者既有虚的一面，也有实的一面。物联网强调泛在计算实的一面，因此，物联网更像是泛在计算的一种具体应用。而泛在网则更关注泛在计算虚的一面，它以哲学的方式描述基于互联网的未来社会场景，明确获得服务的主体是个人和社会，它告诉人们在互联网的基础上，人们可以做哪些事情，可以获得哪些服务。

1.4.2　云计算

云计算(cloud computing) 从当初提出时备受人们质疑发展到如今已成为学术界和产业界争相研究的热点。根据美国市场调查公司 Gar-tner 评出的 2011 年 10 大战略技术中，云计算当仁不让地排名首位。云计算的快速发展预示着该技术可以带来美好的应用前景和更多的经济收益。所谓云计算，简单地说就是以虚拟化技术为基础，以网络为载体，以用户为主体为其提供基础架构、平台、软件等服务为形式，整合大规模可扩展的计算、存储、数据、应用等分布式计算资源进行协同工作的超级计算服务模式。虚拟化为云计算实现提供了很好的技术支撑，而云计算可以看作虚拟化技术应用的成果。在过去的几年里，已经出现了众多云计算研究开发小组，如谷歌(Google)、IBM、微软(Microsoft)、亚马逊 (Amazon)、EMC、SUN、HP、VMware、Sales-force、Alisoft、华为、百度、阿里巴巴、中国电信等知名 IT 企业纷纷推出云计算解决方案。同时，国内外学术界也纷纷就云计算及其关键技术相关理论进行了深层次的研究。

1. 云计算的概念

目前有一种流行的说法来解释"云计算"为何被称为"云"计算：在互联网技术刚刚兴起的时候，人们画图时习惯用一朵云来表示互联网，因此在选择一个名词来表示这种基于互联网的新一代计算方式的时候就选择了"云计算"这个名词。虽然这个解释非常有趣和浪漫，但是却容易让人们陷入云里雾里，不得其正解。自 2007 年 IBM 正式提出云计算的概念以来，许多专家、研究组织以及相关厂家从不同的研究视角给出了云计算的定义。目前关于云计算的定义已有上百种。而维基百科对云计算的定义也在不断更新，前后版本的差别非常大。2011年给出的最新定义如下：云计算是一种能够将动态易扩展的虚拟化资源软件和数据通过互联网提供给用户的计算方式，如同电网用电一样，用户不需要知道云内部的细节，也不必具有管理那些支持云计算的基础设施。

　　云计算是一种方便的使用方式和服务模式，通过互联网按需访问资源池模型（例如网络、服务器、存储、应用程序和服务），可以快速和最少的管理工作为用户提供服务。云计算是并行计算（parallelcomputing）、分布式计算（distributed computing）和网格计算（grid computing）等技术的发展。云计算又是虚拟化（virtualization）、效用计算（utility computing）的商业算模型，它由 3 种服务模式、4 种部署模式和 5 点基本特征组成。

　　2. 云计算的服务模式

　　云计算的服务层次可分为将基础设施作为服务层、将平台作为服务层以及将软件作为服务层，市场进入条件也从高到低。目前越来越多厂商可以提供不同层次的云计算服务，部分厂商还可以同时提供设备、平台、软件等多层次的云计算服务，如图 1-17 所示。

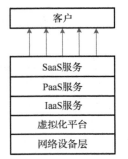

图 1-17　云计算服务类型

　　（1）基础设施即服务（infrastructure as a service，IaaS）。通过网络作为标准化服务提供按需付费的弹性基础设施服务，其核心技术是虚拟化。可以通过廉价计算机达到昂贵高性能计算机的大规模集群运算能力。典型代表如亚马逊云计算 AWS（Amazon webServices）的弹性计算云 EC2 和简单存储服务 S3、IBM 蓝云等。

　　（2）平台即服务（platform as a service，PaaS）。提供给客户的是将客户用供应商提供的开发语言和工具（例如 Java，Python，.Net）创建的应用程序部署到云计算基础设施上去，其核心技术是分布式并行计算。PasS 实际上指将软件研发的平台作为一种服务，以 Saa S 的模式提交给用户。典型代表如 Google AppEngine（GAE）只允许使用 Python 和 Java 语言，基于称为 Django 的Web 应用框架调用 GAE 来开发在线应用服务。

　　（3）软件即服务（software as a service，SaaS）。它是一种通过 Internet 提供软件的模式，用户无需购买软件，而是租用服务商运行在云计算基础设施上的应用程序，客户不需要管理或控制底层的云计算基础设施，包括网络、服务器、操作系统、存储，甚至单个应用程序的功能。该软件系统各个模块可以由每个客户自己定制、配置、组装，来得到满足自身需求的软件系统。典型代表如 Salesforce 公司提供的在线客户关系管理 CRM（client relationship management）服务、Zoho Office、Webex，常见的还有 Email 等。

　　3. 云计算的部署模式

　　（1）私有云（private cloud）。云基础设施是为一个客户单独使用而构建的，因而能提供对数据、安全性和服务质量的最有效控制。私有云可部署在企业数据中心中，也可部署在一个主机托管场所，被一个单一的组织拥有或租用。

　　（2）社区云（community cloud）。基础设施被一些组织共享，并为一个有共同关注点（例如任务、安全要求、政策和遵守的考虑）的社区服务。

(3) 公共云(public cloud)。基础设施是被一个销售云计算服务的组织所拥有，该组织将云计算服务销售给一般大众或广泛的工业群体，公共云通常在远离客户建筑物的地方托管，而且它们通过提供一种像企业基础设施进行的灵活甚至临时的扩展，提供一种降低客户风险和成本的方法。

(4) 混合云(hybrid cloud)。基础设施是由两种或两种以上的云(私有、社区或公共) 组成，每种云仍然保持独立，但用标准的或专有的技术将它们组合起来，具有数据和应用程序的可移植性(例如，可以用来处理突发负载)。混合云有助于提供按需和外部供应方面的扩展。

4. 云计算的特征

无论是广义云计算还是狭义云计算，对于最终用户而言，均具有如下特征：

(1) 按需自助式服务(on-demand self-service)。用户可以根据自身实际需求扩展和使用云计算资源，具有快速提供资源和服务的能力。能通过网络方便地进行计算能力的申请、配置和调用，服务商可以及时进行资源的分配和回收。

(2) 广泛的网络访问(broad network access)。通过互联网提供自助式服务，使用者不需要部署相关的复杂硬件设施和应用软件，也不需要了解所使用资源的物理位置和配置等信息，直接通过互联网或企业内部网透明访问即可获取云中的计算资源。高性能计算能力可以通过网络访问。

(3) 资源池(resource pooling)。供应商的计算资源汇集在一起，通过使用多租户模式将不同的物理和虚拟资源动态地分配给多个消费者，并根据消费者的需求重新分配资源。各个客户分配有专门独立的资源，客户通常不需要任何控制或知道所提供资源的确切位置，就可以使用一个更高级别的抽象的云计算资源。

(4) 快速弹性使用(rapid elasticity)。快速部署资源或获得服务，服务商的计算能力根据用户需求变化能够快速而弹性地实现资源供应。云计算平台可以按客户需求快速部署和提供资源。通常情况下资源和服务可以是无限的，可以是任何购买数量或在任何时候。云计算业务使用则按资源的使用量计费。

(5) 可度量的服务(measured service)。云服务系统可以根据服务类型提供相应的计量方式，云自动控制系统通过利用一些适当的抽象服务(如存储、处理、带宽和活动用户账户)的计量能力来优化资源利用率，还可以监测、控制和管理资源使用过程，同时，能为供应者和服务消费者之间提供透明服务。

1.4.3　下一代网络

下一代网络(NGN)是当下飞速发展和应用的网络，承载了语音，数据，视频等多种业务，实现各网络终端用户之间的业务互通及共享的融合网络。NGN 承载了原有 PSTN 网络的所有业务，把大量的数据传输卸载到 IP 网络中以减轻 PSTN 网络的重荷，又以 IP 技术的新特性增加和增强了许多新老业务。它使得在新一代网络上提供语音、视频、数据等综合业务成为了可能。下一代网络需要如下技术的支持。

(1) 宽带接入：NGN 必须要有宽带接入技术的支持，因为只有接入网的带宽瓶颈被打开，各种宽带服务与应用才能开展起来，网络容量的潜力才能真正发挥。GPON 技术和城域网技术是 NGN 中不可忽视的部分。

（2）弹性分组环：弹性分组环是面向数据（特别是以太网）的一种光环新技术，使用双环工作的方式，可扩展，采用分布式的管理、拥塞控制与保护机制，具备分服务等级的能力。能有效地分配带宽和处理数据，从而降低运营商及其企业客户的成本，使运营商在城域网内通过以太网运行电信级的业务成为可能。分组设备的引用，使得城域网环路得到保护，提高网络性能，提升客户感知，降低网络成本，优化了宽带网络。

（3）城域光网：城域光网是代表发展方向的城域网技术，其目的是把光网在成本与网络效率方面的好处带给最终用户。城域光网是一个扩展性非常好并能适应未来的透明、灵活、可靠的多业务平台，能提供动态的、基于标准的多协议支持，同时具备高效的配置能力、生存能力和综合网络管理的能力。

（4）软交换：为了控制功能与传送功能完全分开，NGN 需要使用软交换技术。软交换的概念基于新的网络分层模型（接入与传送层、媒体层、控制层与网络服务层）概念，通过各种接口协议，使业务提供者可以非常灵活地将业务传送协议和控制协议结合起来，实现业务融合和业务转移，非常适合于不同网络并存互通的需要，适用于从话音网向多业务多媒体网的演进。

1.4.4　网络融合

三网融合是指电信网、广播电视网、互联网在向宽带通信网、数字电视网、下一代互联网演进过程中，三大网络通过技术改造实现融合，为用户提供语音、数据和广播电视等多种服务。数字技术的迅速发展和全面采用，使电话、数据和图像信号都可以通过统一的编码进行传输和交换，所有业务通过不同的网络来传送、交换、选路处理和提供，并通过数字终端存储起来，或以视觉、听觉的方式呈现在人们的面前。

（1）宽带技术。宽带技术的主体就是光纤通信技术。网络融合的目的之一是通过一个网络提供统一的业务。若要提供统一业务就必须要有能够支持音视频等各种多媒体（流媒体）业务传送的网络平台。宽带技术特别是光通信技术的发展为传送各种业务信息提供了必要的带宽、传输质量和低成本。作为当代通信领域的支柱技术，光通信技术正以每 10 年增长 100 倍的速度发展，具有巨大容量的光纤传输是"三网"理想的传送平台和未来信息高速公路的主要物理载体。

（2）软件技术。软件技术是信息传播网络的神经系统，软件技术的发展使得三大网络及其终端都能通过软件变更最终支持各种用户所需的特性、功能和业务。

（3）IP 技术。通过 IP 技术在内容与传送介质之间搭起一座桥梁。IP 技术（特别是 IPv6 技术）的产生，满足了在多种物理介质与多样的应用需求之间建立简单而统一的映射需求，可以顺利地对多种业务数据、多种软硬件环境、多种通信协议进行集成、综合、统一，对网络资源进行综合调度和管理，使得各种以 IP 为基础的业务都能在不同的网络上实现互通。光通信技术的发展，为综合传送各种业务信息提供了必要的带宽和传输高质量，成为三网业务的理想平台。

在现有的三网融合的基础上加入电网，成为四网融合。在国家十二五规划中，明确提出了重点发展智能电网的规划，可见智能电网发展的前景很好。国家电网曾经提出四网融合的概念，即广播电视网、互联网、电信网和智能电网四网融合。

随着通信网络的数据化、光纤化、宽带化、无线化、分组化、标准化、综合化、智能化的等多方向发展，现代的接入网更趋向综合化，现代通信网已影响了我们的生活，FTTH、无线接入网、下一代网络已经渗透到每家每户，影响了我们的生活。三网融合业务也在大力推广，随着无线接入网 4G、5G 的大量投入使用，接入网的应用将会越来越广泛。

本 章 小 结

计算机网络是通信技术与计算机技术紧密结合的产物，网络技术的进步正在对当今信息产业的发展产生巨大的影响，而网络技术也朝着高速的方向迅速发展。在计算机网络发展的不同历史阶段，人们分别从广义、资源共享、用户透明的角度形成对计算机网络的三种不同理解。相比之下，资源共享观点的定义能比较准确地描述计算机网络的基本特征。

从逻辑功能上看，计算机网络是由通信子网和资源子网构成的庞大网络系统。通信子网提供网络通信功能，负责完成网络数据的传输、控制、变换、转发等通信处理任务；资源子网向网络用户提供各种网络资源与网络服务。从这里我们不难看到计算机网络两个重要基本功能：数据传输和资源共享。

计算机网络的功能主要有提供信息传输、网络资源共享、提高系统的可靠性、分布式处理、均衡网络负荷、综合服务等。

计算机网络按其覆盖及作用范围可分为四类：广域网、局域网、城域网和接入网。随着网络技术的不断发展，这种以距离作为划分的界线也越来越模糊。另一种网络分类的方法是按照计算机网络拓扑结构进行划分，而不同的网络拓扑结构对网络的性能、可靠性等方面都有较大的影响。

Internet 是世界上最大的计算机网络，ARPANET 的研究成果为 Internet 的形成和发展奠定了重要的基础。我国 Internet 的发展经历了起步、发展和商业化 3 个阶段，发展的速度非常快，日新月异。

对于计算机网络这样一个庞大而复杂的系统而言，分层法是设计其体系结构的一种有效途径。在分层结构中，低层是通过相邻层间的接口为高层提供服务的，相邻实体间通信是手段，对等层间通信是目的。而服务是在相邻层间进行的，是垂直的；协议是对等层之间的通信规则，是水平的。协议主要包含 3 个要素：语法、语义和时序。

基于分层思想的计算机网络体系结构，包括 OSI 体系结构、局域网体系结构、Internet 体系结构等。国际标准化组织 ISO 提出的计算机网络体系结构七层模型，即 OSI/RM，OSI/RM 定义了开放系统的层次结构、层次之间的相互关系，以及各层应具备的功能和所包括的可能提供的服务，该参考模型的提出对网络协议标准化研究的发展起到了重要推动作用。IEEE802 参考模型是局域网参考模型，它伴着局域网的迅猛发展已成为事实上的局域网标准。TCP/IP 参考模型是四层结构的网络互连参考模型，随着 Internet 的发展被人们公认为计算机网络的工业标准。

思考与练习

1. 目前通常采用的计算机网络的定义是什么？你是怎样理解这一定义的？
2. 资源共享包括哪几个方面的共享？

3．计算机网络由哪几个部分构成？它们之间有什么联系与区别？

4．通信子网由哪几部分组成？各部分的主要功能是什么？

5．简述计算机网络主要功能。

6．计算机网络有哪几种分类方式？按照拓扑结构可以把计算机网络分成哪几类？各自有何特点？

7．简述计算机网络的发展历程。

8．Internet 的特点有哪些？

9．在计算机网络中，什么是协议？为什么要采用协议实现通信？通信协议的要素及其含义又分别是什么？

10．试述计算机网络采用分层结构具有的优点。

11．服务与接口、服务与协议分别有何区别？

12．试述 SDU、PDU、IDU 三种类型数据单元之间的关系。

13．名词解释：实体、对等层、相邻层、SAP。

14．ISO 在制订 OSI 参考模型时对层次划分的原则是什么？

15．请描述 OSI 环境下数据流传输的基本过程。

16．将 TCP/IP 体系结构与 OSI 体系结构进行比较，讨论它们之间的区别与联系。

17．什么是泛在网络和泛在计算？

18．简述云计算的概念及服务模式。

第 2 章　物理层和数据链路层

本章首先介绍有关数据通信的基础知识，包括数据通信系统的模型、信道及相关技术。然后讨论物理层的功能和服务，分析物理层接口的基本特性，并简单介绍几个常用的物理层接口标准。接着介绍数据链路层的功能及服务，详细讨论两个重要的流量控制协议：停止等待协议和连续 ARQ 协议。最后阐明面向比特的高级数据链路控制规程 HDLC 的知识要点，以及 Internet 中的数据链路层协议 PPP。

2.1　数据通信的基础知识

物理层的具体协议较为复杂，这是因为物理连接方式和传输媒介的种类非常之多。考虑到部分读者没有学过通信原理或有关数据通信的课程，本节简单介绍有关现代数据通信的一些基本知识和结论，已经具备该部分知识的读者在阅读时可略过该内容。

2.1.1　数据通信的基本概念

1. 数据通信的基本概念

数据通信是指按照一定的通信协议，将数据以某种信号的方式，通过数据通信系统来完成数据信息的传输、交换、存储和处理的过程。由此可知，数据通信包括数据传输和数据在传输前后的处理。另外，这里涉及信息、数据及信号 3 个基本术语，以及数据通信与数字通信的区别与联系，只有正确理解这些概念，才能正确掌握数据通信系统的实质。下面分别讨论这些问题。

1) 信息

在信息论里，"信息"（information）是与"不确定性"相联系的，即当某一事件只有包含不确定性时，它才含有信息。通信的任务就是传递信息，每一消息信号中必定包含有接收者所需要知道的信息，如果接收者事先确知消息的内容，则该消息不会给接收者带来任何信息。消息中包含着信息，信息是消息的本质内涵，蕴涵着消息的价值。

为了定量描述消息中所含信息的多少（信息量），美国科学家香农（C.E.Shannon）给出了对信息进行度量的方法。根据香农理论，一则消息 x_i 所荷载的信息量为 $I(x_i)$，应等于它所表示的事件发生的概率 $P(x_i)$ 的倒数的对数。即信息量可表示为：

$$I(x_i) = \log \frac{1}{P(x_i)} = -\log P(x_i)$$

如果对数以 2 为底时，则信息量的单位是比特（bit）；当对数以 e 为底时，信息量的单位称为奈特（nit）；如果底为 10，则信息量的单位是哈特莱（hartley）。目前应用最广泛的信息量单位是比特。

特别注意的是，二进制信息只有"0""1"两种符号，当它们出现的概率相等时（各为 1/2），则每个符号包含的信息量是 1bit，且为最大。

2）数据

数据（data）是任何描述物体、概念、事实、图形图像的数字、字母和符号。数据是消息的扩展，不只用语言文字描述，而且是消息的数值化表示，数据中包含着信息。数据有模拟数据和数字数据两种形式，模拟数据是指在某个区间取连续的值，如温度、声音、视频图像等连续变化的值；数字数据只能取离散的值，如整数数列、计算机内部传输的二进制数字序列等。

3）信号

信号（signal）是数据在介质上的具体表现形式，是数据的电、磁或光的编码，使数据能以适当的形式在介质上传输。信号也有数字信号和模拟信号两种基本形式，它们都可以用来表示模拟数据和数字数据。

4）数字通信与数据通信

如前所述，信号有模拟信号和数字信号两种基本形式。如果以模拟信号作为传输对象，则其传输方式称为模拟传输，而以模拟信号来传送消息的通信方式称为模拟通信；反之，以数字信号为传输对象的传输方式称为数字传输，以数字信号来传送消息的通信方式称为数字通信。由此可知，数字通信与数据通信是两个不同的概念，数字通信是指携带信息的信号传输以数字方式进行的一种通信方式；数据通信可以采用数字通信方式实现，也可以采用模拟通信方式实现。

2. 数据通信的质量指标

数据通信的任务是传输信息，其传输信息的有效性和可靠性是数据通信系统的主要质量指标。

1）有效性

所谓有效性，是指在给定的信道中单位时间内能传输信息量的多少，即用传输信息的速率来衡量。通常有以下两种不同的定义：

（1）信息速率，也称信息传输速率（或称比特率），用 R_b 来标记，它表示单位时间内通过信道的信息量，单位是比特/秒（b/s 或 bps）。当使用二进制数字传输，且 0 和 1 取值等概率时，其比特率即为单位时间内传输的二进制脉冲的个数。

（2）码元速率，也称码元传输速率（或称调制速率、波特率），用 R_s 标记，它表示单位时间内信道上实际传输码元个数或脉冲个数（可以是多进制），单位是波特（Baud）。

$$R_s = \frac{1}{T} \quad \text{(Baud)}$$

式中 T 为一个码元所占的时间长度。

码元速率和信息速率之间可以换算。对于二进制码元，两者在数值上是相等的；对于多进制，若将码元速率转换为信息速率，则必须折合为相应的二进制码元来计算。例如一个四进制传输系统，以 4 种不同的码元来区分符号状态的，每个码元可以代表两个二进制码元，若码元传输速率为 1000 波特，则相应的信息速率为 2000 比特/秒。对于八进制来说，每一个码元代表 3 个二进制码元，则信息速率是码元速率的 3 倍。由此我们可得到信息速率与码元速率之间的转换关系：

$$R_b = R_s \log_2 M \quad (\text{bps})$$

式中 M 为符号的进制数(码元的种类数)。

2) 可靠性

可靠性是指接收信息的准确程度,是衡量数据传输系统质量的主要指标之一,可用错误率(差错率)来度量。根据研究对象的不同又分为误比特率和误码元率等多种描述方法。

误比特率(误信率)指在传输的比特总数中,发生差错的比特所占的比例。这是一个统计的概念,当统计的比特数较大时,它与理论上的误比特率很接近。误比特率用 P_b 表示:

$$P_b = \frac{\text{错误比特数}}{\text{传输总比特数}}$$

误码元率(误符号率)是指在传输的码元总数中,发生差错的码元所占的比例,简称误码率。同样它也是一个统计的概念,一般用 P_s 来表示:

$$P_s = \frac{\text{错误码元数}}{\text{传输总码元数}}$$

另外还有误字率、误句率、误组率、误包率等方法表示差错率。在数据通信中,用户更多关心的是误比特率,通常要求误比特率小于 $10^{-8} \sim 10^{-9}$,当信道不能满足要求时,需要采用相应的差错控制措施。

有效性和可靠性是相互矛盾又相互联系的两个方面,二者可以互换。例如通过降低信息速率可以减少误码率,提高可靠性;或者牺牲可靠性提高信息传输速率。

2.1.2 数据通信系统的模型

1. 数据通信系统

数据通信系统是指以计算机为中心,通过通信线路连接分布在远程的数据终端设备而传输数据信息的通信系统。从系统结构来看,主要由数据终端设备(data terminal equipment,DTE)、数据电路终接设备(data circuit-terminating equipment,DCE)和传输信道 3 个主要部分构成,如图 2-1 所示。

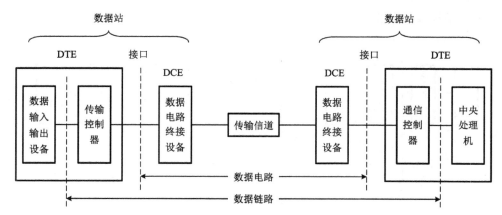

图 2-1 数据通信系统模型

2. 数据电路终接设备

数据电路终接设备(data circuit-terminating equipment，DCE)是数据终端设备进入通信网的媒介。如果网络传输的是模拟信号，则需要将数字信号进行变换，使之适合于模拟信道传输，接收端完成相反的变换，这类设备的基本功能是调制解调，所以称之为调制解调器。如果利用数字信道来传输数据，数据终端设备与信道相连接时，需要设置相应的接口设备，实现码型变换、电平转换、线路特性的均衡、时钟同步、控制接续以及维护测试等功能。由此可知 DCE 的主要功能是进行信号变换。

3. 其他相关概念

DTE 和 DCE 合在一起称为数据站(站点)。两地数据站之间的通路称为传输信道，由传输介质及其附属设备组成。传输信道(专用信道或公共信道)加 DCE 构成数据电路(data circuit)，加上传输控制功能以后的数据电路构成数据链路(data link)。一般来说，只有建立起数据链路以后，通信双方才可有效地进行数据传输。

2.1.3　传输信道及传输介质

1. 传输信道

在数据通信系统中，传输信道(简称信道)是其中重要的组成部分，其特性的好坏，在很大程度上决定了通信系统的性能。一般我们可以从以下两个不同的角度理解信道的概念。

一种是从信源到信宿之间的传输媒介，以及完成各种形式信号变换功能的设备都包含在内的信道，我们称这种范围被扩大化的信道为广义信道。另外，广义信道根据研究对象和功能的不同，可划分为调制信道和编码信道。所谓调制信道，是指从调制的输出端到解调器的输入端，包括所有设备和传输媒介在内的集合体，适用于作为调制和解调的研究对象。编码信道是指从编码器输出端到译码器输入端，包括所有设备和传输媒介在内的集合体，这种定义适用于从编译码角度进行分析和研究。

与广义信道相对的另一种定义是狭义信道，它仅指传输介质(电缆、光纤、红外线、微波等)。狭义信道和广义信道的区别如图 2-2 所示。

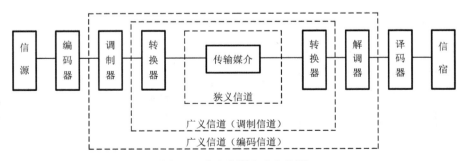

图 2-2　狭义信道和广义信道

信道的分类方法很多，常见的有以下几种。

1) 有线信道和无线信道

如果电磁波沿导体传播，电磁波的能量大部分集中在导体附近，这种信道称为有线信道。一般需设置中继器等设备，以减少信号在传输中受到衰减、邻路干扰、噪声的影响。常用的有线信道传输介质包括双绞线、同轴电缆、光纤等。

以自由空间作为传输媒体的信道称为无线信道。利用无线信道传输时，电磁波能量向各个方向辐射，效率较低，一般需要定向天线发射来集中能量传输。在那些地理位置等原因不宜铺设线路的地点，无线传输显示了明显的优势。无线信道包括地波传播、短波电离层反射、超短波及微波视距传播、卫星中继、光波视距传播、红外传输等。

2) 模拟信道和数字信道

模拟信道：传输模拟信号的信道，可以是纯粹原始的模拟信号，如模拟电话信道；也可以是经过调制的信号，如计算机信息通过调制器调制后送入的电话信道。

数字信道：只允许传输数字信号的信道称为数字信道。数字电话信道(PCM 信道)就是典型的数字信道。

3) 专用信道和公共信道

专用(租用)信道是指连接两点或多点的固定线路。它可能是用户自行筹建的，也可能是向提供电信服务部门租借的，数据的传输与公共交换网不发生关系。如某体育项目比赛直播时临时租用的卫星信道。

公共信道(也称公共交换信道)是一种经过交换设备转接的面向大量用户服务的信道。用户采用该信道通信，可能需要经过若干次的转接，而且路径不唯一。公共电话交换网和公用分组交换网均使用这种类型的信道。

4) 物理信道和逻辑信道

在计算机网络通信中有物理信道和逻辑信道之分，上述信道均指物理信道。逻辑信道也是用来传输信号和数据的通路，它是建立在物理信道的基础之上，通过结点设备内部的连接来实现的，正如我们在前一章中讨论的不同结点对等层之间的通信，就是由逻辑信道实现的。在一个物理信道的基础上可以建立多个逻辑信道，一个逻辑信道也可以由多个物理信道构成。

5) 前向信道和反向信道

在双向传输时，根据信息的传输方向，信道分为前向信道和反向信道。前向信道(forward channel)与信息的传输方向一致，主要用来传输数据信息；反向信道(backward channel)与信息的传输方向相反，主要用来传输检测信号或者差错控制信号。

2. 传输介质

1) 双绞线

双绞线(twisted pair line)是计算机网络中最常用的物理传输介质，由两根绝缘实心铜导线相互缠绕而成。为什么要相互缠绕呢？这是因为当两条靠近的导体传输信号时，会产生电磁干扰(electromagnetic interference，EMI)，将两根导线相互缠绕在一起，可使线对之间的电磁干扰减少至最小。

双绞线具有价格低廉、易于使用的特点，既可用于传输模拟信号，也可用于传输数字信号。在局域网中主要采用三类和五类非屏蔽双绞线(unshielded twisted pair，UTP)，由多对双绞线(一般为 4 对)和一个塑料外套组成，如图 2-3(a)所示。单段 100m 的 5 类双绞线传输速率可达 100Mbps。用于网络主干线的 UTP 有较多的双绞线对数(如 25 对、50 对、100 对等)。为了进一步提高双绞线的抗干扰能力，可在双绞线与塑料外套之间加上屏蔽层，构成屏蔽双绞线 STP(shielded twisted pair)，如图 2-3(b)所示。屏蔽层通常用金属铝和聚酯纤维组成，布线时接地。

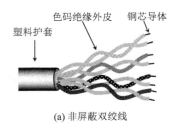
(a) 非屏蔽双绞线

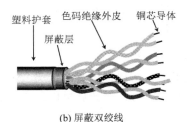
(b) 屏蔽双绞线

图 2-3　双绞线

2) 同轴电缆

同轴电缆(coaxial cable)由环绕同一轴线的内、外两个同心导体和绝缘层构成，如图 2-4

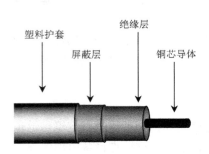

图 2-4　同轴电缆

所示。内导体是单股铜实心线或多股铜绞合线；外导体是空心圆柱形导体，通常是编织金属丝网，也可以是整体结构的导电铝箔，用来屏蔽电磁干扰；内外导体之间用绝缘材料填充，兼有固定内导体的作用；最外层由较坚硬的塑料外套保护。

在局域网中使用的同轴电缆通常有两种：一种是 50Ω 同轴电缆，主要用于基带信号传输，能实现 10Mbps 的数据速率，如 Ethernet 可采用 50Ω 同轴电缆；另一种是 75Ω 同轴电缆，既可传输模拟信号，也可传输数字信号，广泛应用于有线电视(cable television，CATV)网中，带宽高达 700MHz。

同轴电缆具有辐射小、抗干扰能力强等特点，曾在局域网中普遍使用，目前一般只用于干线传输。在 CATV 中，同轴电缆仍然是主要传输介质。

3) 光纤

光导纤维简称光纤(fiber)，由 3 个同心部分组成：纤芯、包层、护套。内层是纤芯，由具有较高光波折射率的玻璃纤维或塑料制成；外面是包层，由设计成可将光折射到纤芯的多层反射玻璃构成，具有折射率低的特点，与纤芯有不同的光学特性，成为光信号的绝缘体；最外层是保护套，提供必要的强度，用它来防止光纤受到外界环境(湿度、温度、拉伸、弯曲等)的影响。

在光纤的结构中，包层与护套之间填充适当间隙，间隙用细线填充而形成的光纤称为紧型结构；间隙被液体胶或环状物隔离后填充油料，形成的光纤称为松型结构，如图 2-5 所示。

根据光波的传输方式，光纤分为两类：单模光纤和多模光纤。

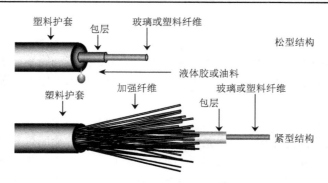

图 2-5 光纤的松型结构和紧型结构

单模光纤(single mode fiber)：当纤芯的半径与传输光波波长相当(一个数量级)时，光波沿轴向直线式传播，没有折射，光纤起波导作用，这类光纤称为单模光纤。

多模光纤(multimode fiber)：当纤芯的半径较大(如几十倍光波波长)时，小角度的入射光线被反射并沿光纤传播，其余光线被周围介质所吸收。许多光线以不同角度反射，这种具有多束光线、多个反射角传输模式的光纤称为多模光纤。

光纤具有传输速率高、误码率低、衰减小、抗干扰能力强、频带宽等优点，特别适合构建高性能通信网。目前光纤已经成为高速主干网的主要传输介质，在局域网的主干线中也经常使用。

4) 微波

微波通信是利用微波波段(频率为 300MHz～300GHz)电磁波在对流层的视距范围内进行信息传输的一种通信方式，此时电磁波以直线形式传播，能量集中。微波通信可分为地面微波通信和卫星微波通信。微波通信的干线一般采用点对点线路，间距 50 公里左右，长距离传输使用微波中继来解决。微波通信也存在明显的缺点：多径衰落和易受雨雾影响。当微波信号碰到障碍物时，一部分电磁波发散，折射回大气层，这部分电磁波比直线电磁波晚到达，产生相位延迟，使接收端的场强产生随机性的变化，称为衰落。另一方面，在 10GHz 波段左右，雨雾中的水滴会吸收电磁波引起吸收衰耗，而水滴的表面对电磁波的散射会引起散射衰耗。在光纤广泛应用之前，微波是通信干线经常使用的通信方法。

卫星微波通信系统由卫星转发器、地面发射站和地面接收站组成。地面发射站至通信卫星的通路称为上行线路，卫星至接收站称为下行线路。卫星通信具有覆盖地域广、通信容量大、传输距离远、质量好等优点，适用于多种通信业务需求。当前卫星通信已经在广播电视信号传输、数据通信、卫星定位、移动通信等领域广泛应用。

5) 红外线

红外线工作的频率范围为 $10^{11} \sim 10^{14}$ Hz，广泛应用于近距离小范围内的通信，如电视、音响遥控等。红外线的方向性好，不易受电磁波干扰，实现简单。但红外线的穿透能力较差，有很强的方向性，容易受到障碍物的阻隔，所以必须在视距范围内无阻碍传输。由于采用无线通信方式，一些拥有红外能力的便携式计算机接入局域网就显得较为简单。另外，强方向性提高了通信的安全性，特别适合于保密通信。

2.1.4　信道参数

衡量信道的基本技术参数有传输速率、差错率、带宽、频带利用率、信道容量等。其中传输速率和差错率在数据通信的质量指标中已介绍，也同样是信道技术参数指标。

1. 带宽

信道带宽就是信道的通频带，即一条传输信道上允许信息传输的信号频率范围。例如话音信号，一般认为频率范围为 300～3400Hz，则其带宽为 3100Hz。对于理想的方波信号，实际上是由无穷多个频率的正弦波信号叠加而成的，其通过不同的传输信道时，会形成不同波形的信号，主要原因就是传输信道有带宽的限制，带外的频率成分被衰减，减少了构成方波的部分频率成分，以至方波变形。如果不能通过信道的频率成分足够多，最终将导致接收端无法辨认原信号。所传输信号的频率范围越大，则要求传输信道带宽也越大，以保证信号的顺利传输。信道的带宽可用通过波形的带宽来描述，波形带宽的定义有多种，其中最常用的是 3dB 带宽：沿频率轴的正半轴功率谱 $|\hat{X}(\omega)|^2$（确定波形）或 $\hat{S}(\omega)$（随机信号）的值在两边下降到最大值的一半时，两个点所对应的频率差被定义为 3dB 带宽。

2. 频带利用率

比较信道的效率时，我们仅看信道的带宽或者只看传输速率是不够的，这两种看法都存在片面性。通常情况下，衡量信道的信息传输效率可用频带利用率来表示，即单位频带内的信息速率，单位是 b/(s·Hz)。在带宽相同的条件下，信息速率越高，频带利用率也越高；反之，信息速率越低，则频带利用率越低。

3. 信道容量

信道容量是指单位时间内信道所能传输的最大信息量，即指定信道传输速率的最大理论极限值。

1）模拟信道的信道容量

模拟信道的信道容量用香农（Shannon）公式表示为：

$$C = B\log_2\left(1+\frac{S}{N}\right) \quad \text{(bps)}$$

式中：B 为信道带宽，S 为信号的平均功率，N 为白噪声功率，即 S/N 为平均信号噪声功率比。

一般我们把叠加在信号上的噪声模型化为加性高斯白噪声。高斯指的是噪声服从高斯分布（正态分布），白噪声指在所有频率上噪声的强度是一样的，即功率密度谱是常数，如同白光的功率谱一样。

2）数字信道的信道容量

对于无扰数字信道，即认为数字信道为理想的无错信道，可以用奈奎斯特公式计算信道容量：

$$C = 2B\log_2 M \quad (\text{bps})$$

式中：B 为信道宽带，M 为码元符号的种类数，即所采用的进制数。

对二元对称信道，设原发送信号中出现的"1"和"0"的概率都是 1/2，P_e 为发生差错的概率。则可用下式计算信道容量：

$$C = 2B\left[1 - P_e \log_2 \frac{1}{P_e} - (1 - P_e)\log_2 \frac{1}{1 - P_e}\right] \quad (\text{bps})$$

设 $P_e = 0.1$，则 $C = 2B \times 0.53$，此时一个二进制符号只能传输 0.53bit 的信息，这在很大程度上降低了有效的信息速率，原因在于信道存在干扰(噪声)。

2.1.5 通信编码

经过 PCM 编码或字符编码，已经能将语音、字母、数字或符号等信息转换成二进制码组合的形式——数字数据。然而，当这些数字数据在传输时，该如何表示这些二进制数据呢？其中一种常用的方法是采用基带数字信号作为数据信息的载体。但基带数字信号的码型有很多种，这里我们仅以矩形脉冲为例，就基本的以及在计算机网络通信中实际应用的一些重要码型进行介绍。

1. 单极性不归零码

这种码元以高电平和低电平(通常取零电平)分别表示二进制信息"1"和"0"，在整个码元期间电平保持不变。该码型的特点是脉冲极性单一、存在直流分量，一般适用于近距离传输。不归零制编码如图 2-6 所示。

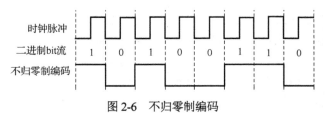

图 2-6 不归零制编码

2. 双极性不归零码

在这种码元中用电平的正和负分别表示二进制信息"1"和"0"，在整个码元期间电平也保持不变，该码型中不存在零电平。从统计的角度看，由于信息数据中的"1"和"0"出现的概率相等，所以整个波形的电平的均值是零，即没有直流分量。另外双极性码具有较强的抗干扰性能，在基带传输中有广泛的应用。

3. 单极性归零码

该信号仍然是单极性码，但脉冲出现的持续时间小于码元宽度，即发送"1"时在整个码元期间高电平持续一段时间后要返回到零电平。特点是有利于减少码元波形间的相互影响，码元所含能量小。

4. 双极性归零码

双极性归零码兼有双极性和归零的特点,并具有直接提取同步信息实现同步的能力,应用较广。

5. 曼彻斯特码

曼彻斯特码(Manchester)又称数字双相码(digital diphase)或分相码(biphase),它用一个周期的方波表示"1",其反相波形表示"0",如图 2-7 所示。曼彻斯特码可以用单极性不归零码与定时信号的模 2 和来产生,所以曼彻斯特码本身含有时钟信号,在发送信号时无需另发同步信号。另外,方波周期内正负脉冲各占一半时间,故不含直流分量,当然占用的频带也增加了一倍,

图 2-7　曼彻斯特码

效率有所下降。曼彻斯特码较适用于短距离的数据通信,如"以太网"就采用它作为线路传输码型。

6. 差分曼彻斯特码

差分曼彻斯特码利用了在前面介绍的 DPCM 中的"差分"编码的概念,将曼彻斯特码中用绝对电平表示的波形改为用电平的相对变化来表示,即每个码元的中间跳变仅作为同步之用,每个码元的值根据前后码元边界处是否有跳变发生来决定。该码型可解决曼彻斯特码接收判决模糊问题,但实现较为复杂。

上面介绍的几种常用基带传输码型的典型波形如图 2-8 所示。

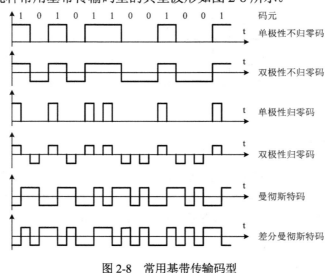

图 2-8　常用基带传输码型

2.1.6　传输方式

根据数据通信方式、数据时间顺序、同步方式等不同角度的理解,数据传输方式主要有以下几种。

1．并行传输和串行传输

按传输数据的时空顺序分类，数据通信方式可分为并行传输和串行传输两种，如图 2-9 所示。

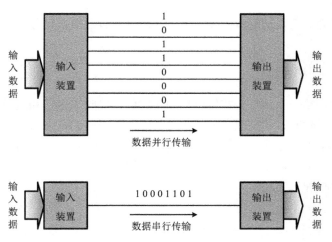

图 2-9　并行传输和串行传输

数据在一个信道上按位的次序传输的方式即为串行传输。相反，数据在多个信道上同时传输的方式称为并行数据传输。

2．单工通信、半双工通信和全双工通信

数据通信系统中数据的传输应该是双向的，通信双方应该能够双向进行通信，即通信的任何一端既能作为发信者又能作为收信者。根据信息传输的方向和时间的关系，可分为单工、半双工、全双工 3 种通信方式，如图 2-10 所示。

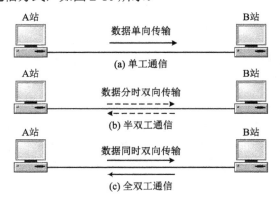

图 2-10　单工、半双工、全双工通信

1) 单工通信

发送器和接收器之间只有一个传输通道，数据信息沿一个固定的方向从发送器传到接收器。计算机和输出设备之间的通信就是单工方式操作的，如计算机信息传到打印机。

2)半双工通信

信息可以在两个设备之间双向传输,但某一时刻信息只能沿一个方向传输。双向传输的实现是通过信道变换及轮流分时的途径解决的。

3)全双工通信

两个通信设备之间可以同时双向传输信息,通过回波抵消或频分复用的方法实现在一对传输线上双向传输。

3. 同步传输和异步传输

在串行通信时,每一个字符是按位串行地传输的,接收端必须知道所接收的数据流每一位的开始时间和结束时间、字符或字节的起始和结束、完整的数据块或帧的起始和结束,从而确保数据的正确接收。为此,通信双方必须遵循某一通信规程,使用相同的同步方式进行数据传输。通常用异步传输和同步传输两种方法实现同步,前者发送端和接收端的时钟不是同步的,后者两个时钟是同步的。

1)异步传输

异步传输时以字符为传输单位,每一个传输的字符都有一个附加的起始位和一个停止位,如图2-11所示。起始位对应于二进制值0,用低电平表示,占用一位宽度,停止位对应于二进制值1,用高电平表示,占用1至2位宽度,由起始位和停止位共同实现字符的同步。校验位用来对该字符实施奇校验或偶校验,字符一般占用5~8位,具体情况视所采用的字符集而定,例如ASCII码字符为7位,汉字为8位,而电报码字符仅有5位。

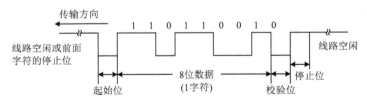

图2-11　异步传输数据格式

异步传输又称为起止式异步传输,常用于面向字符的、低速率的异步通信场合,例如主机和其终端之间的交互通信。

2)同步传输

异步传输时,对每个字符都要增加起始位和停止位,对于大量数据传输的场合并不适用,这就需要采用同步传输方式。同步传输把完整的数据块或帧作为整体进行传输,每个数据块的头部和尾部都要附加一个特殊的字符或比特序列,标志数据块的开始和结束。一般在块结束之前还要附加一个校验序列,如CRC校验(16位或32位),用于对数据块进行差错控制。同步传输数据格式如图2-12所示。根据通信规程,应用时又分为面向字符的同步传输和面向比特的同步传输。

块开始 标 志	数据块	块校验 序 列	块结束 标 志

图2-12　同步传输数据格式

2.1.7 传输形式

从传输信号的频谱来看，数据传输的形式有基带传输、频带传输等几种。

1. 基带传输

人们把由计算机或终端产生的信号的频谱从零开始，未经调制的原始数字信号所占用的固有频率范围称作基本频带，简称基带（base band），这种数字信号就是基带信号。在数字信道上直接传送基带信号的方法称为基带传输，基带传输是基本数据传输方式之一。基带传输不需要调制解调器，适用于短距离的数据传输场合，如局域网中常采用基带传输的形式进行数据传输。

2. 频带传输

基带传输利用的是数字信道，然而有些情况下所传输的信道是模拟信道，数字信号是不能直接在模拟信道中直接传输的，正如我们在调制与解调中讲述的一样，对原始基带信号进行调制后送入模拟信道传输，这种利用模拟信道传输数据信号的方法就是频带传输。频带传输不仅克服了不能长距离在模拟信道上直接传输数字基带信号的缺陷，而且还能实现频分多路复用，从而提高了线路利用率，但在发端和接收端都要设置调制解调器。

2.1.8 数字频带传输技术

在远距离的情况下，特别是在无线或光纤信道上传输时，因为信道都是带限信道或带通信道，含有丰富低频成分的数字基带信号无法直接传输，必须经过调制器进行调制，使其成为数字频带（载波）信号后再进行传输，在接收端通过相应解调器进行解调，将其还原成数字基带信号，数字调制与解调的过程统称为数字调制，此传输系统则为数字信号频带传输系统（或数字信号载波传输系统）。从实际的应用上来看，频带传输技术比基带传输技术要更加广泛。但是，基带传输也是一种重要的传输方式，对其研究仍然十分重要，它与频带传输之间有着紧密的联系。甚至从广义的角度来看，如果把调制和调解过程看做广义信道一部分的话，频带传输也可以归于基带传输系统。

1) 调制

基带信号往往包含有较多的低频成分，甚至有直流成分，而许多信道并不能传输这种低频分量或直流分量。为解决这个问题，必须对基带信号进行调制。调制可分为两大类。一类是仅仅对基带信号的波形进行变换，使它能够与信道特性相适应。变换后的信号仍然是基带信号，这类调制称为基带调制。另一类则需要使用载波进行调制，把基带信号的频率范围搬移到较高的频段以便在信道中传输。经过载波调制后的信号称为带通信号，而使用载波的调制称为带通调制。

最基本的带通调制方法有：

（1）调幅（ASK）：一种数字幅度调制技术，是指正弦载波的幅度随数字基带信号变化而变化的数字调制。它是利用代表数字信息"0"或"1"的基带矩形脉冲去键控一个连续的载波,使载波时断时续地输出。即源数字基带信号为"1"时,发送载波信号,源数字基带信号为"0"时,发送零电平,也就是不发送载波信号,如图2-13(a)所示。

　　(2)调频(FSK):用数字基带信号去控制载波的频率特性来传送信息的一种调制方式。它把信号的振幅、相位作为常量,而把频率作为变量,通过频率的变化来实现信号的识别。如数字信号"1"码用频率为f_1的载波来传送,"0"码用频率为f_2的载波来传送,如图2-13(b)所示。

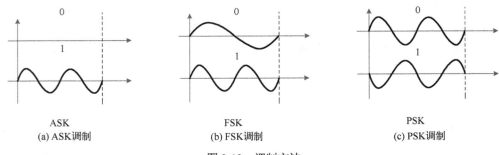

ASK	FSK	PSK
(a) ASK调制	(b) FSK调制	(c) PSK调制

图2-13　调制方法

　　(3)调相(PSK):利用双极性数字基带信号对载波相位进行控制来传送信息的一种调制方式,也就是用载波的不同相位来表示信号的信码,如图2-13(c)所示。

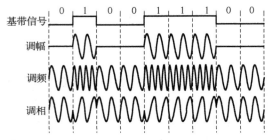

图2-14　基带信号分别使用调幅、调频及调相调制

　　若发送方发送的基带信号为:010011100,使用调幅、调频及调相得到的信号如图2-14所示。

　　2)解调

　　调制是调制的反过程,即从已调信号中通过某种技术恢复原来调制信号的过程。

2.1.9　脉冲编码调制技术

　　脉冲编码调制(pulse code modulation,PCM)是一种对模拟信号数字化的取样技术,将模拟语音信号变换为数字信号的编码方式,特别是对于音频信号。PCM对信号每秒取样8000次;每次取样为8位,总共64kb。取样等级的编码有两种标准:北美洲及日本使用Mu-Law标准,而其他大多数国家使用A-Law标准。

　　脉冲编码调制就是把一个时间连续、取值连续的模拟信号变换成时间离散,取值离散的数字信号后在信道中传输。脉冲编码调制就是对模拟信号先抽样,再对样值幅度量化、编码的过程。脉冲编码调制主要经过3个过程:抽样、量化和编码。

　　(1)抽样就是对模拟信号进行周期性扫描,把时间上连续的信号变成时间上离散的信号。该模拟信号经过抽样后还应当包含原信号中所有信息,也就是说能无失真地恢复原模拟信号。它的抽样速率的下限是由抽样定理确定的。抽样速率采用8kbps。

　　(2)量化就是把经过抽样得到的瞬时值将其幅度离散,即用一组规定的电平,把瞬时抽样值用最接近的电平值来表示。一个模拟信号经过抽样量化后，得到已量化的脉冲幅度调制信号，它仅为有限个数值。

(3)编码就是用一组二进制码组来表示每一个有固定电平的量化值。然而，实际上量化是在编码过程中同时完成的，故编码过程也称为模/数变换，可记作 A/D。

例如：话音数据的最高频率通常为 3400Hz，如果以 8000Hz 的采样频率对话音信号进行采样的话，则在采样值中包含了话音信号的完整特征，由此而还原出的话音是完全可理解和可识别的。对于每一个采样值还需要用一个二进制代码来表示，二进制代码的位数代表了采样值的量化精度，在主干上，对每一路话音信号通常采用 8 位二进制代码来表示一个采样值，这样，对语音信号进行 PCM 编码后所要求的数据传输速率为：8bit*8000 次采样/秒=64kbps。

2.2　信道的多路复用

设想一下，如果在上海有 1000 个用户同时访问北京的 1000 个不同的网站，是不是在北京和上海之间需要建立 1000 条不同的物理连接呢？答案是否定的，我们可以通过复用信道的方法解决该类问题，即充分运用物理信道的传输能力，利用一个物理信道同时传输多路信号，使得一条线路能同时由多个用户使用而不相互干扰。当今通信的主干线几乎无一例外地都采用了某种复用技术，运用多路复用器连接许多低速输入线路，复用后在一条高速的线路上传输。所以异地间都可以通过少许的几个高速连接实现较多的低速连接。

为什么能够在一个信道上传输多路信号呢？其理论依据是信号分割原理。实现信号分割的基础是信号之间的差别，如图 2-15 所示。这种差别体现在信号的频率参量、时间参量或码型结构上，因而多路复用也就有频分多路复用、时分多路复用和码分多路复用之分。

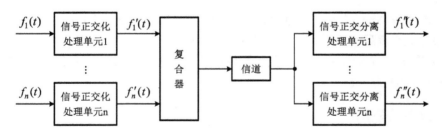

图 2-15　信道多路复用原理

由信号分割理论可知，对多路复用信号实现有效分割的充分必要条件是各路复用信号应相互无关。在实际应用中为了减少设备的复杂性，要求各路复用信号相互正交。多路复用就是一种将彼此无关的正交信号合并成一路复合信号，并在一条公用信道上传输，到达接收端再进行解复用。所以多路复用技术包括信号的复用、传输和解复用(分离)3 个方面。多路复用原理框图如图 2-15 所示。在发送端，待发送的信号 $\{f_i(t)\}$ $(i=1,2,\cdots,n)$ 必须先经过正交化处理，变为正交信号 $\{f_i'(t)\}$ 后才进行复合，然后送往信道，接收端正交化分离后输出信号 $\{f_i''(t)\}$。在无扰信道中，$\{f_i(t)\}$ 与 $\{f_i''(t)\}$ 是相同的，实际中由于干扰噪声的存在，会影响二者的一致性。具体应用时通过合理选用相应的频率参量、时间参量或码型结构,保证选用的信号相互正交,则可实现相应的多路复用方法。

2.2.1　频分多路复用

频分多路复用(frequency division multiplexing,FDM)是指按照频率参量的差别来分割各路信号。既然分割信号的参量是频率,如果在发送端使各复用信号的频谱互不重叠,那么在接收端就可以用滤波器把各路信号区分开。

如图 2-16 所示为 FDM 的原理框图,图中把信道分为若干子信道,每一子信道占用一个子频带,各子频带作为独立的信道传输一路信号。一般情况下,为了确保各子信道之间的信号不会相互干扰,相邻的子频带间应留有一定的带宽作为保护频带。通常每个低速设备接入一个调制器,这些调制器工作于不同的载波频率,形成频谱互不交叠的调制信号,同时在同一高速线路上传输,在接收端经过滤波器取出各路信号后解调还原初始信息。

图 2-16　FDM 原理

话音信号多路载波通信系统就是 FDM 最典型的实例,话音信号的有效频带范围为 300～3400kHz,根据 CCITT 标准,12 路话音信号复用在 60～108kHz 频带上,每路话音信号占 4kHz 频带宽度,其中每路话音信号带宽 3.1kHz,两边各留有 0.45kHz 的保护带。当然,在实际应用中,如果信道带宽足够的话,可以允许更多路信号进行复用。

FDM 除在多路载波电话(目前已基本不使用了)中应用外,还广泛用于广播电视、有线电视、数字数据传输等环境。

2.2.2　时分多路复用

1. 时分多路复用原理

时分多路复用(time division multiplexing,TDM)是按照时间参量的差别来分割各路信号的。将信道工作时间划分为周期 T,每一周期再划分为若干时间间隔,在一个周期内每一路信号占用一个时间间隔(通常称为时隙)。TDM 原理如图 2-17 所示,发送端转换开关在同步信号的控制下轮流选通第 1 路、第 2 路……从而获得图中信道上复用信号的时间分配关系。容易看出,如果接收端按同样的顺序和规律操作,则可从 TDM 信号中选出各分路信号。

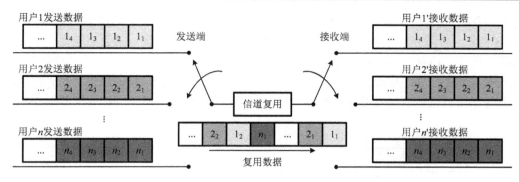

图 2-17 TDM 原理

在 TDM 中，多路复用器在每个周期都要对每路输入信号进行扫描，即给每个用户分配固定时隙。用户在分配给自己的每个固定时隙内传输部分数据，如果没有数据传输，则发送零字符，确保序列顺序。所有用户数据速率之和即为 TDM 的最大数据速率。另外，不同的 TDM 系统时隙长短不一，每个时隙内传输信息的多少也不同，所以也就有按位、按字符、按字和多位方式等不同交织方式。

（1）比特交织 TDM：对每路数字输入信号的一位取样，然后按次序串行发送每一位数据，这种按比特进行交错的位图称为位流，前后需要加上同步位构成一帧。

（2）字符交织 TDM：对每路数字输入信号的 1 字符取样，然后按次序串行发送每个字符。如同比特交织 TDM，也要在数据流的前后附加同步字符，以提供必要的定时。

2. 多级复用

在 TDM 系统中，通常可将若干个基群数字信号按时分复用的方法继续复用，从而形成二次群，这种多次复用形成更高速数据流的复用方法称为多级复用。所以除了一次群之外，还有二次群、三次群、四次群等高次群制式，它们都是为了更有效地利用信道。四次群以下的组群方案如表 2-1 所示。

表 2-1 高次群组群方案

组群	一次群		二次群		三次群		四次群	
	路数	速率 Mbps	路数	速率 Mbps	路数	速率 Mbps	路数	速率 Mbps
欧洲、中国	30	2.048	120	8.448	480	34.368	1920	139.264
北美	24	1.544	96	6.312	672	44.736	4032	274.176
日本	24	1.544	96	6.312	480	32.064	1440	97.728

3. 统计时分复用

在一般的 TDM 系统中，由于每个低速信道总是对应于高速集合信道中的一个固定时隙，其复用信道的速率等于各低速信道速率之和，对每个低速信道而言，不论有无信息传输，都分配时隙。由于事实上不是每个用户在每个时隙都有数据传送，所以有些情况下致使某些时隙被白白浪费，即使其他用户有较多的数据要发送，也只能等到分配给自己的固定时隙传输数据，这种情况最终导致信道的利用率不高。

统计时分复用（statistic TDM，STDM）是 TDM 的一种改进形式。它根据终端的需要，动态分配时隙，每个有信息要发送的用户可以保持使用该时隙，否则扫描时跳过该用户，如图 2-18 所示。当所有时隙完全被占用，仍有新用户需要分配时隙时，需要采取竞争或排队的方法加以解决。由此可知，STDM 具有较高的线路利用率。当然，STDM 的传输帧与 TDM 的帧是有区别的，各路信息除包括数据外，还需附加必要的地址信息，以便标识各路数据信号。顺便指出，这里讲到的帧指物理层比特流中所划分的帧，与数据链路层中的帧是两个完全不同的概念。

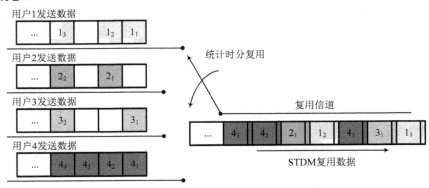

图 2-18　STDM 原理

在数据通信中，经常使用的一种通信设备称为集中器(concentrator)，在终端较多且速率较低时，先用集中器把终端数据集中起来，然后集中器通过高速信道把信号传输出去。通常集中器都是采用统计时分复用的，提供对整个报文的存储转发，通过排队的方式合理利用信道资源。

2.2.3　波分复用

波分复用(wave division multiplexing，WDM)即为频分复用运用于光纤信道，实质就是频分复用，与 FDM 的区别仅在于 WDM 使用光复用器和光分用器。

单模光纤的传输速率可达到 2.5Gbps 以上，在采用适当的补偿技术后，单根单模光纤的传输速率能达到 10Gbps 以上。由此可以想象，如果我们借助于频分复用的概念，在一根光纤上同时传输多个频率接近但不同的光载波信号，就能有效地利用光纤巨大的传输容量传输多路信号。早期人们只能在一根光纤上复用两路光载波信号，加上人们习惯用波长表示光载波，所以称之为波分复用。后来随着光纤技术的进步，单根光纤上可以复用更多的光载波信息，于是出现了密集波分复用(density wave division multiplexing，DWDM)技术。

DWDM 系统是在 1550nm 波长区同时使用 4 个、8 个、16 个或 n 个波长，通常在一对光纤上构成的光纤通信系统。一般每个光载波之间的波长间隔是 0.8nm 或 1.6nm，等间隔分布，输入的光载波经光调制后变到相应的波段。例如，对于 4 路传输速率均为 2.5Gbps 的光载波(波长均为 1310nm)，分别进行光调制后变换到波长为 1550nm、1550.8nm、1551.6nm、1552.4nm，每个光载波波长间隔 0.8nm，复用总速率达到 10Gbps。

2.2.4　码分复用

码分复用(code division multiplexing，CDM)也是一种共享信道方法，各用户以其特有的码型(通常称为伪随机序列)在共同的信道带宽内传送数据信息，按照码型的差别来分割各路信号，这样的通信方式叫做码分多址(code division multiple access，CDMA)。下面简单阐述其工作原理。

在 CDMA 系统中，数据码元时间被划分为 m 个较短的时间间隔，称之为码片(chip)，若干码片组成码片序列(也称伪随机序列)，一般 $m=64$ 或 $m=128$，为了阐述方便，这里 m 取 8，如图 2-19 所示。

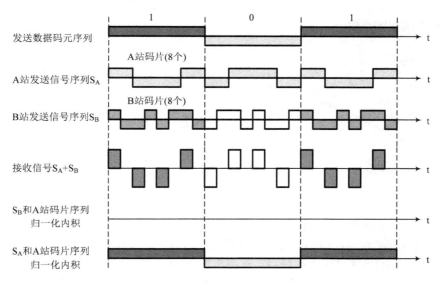

图 2-19　CDMA 原理

图 2-19 中，若 A 站指定的码片序列是 11000011，双极性码表示为(+1+1−1−1−1−1+1+1)，当其要发送码元比特"1"时，则以此码片序列作为载体传输比特码元"1"，当其要发送码元比特"0"时，则以此码片序列的反码(−1−1+1+1+1+1−1−1)作为载体传输比特码元"0"。类似地，B 站指定的码片序列是(+1−1−1+1+1−1+1+1−1)(与 A 站码片序列正交)，用其表示码元"1"，码元"0"用(−1+1+1−1+1−1−1+1)表示。这种用多个码片取代一个码元而形成的发送信号称为扩频信号。

现在我们假设 A 站发送的是 101 这 3 个码元，B 站也发送同样的 3 个码元，它们的信宿为同一接收站，显然其收到的信号是两者之和 S_A+S_B。那么接收端如何区分这两路信号呢？倘若接收站准备接收 A 站发送的信号时，就用 A 站的码片序列与收到的信号(S_A+S_B)求归一化内积，这等效于用 A 站的码片序列分别同 S_A 及 S_B 求归一化内积，从图 2-19 中我们看出，前者与 A 站发送的数据码元序列相同，后者是 0(因为 A 站的码片和 B 站的码片是正交的)。同理，接收站用 B 站的码片序列与收到的信号(S_A+S_B)求归一化内积，则可还原 B 站的数据码元。

CDMA 的主要优点是抗干扰能力强，如果每个用户发送信息的时间周期较短，能容纳大量用户，比较容易增加新用户或减少用户数而不破坏系统的正常工作。另外它还具有可靠性高和发送功率小的特点，现在已广泛使用在移动通信系统以及无线局域网中。

2.3　数　据　交　换

在现代通信系统中，不论是语音通信，还是计算机通信，很多情况下通信是多对象的，即需要进行多点之间的通信，由此产生了网的概念。我们首先会想到如图 2-20(a) 所示的全连接网络。由于任何通信都需要链路连接，要实现所有结点间通信，则需要链路为 $c=n(n-1)/2$，其中 n 为要连接的结点数。

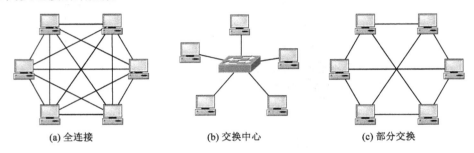

(a) 全连接　　　　　　　　(b) 交换中心　　　　　　　　(c) 部分交换

图 2-20　交换组织结构形式

我们假设一下，现在有 50 个结点用户，采用全连接的方法则需要 1225 条链路。但由于实际用户的通信是间断的，线路的使用效率很低，所以全连接存在资源的极大浪费。可以引入交换(switching)的方法克服上述缺点。在图 2-20(b) 中，建立了一个交换中心，由交换中心把各结点用户信息转接到其他用户，这样使用的链路数就少了很多。当然这种星型连接的方法也带来一定的麻烦，这就是交换中心的负担过重，如果出现故障，将导致全网瘫痪。图 2-20(c) 给出了另一种改进的方案，使用部分交换的方法，既能使交换设备的负担减轻，也能节省链路的数目，把交换的任务分配到多个结点中动态分配资源，且能保证每个结点至少有两个以上的链路同其他结点相连，即使某个交换环节出现故障，也不会影响其他结点的信息传输。为了容纳更多的用户，通常还使用多级交换的方法。

数据交换本身不关心传输数据的内容，仅执行交换的动作，将数据从一个端口交换到另一个端口，进而传输到另一个中间结点，直至目的地。从交换方式的发展过程来看，交换经历了电路交换、报文交换、分组交换和快速交换几个阶段，下面我们主要讨论它们的基本原理。

2.3.1　电路交换

电路交换(circuit switching)是一种传统且简单的交换方式，如图 2-21 所示。起源于电话交换。早期是由接线员用人工的方法完成交换的，后来经历了从步进、纵横到程控的自动化过程。在数据传输之前，首先必须在信道和信宿之间建立一条物理信道，完成线路连接之后，信源和信宿之间就好像通过一条专用的物理线路连接起来一样，通过这条物理信道透明地传输数据。所谓透明传输是指双方的通信内容不受交换机及线路的影响，传输的符号编码、格式、控制顺序等均随用户需要而定，其实质是物理层比特流的透明传输。

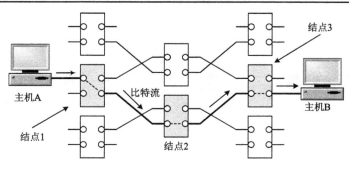

图 2-21　电路交换示意图

1. 电路交换过程

电路交换过程包括线路建立、占用线路并进行数据传输和释放线路 3 个阶段。首先由发起方站点向响应方站点发送请求，该请求通过中间站点转接至终点。如果中间结点有空闲的物理线路可以使用，则接受请求，分配线路，并将请求转至下一中间结点，类似直至终点；如果中间结点设有空闲的物理线路可用，则建链失败。只有两个站点之间建立了物理线路之后，才允许进入数据传输阶段，数据的传输既允许正向传输，也允许反向传输，在线路未被释放之前，该线路总是被独占，即使在某个时刻线路上并没有数据传输，其他站点也无法使用。因为两个站点之间的线接相当于一条物理通道，所以通道的传输延迟仅由电磁信号的传播时间决定。当站点间数据传输完毕时，要执行释放线路的动作，可由任一站点发起，释放的线路资源可为其他站点服务。

2. 电路交换的优缺点

电路交换的优点是设备简单，用户数据透明传输，实时性好，且数据到达有序。缺点是建立、拆除物理线路所需时间比较长，对于少量间歇性的数据传输来说，效率较低。另外，由于其线路的独占性，即使站点间无数据传输也不允许其他站点共享线路，造成线路利用率不高和资源浪费。

2.3.2　报文交换

为了获得较好的线路利用率，出现了报文交换(message switching)，其基本思想是存储-转发(store-and-forward exchanging)。

1. 报文交换原理

如果源结点有数据要发送，无需在源结点和目的结点之间预先建立一个完整的物理连接，只需在待发数据块(报文)上附加目的地址，然后将整个报文传输给下一个结点，中间结点先暂存报文，再根据地址确定输出端口和线路，进行排队等待，若线路空闲，则转发给下一个结点，直至最终到达目的结点，如图 2-22 所示。

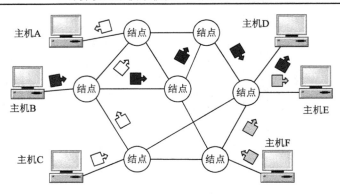

图 2-22　报文交换示意图

2. 报文交换优缺点

报文交换的主要优点有：采用存储-转发的交换方式，不独占线路，多个用户可由存储和排队来共享一条物理线路；线路利用率高；中间结点可以进行数据格式转换；有差错检测功能。

报文交换的主要缺点有：由于中间结点增加了存储和排队机制，进而增加了数据传输的延迟；对报文的长度未做规定，磁盘读写占用的时间可能过长；对于实时信息的传递以及交互性质的通信难以适应。

2.3.3　分组交换

分组交换(packet exchanging)是报文交换的一种改进形式，也是目前应用最广的交换技术。它结合了报文交换和电路交换两者的优点，使其性能达到最佳。

1. 分组交换原理

分组交换仍采用存储-转发方式，但也区别于报文交换(以整个报文为交换单位)。它首先将长报文分成若干个分组，每个分组的长度给了一个上限，然后以分组为单位以存储-转发的方式进行传输。因为限制了分组长度，每个中间结点的存储容量大为降低，仅用内存就足够了，而不必使用硬盘。且用户不会长时间占用传输线，排队等待时间也大大减少，提高了转发速度，并且也能进行交互式通信。

2. 分组交换与电路交换比较

(1)电路交换静态分配线路资源，预定频带，存在线路资源浪费现象，例如没有拆除电路也无数据传输时就是一个典型的例子。分组交换则不然，它动态分配线路，提高了线路的利用率。但由于使用内存暂存分组，有可能内存资源耗尽而引起分组丢失问题。

(2)从用户的灵活性来看，电路交换是透明的，用户可以使用任何速率、格式、内容等，而分组传输是半透明的，用户必须按照分组设备的要求使用基本的参数，如分组格式。但从另一个角度来看，分组交换可以进行码型转换、码速调整、差错检测等，这又是它灵活性的一面。

(3)从收费方式来看,电路交换一般以时间和距离收费,不考虑流量;分组交换的网络收费主要考虑传输的字节(或分组)数和连接时间,而不考虑距离(国际长途除外)。

3. 分组交换的两种工作方式

如前所述,分组交换结合了电路交换和报文交换两者的优点,由此也形成分组交换的两种管理数据分组的方法:数据报和虚电路。

1) 数据报方式

数据报(datagram)方式的原理如图 2-23 所示。在数据报方式中,被传输的每个分组就是一个数据报。它是一种面向无连接的数据传输方式,工作过程类似于报文交换。数据报本身携带足够的地址信息,中间结点根据地址信息和路由规则,合理地选择输出端口,暂存和排队,线路空闲时转发,直至目的结点。因为各数据报到达目的结点可能经过不同路径,时延也不同,按顺序发送的报文到达却不按序,所以在报文到达目的结点后要重新排序。因为数据报方式的分组传输延时较大,所以不适合于大量的、实时的交互通信。

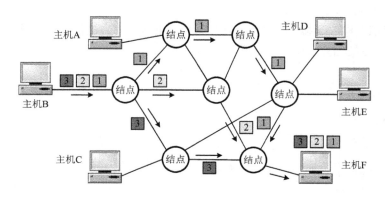

图 2-23 数据报方式原理

2) 虚电路方式

虚电路(virtual circuit)方式的原理如图 2-24 所示。虚电路是面向连接的数据传输方式,工作过程类似电路交换,经历建立连接、数据传输和拆除线路 3 个阶段,不同之处在于这里的电路是虚拟的。在虚电路建立阶段,首先由源结点发起呼叫请求分组,网络中间结点根据请求在源结点和目的结点之间建立一条逻辑通道,因为组成该逻辑通道的各段逻辑链路是共享的,结点仍然采取存储-转发的工作方式,所以称这种逻辑通道为虚电路。然后再进入数据传输阶段,利用已经建立的虚电路,逐个结点以存储-转发方式顺序传送各分组。最后一个阶段是在数据传输完毕后拆除虚电路。

虽然虚电路是一种面向连接的数据传输方式,数据沿着已建立好的虚拟电路传输,但它又不同于电路交换,因为每个分组还要在每个中间结点中进行存储并排队等待转发。而且,它又不同于数据报方式,对于某次数据传输来说,只在建立虚电路时进行一次路由选择,在请求建立虚电路的分组中含有目的地址,在以后的所有数据分组中都不需要含有目的地址,数据沿建立的虚电路顺序传输,所以在接收端也不需要对各个分组重新排序。而数据报传输则不然，它不需要建立连接，但每个分组头中必须含有足够的目的地址，且分组到达无序，接收端要重新排序。

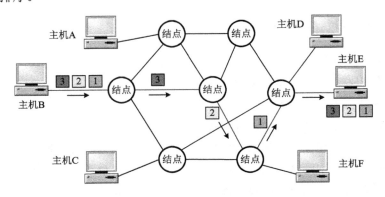

图 2-24　虚电路方式原理

由于虚电路方式具有电路交换和报文交换两者的优点，所以在计算机网络中得到广泛的应用，例如 X.25 网、ATM 网络等。

图 2-25 表示了电路交换、报文交换以及两种分组交换的主要区别与联系，图中的 A 和 D 分别表示源节和目的结点，B 和 C 表示连接源结点和目的结点之间的转接结点，如路由器、交换机等。

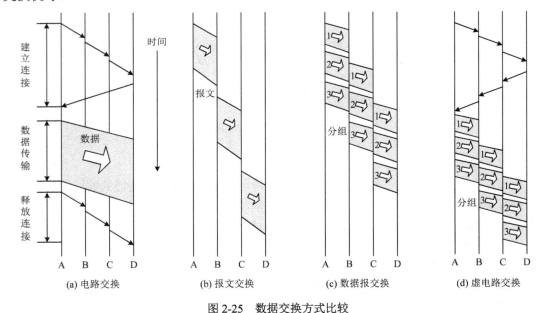

图 2-25　数据交换方式比较

2.3.4　快速交换

1. 快速电路交换

快速电路交换在建立线路时，用户提出相应的服务质量要求，如请求一定速率的连接，网络将其所需要的带宽、目的地址等信息存入交换设备，此时网络并不分配资源。当信源需要发送信息时，则在其随路信令信道中分配相应的头标志来指示上述连接，交换设备收到头标志后迅速分配资源，数据传输完毕快速释放资源。很明显，处理信令是交换设备的重要功能，其处理速度直接影响交换速度，因此对交换设备的要求也更高。

2. 快速分组交换

快速分组交换是在吸收 X.25 分组交换的长处的基础之上，从以下几个方面来提高交换速率：

(1) 从分组的长度进行考虑，分组较长时，处理分组以及存储分组所花费的时间则较多长。快速分组则不然，分组的长度大为减小，如 ATM 中分组(称为信元)的长度仅为 53 字节，减少了分组在中间结点的停留时间。

(2) 快速分组交换采用虚电路的方式进行分组交换，数据顺序到达目的站点，无需重新排序。另一方面，只有在建立虚电路时进行路由选择，数据中不必含有过多的地址信息，减少了额外开销，节约了中间转接结点进行路由选择的处理时间。

(3) 快速分组交换的中间转接结点只做有限的差错控制或不做差错控制，例如在 ATM 中差错控制都是由端结点完成的。

(4) 采用并行处理以及硬件交换的方法可进一步加快交换速度。

2.4　扩频技术

扩展频谱通信(spread spectrum communication)简称扩频通信，其特点是传输信息所用的带宽远大于信息本身带宽。扩频通信技术在发端以扩频编码进行扩频调制，在收端以相关解调技术收信息，这一过程使其具有诸多优良特性。扩频通信技术是一种信息传输方式，其信号所占有的频带宽度远大于所传信息必需的最小带宽；频带的扩展通过一个独立的码序列来完成，用编码及调制的方法来实现，与所传信息数据无关；在接收端则用同样的码进行相关同步接收、解扩及恢复所传信息数据。

扩频通信的可行性是从信息论和抗干扰理论的基本公式中引伸而来的。扩频通信的理论基础之一是信息论中关于信息容量的香农定理：$C = W \log 2(1+S/N)$，因此，在无差错传输的信息速率 C 不变时，若信噪比很低，则可以用足够宽的带宽来传输信号。扩频通信的方式主要有以下几种：直接序列扩频(DSSS)、跳频扩频、跳时扩频和混合扩频。

2.4.1　直接序列扩频

直接序列扩频(direct sequence spread spectrum)工作方式，简称直扩方式(DS 方式)，就是用高速率的扩频序列在发射端扩展信号的频谱，而在接收端用相同的扩频码序列进行解扩，把展开的扩频信号还原成原来的信号。直接序列扩频方式是直接用伪噪声序列对载波进行调制，要传送的数据信息需要经过信道编码后，与伪噪声序列进行模 2 和生成复合码去调制载波。

直接序列扩频技术在军事通信和机密工业中得到了广泛的应用，现在甚至普及到一些民用的高端产品，例如信号基站、无线电视、蜂窝手机、无线监视器等，是一种可靠安全的工业应用方案。

直接序列扩频的工作原理为：直接序列扩频通信系统发送的信息是一个将窄带信息源经伪噪声码展宽后的宽带低谱密度信号。接收机在与发端取得同步后，便可用与发端相同的伪噪声码与之进行相关解扩，即可恢复出原始的窄带信息。

直接序列扩频的优缺点如下。

1. 优点

1）抗干扰性强

抗干扰是扩频通信主要特性之一，例如信号扩频宽度为 100 倍，窄带干扰基本上不起作用，而宽带干扰的强度降低了 100 倍，如要保持原干扰强度，则需加大 100 倍总功率，这实际上是难以实现的。因信号接收需要扩频编码进行相关解扩处理才能得到，所以即使以同类型信号进行干扰，在不知道信号的扩频码的情况下，由于不同扩频编码之间的相关性不同，干扰也不起作用。

2）隐蔽性好

因为信号在很宽的频带上被扩展，单位带宽上的功率很小，即信号功率谱密度很低，信号淹没在白噪声之中，外人难以发现信号的存在，而且不知扩频编码，很难获取有用信号，而极低的功率谱密度，对其他电信设备构成干扰很小。

3）抗多径干扰

无线通信中抗多径干扰一直是难以解决的问题，利用扩频编码之间的相关特性，在接收端可以用相关技术从多径信号中提取分离出最强的有用信号，也可把多个路径来的同一码序列的波形相加，使之得到加强，从而达到有效抗多径干扰的目的。

4）直扩通信速率高

直扩通信速率可达 2M、8M、11M，无须申请频率资源，建网简单，网络性能好。

5）易于实现码分多址（CDMA）

由于直扩通信要用扩频编码进行扩频调制发送，而信号接收需要用相同的扩频编码做相关解扩才能得到，这就给频率复用和多址通信提供了基础。充分利用不同码型的扩频编码之间的相关特性，给不同用户分配不同的扩频编码，就可以区别不同的用户的信号。众多用户只要配对使用自己的扩频编码就可以互不干扰地同时使用同一频率通信，从而实现了频率复用，使拥挤的频谱得到充分利用。发送者可用不同的扩频编码分别向不同的接收者发送数据；同样，接收者用不同的扩频编码就可以收到不同的发送者送来的数据，实现了多址通信。

2. 缺点

1）频道数减少

当采用跳频/扩频体制时，为获得足够大的处理增益，系统占用带宽太大，这就减少了可供跳频的信道数。

2）带宽增大

系统带宽太大，进入接收机前端的干扰信号增多。

3）信息量增大

要得到有效的抗多径和利用多径的能力，扩频码片必须足够窄，信息比特必须足够宽，而后者又限制了信息传输速率的提高。

2.4.2　跳频扩频与跳时扩频

1. 跳频扩展

跳频技术（frequency-hopping spread spectrum，FHSS）是无线通信最常用的扩频方式之一。跳频技术是通过收发双方设备无线传输信号的载波频率，按照预定算法或者规律进行离散变化的通信方式，也就是说，无线通信中使用的载波频率受伪随机变化码的控制而随机跳变。从通信技术的实现方式来说，跳频技术是一种用码序列进行多频频移键控的通信方式，也是一种码控载频跳变的通信系统。从时域上来看，跳频信号是一个多频率的频移键控信号；从频域上来看，跳频信号的频谱是在很宽频带上以不等间隔随机跳变的。其中：跳频控制器为核心部件，包括跳频图案产生、同步、自适应控制等功能；频合器在跳频控制器的控制下合成所需频率；数据终端包含对数据进行差错控制功能。

与定频通信相比，跳频通信比较隐蔽也难以被截获。只要对方不清楚载频跳变的规律，就很难截获发方的通信内容。同时，跳频通信也具有良好的抗干扰能力，即使有部分频点被干扰，仍能在其他未被干扰的频点上进行正常的通信。由于跳频通信系统是瞬时窄带系统，它易于与其他的窄带通信系统兼容，也就是说，跳频电台可以与常规的窄带电台互通，有利于设备的更新。因为这些优点，跳频技术被广泛用于对通信安全或者通信干扰具有较高要求的无线领域，低端的应用产品包括无声电话、蓝牙设备、数字宝护神、婴儿监视器、无线摄像枪、移动电话等，中高端应用产品例如手军用电台、卫星电话等。

FHSS 在同步且同时的情况下，接收两端以特定型式的窄频载波来传送信号，对于一个非特定的接收器，FHSS 所产生的跳动信号对它而言，也只算是脉冲噪声。FHSS 所展开的信号可特别设计来规避噪声或 One-to-Many 的非重复的频道，并且这些跳频信号必须遵守 FCC 的要求，使用 75 个以上的跳频信号，且跳频至下一个频率的最大时间间隔（dwell time）为400ms。

跳频扩频就是用扩频的码序列进行移频键控（FSK）调制，使载波的频率不断地跳变。跳频系统的跳变频率有多个，多达几十各甚至上千个。传送的信息与这些扩频码的组合进行选择控制，在传送中不断跳变。在接收端，由于有与发送端完全相同的本地发生器发生完全相同的扩频码进行解扩，然后通过解调才能正确地恢复原有的信息。

简单的频移键控，如 2FSK，只有两个频率，分别代表传号和空号。而跳频系统则有几个、几十个，甚至上千个频率，由所传信息与扩频码的组合去进行选择控制，不断跳变。

跳频的优缺点如下。

1）优点

（1）跳频图案的伪随机性和跳频图案的密钥量使跳频系统具有保密性。即使是模拟话音的跳频通信，只要监听方不知道所使用的跳频图案，也无法破解，具有一定的保密的能力。当跳频图案的密钥足够大时，具有抗截获的能力。

(2) 由于载波频率是跳变的，具有抗单频及部分带宽干扰的能力。当跳变的频率数目足够多、跳频带宽足够宽时，其抗干扰能力是很强。这也是它能在 WLAN 系统中得到广泛使用的原因。

(3) 利用载波频率的快速跳变，具有频率分集的作用，从而使系统具有抗多径衰落的能力。条件是跳变的频率间隔要大于相关带宽。

(4) 利用跳频图案的正交性可构成跳频码分多址系统，共享频谱资源，并具有承受过载的能力。

(5) 跳频系统为瞬时窄带系统，能与现有的窄带系统兼容通信。即当跳频系统处于某一固定载频时，可与现有的定频窄带系统建立通信。另外，跳频系统对模拟信源和数字信源均适用。

2) 缺点

(1) 信号的隐蔽性差。因为跳频系统的接收机除跳频器外与普通超外差式接收机没有什么差别，它要求接收机输入端的信号噪声功率比是正值，而且要求信号功率远大于噪声功率。所以在频谱仪上是能够明显地看到跳频信号的频谱。特别是在慢速跳频时，跳频信号容易被监听方侦察、识别与截获。

(2) 跳频系统抗多频干扰及跟踪式干扰能力有限。当跳频的频率数目中有一半的频率被干扰时，对通信会产生严重影响，甚至中断通信。抗跟踪式干扰要求快速跳频，使干扰机跟踪不上而失效。

(3) 快速跳频器的限制。产生宽的跳频带宽、快的跳频速率、伪随机性好的跳频图案的跳频器在制作上遇到很多困难，且有些指标是相互制约的。因此，使得跳频系统的各项优点也受到了局限。

2. 跳时扩展

与跳频相似，跳时 (time hopping，TH) 是使发射信号在时间轴上跳变。首先把时间轴分成许多时片。在一帧内哪个时片发射信号由扩频码序列进行控制。可以把跳时理解为：用一定码序列进行选择的多时片的时移键控。由于采用了窄得多的时片去发送信号，相对说来，信号的频谱也就展宽了。跳时系统的原理如下：在发端，输入的数据先存储起来，由扩频码发生器的扩频码序列去控制通一断开关，经二相或四相调制后再经射频调制后发射。在收端，由射频接收机输出的中频信号经本地产生的与发端相同的扩频码序列控制通一断开关，再经二相或四相解调器，送到数据存储器并再定时后输出数据。只要收发两端在时间上严格同步进行，就能正确地恢复原始数据。

2.4.3 混合扩频

将上述几种基本的扩频方式组合起来，可以构成各种混合方式。例如，DS/FH、DS/TH、DS/FH/TH 等。

一般说来，采用混合方式看起来在技术上要复杂一些，实现起来也要困难一些。但是，不同方式结合起来的优点是：有时能得到只用其中一种方式得不到的特性。例如 DS/FH 系统就是一种中心频率在某一领带内跳变的直接序列扩频系统。

对于 DS/TH 方式，它相当于在扩频方式中加上时间复用。采用这种方式可以容纳更多的用户。在实现上，DS 本身已有严格的收发两端扩频码的同步。加上跳时，只不过增加了一个通—断开关，并不增加太多技术上的复杂性。对于 DS/FH/TH，它把 3 种扩频方式组合在一起，在技术实现上肯定是很复杂的。但是对于一个有多种功能要求的系统，DS、FH、TH 可分别实现各自独特的功能。

因此，对于需要同时解决诸如抗干扰、多址组网、定时定位、抗多径和远近问题时，就不得不同时采用多种扩频方式。

2.5　差错控制技术

2.5.1　差错控制概述

差错控制在数据通信过程中能发现或纠正差错，是把差错限制在尽可能小的允许范围内的技术和方法。

信号在物理信道中传输时，由于线路本身电气特性造成的随机噪声、信号幅度的衰减、频率和相位的畸变、电信号在线路上产生反射造成的回音效应、相邻线路件的串扰以及各种外界因素（如大气中的闪电、开关的跳火、外界强电流磁场的变化、电源的波动等）都会造成信号的失真。在数据通信中，将会使接收方收到的二进制数位和发送方实际发送的二进制数位不一致，从而造成由 0 变 1 或由 1 变 0 的差错。

传输中的差错大多数是由噪声引起的。噪声有两大类，一类是信道固有的、持续存在的随机热噪声；另一类是由外界特定的短暂原因造成的冲击噪声。

热噪声引起的差错称为随机差错，所引起的某位码元的差错是孤立的，与前后码元没有关系。它导致的随机差错通常较少。

冲击噪声呈突发状，由其引起的差错称为突发错。冲击噪声幅度可能相当大，无法靠提高幅度来避免冲击噪声造成的差错，它是传输中产生差错的主要原因。冲击噪声虽然持续时间较短，但在一定的数据速率条件下，仍然会影响到一串码元。

用以使发送方确认接收方是否正确收到了由它发送的数据信息的方法称为反馈差错控制，通常采用反馈检测和自动重发请求两种基本方法来实现。

常用的差错控制方法是差错控制编码。数据信息位在向信道发送之前，先按照某种关系附加上一定的冗余位，构成一个码字后再发送，这个过程称为差错控制编码过程。接收方收到该码字后，检查信息位和附加的冗余位之间的关系，以检查传输过程中是否有差错发生，这个过程称为检验过程。

差错控制编码分为检错码和纠错码。检错码是能自动发现差错的编码，而纠错码是不仅能发现差错而且能自动纠正差错的编码。

自动纠错技术通常比较复杂，在实际应用中常用检错码进行差错控制。

衡量差错控制编码性能好坏的一个重要参数是编码效率 R，它是码字中信息位所占的比例。编码效率越高，即 R 越大，信道中用来传送信息码元的有效利用率就越高。编码效率计算机公式为：

$$R = k / n = k / (k + r)$$

式中 k 为码字中信息位位数，r 为编码时外加冗余位位数，n 为码字的总长度。

2.5.2 差错检测

1. 奇偶校验码

奇偶校验码(PCC)是奇校验码和偶校验码的统称，是一种有效检测单个错误的检错方法。它的基本校验思想是在原信息代码的最后添加一位用于奇校验或偶校验的代码。这样最终的数据代码是由 $n-1$ 位信元码和 1 位校验码组成，可以表示称为$(n, n-1)$。加上校验码的最终目的就是要让传输的信息中"1"的个数固定为奇数(采用奇校验时)或偶数(采用偶校验时)，然后对接收到的信息中"1"的个数的实际计算结果与所选定的校验方式进行比较，就可以得出对应数据在传输过程中是否出错了。如果是奇校验码，在附加上一个校验码后，码长为 n 的码中"1"的个数为奇数；如果是偶校验码，则在附加上一个校验码后，码长为 n 的码中"1"的个数为偶数。奇偶校验方法可以通过电路来实现，也可以通过软件实现。

ASCII 字符是 8 位编码，其中高 7 位是信息代码，最后 1 位就是奇偶校验位。假设现在要传输一个 ASCII 字符，它的高 7 位为 1010110，若采用奇校验，则该字符的校验码为"1"，整个 ASCII 字符代码就是 1010110 1，因为该字符中高 7 位信息代码中的"1"的个数为偶数个，必须再加一个"1"才能为奇数；若采用偶校验，则该字符的校验码为"0"，整个 ASCII 码为 1010110 0。

无论是采用奇校验，还是偶校验，每一信息的校验位是"0"还是"1"都不是固定的，要视信息前 $n-1$ 位中"1"的具体个数而定。另一个要注意的是，奇偶校验方法只可以用来检查单个码元错误，检错能力较差，所以一般只用于本身误码率较低的环境，如用于以太网局域网中或磁盘的数据存储中等。如现在采用的是奇校验方法，传输的整个 8 位 ASCII 字符代码为 10101101，如果前 7 位信息代码有一位出现了差错，由原来的"0"变为"1"，或者由原来的"1"变为"0"，都会改变里面的"1"的个数，最终导致与对应的奇校验方法不一致，在这种情况下 PCC 能判断这个字符传输出错。但是如果前 7 位信息代码中同时有 2 位或多位出现了差错，最终的结果可能会使字符的整个 8 位代码中"1"的个数的奇偶性不变，就不能判断这个字符传输是否出错。

2. 循环冗余校验码

循环冗余码(cyclic redundancy code，CRC)是一种漏检率非常小的检错码，又称为多项式码。它是在发送的信息位后面增加一串被称为冗余位的二进制数构成一个码字的方法。

循环冗余码是将任何一个二进制编码串与一个只含有 0 和 1 系数的多项式唯一对应。在发送方通过生成多项式产生一个循环冗余码，附加在信息位后面，构成一个码字发送到接收方。接收方对收到的信息按发送方形成的循环冗余码同样进行校验，若有错，则需要重新发送。当然，这个附加数不是随意的，它要使所生成的新帧能与发送端和接收端共同选定的某个特定数整除。由于在发送端发送数据帧之前就已附加了一个数，做了去余处理，所以结果应该没有余数。如果有余数，则表明该帧在传输过程中出现了差错。

只要经过严格的挑选，并使用足够多的二进制码串，那么出现差错而检测不到的概率是非常小的。

CRC 校验的实现步骤如下：

（1）任何一个 m 位的帧都可看成一个 $m-1$ 次的多项式 $M(x)$ 的系数列表。如 1011001 看成多项式 $x^6+x^4+x^3+x^0$ 的系数列表。

（2）先选择一个用于在接收端进行校验时对接收的帧进行除法运算的除数（该除数称为生成多项式 $G(x)$），$G(x)$ 为 r 阶，$k>r$，然后在要发送的 m 位数据帧后面加上 $r-1$ 位的 "0"，接着以这个加了 $r-1$ 个 "0" 的 $m+r-1$ 位的新帧以 "模 2" 除法的方式除以所选的除数，所得到的余数就是该帧的 CRC 校验码，又称帧校验序列（FCS）。如 $x^rM(x)/G(x)=Q(x)+R(x)/G(x)$，其中 $Q(x)$ 为商、$R(x)$ 为余数，$R(x)$ 即为 $M(x)$ 的 CRC 码。

（3）把（2）中得到的 $R(x)$ 校验码附加在原数据帧的后面，构建一个新的帧发送到接收端，在接收端再把这个新帧以 "模 2" 除法的方式除以所选的除数 $G(x)$，若没有余数，则表明该帧在传输过程中没出错，反之则表明出现了差错。

生成多项式的选择可以是随机的，也可以按国际上通用的标准选择。如 CRC-12：$G(x)x^{12}+x^{11}+x^3+x^2+x^1+1$（用于字符长度为 6 位）；CRC-16：$G(x)x^{16}+x^{15}+x^2+1$（用于字符长度为 8 位）；CRC-CCITT：$G(x)=x^{16}+x^{12}+x^5+1$（用于字符长度为 8 位）；IEEE 802：$G(x)=x^{32}+x^{26}+x^{23}+x^{22}+x^{16}+x^{12}+x^{11}+x^{10}+x^8+x^7+x^5+x^4+x^2+x^1+1$。

CRC 码计算举例：假如发送端发送的帧为 1101011011，则 $M(x)=x^9+x^8+x^6+x^4+x^3+x+1$，$G(x)=x^4+x+1$，$T(x)=x^4M(x)=x^4(x^9+x^8+x^6+x^4+x^3+x+1)=x^{13}+x^{12}+x^{10}+x^8+x^7+x^5+x^4$。在本例中，发送方发送的原始帧为：1101011011；除数为：10011，则根据上文的算法，新生成的帧为：11010110110000。将该新帧以模 2 的方式除以除数，如图 2-26 所示。那么实际传输的帧为：1101011011 1110。

2.5.3　差错纠正

海明码（Hamming code，HC）是一个可以有多个校验位、具有检测并纠正一位错误代码功能的纠错码，所以它也仅用于信道特性比较好的环境中。海明码的检错、纠错基本思想就是将有效信息按某种规律分成若干组，每组安排一个校验位进行奇偶性测试，然后产生多位检测信息，并从中得出具体的出错位置，最后通过对错误位取反来将其纠正。

要采用海明码纠错，需要按以下步骤来进行：计算校验位数、确定校验码位置、确定校验码、实现校验和纠错。

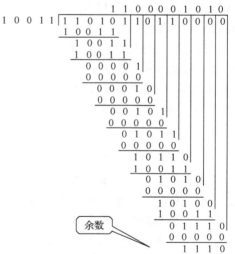

图 2-26　CRC 校验码计算机示例

1）计算校验位数

要使用海明码纠错，首先要确定发送的数据所需要的校验码位数。规定如下：假设用 N 表示添加了校验码位后整个信息的二进制位数，用 K 表示其中有效信息位数，r 表示添加校验码位，它们之间的关系应该满足 $N=K+r \leqslant 2^r-1$。如，$K=7$，$2^r-r \geqslant 7+1=8$，计算得 r 的最小值为 4，则要插入 4 位校验码。

2) 确定校验码位

得到的校验码不是直接附加在信息码的前面或后面，而是必须在 2^n（$n=1, 2, 3, 4, \cdots$）的位置，这样信息码就必须在非 2^n 的位置。

3) 确定校验码

确定了校验码位数和校验码插入的位置，还需要确定各个校验码的值，每个校验码的值代表了代码字中部分数据位的奇偶性。总的原则是：第 i 位校验码从当前位置开始，每次连续校验 i 位后再跳过 i 位，然后再连续校验 i 位，再跳过 i 位，以此类推。最后根据所采用的是奇校验还是偶校验即可得出第 i 位校验码的值。

假设，需要插入 4 位校验码（P_1，P_2，P_3，P_4），每位校验码的计算方法如下。

P_1（第 1 个校验位，也是整个码字的第 1 位）：从当前位数起，校验 1 位，然后跳过 1 位，再校验 1 位，跳过 1 位，……那么 P_1 可以校验的码字位包括：第 1 位（P_1 本身），第 3 位，第 5 位，第 7 位……然后根据奇偶校验可以确定该校验位的值。

P_2（第 2 个校验位，也是整个码字的第 2 位）：从当前位数起，连续校验 2 位，跳过 2 位，再连续校验 2 位，跳过 2 位，……那么 P_2 可以校验的码字位包括：第 2 位（P_2 本身），第 3 位，第 6 位，第 7 位，第 10 位，第 11 位，……然后根据奇偶校验可以确定该校验位的值。

P_3（第 3 个校验位，也是整个码字的第 4 位）：从当前位起，连续校验 4 位，跳过 4 位，再连续校验 4 位，跳过 4 位，……那么 P_3 可以校验的码字位包括：第 4 位（P_3 本身），第 5 位，第 6 位，第 7 位，第 12 位，第 13 位，第 14 位，第 15 位，……然后根据奇偶校验可以确定该校验位的值。

P_4（第 4 个校验位，也是整个码字的第 8 位）：从当前位数起，连续校验 8 位，跳过 8 位，再连续校验 8 位，跳过 8 位，……那么 P_4 可以校验的码字位包括：第 8 位（P_4 本身），第 9 位，第 10 位，第 11 位，第 12 位，第 13 位，第 14 位，第 15 位，第 24 位，第 25 位，第 26 位，第 27 位，第 28 位，第 29 位，第 30 位，第 31 位，……然后根据奇偶校验可以确定该校验位的值。

4) 实现校验和纠错

海明码是一个多重校验码，也就是码字中的信息码位可同时被多个校验码校验，然后通过这些码位对不同校验码的联动影响来找出是哪一位出了差错。

所有的校验码所在位是由对应的校验码进行校验的，如第 1 位，第 2 位，第 4 位，第 8 位，……那么这些位如果发生了差错，影响的只是对应的校验码的校验结果，不会影响其他校验码的校验结果。如果最终发现只是一个校验组中的校验结果不符，则直接可以知道对应校验组中的校验码在传输过程中出现了差错。所有信息码位均被至少两个校验码校验，查看对应的是哪两组校验结果不符，就可以确定是哪位信息码在传输过程中出了差错。

检测出是哪一位出现了差错后，由于海明码具有纠正一位错误的能力，所以还需要完成纠错过程。这个过程很简单，直接对错误位进行取反或加"1"操作，使它的值由原来的"1"变成"0"，或由原来的"0"变成"1"。

海明纠错码举例：字符 *m* 的 7 位 ASCII 码为 1101101，要加上 4 位纠错码（偶校验），共 11 位，生成的新的信息码如图 2-27（a）所示。确定每一位信息位可以影响哪些纠错位，如图 2-27（b）所示。每一个纠错位由多个信息位异或，再取偶校验，结果如图 2-27（c）所示。将源信息码加上计算出的纠错码，得到新的信息码为：11001100111，如图 2-27（d）所示。

11	10	9	8	7	6	5	4	3	2	1
A7	A6	A5	P4	A4	A3	A2	P3	A1	P2	P1
1	1	0		1	1	0		1		

(a) 加上纠错码后没确定纠错码的新信息码

信息位	信息组位	组位展开	影响的纠错位
A7	11	=8+2+1	对 P4、P2、P1 有影响
A6	10	=8+2	对 P4、P2 有影响
A5	9	=8+1	对 P4、P1 有影响
A4	7	=4+2+1	对 P3、P2、P1 有影响
A3	6	=4+2	对 P3、P2 有影响
A2	5	=4+1	对 P3、P1 有影响
A1	3	=2+1	对 P2、P1 有影响

(b) 纠错位对信息位的影响

检错位	纠错位的取值（再取偶校验）
P4	=A7⊕A6⊕A5=0
P3	=A4⊕A3⊕A2=0
P2	=A7⊕A6⊕A4⊕A3⊕A1=1
P1	=A7⊕A5⊕A4⊕A2⊕A1=1

(c) 确定纠错位取值

11	10	9	8	7	6	5	4	3	2	1
A7	A6	A5	P4	A4	A3	A2	P3	A1	P2	P1
1	1	0	0	1	1	0	0	1	1	1

(d) 加上纠错位的新信息码

图 2-27 新信息码

2.6 物理层接口

物理层是按层次划分的网络体系结构的最低层，它建立在物理通信介质的基础上，用来实现物理上互连系统间的信息传输。该层将信息按比特一位一位地从一个系统经物理通道送往另一系统，以实现两系统间的物理通信。物理层实际是设备之间的物理接口，它定义了物理接口的机械的、电气的、功能的和规程的特性，以便于将不同厂家生产的物理设备连接成网，实现数据链路实体之间的比特流透明传输。

2.6.1　物理层接口基本特性

物理层接口协议用于定义 DTE 与 DCE 之间的物理接口，并为物理接口标准规定了的 4 个特性，即机械特性、电气特性、功能特性和规程特性。根据这些接口标准特性，不同的计算机和设备制造厂商能够各自独立地制造设备，并使各个不同厂商的产品能够相互兼容。

1. 机械特性

机械特性规定了 DTE 与 DCE 之间的实际物理连接。为了使用方便，通常将它们的接口做成连接器的形式，即一种设备(如 DTE)的引出导线连接插头，另一种设备(如 DCE)的引出导线连接插座，然后通过插头和插座将两种设备连接起来。为了使不同厂家的设备可以互连，机械特性规定了 DTE 与 DCE 之间连接器的形状、几何尺寸、引线数目和排列方式、固定和锁定装置、使用场合，以及与之兼容的其他标准等。

2. 电气特性

在 DTE 与 DCE 之间有多条信号线，除了地线是无方向性的之外，其他每条信号线都是有方向性的。物理层接口电气特性说明了数据交换信号及有关电路的特性，包括数据传输速率的说明、信号状态表示电压或电平的说明、信号驱动器和接收器的电气参数特性的说明，以及有关互连电缆等方面的技术指导。

3. 功能特性

物理层的 DTE/DCE 接口功能特性是对连接器上各芯线的含义、功能以及各信号之间的对应关系的规定。信号线可分为数据信号线、控制信号线、定时信号线、接地信号线、辅助信号线 5 类，常用前 4 类。

4. 规程特性

物理层的 DTE/DCE 接口规程特性主要规定了使用接口线实现数据传输的操作过程，也就是在物理连接、维持和释放等过程中，DTE/DCE 双方所要求的各控制信号变化的协调关系。规程特性反映了在数据通信过程中，通信双方间发生的各种可能事件。由于这些可能事件出现的先后次序不尽相同，而且又有多种组合，因而规程特性往往是比较复杂的，故对于不同网络、通信设备、通信方式和应用场合，各自有不同的规程特性。

ITU 对于物理层使用的标准有：V.24、V.25、V.54、V.22 等 V 系列标准，X.20、X.21、X.20bis、X.21bis 等 X 系列标准，另外还有 I 系列标准等。

2.6.2　接口规范与标准

ITU 对物理层的接口协议从 4 个特性方面给出了许多建议，但是在实际应用中常见的接口却只有几个，这些接口都是按照 ITU-T 的建议实现的。

EIA-232-E 是由美国电子工业协会(electronic industry association，EIA)制订的物理层异步通信接口标准，最早在 1962 年颁布的物理接口标准为 RS-232，并于 1963 年修改为

RS-232-A, 1965 年修改为 RS-232-B, 1969 年修改为 RS-232-C, 1987 年修改为 EIA-232-D, 1991 年又修订为 EIA-232-E。上面的 RS 是英文推荐标准(recommended standard)的缩写, 而 232 是此标准的编号。EIA-232-E 的主要特性如下。

1) 机械特性

EIA-232-E 采用 ISO-2110 关于接插头的标准, 使用 25 根引脚 DB-25 的插头座, 其尺寸都有详细的规定, 引脚分为上、下两排, 如图 2-28(a) 所示。EIA-232-E 标准通常在 DTE 侧采用针式(凸插头)结构, 而在 DCE 侧采用孔式(凹插座)结构。但针式和孔式结构插头、插座的引线排列顺序是不相同的。另外, 一些生产厂商为 EIA-232-E 标准的机械特性做了变通的简化, 使用了一个 9 芯标准连接器, 而将不常用的信号线舍弃, 如图 2-28(b) 所示。

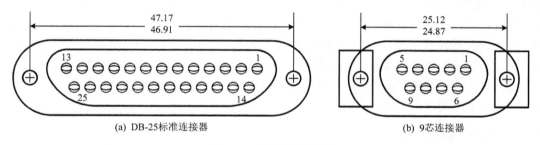

(a) DB-25标准连接器   (b) 9芯连接器

图 2-28　连接器示意图

2) 电气特性

EIA-232-E 的电气特性与 CCITT 的 V.28 建议书所规定的特性相一致。但它采用的是负逻辑, 即逻辑"1"用–15~–5V 表示, 逻辑"0"用+5~+15V 表示。它的电路连接方式由于采用单端驱动非差分接收电路, 所以 DTE 和 DCE 之间的连接电缆长度, 即 EIA-232-E 的传输距离不超过 15 米, 数据传输率不超过 20kbps。

3) 功能特性

EIA-232-E 的功能特性与 CCITT 的 V.24 建议书所规定的特性一致。它定义了 ISO-2110 标准的 25 芯连接器中 20 根引脚信号线的功能, 剩余的 5 根引脚线中, 2 根作为保留线, 供测试使用, 3 根未定义。20 根引脚信号线中的 2 根用作地线、4 根用作数据线、11 根用作控制线、3 根用作定时信号线。图 2-29 画出了最常用的 10 根引脚的作用, 图中的数字为引脚的编号。有时只用图中的 9 个引脚, 而省略了"保护地", 制成专用的 9 芯插头, 用于连接计算机与调制解调器。

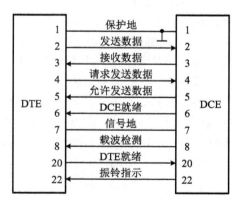

图 2-29　EIA-232-E 的 DTE-DCE 连接

4) 规程特性

EIA-232-E 的规程特性与 CCITT 的 V.24 建议书所规定的特性一致。它描述了 DTE-DCE 接口所发生事件的工作顺序。

2.7　数据链路层的功能及服务

所有计算机网络体系结构中都直接或间接地包含了数据链路层。数据链路层和它下面的物理层其实本质作用都是一样的，就是用来构建进行网络通信、访问的通道，只不过物理层构建的是一条物理通道，而数据链路层构建的是真正用于数据传输的逻辑通道。

在物理层上构建的是物理链路，在数据链路层上构建的是逻辑链路或数据链路。物理链路是指在物理层设备和相应物理层通信规程作用下形成的物理线路，是永久存在的，且是不可删除的(除非物理拆除)；逻辑链路则是通信双方在需要进行数据通信时，在数据链路层设备和相应的通信规程作用下建立的逻辑链路，可以是永久存在的，也可以是暂时存在的，是否永久存在要视具体的数据链路层服务类型而定。逻辑链路必须建立在物理链路之上。若通信双方的物理线路都不通，是不可能建立用于数据传输的逻辑链路的。无论在多复杂的网络中，从逻辑意义上来讲，真正的数据传输通道就是数据链路层中所定义的数据链路，只不过在要经过的多个网络的数据通信中，数据链路是分段的，每个网络都有一段链路，这些链路段连接起来就是整个数据通信的数据链路。

2.7.1　数据链路层功能

数据链路层在物理层提供的服务的基础上，将网络层递交来的数据在邻接的两结点之间，实现透明的、高可靠的传输。为达到这一目的，数据链路层必须具备一系列相应的功能，主要有：如何将传数据组装成数据链路层的传送数据单元——帧(frame)；如何控制帧在数据线路上的传输，包括如何处理传输差错，如何调节发送速率与接收方的接收速率相匹配；以及在两个网络层实体之间提供数据链路通路的建立、维持和释放的管理。

1. 链路管理

当网络中的两个结点要进行通信时，发送方必须确知接收方是否已经处于准备接收的状态。为此，通信的双方必须先要交换一些必要的信息，以便建立起一种相互关系(逻辑连结关系)。在数据链路层，这种关系称为"数据链路"。同样，在传输数据过程中还要维持这个数据链路，而在通信完毕时要释放这个数据链路。涉及数据链路的建立、维持和释放等方面的功能就叫做"数据链路管理"。

根据数据链路层协议的不同，所建立的数据链路类型也会有不同。数据链路层是为上面的网络层提供服务的，所以这些不同协议所建立的数据链路向网络层提供的服务类型也有所不同。总体上可以把这些数据链路服务分为以下3类：有确认的面向连接的服务、有确认的无连接的服务、无确认的无连接的服务。

1)有确认的面向连接的服务

有确认的面向连接服务里面包含两层含义：一是在提供服务时，必须先建立双方通信连接；二是在提供服务时，必须要求对方确认后才进行。这种服务类型有3个阶段：数据链路建立、数据传输、数据链路释放。

数据链路层中有确认的面向连接的服务是独占链路的，只有在当前数据传输完成，释放了链路后，其他用户才可能与同一个接收端进行数据传输。有确认的面向连接的服务非常可靠，一是因为有专门的通信链路，在一路通信使用某条链路时，其他通信不能同时使用这条链路；二是这种服务类型不会向错误的接收端进行数据传输，也可确认接收端正确接收到了发送的数据，而且是按数据帧发送顺序接收的。

大多数广域网中通信子网的数据链路层协议采用有确认的面向连接服务，如 PPP、PPPoE、HDLC 协议等。

2) 有确认的无连接服务

有确认的无连接服务与有确认的面向连接服务的相同之处就是接收端收到的每一个数据帧都要向发送端发确认；不同之处是它在进行数据传输前是不需要建立专门的数据链路的，自然也不需要在数据传输结束后释放数据链路。

有确认的无连接服务虽然不用建立专门的连接，但仍可以保证数据的可靠传输，因为它有"确认"功能，如令牌环网和令牌总线网中的数据传输技术采用这种服务类型，接收端在接收到一个数据帧时会发送确认信息给发送端。这类服务的另外一个主要用途就是用于一些不可靠信道中的数据传输，如各种无线通信系统。

3) 无确认的无连接服务

无确认的无连接服务与有确认的无连接服务的相同之处在于它不需要在进行数据传输前先建立专门的数据链路，也就是无须先在通信双方之前建立通信连接；不同之处在于进行数据传输时不要求接收端对所收到的数据帧进行确认。

这种服务类型看似不可靠，但是它是建立在可靠的通信线路基础上的，所以数据传输仍然是非常可靠的。如以太网中所使用的各种以太网协议就是采用这种服务，因为以太网中的数据链路性能非常好，数据可靠传输有保障。在以太网中的数据链路始终存在的，不用另外建立，在以太网中进行数据传输时接收端也不需要对接收到的数据帧进行确认。

2. 装帧与帧同步

在数据链路层，数据的传送单位是帧。所以，当网络层实体递交并请求发送它的数据后，数据链路实体首先必须将该数据按照协议的要求，装配成数据帧，然后在数据链路控制协议的控制下发送到数据链路上去，一帧一帧地在数据链路上传输，还必须保持它们的顺序性，以免在接收卸帧以后出现差错。同时，帧在传输时可能出现差错，一般采用检错重传的方法来纠正和恢复，在这过程中也要注意保持帧的顺序性。有关帧传输顺序性方面的功能就叫作帧同步。

由数据包封装成的数据帧的大小受到对应数据链路层协议的 MTU(最大传输单元)的限制，如以太网数据链路层封装网络层 IP 数据包的 MTU 值为 1500 字节，封装的 IP 数据包的最小值为 46 字节。

常用的帧同步方法有：字符计数法、字符填充的首尾定界符法、比特填充的首尾定界符法、违法编码法。

1) 字符计数法

以一个特殊字符代表一个帧的起始，并以一个专门的字段来标识当前帧内字节数的帧同步方法。接收端可以通过对该特殊字符的识别从比特流中区分出每个帧的起始，并从专门字段中获得每个帧后面跟随的"数据"字段的字节数，从而可以确定出每个帧的结束位置。

　　假设帧的长度用 1 字节表示，并作为帧的头部，如图 2-30 所示。但这种计数法一旦帧长度计数被误读，将无法再同步。

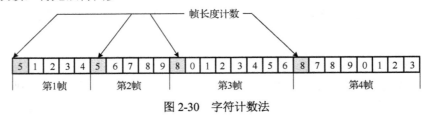

图 2-30　字符计数法

　　2) 字符填充的首尾定界符法

　　用一些特定的控制字符来定界一个帧的起始与结束，如图 2-31 所示(其中由 FLAG 作为标志)。如 IBM 的 BSC 协议在每个数据块的头部用一个或多个同步字符"SYN"来标记数据库的开始；尾部用字符"ETX"来标记数据库的结束。

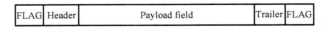

图 2-31　字符填充的首尾定界符法

　　为了不使数据信息中出现与特定字符相同的字符而引起误判为帧的首尾定界符，可以在这种数据帧的帧头填充一个转义控制符。

　　使用字符填充的首尾定界符法时，接收方一旦丢失了一个 FLAG，只要继续搜索下一个 FLAG，就可重新确定帧边界，即具有再同步能力。

　　3) 比特填充的首尾定界符法

　　通过在帧头和帧尾各插入一个特定的比特串(如 01111110)来标识一个数据帧的起始与结束，这个帧头、帧尾特定的比特串称为帧标志符。

　　为了实现透明传输，避免在信息位中出现的与帧标志符相同的比特串时造成误判为帧的首、尾标志，采用了比特填充的方法。方法如下：信息位中的任何连续出现的 5 个"1"，发送端自动在其后插入一个"0"，接收方在收到的数据帧后，先去掉两端的帧标志符，然后在每收到的连续的 5 个"1"的比特位后删去后面跟的"0"，还原成原始信息。

　　4) 违法编码法

　　该方法是在物理层采用特定的比特编码方法时采用。如曼切斯特编码中高-高电平和低-低电平对在数据比特中是违法的，因此可以借用这些违法编码序列来定界帧的起始与终止。这种编码方式不需要任何填充技术便能实现数据的透明传输，但它只适用于采用冗余编码的特殊编码环境。

　　3. 流量控制

　　发送方发送数据的速率必须使接收方来得及接收，以免造成帧丢失。当接收方来不及接收时，就必须及时控制发送方的发送速率，以使收发双方的速率达到匹配。

4. 差错控制

任何实用的通信系统都必须具有检测和纠正差错的能力，尤其是数据通信系统，要求最终的数据差错率达到极低的程度。因此，差错控制过程也是数据链路层的主要功能之一。

5. 透明传输

如前所述，所谓"透明传输"就是不管所传数据是什么样的比特组合(例如：文本型数据、图像型数据、机器代码型数据等)，都应当能够在链路上安全可靠地传输。当所传数据中的比特组合恰巧与协议的某个控制信息的结构完全一样时，就必须采取适当的措施，使接收方不会将这样的数据错误地认为是某个控制信息。这样才能保证数据链路上的传输是安全可靠的。

6. 寻址

在一条简单的点-点链路上传输数据时，无所谓寻址问题。但是，在多点式链路上传输数据时，则必须保证每一帧都能送至正确的接收方，接收方也应当知道发送方是哪一个结点，所以链路层也存在简单的寻址问题。

2.7.2 数据链路层流量控制协议

如果发送方发送能力比接收方能力强时，也就是说某一时刻接收方没有能力接收下全部发来的帧，即使传输过程中毫无差错，也会发生帧丢失的现象。因此需要有某种机制来查获接收方当前尚有多少缓冲空间可利用。通常，流量控制是与差错处理控制一起完成的，特别是在双工通信时，应用捎带确认技术能巧妙地解决流量控制的问题。

1. 停止等待协议

停止等待协议(stop and wait)是一种最简单也是最基本的数据链路层协议。停止等待协议的特点是：每发送一个数据帧后，便停止发送，等待接收端的响应帧。如果收到对方的肯定回答，就接着发送下一个帧；如果收到否定回答或超过规定的时间没有收到肯定回答，则重发该帧。下面来分析它的工作过程。

数据在传输过程中不出差错的情况如图 2-32(a)所示。接收方在收到一个正确的数据帧后，即把数据帧交付结点 B，同时向结点 A 发送一个确认帧 ACK(acknowledgement)；当结点 A 收到确认帧 ACK 后，才能再次发送一个新的数据帧，这样就实现了接收双方的流量控制。

现在假定数据帧在传输过程中出现了差错，如图 2-32(b)所示。由于通常都在数据帧上加上了循环冗余校验(CRC)，所以结点 B 很容易用硬件检验出收到的数据帧是否有差错。当发现差错时，结点 B 就向结点 A 发送一个否认帧 NAK(negative acknowledgement)，用以表示结点 A 应当重发出现差错的那个数据帧。这时，在发送端结点 A 重新发送数据帧，如果多次出现差错，结点 A 就要多次重新发送数据帧，直到收到结点 B 发来确认帧 ACK 为止。这样，在发送端必须暂时保存已发送过的数据帧的副本。当通信线路质量太差时，结点 A 在重发一定的次数后(如 8 次或 16 次，这要事先设定好)，就不再进行重新发送，而是将此情况向上一层报告。

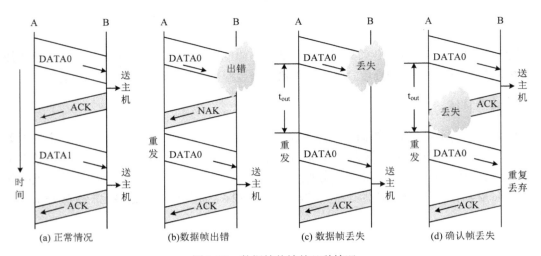

图 2-32　数据帧传输的几种情况

　　有时链路上的干扰很严重，或者由于其他的一些原因，结点 B 收不到结点 A 发来的数据帧。这种情况称为数据帧丢失，如图 2-32(c)所示。发生帧丢失时，结点 B 当然不会向结点 A 发送任何确认帧。如果结点 A 要等到收到结点 B 的确认帧后再发送下一个数据帧，那么它就将永远地等待下去，从而造成了死锁现象。

　　要解决死锁问题，可以在结点 A 设置一个超时计时器 T，它的初始值为 t_{out}，称为重传时间。当结点 A 发送完一个数据帧时，就启动计时器 T，若在 t_{out} 时间内，结点 A 收到结点 B 的确认帧 ACK，就继续发送下一个新数据帧，此时，计时器清零并停止计时；若在 t_{out} 时间内，结点 A 收不到结点 B 的确认帧 ACK，结点 A 就重发前面发送过的那一数据帧，如图 2-32(c)和(d)所示。显然，计时器 T 的初始值 t_{out} 应仔细选定，若重传时间选得过短，就会在正常情况下收到结点 B 的确认帧之前重传数据，这样结点 B 就收到 2 个同样的数据帧，形成重复帧；若重传时间选得过长，则要白白等待许多时间。一般情况下，使 t_{out} 略大于结点 A 发完数据帧到收到结点 B 的确认帧所需的平均传输时间即可。

　　另外，当两个结点之间传输数据时，若丢失的是确认帧，这种情况下 t_{out} 选得再大也会使结点 B 收到 2 个同样的数据帧，但是由于结点 B 现在无法识别重复的数据帧，从而产生另一种差错——重复帧。因此，重复帧也是停止等待协议所要解决的问题。

　　要解决重复帧的问题，采用的方法是给每个发出的数据帧编上序号。若结点 B 收到连续带有相同序号的数据帧，就表明出现了重复帧。这时，应当丢弃这一重复帧，因为上一个同样的数据帧已交给了结点 B。与此同时，结点 B 还必须向结点 A 发送一个确认帧 ACK，因为这意味着结点 A 此前还没有收到上次发送的确认帧 ACK。

　　对于停止等待协议，由于每次只能发送一个数据帧，而且确认该帧被正确接收后才发送下一个数据帧，因此发送方只需要区分相继发送的两个数据帧，而接收方也只需要区分接收的数据帧是新帧还是重复帧就可以了。所以帧的序号只要用 1 比特来编号即可。这样，数据帧中发送的序号就以 0 和 1 交替的方式出现在数据帧中，每发送一个新的数据帧，序号值就和上一次发送的相反。用这样的方法避免了重复帧的出现，实现了一定的差错控制。同时，接收方通过控制发送确认帧 ACK，就可以达到流量控制的目的。

停止等待协议实现方法简单，但由于发送结点每发完一帧后必须停下来等待对方应答，因而其信道利用率较低，只适合半双工通信。

2. 滑动窗口

1) 滑动窗口的概念

发送窗口是指在发送端允许连续发送的帧的序号表。把即将发送的帧的序号称为发送窗口前沿；最早发送但还未收到确认的帧的序号称为发送窗口后沿。发送端可以不等待确认而连续发送的最大帧数称为发送窗口的尺寸，记为 W_T。

发送窗口的工作规则：落在发送窗口内的帧才能被发送，且每发送完一帧，允许发送的帧数就减 1，发送时，不必考虑是否收到确认信息。如果发送窗口内的帧数发完，但还未收到确认信息，就不再发送任何帧，当收到一帧的确认信息后，发送窗口才向前滑动一个位置，并从缓冲区中将该数据帧删除。如果有新的数据要发送，只要其帧序号落在发送窗口内就可以发送，直到发送窗口满为止。

接收窗口是指接收方允许接收的帧的序号表。接收方允许接收的帧数称为接收窗口的尺寸，记为 W_R。

接收窗口的工作规则：只有当接收到的数据帧的发送序号落在接收窗口内，接收方才会将数据帧收下，而落在接收窗口外的帧，则一律被丢弃。另外，接收窗口每收到一个序号正确的帧，接收窗口就向前滑动一个位置，同时向发送端发送对该帧的确认信息。

若用 n 比特给数据帧编号，可以编 2^n 个序号，范围从 0 到 2^n-1。经常选用的 n 值为 3 或 7。当 $n=3$ 时，序号可为(0~7)模 8 循环使用；当 $n=7$ 时，序号可为(0~127)模 128 循环使用。

2) 滑动窗口的基本工作过程

我们现在设发送序号用 3 比特来编号，发送窗口以 8 个序号(0~7)向前滑动，又设发送窗口 $W_T=2$，接收窗口 $W_R=1$，如图 2-33 所示。

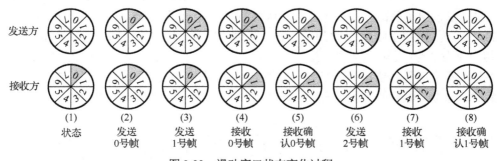

| (1)
状态 | (2)
发送
0号帧 | (3)
发送
1号帧 | (4)
接收
0号帧 | (5)
接收确
认0号帧 | (6)
发送
2号帧 | (7)
接收
1号帧 | (8)
接收确
认1号帧 |

图 2-33 滑动窗口状态变化过程

(1)初始态，发送方没有帧发出，发送窗口前后沿相重合。接收方 0 号窗口打开，表示等待接收 0 号帧。

(2)发送方已发送 0 号帧，此时发送方打开 0 号窗口，表示已发出 0 号帧但尚未确认返回信息。此时接收窗口状态(1)，仍等待接收 0 号帧。

(3)发送方在未收到 0 号帧的确认返回信息前，继续发送 1 号帧。此时，1 号窗口打开，表示 1 号帧也属于等待确认之列。至此,发送方打开的窗口数达到发送窗口的大小,在未收到新的确认返回帧之前,发送方将暂停发送新的数据帧。此时,接收窗口仍保持原状态不变。

(4)接收方收到 0 号帧,0 号窗口关闭,1 号窗口打开,表示准备接收 1 号帧。此时发送窗口保持原状态不变。

(5)发送方收到接收方发来的 0 号帧确认返回信息,关闭 0 号窗口,表示从缓冲区中删除 0 号帧。此时,接收窗口保持原状态不变。

(6)发送方继续发送 2 号帧,2 号窗口打开,表示 2 号帧也纳入待确认之列。至此,发送方打开的窗口又一次达到发送窗口大小,在未收到新的确认返回帧之前,发送将暂停发送新的数据帧,此时,接收窗口仍保持原状态不变。

(7)接收方收到 1 号帧,1 号窗口关闭,2 号窗口打开,表示准备接收 2 号帧。此时,发送窗口状态保持不变。

(8)发送方收到接收方发来的 1 号帧收毕的确认信息,关闭 1 号窗口,表示从缓冲区中删除 1 号帧。此时接收窗口状态仍保持不变。

由此可见,当接收窗口保持不动时,发送窗口不会滑动,只有接收窗口滑动后,发送窗口才能向前滑动,这体现了接收端对发送端的控制。

3. 连续 ARQ 协议

连续 ARQ 协议是应用滑动窗口机制的流量控制方法,它改进了停止等待协议的缺点,在发送完一个数据帧后,不是停下来等待确认帧,而是可以连续再发送若干个数据帧。如果这时收到了接收端发来的确认帧,那么还可以接着发送数据帧。由于减少了等待时间,整个通信的效率就提高了。

现举例说明连续 ARQ 协议的工作过程,如图 2-34 所示。发送方结点 A 向接收方结点 B 发送数据帧,发送窗口的大小 $W_T = 7$,表明结点 A 可连续发送 7 个数据帧,其序号为 0~6。当结点 A 发完 0 号帧后,不是停止等待,而是继续发送后续的 1 号、2 号帧等。由于连续发送了许多帧,所以确认帧不仅要说明是对哪一帧进行确认或否认,而且确认帧本身也必须编号。现设 2 号帧出了差错,结点 B 发送否认帧 NAK_2,当它到达结点 A 时,结点 A 刚好发完之后的 3~8 号帧(由于结点 A 收到了 0 和 1 号帧的确认,所以窗口向右滑动 2 格),接着结点 A 接着重发 2 号帧。在这期间,虽然 2 号帧后结点 B 正确地收到了 6 个帧,但由于它们的发送序号都不是 2 号,所以和 2 号帧一起被丢失,这样虽然结点 A 已发完了 3~8 号帧,但必须后退,从 2 号帧开始重发。所以,连续 ARQ 协议又称后退 N 帧 ARQ 协议。

图 2-34　连续 ARQ 协议的工作过程

4. 选择重传 ARQ 协议

当传输质量很差时，连续 ARQ 协议由于把出差错后已正确传送过的帧进行重传，从而降低了效率。为了进一步提高信道的利用率，减少重传的帧数，可设法只重传出现差错的数据帧或计时器超时的数据帧，这就是选择重传 ARQ 协议。该协议中，通过加大接收窗口，收下发送序号不连续但仍处在接收窗口中的那些数据帧，等到所缺序号的数据帧收到后，再一起送交上层。

现举例说明选择重传 ARQ 协议的工作过程，如图 2-35 所示。发送方结点 A 向接收方结点 B 发送数据帧，发送窗口的大小 $W_T = 4$，接收窗口的大小 $W_R = 4$，表明结点 A 可连续发送 4 个数据帧，其序号为 0～3；结点 B 能连续接收 4 个数据帧，其序号为 0～3。由于连续发送了许多帧，所以确认帧不仅要说明是对哪一帧进行确认或否认，而且确认帧本身也必须编号。现设 2 号帧出了差错，结点 B 发送否认帧 NAK_2，当它到达结点 A 时，结点 A 刚好发完之后的 3 号帧(由于结点 A 收到了 0 和 1 号帧的确认，所以窗口向右滑动 2 格，A 可以继续发送 4 号和 5 号帧)，结点 A 接着重发 2 号帧。在这期间，由于结点 B 的接收窗口为 4，因此在 2 号帧后结点 B 又正确地收到的 3 个帧(3 号、4 号和 5 号)，仍能正确接收。

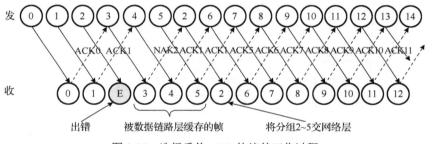

图 2-35　选择重传 ARQ 协议的工作过程

其中 3 种流量控制方式在应用中各有所长，停止等待方式在码组较长、等待时间较短时有较高的效率，反之则传输效率较低，但由于其工作原理简单，易于控制，故在计算机数据通信中有所应用；连续 ARQ 方式比停止等待方式有很大的改进，传输效率较高；选择重传 ARQ 方式的传输效率最高，但其控制也最为复杂，且在收、发端都要有数据缓存器。连续发送和选择重传方式皆需全双工链路，而停止等待方式只要求有半双工链路即可。

2.7.3　面向比特的链路控制规程 HDLC

为了实现数据链路层数据的可靠传输，通信双方必须遵循基于某种传输与控制机制而建立的一定协议和准则，这些约定的协议或准则，称为数据链路控制规程(data link control procedure，DLCP)。数据链路层的实体通过执行这种协议来体现该层的功能和服务。

数据链路层的控制规程主要有面向字符的数据链路控制规程和面向比特的数据链路控制规程。面向字符的数据链路控制规程是指，在链路上所传送的数据必须由规定的字符集中的字符组成，而且控制信息也必须由同一个字符集中的若干个指定的控制字符构成。它最初是 IBM 公司于 1969 年提出的二进制同步通信规程(bnary synchronous communication，BSC)。1975 年，ISO 根据 BSC 提出了相应的数据通信系统的基本型控制规程 ISO1745。由于这种通信规程具有与特定的字符编码集关系过于密切、传输效率低、监控报文验证方式简单等缺点，在现代数据通信系统中已很少使用。

1974 年，IBM 公司推出了著名的 SNA 系统，在 SNA 的数据链路层采用了同步数据链路控制协议(synchronous data link control，SDLC)。后来，美国国家标准协会(ANSI)将其修改为高级数据通信控制规程(advanced data communication control procedure，ADCCP)，作为美国国家标准；而 ISO 将 SDLC 修改为高级数据链路控制协议(high level data link control，HDLC)，作为国际标准 ISO3309。后来 CCITT 又将 HDLC 修改为链路接入规程(link access procedure，LAP)，作为 X.25 网络接口标准的一部分。不久，HDLC 的新版本又把 LAP 修改为链路接入规程-平衡型(link access procedure-balanced，LAPB)。

1. HDLC 帧结构

数据链路层的数据传送是以帧(frame)为单位的。无论是信息帧还是控制帧都具有固定的格式，如图 2-36 所示。它是由标志字段 F、地址字段 A、控制字段 C、信息字段 I 和帧校验字段 FCS 组成。

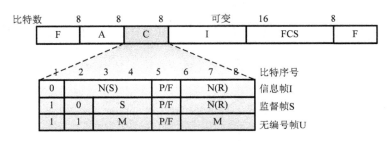

图 2-36 HDLC 的帧结构

各字段的意义及功能如下。

1) 标志字段 F

帧的标志字段由比特序列 01111110 组成，用于标识一个帧的开始和结束。当发送一些连续的帧时，标志字段可同时作为前一个帧的结束标志和下一帧的开始标志。而当帧与帧之间有空闲时间时，可以连续发送标志字段作为时间填充，接收方一旦发现某个标志字段后面不再是一个标准字段时，便可以认为一个新的帧传送已经开始。

若在两个标志字段之间的比特序列中刚好出现了与标志字段 F 一样的比特组合，那么就会在处理 HDLC 帧时误认为找到了一个帧的边界。为了防止出现这样的错误，HDLC 中采用"0 比特插入、删除技术"。发送时，发送端监测标志字段之间的比特序列，当发现有 5 个连续的 1 时，就立即插入一个 0，这样就保证了除标志字段外帧序列中不会出现 6 个连续 1。接收时，接收端在除标志字段外的比特序列中，监测到连续 5 个 1 后有 0 出现，则立即将该 0 删除，从而还原成原来的比特流，实现数据链路层的透明传输。

2) 地址字段 A

地址字段 A 在使用非平衡方式传输数据时，用于指明从站的地址，但在平衡方式下，总是指明确认站的地址。

地址字段为 8 位，共有 256 个地址。当地址字段为全 1 时，表示广播地址，所有的从站均可接收主站的信息；当地址字段为全 0 时，表示无效地址。在应用中若需要扩充地址范围时，可以把地址字段的首位作为扩展位，其余的 7 位作为地址位。如果某个地址字段的首位为 0 时，就表示下一个 8 位地址字段是基本地址的扩展，它的后 7 位也是地址位。当此地址字段的首位为 1 时，表示它是最后一个地址字段。

3）控制字段 C

控制字段也为 8 位，用于标识帧的类型和功能，使对方站执行特定的操作。根据控制字段最前面两个比特的取值不同，可以将 HDLC 帧划分为三大类型，即信息帧（information）、监督帧（supervisory）和无编号帧（unnumbered），分别称之为 I 帧、S 帧和 U 帧。各类帧中控制字段的比特定义如图 2-36 所示。

4）信息字段 I

信息字段用于传输用户数据，长度可变。实际情况下，受到 FCS 校验能力、缓冲区大小等因素的限制，一般信息字段的长度不超过 255 个字符。

5）帧校验序列 FCS

帧校验序列 FCS 是一个 16 位的序列，它用于帧的差错检验，校验范围是这个帧中除帧标志以外的内容，即地址字段 A、控制字段 C、信息字段 I 等字段。帧校验序列采用循环冗余校验 CRC，其生成多项式采用 CCITT V.41 建议规定的：$G(x) = x^{16} + x^{12} + x^5 + 1$。

2．信息帧

若控制字段中第 1 位为 0，则对应的帧即为信息帧，它是用来传输信息。主站传输信息帧的编号，用 N(S) 来标识；从站接收信息帧的编号用 N(R) 标识，它表示期望接收帧的序号，并对收到的 N(R)−1 帧及其以前的所有帧进行确认。P/F 是探询/终止位，在命令帧中是探询位 P，在响应帧中是终止位 F。当主站探询各个从站时，将 P=1，表示允许从站发送数据；从站可以连续发送多帧数据，最后一帧的 F=1，表示数据传输结束，其余各帧的 F=0，表示还有后继数据。在命令帧中 P=1 表示对对方状态的询问，收到 P=1 的命令帧的站必须立即以 F=1 的响应帧来响应。

3．监督帧

若控制字段中第 1~2 位为 10，则对应的帧即为监督帧，用于差错控制和流量控制。监督帧的第 3、4 位表示监督帧的类型，共有 4 种不同组合，如表 2-2 所示。

表 2-2　4 种监督帧的名称和功能

第3、4位	帧 名	功 能	说 明
00	RR（receive ready），接收准备就绪	准备接收下一帧，确认序号为 N(R)−1 及其以前的帧	相当于确认帧 ACK，用于流量控制
10	RNR（receive not read），接收未就绪	暂停接收下一帧，确认序号为 N(R)−1 及其以前的帧	相当于 ACK，用于流量控制
01	REJ（reject），拒绝	从 N(R) 起的所有帧都被否认，但确认序号为 N(R)−1 及其以前的帧	相当于否认帧 NAK，用于连续 ARQ 协议的差错控制
11	SREJ（selective reject），选择拒绝	只否认序号为 N(R) 的帧，但确认序号为 N(R)−1 及其以前的帧	用于选择重传 ARQ 协议的差错控制

4. 无编号帧

若控制字段中第 1~2 位为 11,则对应的帧即为无编号帧,它的得名是缘于该帧中无 N(R) 和 N(S)编号。无编号帧一方面用于主站发送除信息帧以外的各种命令,如：置工作方式、询问、复位以及拆除连接等；另一方面用于从站对主站命令的响应,即对各种命令的回答。各种命令和响应是通过无编号帧中的 5 个 M 位(即第 3、4、6、7、8 位)的不同组合构成的,它共有 32 种不同组合的命令。

2.7.4　Internet 的点对点协议 PPP

用户接入 Internet 的方法一般有两种：一种是使用拨号电话网接入,另一种是使用专线接入(单位用户或集团用户)。但不管采用哪种方法,传输数据时都需要有数据链路层协议。TCP/IP 协议虽然是 Internet 中广泛采用的网络互联标准协议,但是它并不包含数据链路层部分。数据链路层是 TCP/IP 赖以存在的基础,它提供了各种通信网与 TCP/IP 之间的接口。对于上述两种接入 Internet 的方法,在数据链路层使用得最多的是点对点协议(point to point protocol, PPP)。

图 2-37 给出了用户拨号入网的示意图。ISP 是因特网服务提供商,拥有很多可供分配的 IP 地址(IP 地址将在第 3 章详细论述),并由路由器通过高速线路接入因特网。用户在某个 ISP(如电信、联通、铁通等)缴费注册后(有的 ISP 是出售上网卡,有的 ISP 是自动与住宅电话捆绑收费),即可在家中使用计算机通过调制解调器、电话线接入到相应的 ISP。ISP 收到用户的接入呼叫后,经用户名和口令识别,就给该用户分配一个临时的 IP 地址,该用户的 PC 便成为因特网上的主机,进而可以使用因特网所提供的各种服务和资源。当用户访问完毕,发出释放连接请求,分配给该用户的 IP 地址则被 ISP 收回,以便再分配给将要拨号上网的其他用户使用。在此过程中,用户身份的确认、链路的配置等都是通过 PPP 来实现的。

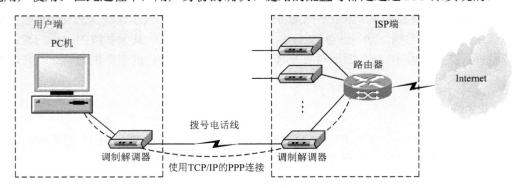

图 2-37　PC 机拨号入网方式

自 1984 年因特网就开始使用面向字符的串行链路因特网协议(serial link internet protocol, SLIP),但 SLIP 的弱点较多,没有最终成为正式标准。首先,SLIP 没有差错检测的功能,SLIP 帧的差错处理只能依赖于高层；其次,通信双方必须事先知道对方的 IP 地址,对于拨号入网的用户显然很难办到；第三,SLIP 只支持 IP,而不支持其他网络层协议；第四,版本较多且互不兼容,影响因特网的互连。直到 1992 年制订了 PPP,这些问题才得到解决。经过 1993 年和 1994 年的修订,PPP 成为因特网的正式标准协议。

1. PPP 的内容

PPP 是 TCP/IP 网络协议簇中的一个子协议,适用于 IP、IPX、AppleTalk 等多种网络层协议。PPP 主要用来创建电话线路以及 ISDN 等拨号接入 ISP 的连接,具有多种身份验证的方法、数据加密、数据压缩和通知 IP 地址等功能,利用 PPP 帧来封装 IP、IPX、AppleTalk 等分组,进行全双工通信。

PPP 协议由 3 个部分组成。

(1) 链路控制协议(link control protocol,LCP):用来建立、配置、测试和释放数据链路连接,配置的选项由通信双方协商。

(2) 网络控制协议(network control protocol,NCP):每一个协议支持不同的网络层协议的协议簇。其中 IP 控制协议(IP control protocol,IPCP)的作用是和高层协议协商链路层传输的数据的格式与类型,对 IP 报头进行压缩,为每个用户分配一个临时 IP 地址,访问结束后收回 IP 地址等。另一个 NCP 是 PPP 压缩控制协议(compression control protocol,CCP),作用是对压缩整个数据分组进行协商。

(3) 将 IP 数据报封装到串行链路的方法:PPP 既支持面向比特的同步链路,也支持无奇偶校验的 8 比特数据的异步链路;IP 数据报在 PPP 帧中作为其信息部分;信息部分的长度有最大接收单元(maximum receive unit,MRU)限制,其默认值是 1500 字节。

2. PPP 帧格式

点对点协议 PPP 提供了一种通过点对点链路传输数据报文的方法,它的帧格式和 HDLC 的帧格式相似,如图 2-38 所示。

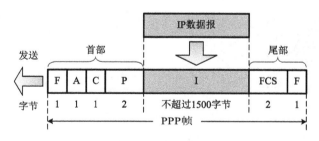

图 2-38　PPP 帧格式

有关 PPP 帧的字段意义分别描述如下。

(1) 标志字段 F:编码为 01111110(0x7E),是帧的定界符,标识一帧的开始和结束。

(2) 地址字段 A:编码为 11111111(0xFF),标准的广播地址,使所有的站均可以接收该帧,不指定单个工作站的地址。因为 PPP 只用于点对点链路,所以地址字段实际上并不起什么作用。

(3) 控制字段 C:通常编码为 00000011(0x03),相当于 HDLC 中的无编号帧,PPP 不使用序号和确认机制来保证数据帧的有序传输。

(4) 协议字段 P:占 2 字节,用于标识 PPP 帧中的信息所使用的协议类型。当协议字段为 0x0021 时,PPP 帧的信息字段就是 IP 数据报;若为 0xC021 时,信息字段是 PPP 链路控制数据；若为 0x8021 时，信息字段是网络控制数据。有关 PPP 中使用的协议字段代码可参考文献 RFC 1700。

（5）信息字段 I：字段长度不超过 1500 字节，包含了协议字段中规定的协议所需的数据报文。当信息字段中出现和标志字段相同的信息比特(0x7E)组合时，采用 HDLC 一样的做法，用硬件来完成比特填充(同步传输时)，或使用一种特殊的字符填充法(异步传输时)。具体做法在 RFC 1622 中均有详细规定。

（6）FCS：帧校验序列字段，占 2 字节，使用 16 比特的循环冗余校验 CRC。若发现错误则丢弃重传，初步保证 IP 数据报的正确性。

3. PPP 工作过程

图 2-39 所示为 PPP 的工作过程。点对点链路从用户激活开始，等待用户呼叫时出现。当用户拨号接入网络服务提供商 ISP 时，检测到调制解调器的载波信号并建立物理层连接后，转入建立链路状态，链路的一端用 LCP 配置请求帧发送一些期望的连接建立配置选项，该配置请求帧为 PPP 帧，其协议字段为 LCP，信息字段包含特定的配置请求，用以确定链路功能和链路质量参数。链路的另一端可以发送的响应有 3 种：配置确认帧，接受所有的选项；配置否认帧，所有选项都理解但不能接受；配置拒绝帧，有的选项无法识别或不能接受，需要协商解决。

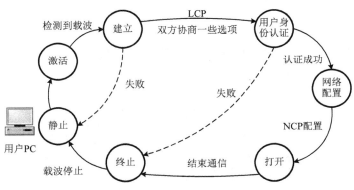

图 2-39　PPP 工作过程

接下来进入用户身份认证阶段，使用密码认证协议(password authentication protocol，PAP)和询问握手认证协议(challenge handshake authentication protocol，CHAP)对用户身份进行认证。在 PPP 功能选项中，允许不进行身份认证，也就不能保证安全性。

认证成功后接着进行网络层配置，网络控制协议 NCP(Network Control Protocol)给新接入的 PC 机分配一个临时的 IP 地址。这样，PC 机就成为 Internet 上的一个主机了。

然后链路进入数据传输的打开状态，可进行数据传输。两个 PPP 端点还可以发送回送请求 LCP 分组和回送应答 LCP 分组，用以检查链路的状态。

当用户数据传输结束时，链路的一端发出终止请求 LCP 分组请求终止链路连接，而当收到对方发来的终止确认 LCP 分组后，就转到终止状态，NCP 释放网络层连接，收回原来分配出去的 IP 地址；接着，LCP 释放数据链路层连接；最后释放的是物理层连接，当载波停止后则回到静止状态。

4. PPP 应用

PPP 具有简单、用户身份认证、可以解决 IP 地址动态分配问题等优点，成为目前广域网上应用最广泛的协议之一，在诸多方面得到应用。

(1) 个人用户拨号上网，通过 PPP 在用户端和 ISP 端之间建立通信链路。

(2) 宽带接入，典型应用为非对称数据用户线(asymmetrical digital subscriber loop，ADSL)接入方式当中，PPP 与其他的协议共同派生出了符合宽带接入要求的新的协议。

(3) 以太网中，利用以太网资源，在以太网上运行 PPP 来进行用户身份认证，该接入方式被称为 PPPoE(PPP over Ethernet)。

(4) 在异步传输模式(asynchronous transfer mode，ATM)中，也可运用 PPP 来实现用户身份认证，该接入方式被称为 PPPoA(PPP over ATM)。它的原理和作用与 PPPoE 相同，不同之处在于需要分别适用于以太网标准和 ATM 标准。

本 章 小 结

数据通信技术是计算机网络技术发展的基础，将数据以某种信号的方式，通过数据通信系统来完成数据信息的传输、交换、存储和处理的过程称为数据通信。数据通信既可以采用数字通信方式，也可以采用模拟通信方式。从系统结构上看，数据通信系统由 DTE、DCE 和传输信道 3 个主要部分构成，它是以给定信道中单位时间内传输信息量的多少来衡量其有效性的，而可靠性是用错误率(差错率)来度量的。

传输信道是数据通信系统的重要组成部分，从不同的角度理解，信道有多种划分方法。传输介质是传输信道的重要组成部分，它是网络中连接收发双方的物理通路，也是实际传输信息的载体。计算机网络中常用的传输介质有：双绞线、同轴电缆、光纤、微波、红外线等。信道质量的好坏可由信道的带宽、频带利用率、信道容量、传输速率、差错率等参数进行度量。

根据数据通信方式、数据时间顺序、同步方式等不同角度理解，数据传输方式主要有：并行传输和串行传输；单工、半双工和全双工传输；同步传输和异步传输。

无论是局域网还是广域网，都存在传输介质的带宽远大于传输单一用户信息所需的带宽的问题，为了有效地利用传输系统，通常采用多路复用技术提高通信子网传输效率。多路复用的理论依据是信号分割原理。实现信号分割的基础是信号之间的差别，这种差别体现在信号的频率参量、时间参量或码型结构上，因而多路复用也就有频分多路复用、时分多路复用和码分多路复用之分。统计时分复用是一般时分复用的改进，波分复用的实质是频分复用，码分复用具有抗干扰能力强等突出的优点，同时也是一门较新的通信技术，现已广泛运用于语音移动通信系统及无线局域网中。

提高通信子网传输效率的另一种有效途径是运用交换技术。从交换方式的发展过程来看，交换经历了电路交换、报文交换、分组交换和快速交换几个阶段。目前计算机网络中的数据交换主要采用分组交换技术，其实现方式有两种：数据报方式和虚电路方式。随着综合业务需求的不断扩大，对交换速度的要求也在不断提高，所以实现快速交换将成为交换技术发展的必然趋势。

在计算机网络体系结构中，物理层是最低层，它的作用就是在一条物理传输媒体上，实现数据链路实体之间透明地传输各种数据的比特流。物理层接口协议是用于定义 DTE 与 DCE 之间的物理接口，并为物理接口规定了机械的、电气的、功能的和规程的 4 个特性。

层次型网络体系结构的第二层是数据链路层，数据链路层在物理层提供的服务的基础上，将网络层递交来的数据在相邻的两结点之间，实现透明的、高可靠的传输。数据链路层的传送数据单元称为帧。实现流量控制是数据链路层的重要功能之一，流量控制通常结合差错控制一起完成，常用的控制协议有停止等待协议和 ARQ 协议。数据链路层的实体通过执行数据链路控制规程来体现该层的功能和服务，广泛使用的数据链路控制规程主要有高级数据链路控制规程 HDLC（例如在 X.25 网中）和点对点协议 PPP（如在 Internet 中）。

思考与练习

1．试举例说明信息、数据和信号三者之间的关系。

2．你是如何理解数据通信的有效性和可靠性的？它们的相互关系怎样？

3．什么是数据通信系统？DTE 和 DCE 分别有哪些功能？举例说明数据通信系统的组成。

4．解释名词：数据，信号，信息，模拟信号，数字信号，数字数据，信道容量，并行传输，串行传输，单工通信，半双工通信，双工通信，同步传输，异步传输。

5．通过比较说明双绞线、同轴电缆、光纤 3 种常用传输介质的特点及适用场合。

6．某信道带宽为 3kHz，用 16 种状态波形表示数据，信噪比为 20dB，请问按香农公式或奈奎斯特公式，信道最大限制的数据速率是多少？

7．现有某个 1000 字节的数据文件需要传输，如果采用同步传输方式，需要增加 1 字节的块开始标志、2 字节的块校验序列和 1 字节的块结束标志；如果采用异步传输方式，设数据为 8 位，起始位、校验位、停止位各占 1 位，问这两种情况下额外开销（非用户数据）分别是多少？

8．多路复用的基本原理是什么？

9．在一个 FDM 系统中介质的可用带宽是 10MHz，每路信号带宽为 1.1MHz，保护带宽为 0.15MHz，试问可复用几路信号？带宽如何分配？

10．某 TDM 系统中，有 8 路输入信号，每路数据速率为 1.5Mbps，此时介质的数据速率至少应为多少？设每路信号实际使用时间平均为 10%，采用 STDM 系统的线路利用率为 80%，则此时介质的数据速率至少是多少？

11．现在有 4 个用户站与基站进行 CDMA 通信，4 个用户站的码片序列分别为：

　　　　A：（+1−1−1+1−1+1+1−1）　　　B：（−1−1−1+1+1+1−1+1）

　　　　C：（−1+1−1−1−1−1+1−1）　　　D：（−1+1−1+1+1+1−1−1）

如果基站接收到的信号码片序列为（+1+1-1+1-1+3-1-3），则有哪些用户站发送了数据？发送的是 0 还是 1？

12．数据交换技术主要有哪几种？各自有哪些优缺点？

13．从交换的角度来看，普通电话和 IP 电话有何区别？哪种电话费用低？为什么？

14．分析数据报方式和虚电路方式的基本工作原理，它们接收的分组顺序相同吗？为什么？怎样理解面向连接服务和无连接服务？

15．物理层具有哪些功能？它分别提供哪些服务？

16．物理层接口有哪几个基本特性？这些特性的意义是什么？

17．两个 DTE 直接通过 RS-232 相接为空调解调器连接，它们之间如何连接？请画出引脚连线图。

18．数据链路层具有哪些功能？提供哪些服务？

19．简述使用停止等待协议实现流量控制的过程。用 C 语言编写具有差错控制功能的停止等待协议。

20．连续 ARQ 协议的工作过程怎样？与停止等待协议相比，有什么特点？

21．两个站采用停-等协议，通过 1Mbps 的卫星链路通信，卫星的作用仅仅是转发数据，交换时间可忽略不计，在同步轨道上的卫星到地面之间有 270ms 的传播时延，假定使用长度为 1024 位的 HDLC 帧，那么最大的数据吞吐率是多少(不计开销)？

22．简述 HDLC 帧结构中各字段的含义。HDLC 帧是怎样保证数据透明传输的？

23．用 HDLC 协议传输比特串 1001111111000101，运用 0 比特插入、删除技术后，应该变成怎样的比特串？如果接收到的 HDLC 帧数据部分是 1100111110110010，则恢复出原始数据比特串是什么？

24．PPP 适用于什么情况下？其工作过程怎样？

25．简述扩频技术及其分类。

26．什么是差错控制？试分析 CRC 差错检测方法的原理。

第 3 章　TCP/IP 协议

TCP/IP（transmission controlprotocol/internet protocol）协议是当今技术最成熟、应用最广泛的网络传输协议，并拥有完整的体系结构和协议标准。本章讨论 TCP/IP 体系结构的网际层、传输层协议，介绍 IP 地址、地址解析、子网掩码、路由选择、端口等基本概念，以及网络互连的核心协议 IP、路由选择协议、因特网控制报文协议 ICMP、传输层协议 TCP 和 UDP 等协议，并讨论了下一代网际层协议 IPv6 的主要内容。其中 TCP/IP 协议是我们学习的重点。

3.1　TCP/IP 概述

因特网所使用协议的集合称为 TCP/IP 协议集，该协议集包括了 TCP/IP 四层体系结构中的所有协议，之所以命名为 TCP/IP 协议集，这是因为 TCP 协议和 IP 协议在整个协议集中占有非常重要的地位，而其他协议与之配套使用，共同完成网络服务功能。TCP/IP 协议集及其协议之间的关系如图 3-1 所示。

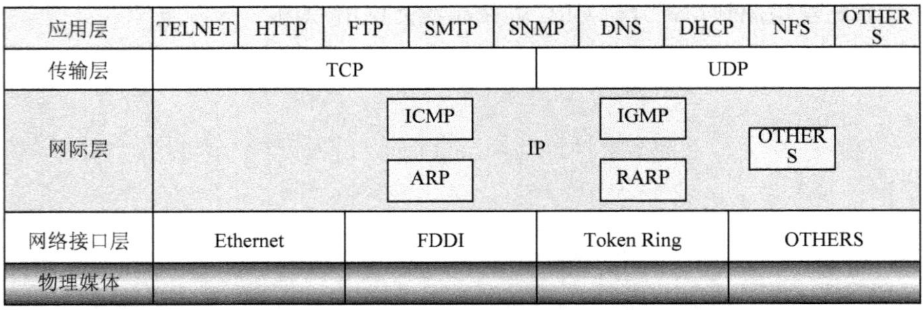

应用层	TELNET	HTTP	FTP	SMTP	SNMP	DNS	DHCP	NFS	OTHERS
传输层	TCP					UDP			
网际层	IP（含 ICMP、ARP、IGMP、RARP、OTHERS）								
网络接口层	Ethernet		FDDI		Token Ring		OTHERS		
物理媒体									

图 3-1　TCP/IP 协议集及其协议之间的关系

因特网 TCP/IP 协议集是对 ISO/OSI 协议的简化，主要功能集中在传输层和网际层，IP（internet protocol）协议是 TCP/IP 协议集中两个最主要协议之一，是网际层中的基础协议。为增强其功能，与其配套使用的协议还有地址解析协议（address resolution protocol，ARP），逆地址解析协议（reverse address resolution protocol，RARP），因特网控制报文协议（internet control message protocol，ICMP），因特网组管理协议（internet group management protocol，IGMP）等。

传输层的目的是在结点间建立端到端的连接，可以在两个进程之间提供可靠的传输服务。TCP/IP 在传输层提供了两个主要的协议：传输控制协议（transmission control protocol，TCP）和用户数据报协议（user datagram protocol，UDP）。

3.2　IP 协议

从协议体系结构上看，IP 协议屏蔽了不同物理网络的低层，向上层提供一个逻辑上的统一的互联网，互联网上的所有数据报都要经过 IP 协议进行传输。使用 IP 协议的互联网具有这样两个显著特点：首先，在 IP 互联网中的任何一台连网的主机，都至少有一个唯一的 IP 地址，有多个网络接口的主机每个接口可以拥有一个 IP 地址；其次，在互联网中拥有 IP 地址的设备不一定就是某台计算机，如路由器、网关等与互联网有独立连接的设备都要有 IP 地址。下面就从 IP 地址开始讨论 IP 协议。

3.2.1 IP 地址

在因特网中，为了能够唯一地标识某台主机(或路由器)，需要给主机(或路由器)分配一个全球唯一的标识符——IP 地址，运用 IP 地址使得我们很方便地在因特网上进行路由寻址。目前 IP 地址由因特网名字与号码指派公司(internet corporation for assigned name and numbers，ICANN)进行分配。

1. 分类的 IP 地址

根据 Internet 发展中 IP 地址的编址方法经历的阶段，IP 地址的编址有分类的 IP 地址、子网编址和无分类编址之分。下面首先讨论 IPv4(第 4 版)中的基本编址方法——分类的 IP 地址。

IPv4 的主机或路由器中存放的地址是 32 位的二进制代码，如 11000010 01010000 11001111 00110001。为了人们读写的方便，通常采用点分十进制记法(dotted decimal notation)，即每 8 位一组用等效的十进制数字表示，并用点"."分隔这 4 组数字，则上例的 IP 地址可写成：194.80.207.49，显然这种书写方法简便了许多。

在分类的 IP 地址中，将 IP 地址分为 A、B、C、D、E 五类，每一类地址由两个固定长度的字段构成，其中一个字段是网络号(net-ID)，标识主机(或路由器)所连接到的网络，另一个字段是主机号(host-ID)，标识该主机(或路由器)。五类 IP 地址的格式如图 3-2 所示。

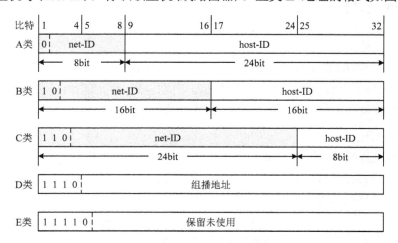

图 3-2　五类 IP 地址的格式

A 类地址中，网络号(net-ID)字段占 1 字节，其中第 1 个固定比特是 0，表示 A 类地址。可供使用的 A 类网络有 $2^7-2=126$ 个，减 2 是由于其中 net-ID 字段为全 0 的 IP 地址用作保留地址，表示本网络；net-ID 字段是 01111111 的 IP 地址也用作保留地址，作为本地软件测试回送地址，此时后面 3 字节的 host-ID 字段为除了全 0 和全 1 两种情况的任意二进制数字。

由于 A 类地址的主机号（host-ID）字段有 3 字节，所以每个 A 类网络能够容纳的最大主机数为 $2^{24}-2=16777214$，减 2 是由于其中 host-ID 字段为全 0 的 IP 地址表示网络地址，host-ID 字段为全 1 的 IP 地址表示该网络上的所有主机，用于广播。A 类地址主要用于超大型网络。

B 类地址中，网络号（net-ID）字段占 2 字节，其中前 2 个固定比特是 10，表示 B 类地址。可供使用的 B 类网络有 $2^{14}=16384$ 个。注意这里不存在减 2 的问题，因为此时的 net-ID 字段既不可能全 0 也不可能全 1。由于 B 类地址的主机号（host-ID）字段有 2 个字节，所以每个 B 类网络能够容纳的最大主机数为 $2^{16}-2=65534$，减 2 是由于其中 host-ID 字段为全 0 和全 1 的主机号分别表示网络地址和广播地址。B 类地址通常用于大型网络。

C 类地址中，网络号（net-ID）字段占 3 字节，其中前 3 个固定比特是 110，表示 C 类地址。可供使用的 C 类网络有 $2^{21}=2097152$ 个。如同 B 类网络，这里也不存在减 2 的问题，由于 C 类地址的主机号（host-ID）字段只有 1 字节，所以每个 C 类网络能够容纳的最大主机数为 $2^{8}-2=254$，减 2 的原因同 B 类网络。C 类地址通常用于企业网或校园网。

此外，还有较少使用的 D 类和 E 类 IP 地址，D 类地址是多播（有时称组播）地址，E 类地址保留今后使用。五类 IP 地址的基本特征如表 3-1 所示。

表 3-1　五类 IP 地址的基本特征

类别	类别比特	最大网络数	每个网络中最大主机数	第一个可用的网络号	最后一个可用的网络号	选用范围
A	0	126	16777214	1.0.0.0	126.0.0.0	大型网络
B	10	16384	65534	128.0.0.0	191.255.0.0	中型网络
C	110	2097152	254	192.0.0.0	223.255.255.0	小型网络
D	1110	—	—	—	—	多播地址
E	11110	—	—	—	—	保留地址

2. 特殊 IP 地址和专用 IP 地址

1）特殊 IP 地址

在上面讨论分类的 IP 地址时，我们看到有些 IP 地址是不能分配给主机的，因为这些地址只能在特定的环境下有特殊用途，表 3-2 列出了因特网中规定的一些特殊 IP 地址，这些特殊 IP 地址在一般情况下是不能分配给主机（或路由器）使用的。

2）专用 IP 地址

鉴于 IP 地址资源紧张以及网络安全等因素，很多情况下主机并不需要接入到外部网络，它只与本网络中的主机进行通信。由此出现了两类适用不同网络范围的 IP 地址：全局 IP 地址（适用于访问因特网的公共主机）和专用 IP 地址（适用访问内部网络的本地主机）。

表 3-2　因特网中规定的一些特殊 IP 地址

net-ID	host-ID	含义
0	0	在本网络上的本主机
0	host-ID	在本网络上主机号为 host-ID 的主机
全 1	全 1	有限广播地址，用于仅对本网络上的所有主机进行广播
net-ID	0	不分配给任何主机，仅表示网络号为 net-ID 的网络地址
net-ID	全 1	不分配给任何主机，仅用于网络号为 net-ID 的网络所有主机进行广播
127	除全 0 和全 1	回送地址，常用于测试和调试网络软件

使用了专用 IP 地址的本地主机和使用全局 IP 地址公共主机可共存于同一个本地网络,并且能够互相访问。公共主机可以访问外部网络,而本地主机却只能访问本内部网络中的其他主机,若需要访问外部网络,则只能通过地址迁移服务器或代理服务器访问因特网。

RFC 1918 定义了下面的专用 IP 地址:

- 10.0.0.0～10.255.255.255(1 个 A 类网络)
- 172.16.0.0～172.31.255.255(16 个连续的 B 类网络)
- 192.168.0.0～192.168.255.255(256 个连续的 C 类网络)

图 3-3 给出了专用 IP 地址在某园区网中的应用,园区内部网的主机的 IP 地址可以设置为专用 IP 地址,作为园区内部的网络应用,如果需要访问因特网,则可通过代理服务器实现。为全局 IP 地址的主机既可以访问内部网络,也可以访问外部网络。从这里可以看出,专用 IP 地址的运用,不仅解决了 IP 地址资源匮乏问题,同时代理服务器的运用也部分地解决了网络安全问题。

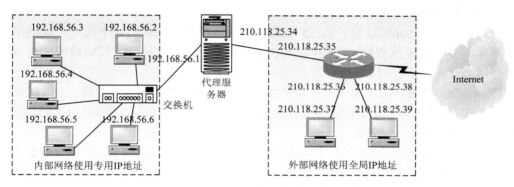

图 3-3 专用 IP 地址在校园网中的应用

3.2.2 IP 数据报

网际层拥有了 IP 地址的协议数据单元是以 IP 数据报(或 IP 包、IP 分组)的形式在网络中传输的。IP 协议屏蔽了下层各种物理子网的差异,能够提供统一格式的 IP 数据报。

1. IP 数据报格式

IPv4 数据报由报头和数据两部分组成,如图 3-4 所示。其中报头的前一部分长度是固定的,占 20 字节。在固定部分之后是一些可选字段,长度不超过 40 字节。下面介绍 IP 数据报头中各字段的含义。

(1)版本(version)字段,占 4 比特,指明 IP 协议的版本号,用来表明数据报的格式。图 3-4 中的报头为 IPv4(IP 协议版本号为 4)数据报格式,也是目前广泛使用的格式,前面的 3 个版本已经不再使用。

(2)报头长度(IP header length)字段,占 4 比特,可表示的最大数值是 15 个单位(这里一个单位是 32 比特,即 4 字节),所以 IP 数据报头的最大长度是 60 字节。

(3)服务类型(type of service)字段,占 8 比特,前 3 比特表示优先级,后 4 个比特分别表示时延、吞吐量、可靠性、代价小的路由 4 个选项,最后 1 个比特尚未使用。

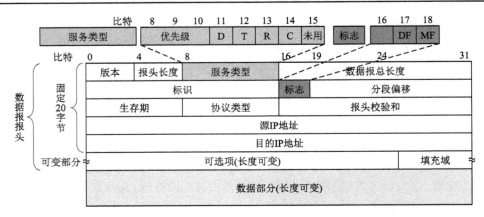

图 3-4　IP 数据报格式

(4) 数据报总长度(total length)字段，占 16 比特，指明 IP 数据报的总长度(包括报头和数据)，以字节为单位，可表示最大长度为 65535 字节。

(5) 标识(identification)字段，占 16 比特，作为数据报的标识。对于同一个数据报进行分段产生的多个数据报则使用相同的标识字段,在接收端可根据标识正确地重装还原数据报。

(6) 标志(flag)字段，占 3 比特，其中的 DF 位是 0 时表示数据报允许分段，为 1 时表示不能分段；MF 位是 1 时表示后面还有分段的数据报，为 0 时表示本数据报是分段数据报中的最后一个；另外还有一位未用。

(7) 分段偏移(fragment offset)字段，占 13 比特，表明较长数据报在分段时某分段数据报从相对于原用户数据字段起点的何处开始，其偏移单位是 8 字节。

(8) 生存期(time to live)，占 8 比特，用于限定数据报在网络中的活动时间，单位是秒，可表示的最大值是 255 秒。有时也采用计数的办法，数据报每经过一个中间结点，该值减 1，当值变为 0 还没有到达目的站点时，将丢弃数据报。

(9) 协议类型(protocol field)字段，占 8 比特，表示上层所使用的协议类型，如 TCP 协议、UDP 协议等。常用的一些协议相应的字段类型值定义如表 3-3 所示。

表 3-3　协议类型值

协　　　议	ICMP	IGMP	TCP	EGP	IGP	UDP	IPv6	OSPF
协议类型值	1	2	6	8	9	17	41	89

(10) 报头校验和(header checksum)字段，占 16 位，IP 数据报每经过一个中间结点都要重新计算校验和，因为至少生存期在改变。校验和是采用下面简单的方法产生的：信源方首先假定校验和字段为全 0，然后对 IP 报头以 16 比特为单位取反并相加，将得到的和再一次求反，然后写入校验和字段。收端也将 IP 报头以 16 比特为单位取反并相加，所得到的和再求反。如果是全 0，则说明报头传输未发生错误，保留该数据报；否则说明报头产生了差错，应将此数据报丢弃。

(11) 源 IP 地址字段，占 32 位，信源 IP 地址的二进制表示。

(12) 目的 IP 地址字段，占 32 位，信宿 IP 地址的二进制表示。

(13) 可选项 (option) 字段，用作对原来设计的补充或新版本的测试以及安全措施等，长度最多为 40 字节。因为 IP 报头的长度必须是 4 字节的整数倍，当可选项的长度不是 4 字节的整数倍时，则利用填充域 (全 0) 补齐。

2. IP 数据报的封装

IP 协议屏蔽下层各种物理网络的差异，向上层 (主要是传输层) 提供统一格式的 IP 数据报服务，上层的数据经 IP 协议能够形成 IP 数据报。IP 数据报的投递利用了物理网络的传输能力，网络接口模块负责将 IP 数据报封装到具体网络的帧 (LAN) 或者分组 (X.25 网络) 中作为信息字段。将 IP 数据报封装到以太网的 MAC 数据帧如图 3-5 所示。

图 3-5　IP 数据报封装

3. IP 数据报的分段与重装

IP 层以下是数据链路层，由于在不同的物理网络中数据链路层协议对帧长度的要求有所不相同 (见表 3-4)，所以 IP 协议要根据数据链路层所允许的最大帧长对数据报的长度进行检查，必要时将其分成若干个较小的数据报段进行发送。

表 3-4　不同物理网络的数据链路层协议对帧长度的要求

网络类型	最大帧长度 (数据部分)	网络类型	最大帧长度 (数据部分)
ATM (信元)	48	FDDI	4352
PPP (低延时)	296	令牌环 (4Mbps)	4464
X.25	576	令牌环 (16Mbps)	17914
以太网	1500	Hyperchannel	65535

数据报分段时，每个分段前都要加上相应的 IP 报头，形成新的 IP 数据报。注意，这里 IP 报头的相关字段发生了变化：数据报总长度字段，对每一个分段的 IP 数据报要重新计算其 (分段后) 数据报总长度；标识字段，同一数据报分段产生的多个数据报使用相同的标识，标识字段的值是任意给定的，相同的标识便于接收后正确恢复原数据报；标志字段中的 DF 位置 0 表示数据报允许再分段，置 1 表示数据报不允许再分段，MF 位除了最后一个分段的数据报置 0 外，其他分段数据报中都应将其置 1；分段偏移字段，每一个分段的数据报要表明其数据的第 1 字节相对原数据报数据第 1 字节的以 8 个字节为单位的偏移量；重新计算报头校验和字段。

在网络中，被分段的各个数据报独立传输，经过中间路由器可以根据情况选择不同的路由，由此可能导致目的结点接收到的数据报顺序混乱，这时要根据数据报的标识、长度、偏移、标志等字段，将分段的各个 IP 数据报重新组装成完整的原数据报。

4. IP 协议提供的服务

因为 IP 数据报采用数据报分组传输的方式，所以它提供的服务是无连接的。另外 IP 数据报本身不对数据进行差错控制，在传输进程中有丢失、甚至重复传输等情况发生，而 IP 协议无法保证数据报的正确投递结果，将导致其提供的服务是不可靠的。再者，IP 协议不会轻易遗弃数据报，提供尽力而为的投递服务。

3.2.3 地址解析协议 ARP 和逆地址解析协议 RARP

在网际层，提供从 IP 地址到物理地址映射服务的协议是地址解析协议(address resolution protocol，ARP)，而逆地址解析协议(reverse address resolution protocol，RARP)提供物理地址到 IP 地址的映射服务。

1. IP 地址与物理地址

IP 数据报在 Internet 上是通过 IP 地址进行转发的，统一的 IP 地址格式屏蔽了具体的物理网络。然而数据的传输必须通过物理网络实现，而具体的物理网络的数据链路层和物理层是无法识别 IP 地址的，这是因为在链路层，IP 数据报被封装在 MAC 帧(X.25 网中是 HDLC 帧)中作为数据部分，而 MAC 帧中使用的是物理地址(硬件地址)。如图 3-6 所示，相邻的结点间传输的 MAC 帧头中的地址是物理地址。

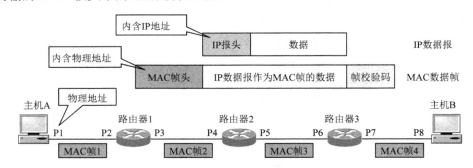

图 3-6　IP 地址和物理地址

注意，MAC 帧在不同的网络上转发时，其帧头中的源地址和目的地址都要发生相应的变化。在图 3-6 中，设数据从主机 A 传输到主机 B，在 A 传输 MAC 帧 1 到路由器 1 时，MAC 帧头中的源地址是 A 的物理地址 P1，目的地址是路由器 1 的物理地址 P2；路由器 1 收到 MAC 帧 1 后，在转发时将 MAC 帧头中的源地址换为 P3，目的地址变为 P4，形成 MAC 帧 2；路由器 2 在收到 MAC 帧 2 后，重新改变 MAC 帧头的源物理地址和目的物理地址，形成 MAC 帧 3；路由器 3 重复路由器 2 过程，直到数据到达主机 B。在此过程中，对于 IP 层来说，下面的物理网络是透明的。这就很容易产生一个新的问题：主机或路由器怎样根据 IP 地址在 MAC 帧中填入物理地址？下面我们来介绍这方面的内容。

2. 地址解析

当一个结点向另一个结点发送 IP 数据报时，只有知道与对方 IP 地址相对应的物理地址后，才能形成 MAC 帧，进而在该网络上进行传输。IP 地址是 32 位，一般情况下局域网的物理地址是 48 位，网络中经常有主机的加入和退出、网卡(物理地址)的更换，这些导致 IP 地址和物理地址之间又不是简单的映射关系。ARP 就是专门用来解决 IP 地址到物理地址映射服务的网际层协议，用于解析接收方的物理地址。

在 ARP 中，要求每一个主机都设有一个 ARP 高速缓存，保存所有在局域网(或同一个网络)中的主机和路由器的 IP 地址到物理地址的映射表。如果能够在该映射表查出目的 IP 地址对应的物理地址，则将物理地址写入 MAC 帧，然后通过局域网(或同一个网络)将此 MAC 帧发送到该物理地址。如果查找不到目的 IP 地址的项目，主机则自动运行 ARP，按下面两种方案进行处理：

(1)如果属于本网投递，首先由发送方主机 A 向网络中广播一个 ARP 请求报文，该报文中含有接收方 B 的 IP 地址、发送方 A 的 IP 地址和物理地址(便于接收方 B 将该映射写入自己的 ARP 高速缓存)。本局域网(或同一个网络)上的所有主机都能收到该 ARP 请求报文，只有含有自己 IP 地址的那台主机 B 向发送方 A 发送 ARP 响应报文，并返回 B 的物理地址。在发送方 A 收到 B 的物理地址后，两台主机就可以利用物理地址在物理网中进行数据通信。

(2)对于那些没有广播能力的网络，如 X.25 网络，地址解析的任务可由路由器或网关完成。首先应该利用 ARP 获取转发路由器的 IP 地址对应的物理地址，然后将数据直接发送给该路由器，再由路由器转发。

3. 逆地址解析

逆地址解析协议 RARP 主要用于那些只有自己的物理地址而没有 IP 地址的场合，这种主机往往是无盘工作站。无盘工作站通过广播方式向局域网发送 RARP 请求报文，发送方物理地址和接收方物理地址字段中都填入本机的物理地址，RARP 服务器(局域网上至少有一个主机充当 RARP 服务器)接收该请求报文后，从映射表中查出无盘工作站的 IP 地址，然后写入 RARP 响应报文的接收方 IP 地址字段，发回给无盘工作站，无盘工作站由此获得了自己的 IP 地址。

ARP/RARP 报文格式及各字段含义如表 3-5 所示。

有些情况下为了提高 IP 地址的利用率，采用地址服务器动态获取 IP 地址，动态主机配置是通过 DHCP 协议(dynamic host configuration protocol，DHCP)实现的。客户端启动时，向 DHCP 服务器发出请求 IP 地址的 DHCP 请求；DHCP 服务器接到 DHCP 请求时，给予响应，分配一个空闲的 IP 地址给客户端；客户端获得 IP 地址后，可以进行基于 TCP/IP 的通信，访问因特网。

表 3-5　ARP/RARP 报文格式及字段含义

ARP/RARP 报文格式	字段含义
物理网络类型	2 字节，表示发送方主机的物理网络，"1"代表以太网
协议类型	2 字节，表示发送方使用 ARP 获取物理地址的高层协议类型
物理地址长度	1 字节，规定物理地址字段的长度
IP 地址长度	1 字节，规定 IP 地址字段的长度
报文类型	2 字节，ARP 请求/响应报文、RARP 请求/响应报文
发送方物理地址	6 字节，存放发送方的物理地址
发送方 IP 地址	4 字节，存放发送方的 IP 地址
接收方物理地址	6 字节，存放接收方的物理地址，对于 ARP 请求报文该字段空
接收方 IP 地址	4 字节，存放接收方的 IP 地址

3.2.4　IP 数据报的转发

1.　路由表

　　路由器是转发 IP 数据报的网络连接设备，使用统一的 IP 协议，用来连接不同的网络。在互联网中，主机或路由器将 IP 数据报转发至下一跳(next hop)，即下一主机或路由器，至于转发之后 IP 数据报该沿什么样的路径传送，则由下一跳决定。寻找 IP 路由的过程称为寻址，寻址是通过路由表来实现的，路由器根据路由表中目的网络地址找出下一跳。路由表中指明了要到达目的网络的 IP 数据报应转发到的下一跳，如果在路由表中未指明相应的路由，则 IP 数据报将无法转发。图 3-7 给出了网间路由中路由表的基本结构(实际上路由表中还含有其他信息)的简单示例。

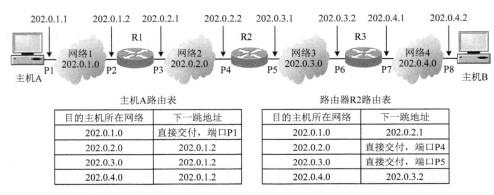

图 3-7　网间路由中路由表示例

　　在图 3-7 中，4 个 C 类网络经 3 个路由器连接在一起，每个网络上都有若干台主机，图中仅示意了主机 A(属于网络 1)和主机 B(属于网络 4)。如果路由表按照目的主机号来制作，很明显路由表将显得过于庞大；若按主机所在网络的网络地址来制作，则路由表中的项目就减少了很多。在路由表中，每一条路由目的网络地址、下一跳地址、接口等内容组成。以图 3-7 中路由器 R2 的路由表来说，因为 R2 同时连接在网络 2 和网络 3 上，只要在这两个网络上的目的结点，就可以利用地址解析协议 ARP 找到相应结点的物理地址 P4 或 P5，IP 数据报分别通过端口 P4 或 P5 由路由器 R2 进行直接交付。若目的结点在网络 1 或网络 4 中，其下一跳路由器就应该分别为 R1 和 R3，相应的 IP 地址分别为 202.0.2.1、202.0.3.2。

2.　默认网关

　　由于路由表的维护比较麻烦，在实际工作中，通常使用默认网关(default gateway)来代替。默认网关是将本地网络连接到其他网络的主机或路由器，它具有其他网络的网络号以及如何到达这些网络的相关信息，可以将 IP 数据报传给其他网络。

　　在图 3-7 中，假设主机 A 可访问的网络比较多，如果全部在路由表中说明则比较复杂。为了简化路由表的内容，在主机 A 中可以说明一条默认路径：要访问不在路由表中出现的目的结点的 IP 数据报全部送往路由器 R1，该路由器称为默认网关默认(或默认路由器)。此时主机 A 的路由表可简化为表 3-6 所示。默认网关的使用减少了路由表所占用的空间和搜索路由表所用的时间。

表 3-6　主机 A 使用了默认网关的路由表

目的主机所在网络	下一跳地址
202.0.1.0	直接交付，端口 P1
默认网关	202.0.1.2

3．特定主机路由

对特定的目的主机指明一个路由，该路由称为特定主机路由。采用特定主机路由可以使网络管理人员方便地对网络进行控制和测试，在需要考虑网络某种安全问题时也可采用特定主机路由，而在网络的连接及路由表排错时，指明到达某一结点的特定路由就显得更加有用。

4．IP 数据报的分组转发

在 Internet 中，某个主机或路由器的 IP 层所运行的分组转发算法按下列步骤进行：
(1) 从 IP 数据报的报头中提取目的 IP 地址 D，得出目的网络地址 N。
(2) 如果 N 为与此主机或路由器直接相连的某个网络地址，则调用 ARP 将 D 转换为物理地址，将 IP 数据报封装为 MAC 帧，执行直接交付；否则执行间接交付，进入步骤(3)。
(3) 如果路由表中有 D 的特定主机路由，则将 IP 数据报传送给路由表中指明的下一跳路由器；否则执行步骤(4)。
(4) 如果路由表中有到达网络 N 的路由，则将 IP 数据报传送给路由表中指明的下一跳路由器；否则执行步骤(5)。
(5) 如果路由表中有一个默认路由，则将 IP 数据报传送给路由表中指明的默认路由器；否则执行步骤(6)。
(6) 报告 IP 数据报转发出错。

3.2.5　子网掩码与无分类编址

1．子网掩码

一个单位一般情况下获取 IP 地址的最小单位是 C 类 IP 地址，当单位内主机数超过 254 台时，一个 C 类地址显得不够用，而有些单位较小，没有这么多主机，分配一个 C 类地址又显得有些浪费。专用 IP 地址可以部分地解决 IP 地址资源紧张状况。另一种解决方案是采用划分子网的方法：对拥有多个物理网络的单位，将所属的物理网络划分为若干子网。

图 3-8 表示某个校园网拥有一个 C 类网络，网络地址是 210.15.8.0，该网络被划分为 3 个子网，分别是 210.15.8.32、210.15.8.64 和 210.15.8.96。假定子网号(subnet-ID)占用 3 位，则在使用了子网号之后，主机号(host-ID)就只有 5 位。将每个子网分配给一个部门，整个网络对外表现为一个网络，使用同一个网络地址 210.15.8.0，但路由器 R3 收到 IP 数据报后要根据其目的地址决定应该将它发送到相应的某一子网还是发送到外部网络。

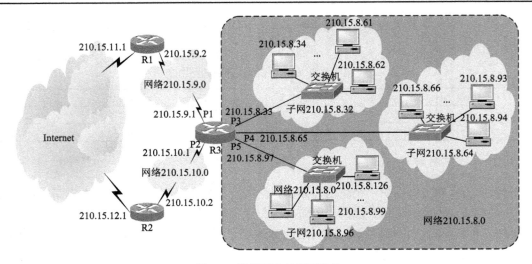

图 3-8　校园网中的子网结构

在没有划分子网时，IP 地址是两级结构，划分子网后，IP 地址变成了三级结构。划分子网的实质是将 IP 地址的本地部分 host-ID 字段进行再划分，而 net-ID 字段保持不变，所以对外部网络而言，子网是不可见的。通过前面 IP 数据报的学习，我们知道，仅由 IP 数据报中的信息将无法判断该 IP 数据报是在子网中传递还是全网传递，所以有必要采用其他的方法，这就是使用子网掩码（subnet mask）。

1）有子网的子网掩码表示

如果一个 IP 网络划分了子网，则子网号用 host-ID 字段的前几位来表示，所占用的比特数与子网的数量有关。若子网号 subnet-ID 有 m 位，则有 2^m-2 个子网，减 2 是由于减去了全 0 和全 1 两种情况，全 0 表示本子网，全 1 表示广播到所有子网。但随着无分类域间路由选择（classless inter-domain routing，CIDR）的广泛应用，在支持该路由选择的情况下可以考虑使用这两种子网号，但使用时一定要弄清楚路由器所用的路由软件是否支持全 0 或全 1 的子网号。

若子网中主机号有 n 位，则每个相应的子网中可以最多有 2^n-2 台主机，减 2 是由于主机号全 0 的地址表示子网地址，主机号全 1 的地址表示对应子网广播地址。

在含有子网的网络中，子网掩码是这样设置的：将 IP 地址中的 net-ID 字段和 subnet-ID 字段各位全部置 1、host-ID 字段各位全部置 0。例如 IP 地址是 210.29.15.84，如果子网掩码是 255.255.255.224（224 表示成二进制数为 11100000），它表示在网络地址为 210.29.15.0 的网络中最多有 $2^3-2=6$ 个子网，每个子网中最多可配置 $2^5-2=30$（减 2 是由于全 0 对应子网地址、全 1 对应广播地址）台主机。IP 地址是 210.29.15.84 标识该 IP 网络中的 2 号子网中的 20 号主机，其相互关系如图 3-9 所示。

2）无子网的子网掩码表示

如果一个 IP 网络没有进一步划分子网，则将 IP 地址中的 net-ID 字段各位全部置 1、host-ID 字段各位全部置 0，就形成了该 IP 网络的子网掩码（也称为默认子网掩码），图 3-10 给出了 A、B、C 类网络的子网掩码。默认子网掩码中为 1 的位和 IP 地址中的网络号字段正好相对应。

因此，将默认的子网掩码与某个没有划分子网的 IP 地址逐位相"与"，就得出该 IP 地址的网络地址。

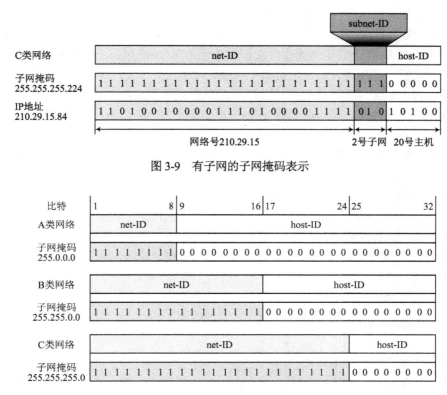

图 3-9 有子网的子网掩码表示

图 3-10 A、B、C 类网络无子网的子网掩码

3）有子网情况下的路由表

使用子网划分的情况下，从 IP 地址无法唯一地得出网络地址，这是由于网络地址取决于相应网络所采用的子网掩码，在 IP 数据报头中并没有提供相应的子网掩码信息。因此，划分子网后，路由器的路由表中需要提供子网掩码信息，便于 IP 数据报转发时确定网络地址。这时路由表中的每条路由信息主要包括目的网络地址、子网掩码和下一跳地址，例如图 3-8 中路由器 R3 的部分路由表信息如表 3-7 所示。为简单起见，该表中没有给出默认路由信息。

表 3-7 图 3-8 中 R3 的部分路由表

目的主机所在网络	子网掩码	下一跳地址
210.15.8.32	255.255.255.224	直接交付，端口 P3
210.15.8.64	255.255.255.224	直接交付，端口 P4
210.15.8.96	255.255.255.224	直接交付，端口 P5
210.15.9.0	255.255.255.0	直接交付，端口 P1
210.15.10.0	255.255.255.0	直接交付，端口 P2
210.15.11.0	255.255.255.0	210.15.9.2
210.15.12.0	255.255.255.0	210.15.10.2

4) 有子网情况下 IP 数据报的分组转发

在划分子网的情况下，某个路由器的 IP 层所运行的分组转发算法按下列步骤进行：

(1) 从 IP 数据报的报头中提取目的 IP 地址 D。

(2) 路由器首先将 IP 数据报入端口 IP 地址与子网掩码按位进行"与"，得到入端口所在子网地址，然后将 D 与上述子网掩码再次按位进行"与"，得到另外一个子网地址。将两个子网地址进行比较，若相同，则认为是本子网投递，不需要转发；若不同，则对与路由器直接相连的所有网络地址逐个进行检查：用各网络的子网掩码和 D 按位进行"与"，看结果是否和相应的网络地址匹配，若匹配则执行直接交付，转发任务结束；否则执行间接交付，进入步骤(3)。

(3) 如果路由表中有 D 的特定主机路由，则将 IP 数据报传送给路由表中指明的下一跳路由器；否则执行步骤(4)。

(4) 对于路由表中的每一条路由，将其中的子网掩码和 D 逐位进行"与"，其结果为 N。如果 N 与该条路由的目的网络地址相同，则将 IP 数据报传送给路由表中该条路由指明的下一跳路由器；否则执行步骤(5)。

(5) 如果路由表中有一个默认路由，则将 IP 数据报传送给路由表中指明的默认路由器；否则执行步骤(6)。

(6) 报告 IP 数据报转发出错。

2. 无分类编址 CIDR

1) 无分类编址 CIDR 标记方法

伴着因特网的迅猛发展，分类的 IP 地址使得主干网上路由器中路由表中的项目数也急剧膨胀。无分类编址，即无分类域间路由选择(classless inter-domain routing，CIDR)可以大大减少路由器中路由表的项目数。CIDR 使用各种长度的网络前缀(network-prefix)代替分类地址中的网络号 net-ID 字段和子网号 subnet-ID 字段，CIDR 标记方法为：IP 地址::={<网络前缀>，<主机号>}。另一种常用的标记方法使用斜线记法(CIDR 记法)，即在 IP 地址后面加上斜线"/"，后面再标上网络前缀所占的比特数。例如，120.25.48.12/18，表示在该 IP 地址中，前 18 位表示网络前缀，后面的 14 位表示主机号 host-ID。

CIDR 标记方法除上述点分十进制记法外，还有几种等效的形式。例如将点分十进制中低位连续的 0 省略形式，28.0.0.0/13 可以简写为 28/13。也可以直接使用二进制表示，例如 00011110 00000xxx xxxxxxxx xxxxxxxx，这里 19 个 x 是任意值的主机号。另一种简化表示方法是在网络前缀的后面加一个星号*，如 00011110 00000*。

网络前缀的使用，使 IP 地址从子网掩码的三级编址回到了两级编址，并且是无分类编址。CIDR 消除了传统的 A、B、C 类地址以及划分子网的概念，可以更加有效地利用 IPv4 地址空间。

2) CIDR 地址块表示

在 CIDR 中，网络前缀都相同的连续的 IP 地址组成 CIDR 地址块，地址块由其中最小的一个地址以及地址块中地址数目来定义，一般采用斜线记法。例如，当 192.68.64.0/18 表示地址块时，由于网络前缀占 18bit，主机号 host-ID 占 14bit，故地址块中共有 2^{14} 个地址(在

CIDR 中分配给主机 host-ID 字段也不能是全 0 或全 1)。

　　CIDR 中虽然不使用子网了，但仍然使用掩码(不能称为子网掩码)这一概念，设置掩码的方法是把网络前缀全置 1，主机号全置 0。

　　表 3-8 给出了最常用的 CIDR 地址块，表中 k 表示 2^{10}，即 1024。包含的主机地址数中没有扣除全 0 和全 1 两个主机号。

表 3-8　常用的 CIDR 地址块

CIDR 前缀长度	掩码	包含的主机地址数	相当 C 类网络个数
/13	255.248.0.0	512k	2048
/14	255.252.0.0	256k	1024
/15	255.254.0.0	128k	512
/16	255.255.0.0	64k	256
/17	255.255.128.0	32k	128
/18	255.255.192.0	16k	64
/19	255.255.224.0	8k	32
/20	255.255.240.0	4k	16
/21	255.255.248.0	2k	8
/22	255.255.252.0	1k	4
/23	255.255.254.0	512	2
/24	255.255.255.0	256	1
/25	255.255.255.128	128	1/2
/26	255.255.255.192	64	1/4
/27	255.255.255.224	32	1/8

　　这里我们看到一个地址块可以表示很多地址，在路由表中利用 CIDR 地址块来查找目的网络，路由表中的项目数明显减少。在网络前缀小于 24 比特的情况下，一个地址块可以包含若干个 C 类地址，于是形成了超网的概念。在进行基于 CIDR 的网络配置时，可能有些主机本来使用分类的 IP 地址，它们可能不允许将网络前缀设置成比原来分类地址的子网掩码为 1 的比特位的长度短，这是应用时值得注意的地方。

　　3)CIDR 应用举例

　　在分类的网络地址环境下，因特网服务提供商 ISP 向客户(单位用户)分配 IP 地址时，只能以/8、/16 或/24 的地址块为单位来分配，灵活性不够。在 CIDR 环境下，ISP 可以根据每个客户的具体情况进行地址分配。

　　例如，ISP 拥有的地址块为 202.36.192.0/18，某大学需要 2000 个 IP 地址，在不使用 CIDR 时，若 ISP 给该大学分配 1 个 B 类地址，将有较多地址被浪费，或者分配 8 个 C 类地址，但在所有路由表中将出现 8 个对应于该所大学的路由信息，造成路由表的膨胀。显然上述两种方案都存在一定的弊端。在 CIDR 环境下，ISP 可以给该大学 1 个地址块，如 202.36.200.0/21，它包括 2048 个地址。该大学可以对本校的各院系自由地分配地址块，各院系又可再次分配自己的地址块。该大学 CIDR 地址块划分的例子如图 3-11 所示。

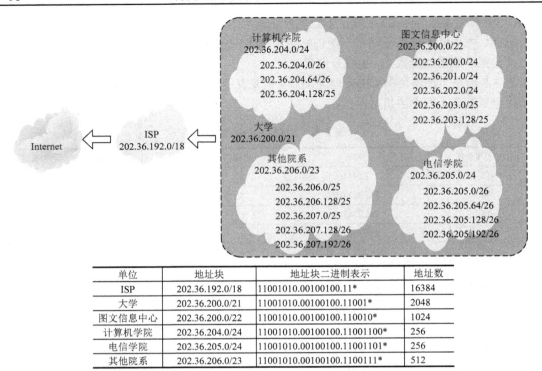

图 3-11　CIDR 地址块划分举例

单位	地址块	地址块二进制表示	地址数
ISP	202.36.192.0/18	11001010.00100100.11*	16384
大学	202.36.200.0/21	11001010.00100100.11001*	2048
图文信息中心	202.36.200.0/22	11001010.00100100.110010*	1024
计算机学院	202.36.204.0/24	11001010.00100100.11001100*	256
电信学院	202.36.205.0/24	11001010.00100100.11001101*	256
其他院系	202.36.206.0/23	11001010.00100100.1100111*	512

4）最长前缀匹配与二叉线索查找路由表

在使用 CIDR 时，路由器中的路由表主要包括网络前缀、掩码、下一跳地址等路由信息，在查找路由表时，可能会出现不止一个网络地址匹配现象。如图 3-11 例子中，假定电信学院希望直接与 ISP 路由器交换 IP 数据报，而不通过大学的路由器，且不改变图中给出的地址块，在此情况下，ISP 路由器的路由表中，至少包括两条路由信息，即 202.36.200.0/21（大学）和 202.36.205.0/24。假设 ISP 收到 IP 数据报的目的地址为 202.36.205.3，将该地址和路由表中上述两条路由信息中的掩码逐位相与，结果分别同两个网络地址匹配。解决不止一个网络地址匹配问题的方法是：从匹配结果中选择具有最长网络前缀的路由。因为网络前缀越长，其地址块就越小，到达目的地址的路由就越具体。

由于要寻找最长前缀匹配，当路由表较大时，查找时间也就较长。为了更加有效地查找，一般将无分类编址的路由表存放在一种层次的数据结构中，之后按层次进行查找。二叉线索（binary trie）就是常用的结构，它是一种特殊结构的树。将 IP 地址存入二叉线索的方法为：先检查 IP 地址左边的第 1 位，若为 0，则第 1 层的结点就在根结点的左下方；若为 1，则在右下方。然后检查 IP 地址的第 2 位，构造第 2 层的结点。以此类推，直到唯一前缀（在路由表所有的 IP 地址中，该前缀唯一）的最后一位。从根到最后的叶结点所经过的路径便代表一个唯一前缀。如图 3-12 中以粗线表示的路径就代表唯一前缀 1011。

每个叶结点可以表示一个唯一前缀，同时每个叶结点还包含所对应的网络前缀和掩码。IP 数据报需要路由器转发时，从目的 IP 地址的最左边开始检查。当查到某位时，在二叉线索中没有与之匹配，则说明该地址不在这个二叉线索中；当搜索到某个叶结点时，就将寻找匹配的目的地址与该叶结点的掩码进行逐位"与"运算，结果若与对应的网络前缀匹配，则按下一跳的接口转发 IP 数据报，否则丢弃该 IP 数据报。

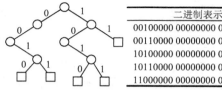

二进制表示的IP地址	唯一前缀
00100000 00000000 00000000 00000000	0010
00110000 00000000 00000000 00000000	0011
10100000 00000000 00000000 00000000	1010
10110000 00000000 00000000 00000000	1011
11000000 00000000 00000000 00000000	11

图 3-12　二叉线索表示唯一前缀

3.2.6　ICMP 协议

IPv4 协议提供是尽力而为的不可靠服务。在 IP 数据报传输过程中，路由器自主地完成路由选择和报文传输工作，系统一旦发生传输错误，IP 协议本身并没有一种内在的机制获取差错信息并进行相应控制，即 IP 提供的是一种无连接、不可靠的数据报传送服务。为了处理发生的错误，TCP/IP 设计了因特网控制报文协议(internet control message protocol，ICMP)，允许路由器或主机进行差错报告和控制。但必须注意，ICMP 协议属于网际层协议，它是 IP 协议的辅助协议，增强网际层功能，ICMP 报文是作为 IP 数据报的数据部分在网络中进行传输的。

1. ICMP 报文格式

ICMP 报文格式如图 3-13 所示，主要由两个部分构成：ICMP 报头和 ICMP 数据部分。其中 ICMP 报头的第 1 字节是类型(type)字段，表示 ICMP 报文的类型，本字段的值与 ICMP 报文类型之间的对应关系及类型描述如表 3-9 所示。关于 ICMP 报文类型的更详细信息请参考有关文献。

图 3-13　ICMP 报文格式

ICMP 报头的代码(code)字段作为 ICMP 报头的第 2 字节，提供关于 ICMP 报文类型的进一步信息，例如目的地不可达 ICMP 报文又可分为：网络不可达、主机不可达、协议不可达、端口不可达、需要分段但 DF 值已是 1 而不能分段的不可达、源路由失败不可达等情况，其相应的代码字段的值分别设置为 0、1、2、3、4、5。

表 3-9　ICMP 报文类型字段的值与 ICMP 报文类型的关系

类型值	ICMP 报文类型	类 型 描 述
0	回送应答	宿主机向源主机发出应答报文，与回送请求报文配合测试宿站是否可达
3	目的地不可达	数据报不能提交给有关网络、主机、协议、端口等情况告知源站
4	源站抑制	路由器或宿主机拥塞时丢弃数据报，通知源站减低发送速度

续表

类型值	ICMP 报文类型	类 型 描 述
5	路由重定向	通知源站下一次应将数据报发给另外更好路由的路由器
8	回送请求	源主机或路由器向特定的宿主机发出询问请求，与回送请求配合使用
9	路由器通告	收到询问的路由器广播其路由选择信息
10	路由器询问	主机通过广播或多播的方式询问本网上的路由器是否正常工作
11	超时	告知源站生存期已为 0 或规定时间内宿站没有收到全部分段数据报
12	参数错	路由器或宿主机检验数据报报头的值不正确，向源站发送参数错报文
13	时间戳请求	请求某主机或路由器回答当前日期和时间，用于时钟同步和时间测量
14	时间戳应答	收到时间戳请求的主机或路由器发回答报文
17	地址掩码请求	源站向子网掩码服务器请求获取所在网络的 IP 地址子网掩码信息
18	地址掩码应答	收到地址掩码请求报文的子网掩码服务器回送子网掩码信息

校验和(checksum)字段占用 2 字节，对整个 ICMP 报文进行校验，算法与 IP 报头的校验和算法相同。后面的 4 字节是其他信息字段，一般不使用，所有位都设置为 0。

2. ICMP 报文的形成及传输

下面以 IP 数据报传输过程中出现差错为例来说明 ICMP 报文的形成及传输。当 IP 数据报传到某个结点发生差错时，首先将该 IP 数据报报头及数据字段前 64bit(它含有上层协议数据单元的重要信息)提取出来作为 ICMP 报文的数据字段(这些信息便于源主机分析数据报出错的原因)，然后加上 ICMP 报头则构成了 ICMP 报文。接下来则将 ICMP 报文封装成新的 IP 数据报，如图 3-14 所示。

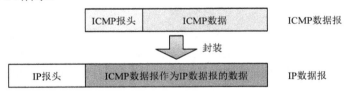

图 3-14　ICMP 报文的封装

这里我们看到整个 ICMP 报文只是作为新的 IP 数据报的数据部分，包含 ICMP 报文的 IP 数据报报头"协议"字段指出数据域内容为 ICMP 报文，具体为"00000001"。由此形成的新 IP 数据报与正常 IP 数据报一样在网络中进行转发，直到到达源站点，如图 3-15 所示。如果携带 ICMP 报文的 IP 数据报在传输过程中出现故障，转发该 IP 数据报的路由器将不再产生任何新的差错报文。

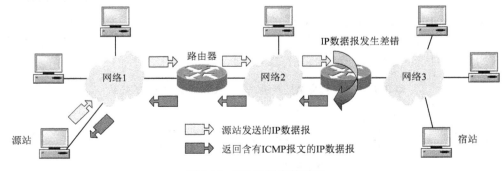

图 3-15　ICMP 报文的返回

3.3　因特网路由选择协议

3.3.1　路由选择协议概述

1. 路由和路由算法

路由功能其实是一种数据报分组交换路径选择的行为，是网络层的一种基本功能。它是把信息从源节点通过网络传递到目的节点的行为，简单地讲就是指三层设备从一个接口收到数据包后根据数据包的目的地址进行定向，并转发到另一个接口的过程。但在这条路径上，至少需要遇到一个提供路由功能的中间结点，如路由器或三层交换机。

根据目的地与该路由设备是否直连，可分为直连路由：目的地所在网络与路由设备直接相连；间接理由：目的地所在网络与路由设备不是直接相连，需要其他路由设备转发。

路由又可以分为静态路由(Static Routing)和动态路由(Dynamic Routing)两大类。

(1)静态路由

静态路由是网络中每一条路由由手工配置，其特点是简单和开销小，但不能及时适应网络状态的变化。对于很简单的小型局域网，完全可以使用静态路由，因为配置和管理都比较简单。

静态路由需要管理员根据需要一条条配置路由，路由器不会自动生成所需的静态路由。静态路由中包括的目的节点或目的网络的 IP 地址，以及数据包从当前路由器开始路由的下一跳(网关)所对应的接口或 IP 地址。

因为静态路由是手工配置的，且静态，所以当网络的拓扑结构或链路状态发生变化时，这些静态路由不能自动修改，需要网络管理人员手工去修改路由表中的信息。

静态路由信息在默认情况下是私有的，不会通告给其他路由器，但网络管理人员可以通过重新发布静态路由为其他动态路由，使得网络中的其他路由器也可获得此静态路由。

静态路由是单向性的，不提供反向路由。如果想要使源节点与目的节点或网络进行双向通信，就必须同时配置回程静态路由。

如图 3-16 所示，若想要使得 PC1(PC1 的 IP 地址为：192.168.1.2/24，其网关地址为结点 A 的地址)能 Ping 通 PC2(PC2 的 IP 地址为：192.168.3.2/24，其网关地址为结点 D 的地址)，必须同时配置以下两条静态路由：

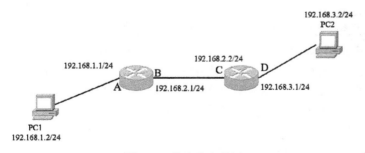

图 3-16　静态路由示例

正向路由：在 Router1 路由器上配置了到达 PC2 的正向静态路由（以 PC2：192.168.3.2/24 作为目的节点，以 Router2 的 C 结点：192.168.2.2/24 作为下一跳地址）。

回程路由：在 Router2 路由器上配置一条到达 PC1 的回程静态路由（以 PC1：192.168.1.1/24 作为目的节点，以 Router1 结点的 B 结点：192.168.2.1/24 作为下一跳地址）。

因为静态路由明确指出了到达目的网络的路径，所以在所有同目的地址的路由中，静态路由的优先级最高（除直连路由）。

（2）默认路由

默认路由是一种特殊的静态路由，指的是当路由表中与包的目的地之间没有匹配的表项时路由器能够做出的选择，如果没有默认路由，那么目的地地址在路由表中没有匹配表项的包将被丢弃。

如图 3-16 所示，Router2 的网络 192.168.3.0 就是一个网络，这个网络中的主机要访问其他网络必须要通过 Router2 和 Router2，没有第二条路可走，这样就可以在 Router2 上配置一条默认路由。只要是网络 192.168.3.0 中的主机要访问其他网络，都把数据报发送到 Router2 后，Router3 则按照默认路由来转发。

适当地使用默认路由还可以减小路由表的大小。在路由表中只添加少数的静态路由，同时添加一条默认路由。这样当收到的包的目的网络没有包含在路由表中，就按照默认路由表转发。（当然默认路由有可能不是最好的路由）

（3）动态路由

对于较大型的网络来说，由于拓扑结构复杂，且网络结构可能经常变动，那么静态路由就不再适用，这时就需要采用更加灵活，更具自动特性的动态路由。

动态路由就是在网络中某条路由所包括的路由设备同时启动了某种动态路由协议，通告了各自的直连路由后，这些路由设备间就会自动生成这些路由设备直接连接的网络间的路由表项，无须管理员手动创建。

当网络结构发生变化时，动态路由可以随时根据网络拓扑结构的变化调整路由表项，同时还会自动删除无效的动态路由表项，方便路由管理。动态路由可以在相邻路由设备上相互通告，以便及时反映拓扑结构的变化，生成新的路由表项。

2. 路由选择协议概述

Internet 是一个覆盖全球的互连网络，由若干主干网络、依附于主干网的区域网及依附与区域网的各类局域网共同构成。如果把属于某个公司、政府部门、大学或 Internet 服务提供商等管辖的网络定义为自治系统（autonomous system，AS），那么一个自治系统就是一个互连网络，Internet 则是由大量自治系统互连构成的网络。路由选择协议的实质是规范路由器如何通过网络得到路由表信息。对于每个自治系统而言，其内部以及自治系统相互之间都有各自的路由选择协议，于是就有自治系统内的路由选择和自治系统之间路由选择的问题，由此形成了两类路由选择协议：内部网关协议和外部网关协议。这里网关（gateway）一词沿用了早期 RFC 文档中的称谓，新的 RFC 文档使用了路由器（router）的概念。

内部网关协议（interior gateway protocol，IGP）是指在一个系统内部使用的路由选择协议，与其他自治系统选用的路由选择协议无关。具体的内部网关协议有很多种，常用的有 RIP 和 OSPF。

对于外部网关协议（external gateway protocol，EGP），当源结点和目的结点不在同一个自治系统时，由于两个自治系统可能使用不同的内部网关协议(例如一个使用 RIP，另一个使用 OSPF)，在路由选择信息传递到一个自治系统的边界时，需要使用某种协议将其传输到另一个自治系统中，外部网关协议正是完成这样的功能。目前通常使用的外部网关协议是 BGP-4。

图 3-17 是两个自治系统互连示意图，自治系统 A 和自治系统 B 内部的路由器分别使用内部网关协议 OSPF 和 RIP 传递路由表信息，而两个自治系统之间的边界路由器 1 和边界路由器 2 除了分别运行 OSPF 和 RIP 外，还运行外部网关协议 BGP，从而保证两个自治系统的主机能够相互通信。下面分别介绍这 3 个协议及其路由算法。

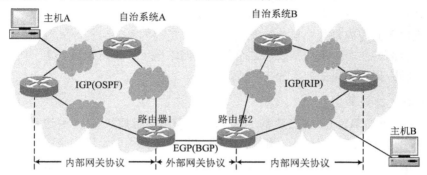

图 3-17 自治系统、内部网关协议、外部网关协议示意图

3.3.2 内部网关协议

1. 内部网关协议 RIP

内部网关协议 IGP 中最先广泛使用的是路由信息协议(routing information protocol，RIP)，较新的 RIP 版本是 RIP2，支持无分类编址 CIDR。RIP2 的报文由报头和路由两个部分构成，RIP 报文使用传输层的用户数据报 UDP 进行传送，在网络上其路由信息的传递则是以 IP 数据报的形式实现的，如图 3-18 所示。

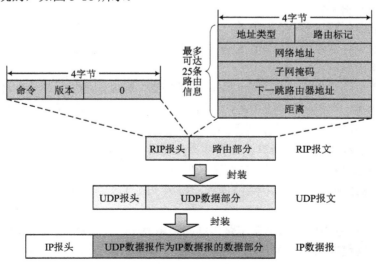

图 3-18 RIP 报文格式及报文封装

1）RIP 报文格式

RIP2 报头占 4 字节，由 3 个字段构成。命令字段指明 RIP 报文的类型，为 1 表示请求路由信息，为 2 表示对请求路由信息的响应或没有被请求而主动发出的路由更新报文。版本字段为 2，表示当前 RIP 的版本号。后面的 0 字段为全 0，填充用，保证报头是 4 字节。

路由部分可以含有若干个独立的路由信息，每个路由信息由地址类型、路由标记、网络地址、子网掩码、下一跳路由器地址、距离共 6 个字段组成，占用 20 字节，一个 RIP 报文最多能包含 25 条路由信息。

地址类型字段用来指明所采用的地址协议类型，如通常使用 IP 地址，该字段值为 2。路由标记字段填入的内容是某个自治系统的号码，这是因为 RIP 可能收到其他自治系统的路由选择信息。后面的 4 个字段分别表示某个网络的网络地址、子网掩码、下一跳路由器地址以及到该网络的距离，距离的取值为 1～16。

2）RIP 路由选择算法

RIP 路由选择算法的基础是基于动态路由算法-距离矢量路由选择（distance vector routing，DVR）。在 DVR 算法中，每个路由器维护一张路由表，路由表中的每一个项目对应一个到达目的网络的路由信息，路由信息给出从该路由器到目的网络的最短距离。

RIP 协议中的"距离"也称"跳数"，将某一路由器到直接连接的网络的距离定义为 1，到非直接连接的网络的距离定义为所经过的路由器数加 1。RIP 认为好的路由应该是距离最短，并且只允许一条路由最多只能包含 15 个路由器，所以距离的最大值为 16，表示不可达。因此 RIP 不适用于大型互联网。

在 RIP 协议中，路由表信息的交换遵循如下原则：

（1）路由信息的交换仅在相邻的路由器之间进行，非相邻的路由器之间不直接交换路由信息。

（2）路由器交换的内容是当前本路由器的路由表信息，本路由器将自己知道的全部路由信息告诉与之相邻的路由器，包括到本自治系统中所有网络的最短距离，以及到每一个网络应经过的下一跳路由器。

（3）交换路由信息的时间是固定的，如每间隔若干秒交换一次路由信息，之后路由器根据收到的路由信息更新路由表。在网络拓扑结构发生变化时，路由器应将变化后的路由信息及时通告相邻路由器。

路由表中主要信息包括到达某个网络的最短距离，以及应经过的下一跳路由器。路由表更新的原则是选择一个最短距离的路由，不能在两个网络之间同时使用多条路由，当到达同一个网络可经过不同的下一跳路由器而距离相同时，可任选其中的一条路由。这种以最短距离作为路由信息更新依据的更新算法称为距离矢量算法（DVR）。路由器收到相邻路由器（设其地址为 N）的 RIP 报文后，所采用的距离矢量算法过程如下：

（1）修改该 RIP 报文中的所有路由项目，将下一跳字段中的地址改为 N，并将所有的距离字段的值加 1。

（2）如果路由信息中的网络不在本路由器的路由表中，则将该路由信息添加到路由表中。如果路由信息中网络在路由表中，且下一跳字段与本路由器的路由表中相同，则将收到的路由信息替换路由表中的路由信息，此时不看距离；否则若收到的路由信息中的距离小于路由表中的距离，则进行相应路由信息的更新，反之什么也不做。

（3）如果 3 分钟内没有收到相邻路由器发来的更新路由信息，则将相邻路由器标记为不可达路由器，即距离值设置为 16。

图 3-19 说明了路由器形成路由表的过程。图 3-19（a）为一个简单网络的网络拓扑结构及各个路由器的初始路由表，路由信息包括目的网络地址、（最短）距离、下一跳路由器。图中的短横线表示直接交付。图 3-19（b）为各路由器第 1 次收到相邻路由器的路由表，进行路由表更新后的状况，这里假设所有的路由器都向相邻的路由器发送了自己的路由表。图 3-19（c）表示经过若干轮交换后各个路由器的最终路由表情况，每个路由表中都有一条（仅有一条）到达本自治系统某网络的路由信息。

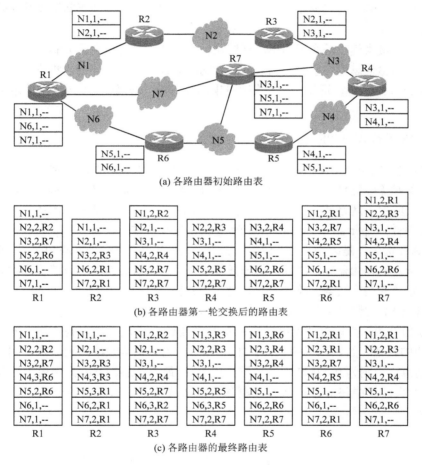

图 3-19　使用 RIP 实现路由表更新

RIP 路由协议存在一个问题，那就是网络收敛比较慢，当网络出现故障时，要经过比较长的时间才能将此消息传送到所有的路由器，且中间多了许多无效的路由更新，以图 3-20 为例，RA 将自己的直连路由（10.0.0.0，1 直连）通告给了 RB，RB 收到后将这条路由信息修改后（10.0.0.0，2，R1）保存至自己的路由表中。假设 RA 所直连的 10.0.0.0 网络的连接线路断开了。此时 RA 立即发现，并更新自己的路由表，将到达 10.0.0.0 的路由表项距离改为 16（即不可达），并在 30s 后将此路由更新信息转发给 RB，然而 RB 可能在 RA 更新路由之前先把自己的路由表发给了 RA，其中有"10.0.0.0，2，RA"这一项。

RA 收到 RB 的更新报文后，将收到的路由信息改为"10.0.0.0，3，RB"，误以为可以经过 RB 到达 10.0.0.0 网络，当到达 RA 更新时间到后将这条信息发给了 RB。

同样，RB 接着更新自己的路由表为"10.0.0.0，4，RA"。

这样的更新一直持续，指到 RA 和 RB 都将到达 10.0.0.0 的距离增大到 16 时，双方才知道原来 10.0.0.0 网络不可达。

要解决以上问题，可以使用水平分割技术，就是同一路由表项更新不再从接收该路由表项的接口发送出去。

RIP 协议的最大优点是实现简单，开销比较小。缺点是有最大距离制约，限制了网络的规模；交换的路由信息为完整的路由表，随着网络规模的增加，开销也将增加；更新过程的收敛时间较长。RIP 协议适用于规模较小的网络，对于规模较大的网络则使用下面介绍的 OSPF 协议。

2. 内部网关协议 OSPF

DVR 算法存在两个主要的缺陷：一个是选择路由时没有考虑线路带宽，二是工作效率低，获取路由信息时需要耗费较多的时间。后来被链路状态路由选择(link state routing，LSR)算法代替，广泛应用于网络系统中，内部网关协议 IGP 中另一个广泛使用的协议开放式最短路径优先协议 OSPF(open shortest path first)就是采用 LSR 算法。

"最短路径优先"是因为 OSPF 使用了 Dijkstra 提出的最短路径算法 SPF。在该算法中，为了在一对给定的路由器结点之间选择一条最短路径，通过各链路的权值作为距离的度量来计算最短路径，有最少边数的路径不一定是最短路径。

图 3-21 给出了最短路径的计算过程。假设我们计算从结点 5 到结点 4 的最短路径。初始化集合 S 为除源结点以外的所有结点；初始化数组 D 为从源结点到结点 v 的边存在，则 $D(v)$ 为该边的权值，否则为无穷大；初始化数组 R 为如果从源结点到结点 v 的边存在，则 $R(v)$ 为源结点，否则为 0。从 S 中选一结点使 $D(u)$ 最小(如果 $D(u)$ 为无穷大则表示路径不存在)，在下次计算中将 u 结点从 S 中删除。那么从结点 5 出发到各个结点的最短路径如图 3-22 所示。

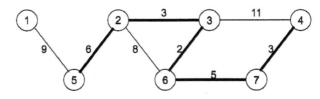

图 3-21　Dijkstra 算法子网图

最后得出的最短路径则为 5→2→1→3→6→7→4。

S	R1	D1	R2	D2	R3	D3	R4	D4	R6	D6	R7	D7	u
{1,2,3,4,6,7}	5	9	5	6	0	∞	0	∞	0	∞	0	∞	2
{1,3,4,6,7}	5	9	5	6	2	9	0	∞	2	14	0	∞	1
{3,4,6,7}	5	9	5	6	2	9	0	∞	2	14	0	∞	3
{4,6,7}	5	9	5	6	2	9	3	20	3	11	0	∞	6
{4,7}	5	9	5	6	2	9	3	20	3	11	6	16	7
{4}	5	9	5	6	2	9	7	19	3	11	6	16	4

图 3-22　结点 5 到结点 4 的最小路径算法

1）OSPF 分组格式

OSPF 的分组由分组头和数据两个部分构成，OSPF 分组利用 IP 数据报直接传输，此时 IP 数据报报头的协议字段的值为 89。OSPF 的分组头占 24 个字节，后面是数据部分，如图 3-23 所示。下面简单阐述 OSPF 分组头中各字段的含义。

(1) 版本字段：1 字节，指明当前 OSPF 协议的版本号为 2。

(2) 类型字段：1 字节，指明所发送的 OSPF 分组的类型，是 5 种类型中的一种。

(3) 分组长度字段：2 字节，指明包括 24 字节分组头在内的整个 OSPF 分组的字节数。

(4) 路由器标识字段：4 字节，发送该 OSPF 分组的路由器接口对应的 IP 地址。

(5) 区域标识字段：4 字节，发送路由器所在区域的标识符。

(6) 校验和字段：2 字节，对整个 OSPF 分组进行数据校验，用来检测分组的差错。

(7) 鉴别类型字段：2 字节，目前只有两种取值，0（无需鉴别）和 1（需要鉴别）。

(8) 鉴别字段：8 字节，当上述鉴别类型为 0 时，该字段全部填 0；当鉴别类型为 1 时，该字段填入口令。

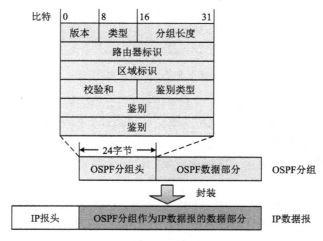

图 3-23　OSPF 分组格式及分组封装

2）OSPF 分组类型

类型 1：问候（hello）分组，交换该分组用来发现和维持相邻路由器的可达性。

类型 2：数据描述（database description）分组，向相邻路由器发送自己的链路状态数据库中的所有链路状态项目的摘要信息。

类型 3：链路状态请求(link state request)分组，向相邻路由器请求某些链路状态项目的详细信息。

类型 4：链路状态更新(link state update)分组，用洪泛法对向全网发送新的链路状态信息。该分组是 OSPF 的核心部分，也是最复杂的一种分组。

类型 5：链路状态确认(link state acknowledgment)分组，对链路状态更新分组的确认。

3) OSPF 与 RIP 的主要区别

(1) OSPF 采用分层次划分区域的方法将一个自治系统划分为多个区域。一个自治系统有一个主干区域，用来连通其他区域，其他区域都称为区域，每个区域路由器的数目一般要求不超过 200。每个区域都有一个用 32bit 表示的标识符，规定主干区域的标识符是 0.0.0.0。

图 3-24 为 OSPF 对某个自治系统进行区域划分的情况。标识符为 0.0.0.0 的主干区域连接另外 3 个区域，它们的标识符分别是 0.0.0.1、0.0.0.2、0.0.0.3。每个区域都至少通过一个区域边界路由器与主干区域连通，如图 3-24 中的 R3、R6、R7，其任务是收集和汇总本区域内的链路状态信息向主干区域发送。主干区域的任务是汇总下属各个区域的链路状态信息，主干区域的每个路由器都称为主干路由器，主干路由器可以兼做边界路由器。主干区域中还有一个自治系统的边界路由器，如图 3-24 中的 R5，其作用是与其他自治系统交换路由信息。

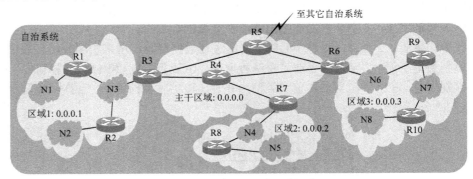

图 3-24　自治系统的 OSPF 区域划分

在 OSPF 路由协议中，每个区域中的内部路由器(一个 OSPF 路由器上所有直连的链路都处于同一个区域的路由器)都独立于计算机网络拓扑机构，区域间的网络结构情况是互不可见的。每个区域中的路由器也不会了解外部区域的网络结构。OSPF 按层次划分区域使得交换链路状态信息限制在某个区域之内，区域内交换的信息量明显减少，而 RIP 则交换整个自治系统内的路由信息。

(2) OSPF 在区域内采用洪泛法交换链路状态信息，每个路由器接收相邻路由器的路由信息，然后再向所有相邻路由器(刚发来信息的路由器除外)转发该链路状态信息的拷贝。RIP 仅在相邻路由器间交换路由信息，并不执行拷贝转发。

(3) RIP 路由信息的内容为到达目标网络的下一跳及距离，而 OSPF 发送和转发的信息是本路由器与所有相邻路由器的链路状态信息，该信息表明本路由器与哪些路由器相邻，以及链路的代价(或度量，用来表示费用、距离、时延、带宽等)。

(4) OSPF 只有在链路状态发生变化时才交换和更新链路状态信息。而 RIP 则不断地、定期地交换路由信息。

4)LSR 算法过程

(1)发现相邻路由器,获取其网络地址,检查它们是否正常。当一个 OSPF 路由器启动时,它初始化路由信息结构表,然后等待下层接口,当它确定下层接口可用时,它就使用 OSPF 的 Hello 协议向所有相邻的路由器发送一个问候包,然后接收这些路由器的回应信息。回应信息是一个包含路由器地址的响应分组,每个路由器地址是一个全局唯一的地址。当链路状态发生变化时,采用洪乏法发送信息。

(2)测量到所有相邻路由器的时间延时或线路开销。路由器通过发送 Echo 分组来测量各相邻路由器的延迟,相邻路由器接收到 Echo 分组后,都回应一个有时间标记的响应分组。从发送到接收到响应分组所经历的时间除以 2,即为该链接线路的延迟时间估算值,反映了线路的带宽状况。

(3)将上述测量的估算值告知其他路由器。首先构成一个特殊的告知链路状态的分组,分组中包含发送者地址、序号、生存期以及各个相邻路由器地址和对应的延迟时间估算值的信息,然后将该分组投递给各个参与算法的路由器。

(4)更新路由表,计算网络最短路径并转发分组。每个路由器收到上述告知链路状态的分组后,建立或更新路由表。当有 IP 数据报需要转发时,计算到达目的结点的最短路径,并按该路径转发数据报。

现举例说明 LSR 算法的路由表更新。假设有 A、B、C、D、E、F 这 6 个结点。每个路由器启动后,向每个点到点线路发送 HELLO 分组(得知对方是谁),并使用 ECHO 分组要求对方立即响应,来测量相互之间的延迟或开销。经过这一步骤,可以得到图 3-25(a)所示的信息。根据这些信息,就能构造出一张网络拓扑图,如图 3-25(b)所示。接着用洪泛法发布链路状态分组,以 B 结点为例,它的邻结点有 A、C、F,结点 B 需要维护一张转发和确认的信息表,如图 3-26 所示,其中所有结点收到来自其他结点的分组后都要发回一个 ACK。

A		B		C		D		E		F	
B	4	A	4	B	2	C	3	A	5	B	6
E	5	C	2	D	3	F	7	C	1	D	7
		F	6	E	1			F	8	E	8

(a) 每个结点的相邻结点及开销　　　　　(b) 构造出的网络拓扑图

图 3-25　LSR 算法的路由更新

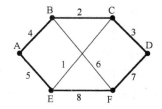

源	序号	年龄	发送标志			ACK标志			数据
			A	C	F	A	C	F	
A	21	60	0	1	1	1	0	0	
F	21	60	1	1	0	0	0	0	
E	21	59	0	1	0	1	0	1	
C	20	60	1	0	1	0	1	0	
D	21	59	1	0	0	0	1	1	

图 3-26　链路状态分组的转发与确认

若结点 E 的链路状态分组由结点 A 和 F 到达结点 B，则结点 B 必须再将 E 的状态分组发送到 C，并向 A 和 F 发回 ACK。最后使用 Dijkstra 算法计算以每个结点为中心到达其他结点的最短路径，从而生成每个结点的路由表。

LSR 算法的优势为路由信息的一致性好，坏消息也一样传播的快，状态分组的长度较短，因此与网络规模关系不大，传输所耗用的网络带宽也较小，适用于大型网络。但对结点设备的性能要求比较高，需要有较大的存储空间用以保存所收到的每个结点的链路状态分组，此外计算工作量也较大。

5) OSPF 区域

一个大型的 OSPF 网络中，可以包括多种区域，其中就有三种常见的特殊区域，即骨干区域（Backbone Area）、末梢区域（Stub Area）、和非纯 Stub 区域（No Stotal Stub Area,NSSA），当然还包括其他普通区域。

3. 外部网关协议 BGP

内部网关协议注重如何高效地选择路由来转发分组，而外部网关协议更注重路由策略问题，这里讲的路由策略是指从安全、政治或经济等方面来考虑、决策路由的选择。常用的外部网关协议是边界网关协议（Border Gateway Protocol，BGP），BGP 路由器之间通过建立 TCP 连接进行可靠通信，同时隐藏了所经网络的拓扑结构和其他细节问题。BGP 也采用 DVR 为基础的路由选择算法，但同 RIP 又有较大的区别。BGP 并不是维持一张到达目的地的路由记录，而是跟踪已经使用的确切路由，并定期地向相邻 BGP 路由器广播正在使用的确切路由。

1) BGP 的特征

（1）BGP 只提供自治系统级别的路由信息。协议交换路由信息的结点数量级是自治系统的数量级，比自治系统中的网络数少得多。

（2）BGP 提供路由转换功能，即采用路径矢量（path vector）路由选择协议。自治系统被划分为两类：一类是允许数据通过的自治系统，称为转换系统；另一类是不允许数据通过的自治系统，称为存根系统。

（3）全球的 ISP 都使用 BGP 交换路由信息，并建立和维护一个全球统一的权威数据库，称为路由仲裁系统（routing arbiter system），该系统包含了因特网中所有 ISP 和目的网络的标识，并将多个拷贝分布在全球各地的路由器服务器上。

（4）在配置 BGP 时，每一个自治系统 AS 的管理员要选择至少一个路由器作为该自治系统的发言人。BGP 发言人一般是 BGP 边界路由器，两个 BGP 发言人通常由一个共享网络连接在一起，以便相互交换 BGP 报文。BGP 发言人和自治系统 AS 之间的关系如图 3-27 所示。

（5）BGP 发言人互相交互了网络可达性的信息后，各 BGP 发言人就根据所采用的策略，从收到的路由信息中找到各自治系统的比较好的路由，构造出的自治系统的连通图为树型结构，不存在回路。

2) BGP 报文格式

BGP 有 4 种不同类型的报文，其报文格式如图 3-28 所示。报文有报头和数据部分共同组成，4 种报文的报头长度都为 19 字节，由标记、长度和类型共 3 个字段构成。标记字段占用 16 字节的长度，用来鉴别收到的 BGP 报文，不使用鉴别时，该字段置为全 1。长度字段指明包括报头在内的整个 BGP 报文的长度，单位为字节，最小值为 19，最大值为 4096。类型字段的取值为 1、2、3、4，分别表示 BGP 报文的一种类型。

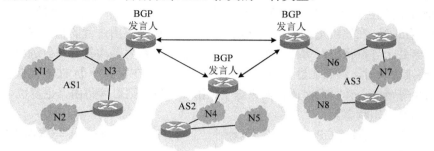

图 3-27　BGP 发言人和自治系统的关系

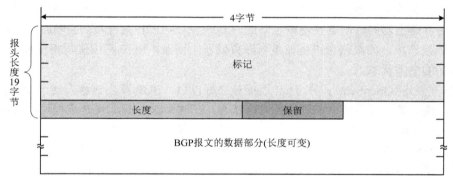

图 3-28　BGP 报文格式

4 种不同类型的 BGP 报文分别是：打开报文、更新报文、保持激活报文和通知报文。BGP 打开报文用来与相邻的另一个 BGP 发言人建立关系，由 6 个字段组成，即：版本（1 字节，目前的值是 4）、本自治系统编号（2 字节，使用全球唯一的 AS 代码）、保持时间（2 字节，保持邻站关系以秒为计算单位的时间）、BGP 标识（4 字节，通常为该路由器的 IP 地址）、可选参数长度（1 字节）和可选参数。

BGP 更新报文用来发送某一路由的信息，以及列出要撤销的若干条路由，共有 5 个字段，即：不可行路由长度（2 字节，指明下一个字段的长度）、撤销的路由（列出所有要撤销的路由）、路径属性总长度（2 字节，指明下一个字段的长度）、路径属性（指明在该报文种增加的路径的属性）和网际层可达性信息（指明发出该报文的网络前缀的比特数、IP 地址前缀）。

BGP 保持激活报文仅有 19 字节，也就是 BGP 报头，而没有数据部分。该报文用来确认打开报文和周期性地证实邻站关系。

BGP 通知报文由差错代码（1 个字节）、差错子代码（1 个字节）和差错数据（给出有关差错的诊断信息）3 个字段组成，用来发送检测到的差错。

3）BGP 运行

BGP 报文是封装成 TCP 报文进行发送的。在 BGP 开始运行时，BGP 的邻站需要交换整个的 BGP 路由表，此后仅需在路由发生变化时更新有变化的部分。

如果两个发言人属于两个不同的自治系统，其中某个发言人打算与另一个发言人定期交换路由信息，这就需要一个商谈的过程。首先向相邻的发言人发送打开报文，如果对方接受这种邻站关系，就发送保持激活报文以示响应，于是两个发言人建立了邻站关系。

当一个 BGP 路由进程与对端建立对等会话时，将按序完成下列状态更改：

(1)空闲(Idle)：在路由进程启动或路由器复位时，进入路由进程的初始状态。在这个状态中，路由器处于等待状态，等待一个启动事件。当这个路由器接收到来自远程的对等路由器的 TCP 连接请求时，该路由器会发起一个启动事件，但在发起一个 TCP 连接到远程对等路由器之前会等待一个计时器时间，如果这个路由器复位，则对等路由器也复位，这个 BGP 路由进程返回到空闲状态。

(2)连接(Connect)：BGP 路由进程检测到一个对等路由器正在试图与本地 BGP 发言人建立一个 TCP 会话。

(3)活动(Active)：在这个状态下，本地 BGP 发言人的 BGP 路由进程试图使用重试连接计时器与一个对等路由器建立一个 TCP 会话。但当 BGP 路由进程处于活动状态时，这种来自远程的对等路由器的启动事件是被忽略的，也就是本地 BGP 发言人不会响应对等路由器的 TCP 重试连接请求。如果路由进程被重新配置或发生错误，BGP 路由进程将释放系统资源，返回到最初的空闲状态。

(4)打开发送(OpenSent)：在 TCP 连接建立好以后，BGP 路由进程发送一个 Open 消息到远程对等路由器，并转换进入到打开发送状态。在这个状态下，BGP 进程可以接收其他对等路由器的 Open 消息。如果连接失败，BGP 路由进程将返回活动状态。

(5)打开接收(OpenReceive)：在发送完 Open 消息后，就同时进入打开接收状态。此时，BGP 路由进程可从远程对等路由器接收 Open 消息，等待一个来自远程对等路由器的初始保活消息。当接收了一个保活消息后，BGP 路由器进程进入到下面的建立状态；如果接收了一个通知消息，BGP 路由进程则进入最初始的空闲状态。

(6)建立(Established)：当从远程对等路由器接收到了一个初始的保活消息，即表明正在与远程邻居建立会话，BGP 路由进程也开始与远程对等路由器交换更新消息。当接收了一个更新或保活消息时，连接保持计时器开始计时。如果 BGP 进程收到一个错误的通知，则路由器将进入最初的空闲状态。

3.4 下一代网际协议 IPv6

3.4.1 IPv6 概述

1. IPv4 的不足

IPv4 的设计者无法预见到互联网技术发展的如此之快，应用如此广泛。而 IPv4 协议面临的问题已经无法用"补丁"的办法来解决，只能在设计新一代 IP 协议时统一加以考虑。IPv4 面临的主要以下几个问题。

(1)IPv4 地址空间不足

全局地址是全球唯一的，需要注册够买的，一个地址只能用在一处，由此可见，全局地址可以说是用一个少一个。时至今日全球几乎没有 IP 地址可分了，这大大影响了计算机网络的发展，也不能满足当前移动互联网、物联网等技术的发展。尽管使用像 NAT、VLSM、CIDR 这类可以充分利用现有的全局 IP 地址的技术，但仍然很难满足从企业到个人的新兴互联网应用的需求。

(2) 骨干路由器维护的路由表表项数量过于庞大

由于 IPv4 发展初期的分配规划问题，造成许多 IPv4 地址块分配不连续，不能有效聚合路由。针对这一问题，虽然采用了 CIDR，以及回收并再分配全局 IPv4 地址的方法有效抑制了全球 IPv4 BGP 路由表的线性增长。但是目前全球 IPv4 BGP 路由表仍然在不断增长，日益庞大的路由表消耗了路由器大量内存，对设备成本和转发效率都有一定的影响，这一问题促使设备制造商不断升级路由器产品，提高其路由寻址和转发性能。

(3) IPv4 地址结构不合理

IPv4 地址的 A、B、C、D 和 E 这五种分类结构存在严重缺陷，不利于地址资源的充分利用。如果一个组织分配了 A 类地址，大部分的地址空间被浪费，如果一个组织分配了 C 类地址，地址空间又不足，而且 D 类和 E 类地址都无法利用。虽然可以通过 CIDR 和 VLSM 技术来弥补，但同样会使路由表和路由策略变得复杂，大大影响效率。

(4) 配置复杂

目前大多数 IPv4 的实现方案必须手工配置，或通过控制状态的地址配置协议进行配置，例如通过 DHCP 来配置。随着使用 IP 的计算机和设备越来越多，也越来越需要更简单更自动化的地址配置和其他不依赖于 DHCP 的地址。

(5) 服务质量没有保证

IPv4 是一个面向无连接的协议，该协议本身不具有可靠性。虽然 IPv4 有服务质量(QoS) 标准，但是实时通信支持依赖于 IPv4 服务类型(ToS)字段和负载的标识，但 IPv4 协议的 ToS 字段功能有限，且有不同的解释。

(6) 不支持端到端的安全

IPsec 只是 IPv4 中的一个可选项，且在实际部署中多数节点都不支持 IPsec，所以 IPv4 的安全性比较差。另外，IPv4 中的 NAT 需要对 IP 数据报头进行修改，有时甚至要修改相关应用数据，而在端到端的安全中，IP 报头的完整性通过加密来保证，报文的发出者负责保护报文头的完整性，在接收端检查收到报文的完整性，在转发过程中任何对报头的修改都会破坏完整性检查，所以在使用 NAT 技术的情况下无法支持端到端的安全。

2. IPv6 的特点

为了解决以上 IPv4 的不足，Internet 工程任务组又开发了一组协议和标准，这就是 IPv6 协议簇，其中最主要的协议就是 IPv6。IPv6 与 IPv4 一样，也是一种面向无连接的、不可靠的数据报协议。它在地址空间、路由协议、安全性等方面有了较大的改进，其特点主要体现在以下几个方面：

(1) 地址空间的增大：IPv6 的 IP 地址由 IPv4 的 32 位扩大到 128 位，这样大的地址空间可保证任何一个接入 Internet 的结点都能获得一个全球唯一的 IP 地址。初步估算，全球每个都可以分到 10 个专用 IP 地址，那时每个人都可以在互联网上有唯一的身份。

(2) 扩展的地址层次结构：因为 IPv6 的地址空间很大，所以可以划分位更多的层次，减小路由表的尺寸。同一组织机构在其网络中可以只是用一个前缀。对于 ISP，则可获得更大的地址空间，这样 ISP 可以把所有客户汇聚成一个前缀并发布出去。分层汇聚使全局路由表数量大大减少，转发效率更高。另外，由于地址空间巨大，同以客户使用多个 ISP 接入时可以同时使用不同的前缀，并不会对全局路由表汇聚造成影响。

（3）简化的协议：IPv6 报头仅有 8 个字段，定义了可选的扩展报头，增强了其灵活性。另一方面，由于路由器一般对扩展报头不进行处理，有利于提高路由器的处理效率。

（4）灵活的选项：IPv6 允许数据报含有选项的控制信息，可灵活增加新的选项。

（5）协议的后续扩充：有利于适应新的技术及应用。

（6）支持即插即用：在 DHCP 服务器不存在时，链接上的主机将使用用于该链接的本地链接 IPv6 地址和本地路由器宣告的前缀导出的地址，自动配置它们自己。即使没有本地路由器，同一个链接上的主机也可以自动用本地链接地址配置自己，并不需要手工配置。

（7）支持资源预留：为多媒体等实时信息的传递提供一定的服务质量保障措施，如预留带宽、缓存区等。通过 IPv6 报头中使用流标签字段，通信标识允许路由器识别属于流的数据报，并为之提供特殊处理。由于 IPv6 报头中标识通信，所以即使在数据报有效载荷使用 IPSec 加密时也很容易实现对 QoS 的支持。

（8）支持漫游：IPv6 规定必须支持移动特性，任何 IPv6 结点都可以使用移动 IP 功能。与移动 IPv4 相比，移动 IPv6 使用邻居发现功能可直接实现外地网络的发现并得到转发地址，而不必使用外地地址。同时，利用路由扩展头和目的地址扩展头可以实现移动结点和对等结点之间的直接通信，解决了移动 IPv4 的三角路由、源地址过滤的问题，移动通信处理效率更高且对应用层透明。

3.4.2　IPv6 数据报格式

IPv6 数据报由基本报头（base header）和有效载荷（payload）两部分构成（参见图 3-29）。基本报头长度为固定 40 字节，仅含有 8 个字段，比 IPv4 报头大为简化，并且取消了校验和字段。在基本报头后面可允许有零个以上的扩展报头，所有扩展报头连同数据合起来即为有效载荷。下面简单介绍 IPv6 数据报格式中各字段的作用。

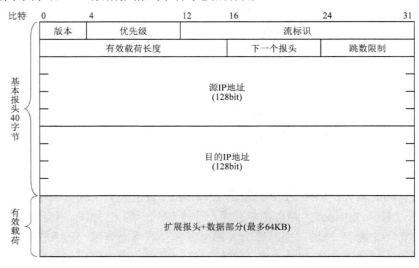

图 3-29　IPv6 数据报格式

（1）版本（version）字段，占 4bit，指明 IP 协议的版本号，IPv6 的版本号为 6。

（2）优先级（priority）字段，占 8bit，用来表示表示 IPv6 数据报的类型或优先级。其中 0~7 表示可进行拥塞控制，拥塞时可放慢传输速率，多为文本信息；8~15 表示实时应用，不可进行拥塞控制，不重发，多为多媒体信息，优先级高。如表 3-10 所示。

表 3-10　IPv6 优先级

0	应用层未指明数据包的优先级
1	如 USENET 报文
2	如电子邮件
4	大块数据传送，如 FTP 或 HTTP
6	用于交互性业务，如 Telnet
7	Internet 控制业务，如 SNMP 和路由报文
8	丢弃数据包产生的影响最小，如高保真视频
15	丢弃数据产生的影响最大，如低保真音频
其他	保留今后使用

（3）流标识（flow label）字段，占 20bit。在 IPv6 中，把从特定源结点到特定宿结点的一系列数据报称为流（flow），流经过的路径上的路由器都给流预留资源保证相应的服务质量要求，同一个流的数据报给予相同的流标识。这样设计的好处一是流标签可以和任意的流关联，需要标识不同类型的流时，无须对流标签做改动，二是流标签在 IPv6 基本头中，使用 IPSec 时此域对转发路由器可见，因此转发路由器可以在使用 IPSec 的情况下仍可以针对特定的流进行 QoS 处理。

（4）有效载荷长度（payload length）字段，占 16bit，指除基本报头（占 40 字节）之外的所有字节数（包括扩展报头和数据部分），至多 64KB。

（5）下一个报头（next header）字段，占 8bit，当后面有扩展报头时，它的值标识后面第一个扩展报头的类型；当后面没有扩展报头时，它的值标识基本报头后面的数据应交付给 IP 层之上的哪一个协议，如同 IPv4 的协议字段。

（6）跳数限制（hop limit）字段，占 8bit，它的值规定了 IPv6 数据报的生命期，采用计数的方法，数据报在转发过程中，每经过一个中间路由器跳数限制字段的值减 1，当其值减为 0 时还没有到达目的结点，就将该数据报丢弃。

（7）源 IP 地址（source address）字段，占 128bit，发送数据报的源主机 IP 地址。

（8）目的 IP 地址（destination address）字段，占 128bit，接收送数据报的宿主机 IP 地址。

（9）扩展报头字段

如前所述，IPv4 中有可选项字段，这样数据报在传输到每一个路由器时都要对其进行检查，从而降低了路由器的处理速度，事实上很多选项在中间路由器上是不需要进行检查的。IPv6 中采用了扩展报头的方式将原来 IPv4 中的选项功能放在扩展报头中，除了逐跳选项扩展报头在中间路由器中需要检查外，其它扩展报头由两端结点来处理，提高了中间路由器的处理效率。

IPv6 中目前主要定义了六种扩展报头：逐跳选项报头、目标选项报头、路由报头、分段报头、认证报头、封装安全有效载荷报头。一个数据报中可含有多个扩展报头，长度也不尽相同，每个扩展报头都由下一个扩展报头字段(第一个字段)和其他字段组成，下一个扩展报头字段都是 8bit，指出该扩展报头后面字段的类型。含有路由选择和安全认证两个扩展报头的 IPv6 数据报如图 3-30 所示。

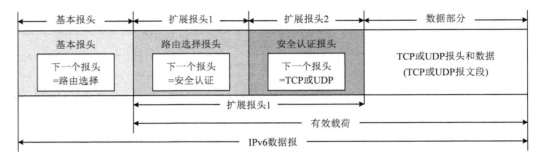

图 3-30　含有两个扩展报头的 IPv6 数据报

(1)逐跳选项头(Hop-by-Hop Option Header)：该扩展报头类型值为 0。该扩展报头必须被转发路径是上的所有结点处理。

(2)目的选项头(Destination Option Header)：该扩展报头类型值为 60。移动 IPv6 中使用了目的选项头，称为家乡地址选项。该地址选项由目的选项头携带，用于移动结点离开"家乡"后通知接收节点此移动结点对应的家乡地址。接收节点收到带有家乡地址选项的报文后，会把家乡地址选项中的源地址(移动节点的家乡地址)和报文中源地址(移动节点的转交地址)交换，这样上层协议始终认为是在和移动节点的家乡地址通信，实现了移动漫游功能。

(3)路由报头(Routing Header)：该扩展报头类型值为 43，用于源路由选项和移动 IPv6。

(4)分段报头(Fragment Header)：该扩展报头类型值为 44，用于标识数据报的分段，在 IPv4 报头中就有对应的字段。当源节点发送的报文超过传输链路的 MTU 时，需要对报文进行分段时使用。

(5)认证报头(Authentication Header)：该扩展报头类型值为 51，用于 IPSec，提供报文验证、完整性检查。

(6)封装安全有效载荷头(Encapsulating Security Payload Header)：该扩展头类型值为 50，用于 IPSes，提供报文验证、完整性检查和加密。该选项头可以和认证报头结合使用。

并不是每一个数据包都包括所有的扩展报头。在中间路由器或目标需要一些特殊处理时，发送主机才会添加相应扩展报头。如果数据包中没有扩展报头，也就是说数据包只包括基本的报头和上层协议单元，基本报头的下一个报头(Next Header)字段值指明上层协议类型。上层协议数据单元(Upper Layer Protocol Data Unit)：一般由上层协议包头和他的有效载荷构成，有效载荷可以是一个 ICMPv6 报文、一个 TCP 报文或一个 UDP 报文。

3.4.3　IPv6 地址

1. IPv6 地址格式

在 IPv6 中每个地址占 128bit，地址空间超过 3.4×10^{38} 个，如果全球所有海洋和陆地都覆盖了计算机，粗略计算每平方米至少允许拥有 6.66×10^{23} 个 IP 地址，显然在可预见的未来，这样大的 IPv6 地址空间是不会被用完的。

如此巨大的 IP 地址范围，若继续采用 IPv4 的点分十进制记法，则显得极其不便。IPv6 中采用了冒号十六进制记法（colon hexadecimal notation），它把 128bit 分为 8 组，每组 16bit，每 4bit 对应一个十六进制数，各组之间用冒号分隔。如下面的 IPv6 地址是合法的：

　　35AB:2B45:CC22:EA90:F212:55BB:CC32:2645

为了方便起见，一组数的高位为 0 时，可略去不写；当一至多组出现全 0 时，可以用一对冒号代替，但在任一完整的地址中只能使用一次。例如：

　　DA65:000B:CC22:FA90:D212:50BB:CA32:2539

可写成：

　　DA65:B:CC22:FA90:D212:50BB:CA32:2539

　　4532:0:0:0:F212:55BB:0:2B40

可写成：

　　4532::F212:55BB:0:2B40

另外，为了与 IPv4 的兼容，冒号十六进制记法可结合含有点分十进制记法的后缀混合使用，如：

　　0:0:0:0:0:0:210.29.192.11

或写成　　　::210.29.192.11

对于前面介绍的 CIDR 的前缀斜线表示法同样适用于 IPv6 地址表示。例如，64 比特的前缀 13CA000000000B56 可表示为：

　　13CA:0000:0000:0B56:0000:0000:0000:0000/64

或　13CA::0B56:0:0:0:0/64

或　13CA:0:0:0B56::/64

2．IPv6 地址分配

IPv6 地址空间为 128bit，由类型前缀和其余部分构成，表 3-11 给出了部分地址类型前缀编码、用途、和所占地址空间的比例情况。

表 3-11　部分 IPv6 地址类型前缀

地址前缀	用途	所占地址空间的比例
0000 0000	保留，与 IPv4 兼容	1/256
0000 001	供 OSI 的网络服务访问点 NSAP 分配	1/256
0000 010	供 Novell IPX 分配的地址	1/128
010	基于 ISP 的单播地址	1/8
100	基于地理位置的单播地址	1/8
1111 1110 10	本地链路单播地址	1/1024
1111 1110 11	本地站点单播地址	1/1024
1111 1111	多播地址	1/256

一般来讲，IPv6 数据报的目的地址可以是以下 3 种基本类型地址之一。

1）单播（unicast）地址

实现点对点通信，IPv6 的全球单播地址等同于 IPv4 中的全局 IP 地址，格式如图 3-31 所示，该地址使用了三个等级。第一级为顶级，指明全球都识别的公共拓扑，前面三个固定位与本部分的 45 位全局路由前缀一起组成了 48 位的站点前缀，将其分配给组织的单个站点；第二级为地点级占 16 位，指明单个的地点，对应于在一个地点的一组计算机和网络，通常是相距较近的且都归一个单位或部门来管理；第三级指明对应于计算机和网络的单个接口，占 64 位，这部分对应个接口的 64 位 IPv6 MAC 地址，由接口自动分配，也可人工编制。

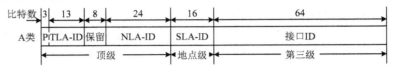

图 3-31　IPv6 的全球单播地址结构

IPv6 地址的顶级由 4 个字段组成：P 字段占 3bit，为地址类型前缀，当前可分配的全局地址的地址前缀 P 的字段值为 001（此部分可表示为 2000::/3）。顶级聚合标识符 TLA-ID 字段占 13bit，指派给相应的 ISP 或拥有这些地址的汇接点；保留字段占 8bit；下一聚合标识符 NLA-ID 字段占 16bit，用于指派给一个特定的用户。

另一类 IPv6 单播地址是嵌入 IPv4 地址，前缀为 0000 0000，用该方式可实现 IPv4 到 IPv6 的过渡。图 3-32 表示将 IPv4 地址嵌入到 IPv6 地址的两种情况。如果地址的前 96 比特都为 0，低 32 比特是 IPv4 地址，则该地址称为 IPv4 兼容的 IPv6 地址，使用此地址的结点既支持 IPv4 也支持 IPv6；如果地址的前 80 比特都是 0，接着 16 比特都是 1，之后为 32 比特的 IPv4 地址，则该地址称为 IPv4 映射的 IPv6 地址，使用此地址的结点不支持 IPv6。

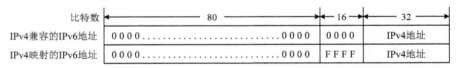

图 3-32　IPv4 地址嵌入到 IPv6 地址的两种情况

在 IPv6 单播地址中，还有两种特殊的单播地址：未指定地址（0:0:0:0:0:0:0:0 或::）仅用于表示某个地址不存在，它等价于 IPv4 未指定地址 0.0.0.0，未指定地址通常被用作尝试验证暂定地址唯一性数据包的源地址，它永远不会指派给某个接口或被用作目标地址；环回地址（0:0:0:0:0:0:0:1 或::1）用于标识环回接口，允许节点将数据报发送给自己，它等价于 IPv4 环回地址 127.0.0.1，发送到环回地址的数据报永远不会发送给某个链路，也不会通过 IPv6 路由器转发。

2）多播（multicast）地址

IPv6 多播可以识别多个接口，对应一组接口的地址。发送到多播地址的数据报被送到由该地址标识的每个接口，实现一点对多点通信。该地址的前 8 比特为全 1，如图 3-33 所示。此项服务在因特网中很有用，如发送公告、新闻、股市行情等。

图 3-33　IPv6 组播地址结构

（1）标志：表示在组播地址上设置的标志，占 4bit，前 3bit 均为 0，只有最后 1bit 具有标志意义，这一位记"T"。当 T 为 0 时表示该组播地址是由互联网号码指派机构 IANA 永久指派的、公认的组播地址；当 T 为 1 时表示该组播地址是临时组播地址。

(2) 作用域：表示进行组播通信的 IPv6 网络的本次组播通信的范围，占 4bit。路由器可以使用组播作用域来确定是否可以转发组播通信。

(3) 组 ID：用于标识组播组，并且在作用域中是唯一的，占 112bit。永久指派组的组 ID 独立于作用域，临时组 ID 仅与特定的作用域有关。由于组 ID 长达 112bit，所有可以有 2^{112} 个组 ID，在 IPv6 组播地址在数据链路层封装时将被映射到以太网组播 MAC 地址，所以 RFC2373 建议从 IPv6 组播地址的低阶 32 位指派组 ID，并将剩余的原始组 ID 位设置为 0，这样可以保证每个组 ID 映射到唯一的以太网组播 MAC 地址。

3) 任意播 (anycast) 地址

任意播地址是 IPv6 新增加的一种地址。它与多播相似，任意播的目的站也是一组计算机，但是数据报并非交付给所有组员，而只是交付给其中的一个，通常是距离最近的一个。目前任播地址只作为目的地址使用，并且只分配给路由器。任播地址的地址格式如图 3-34 所示。

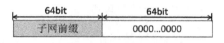

图 3-34　IPv6 任播地址结构

3. IPv6 地址自动配置

IPv6 的一个重要的目标是支持即插即用的节点。即插入节点到 IPv6 网络并将其自动配置，而无需任何人工干预。因此，虽然 IPv6 具有 128bit，但配置起来并不复杂。默认情况下 IPv6 主机可以通过操作系统为每个接口配置以一个本地地址来寻址和邻居发现。通过使用路由器发现功能，主机也可以确定路由器的地址、附加地址和其他配置参数。

IPv6 地址自动配置可以有以下三种配置类型。

1) 无状态的自动配置

此类型配置适合于小型组织和个体。在此情况下，每一主机根据接收的路由器广告的内容确定其地址。通过使用 IEEEEUI-64 标准来定义地址的网络 ID 部分，可以合理假定该主机地址在链路上是唯一的。

2) 监控状态的自动配置

此类型的配置是基于全状态地址配协议 (如 DHCPv6) 来获取地址和其他配置选项的。当主机收到不包括地址前缀的路由器公告信息时，并不要求主机使用全状态地址配置协议时，将使用全状态地址配置。当本地链路上没有路由器存在时，主机也使用全状态地址配置协议。

DHCPv6 是动态主机配置协议 (DHCP) 的 IPv6 版本。在有状态地址配置过程中，DHCPv6 服务器分配一个完整的 IPv6 地址给主机，并提供 DNS 服务器地址等其他配置信息；在无状态的 IPv6 服务时，DHCPv6 服务器不分配 IPv6 地址，仅需向主机提供 DNS 服务器地址等其他配置信息，主机 IPv6 地址仍然通过路由器公告方式自动生成，这样配合使用就能弥补 IPv6 无状态自动配置的缺陷。

3) 两者兼备的自动配置

此类型是根据路由器公告信息的回执进行配置。这些信息包括无状态地址前缀，并要求主机使用全状态地址配置协议。

3.4.4　由 IPv4 过渡到 IPv6

　　IETF 早在 1998 年就已经基本完成了 IPv6 的标准化过程,经过多年的研究和试验、部署,逐渐成为一种成熟的网络技术。随着 IPv6 的逐步部署,保证 IPv4 和 IPv6 网络之间的互连互通、网络的无缝平滑过渡、各种应用的平滑过渡等问题都是必须解决的问题,IPv4 到 IPv6 的过渡问题已经成为下一代 Internet 研究的重要问题。

　　当前因特网上使用 IPv4 的路由器的数量太大,向 IPv6 过渡只能采用逐步推进的方法,这就要求新安装的 IPv6 系统必须能与 IPv4 兼容,能够接收和转发 IPv4 数据报。各种网络过渡技术解决的问题主要有 IPv4 向 IPv6 过渡的方法主要有三种,一是双协议栈技术,二是隧道技术,三是网络地址转换协议技术。

　　1. 双协议栈技术

　　双协议栈是指在完全过渡到 IPv6 之前,部分主机或路由器装有两个协议,IPv4 和 IPv6,如图 3-35 所示。双协议栈路由器可以将不同格式的 IP 数据报进行转换,当与 IPv4 主机或路由器进行通信时采用 IPv4 地址,而与 IPv6 主机或路由器进行通信时则采用 IPv6 地址,双协议栈主机或路由器可以使用域名系统 DNS 查询得知目的地址是 IPv4 地址还是 IPv6 地址。

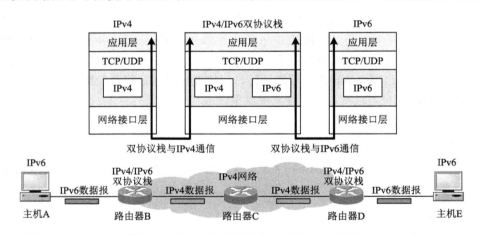

图 3-35　使用双协议栈实现 IPv4 到 IPv6 过渡

　　在图 3-27 中,主机 A 把 IPv6 数据报传输给双协议栈路由器 B,路由器 B 将 IPv6 数据报报头转换为 IPv4 数据报报头后转发给 C。当 IPv4 数据报到达 IPv4 网络的出口路由器 D 时,再恢复为 IPv6 数据报。当然,IPv6 报头的某些字段是无法恢复的。

　　双协议栈是过渡期中的重要方案,能够实现网络的过渡,然而由于双路由基础设施增加了网络的复杂度,同时对 IP 地址耗尽的问题没有帮助,在当前 Internet 规模下几乎不具有可行性。

　　2. 隧道技术

　　隧道技术是一种封装技术,它用一种协议类型的头部封装另一种协议类型的数据包,后者将前者当作它下层的数据链路。隧道技术的实现包括封装、解封装和隧道管理三个步骤。

封装是指在隧道起始点形成一个 IPv4 包头，将 IPv6 数据报作为 IPv4 数据包的负载，从而组合成一个 IPv4 数据包；解封装是封装的逆过程，即在隧道终结点去掉 IPv4 包头，还原 IPv6 数据包；隧道管理是指隧道的建立和拆除，以及隧道配置信息的维护等。对于采用隧道技术不需要对现有的网络终端设备和网络基础设施进行大规模的更新与改造，只需要对 IPv6 数据包在隧道的起始端和终结端进行封装和解封装，封装后所形成的 IPv4 数据包的源地址和目的地址分别是隧道入口和隧道出口的 IPv4 地址，并且在 IPv4 数据包传输过程中不产生新的要求，因此技术上比较容易实现。但是隧道技术的核心是将 IPv6 报文封装在 IPv4 数据包中经由 IPv4 网络传输，从而隧道技术不能实现 IPv4 主机与 IPv6 主机之间的直接通信。

图 3-36 给出了隧道技术的工作原理。隧道技术的核心是把 IPv6 数据报当作净负荷封装为 IPv4 数据报，即 IPv6 数据报作为 IPv4 数据报的数据部分在 IPv4 网络中传输，IPv6 数据报就像在 IPv4 隧道里传输一样。隧道的入口和出口都是一个双协议栈路由器，在入口处将 IPv6 数据报作为数据部分封装为 IPv4 数据报，在出口处将 IPv4 数据报的数据部分（IPv6 数据报）取出，交给目的主机处理。在图 3-36 中，隧道中传输的 IPv4 数据报的源地址是 B，目的地址是 D。

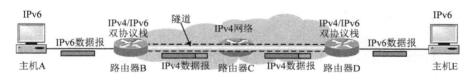

图 3-36　使用隧道技术实现 IPv4 到 IPv6 过渡

隧道技术主要包括自动隧道技术、配置隧道技术。自动隧道主要有 IPv4 兼容 IPv6 自动隧道、6to4 隧道、isatap 隧道、6PE 隧道。配置隧道主要有 IPv6 in IPv4 手动隧道、GRE 隧道。

1）GRE 隧道

使用标准的 GRE 隧道技术可在 ipv4 的 GRE 隧道上承载 ipv6 数据报文。GRE 隧道式两点之间的链路，每条链路都是一条单独的隧道。隧道把 IPv6 作为乘客协议，把 GRE 作为承载协议。所配置的 IPv6 地址是在 Tunnel 接口上配置的，而所配置的 IPv4 地址是 Tunnel 的源地址和目的地址，也就是隧道的起点和终点。

GRE 隧道基于成熟的 GRE 技术来封装报文，其通用性好、易于理解。当 GRE 隧道是一种手动隧道，具有手动隧道的缺点。如果网络中的站点数量多，则管理员的配置工作复杂并且维护难度将上升。

2）IPv6 in IPv4 手动隧道

手动隧道也是通过 IPv4 骨干网连接的两个 IPv6 域的永久链路，用于两个边缘路由器或终端系统与边缘路由器之间定期安全通信的稳定连接。它与 GRE 隧道之间的不同点是他们的封装格式有些不同：手动隧道直接把 IPv6 报文封装到 IPv4 报文中去，IPv6 报文作为 IPv4 报文的净载荷。手动隧道的转发机制同 GRE 隧道式一样的，也是按"隧道起点封装→ipv4 网络中路由→隧道终点解封装"过程来进行。

3）6to4 隧道技术

6to4 隧道（RFC3056）技术采用自动构造隧道机制，由于这种机制下隧道端点 IPv4 地址可以从 IPv6 地址中提取，所以隧道是自动建立的。6to4 不会在 IPv4 的路由表中引入新的条目，在 IPv6 的路由表中只增加一条表项。采用 6to4 机制的 IPv6ISP 只需要做很少的管理工作，这种机制很适用于运行 IPv6 站点之间的通信。6to4 要求隧道中至少有两台路由器支持双栈和 6to4。6to4 隧道采用特殊的 IPv6 地址，IANA 为 6to4 隧道方式分配了一个永久性的 IPv6 格式前缀 0x2002，表示成 IPv6 地址前缀格式为 2002:: /16。如果一个用户站点拥有至少一个有效的全球唯一的 32 位 IPv4 地址，那么该用户站点将不需要任何分配申请即可拥有 IPv6 地址前缀 2002: v4 address] : : /48。例如某企业获得 IPv4 出口地址为 202. 202. 24. 24，则该企业内部网络的 IPv6 网络号即为 2002: CACA: 1818: : /48。6to4 隧道优点是容易管理，主要用于广域网 WAN 的过渡，所以它是目前最重要的自动隧道技术之一。因为它根据 IPv4 地址能自动产生一个 48 位的前缀，所以 6to4 主机不作任何改变，只要升级 IPv4 路由器即可，而且不必向互联网注册机构申请 IPv6 地址就可运行。

　　6to4 隧道技术的核心思想是在站点的地址前缀中蕴含了 IPv4 隧道的端点地址。其关键是在站点边界路由器的 IPv4 地址和站点内主机的 IPv6 地址之间建立了一种映射，直接将边界路由器的 IPv4 地址作为站内主机 IPv6 地址前缀的一部分。

　　4) IPv4 兼容 IPv6 自动隧道

　　只要路由器和主机支持双协议栈，自动配置 IPv4 兼容隧道方式可用于边界路由器之间以及边界路由器和独立主机之间。IPv4 兼容隧道是指隧道的端点(包括起始端和终结端)可由特定的 IPv4 地址自动标识。这里的 IPv4 地址是包含在 IPv4 兼容 IPv6 地址的后 32 位二进制地址。一个隧道需要一个起点和一个终点，起点和终点确定之后。隧道也就可以确定了。

　　在 IPv4 和 IPv6 自动隧道中，仅仅需要告诉设备的起点，隧道的终点由设备自动生成。为了完成设备自动产生终点的目的，IPv4 自动隧道需要使用一种特殊的地址：IPv4 兼容 IPv6 地址。从以上分析可以看出，IPv4 兼容 IPv6 自动隧道是随报文建立的隧道，并不是固定的。无论要和多少个对端设备建立隧道，本端只需要一个隧道接口就够了。这对路由器配置的维护室友好处的，但这种自动隧道也有很大的局限性，它要求 IPv6 的地址必须是特殊的 IPv4 兼容 IPv6 地址，否则它没有办法找到隧道的终点。另外，因为 IPv6 报文中的地址前缀 0:0:0:0:0:0,实际上也就是所有的节点处于同一个 IPv6 网段中，所以它只能做到节点本身的通信，而并不能通过隧道进行报文的转发。

　　这种 IPv4 兼容 IPv6 自动隧道的局限性在 6to4 隧道技术上得到解决。

　　5) ISATAP 隧道

　　ISATAP(Intr a-Site Automatic Tunnel Addressing Protocol)称作站内自动隧道寻址协议，它是一种新型自动隧道技术，用于被隔绝在 IPv4 网络中的双栈主机与 IPv6 网络主机进行通信。ISATAP 隧道使用特殊的地址格式，将 IPv4 地址嵌入 IPv6 地址中，因此双栈主机同 IPv6 网络中的主机通讯时，可自动抽取 IPv4 地址建立隧道。

　　6) 6PE 隧道

　　6PE(IPv6 Provider Edge，IPv6 供应商边缘)是一种通过支持 IPv6 的 CE(Customer Edge，用户边缘)路由器来实现 IPv6 的主机穿过当前已存在的 IPv4/MPLS 网络进行通信的一种过渡技术，利用 MP-BGP(Multi protocol Border Gateway Protocol)技术，把用户 IPv6 路由信息转换为带有标签的 IPv6 路由信息，并且通过 IBGP 会话扩散到 ISP 的 IPv4 骨干网中。在转发 IPv6 分组时，当流量在进入骨干网的隧道时，会被打上 MPLS 标签，在骨干网络中利用标签进行转发，当分组离开骨干网络时，去掉标签，根据 IPv6 报头信息进行转发。因此，利用 6PE 技术，ISP(Internet Server Provider)可以利用现有的 IPv4/MPLS 网络为分散用户的 IPv6 主机提供接入能力。

通过在两端的 6PE6 路由器上部署 MP-BGP(Multi protocol Border Gateway Protocol)协议，将内网 IPv6 路由信息转换成带有内网标签的 IPv6 路由信息，并传送到对端的 IBGP(Internal Border Gateway Protocol)邻居-6PE 路由器上，6PE 路由器在转发内网 IPv6 分组时，首先将进入外网隧道的 IPv6 分组打上内网标签，然后通过查找 6PE 路由表，再在带有内网标签的分组上打上外网标签，接着把带有两层标签的 IPv6 分组转发到对端的 6PE 路由器，对端的 6PE 路由器剥去分组的两层标签，然后转发给对端的 CE 设备。

3. 网络地址转换协议技术(NAT-PT)

NAT-PT 是附带协议转换的网络地址转换器，通过修改协议报头来转换网络地址，使纯 IPv6 节点和 IPv4 节点间可以通信，如图 3-37 所示。

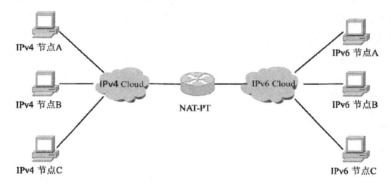

图 3-37　使用 NAT-PT 技术实现 IPv4 到 IPv6 的过渡

NAT-PT 处于 IPv6 和 IPv4 网络的交界处，是 IPv4 网络中动态地址翻译(NAT)技术和 SIIT(stateless IP/ICMP translation algorithm)协议转换技术的结合与改进。地址转换(NAT)的目的是为了让 IPv4 和 IPv6 网络中的主机互相识别对方，协议转换(PT)则实现了 IPv4 和 IPv6 协议头之间的翻译。

NAT-PT 可分为静态 NAT-PT、动态 NAT-PT 及结合 DNS ALG 的动态 NAT-PT 三种方式。不论采用哪种 NAT-PT 机制，配置 NAT-PT 前缀都是必须的。NAT-PT 前缀是长度为 96 位的 IPv6 地址前缀，它具有以下两个作用：① 从 IPv6 网络发送到 IPv4 网络的报文到达 NAT-PT 设备后，设备会检测报文目的 IPv6 地址的前缀，只有与所配置的 NAT-PT 前缀相同的报文才允许进行 IPv6 到 IPv4 的转换。② 从 IPv4 网络发送到 IPv6 网络的报文，经过 NAT-PT 转换后，源 IPv6 地址的前缀为配置的 NAT-PT 前缀。

1) 静态 NAT-PT

静态模式提供了一对一的 IPv6 地址和 IPv4 地址的映射。IPv6 单协议网络内的节点要访问的 IPv4 单协议网络内的每一个 IPv4 地址都必须在 NAT-PT 设备中设置。每一个目的 IPv4 地址在 NAT-PT 设备中被映射为一个具有预定义 NAT-PT 前缀的 IPv6 地址。这种模式中，每一个 IPv6 到 IPv4 映射需要一个源 IPv4 地址。静态 NAT-PT 模式跟 IPv4 中的静态 NAT 类似。

2）动态 NAT-PT

在 NAT-PT 中．NAT-PT 网关向 IPv6 网络通告一个 96 位的地址前缀（该前缀可以是网络管理员选择的在本网络内可路由的任意前缀），用 96 位地址前缀加上 32 位主机 IPv4 地址作为对 IPv4 网络中主机的标识。从 IPv6 网络中的主机发给 IPv4 网络的报文，其目的地址前缀与 NAT-PT 发布的地址前缀相同，这些报文都被路由到 NAT-PT 网关处，由 NAT-PT 网关对报文头进行修改，取出其中的 NAT-PT 地址信息，替换目的地址。另外，NAT-PT 网关定义了 IPv4 地址池，NAT-PT 网关从此地址池中取出一个地址来替换 IPv6 报文的源地址，这样就完成了 IPv6 地址到 IPv4 地址的转换。

图 3-38 给出了 NAP-PT 网关的工作过程。NAP-PT 网关向 IPv6 网络中宣告的网络地址前缀为 PREFIX::/96。假设 IPv6 网络中的节点 A 要与 IPv4 网络中的节点 C 建立连接进行通讯，源节点 A 创建的数据包信息是"源地址：FEDC:BA98::7654:3210，目的地址：PREFIX::132.146.243.30"。该数据包到达 NAT-PT 后，其报文信息将被转换为 IPv4 版本。转换后的 IPv4 报文信息如下："源地址：120.130.26.10，目的地址：132.146.243.30（假设该地址为 NAT-PT 网关地址池中随机分配的地址）"。反之，所有与此连接相关的从节点 C 返回的 IPv4 数据包，NAT-PT 会根据所存储的连接信息进行信息转换如下："源地址：PREFIX::132.146.243.30，目的地址： FEDC:BA98::7654:3210"。然后，数据包就可以在 IPv6 网络中进行路由传输了。

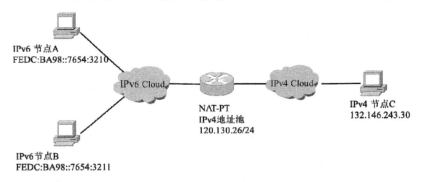

图 3-38　动态 NAT-PT 的工作过程

3）结合 DNS ALG 的动态 NAT-PT

上文介绍的动态 NAT-PT 只能实现单向 NAT，即会话只能由 IPv6 节点发起的与 IPv4 节点之间的通信。

在 DNS-ALG 的动态 NAT-PT 工作过程中，连接的建立既可以从 IPv6 侧发起，也可以从 IPv4 侧发起（而传统的 NAT-PT 只能从 IPv6 侧发起）。不管是从 IPv6 侧还是从 IPv4 侧发起的连接，也不管其地址的转换机制是静态的还是动态的，经过 NAT-PT 后，IPv6 的地址都要被转换成 IPv4 地址。DNS-ALG 在双向 NAT-PT 必须被应用以实现名字向 IP 地址的转换。IPv6 和 IPv4 两端的 DNS，其命名空间是独立且唯一的。特别需要说明的是，当 DNS 数据包在 IPv6 和 IPv4 网络之间传输时，DNS-ALG 能够把从 IPv6 网络中查询到的 IPv6 地址与地址池中的 IPv4 地址绑定起来。同样，对于从 IPv4 网络中查询到的 IPv4 地址（例如从 IPv6 端发起对 IPv4 网络中主机的连接），DNS-ALG 同样能够进行类似绑定。

当建立 IPv6 网络与 IPv4 网络的连接时，无论是从哪端发起的连接，NAT-PT 都将分配一个 IPv4 转换地址给一个 IPv6 节点。但是，当初始化一个连接时，从 IPv4 侧发起连接与从 IPv6 侧发起连接，其工作原理是不一样的，下面分别进行介绍。

图 3-39 给出了结合 DNS ALG 的动态 NAT-PT 的工作过程。

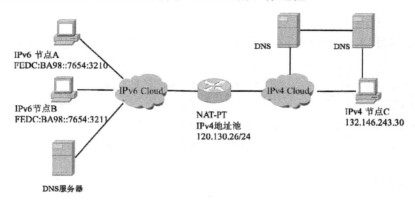

图 3-39 结合 DNS ALG 的动态 NAT-PT 的工作过程

1）从 IPv4 到 IPv6

如图 3-39 所示，当节点 C 的发出节点 A 的地址查询请求后，该请求将被传递到 IPv6 网络中的 DNS 服务器。在 NAT-PT 上的 DNS-ALG 将会对欲进入 IPv6 网络进行 "A" 记录查询的请求进行如下修改：

a) 对于从节点名字到节点地址的查询请求：把查询类型从 "A" 改成 "AAAA" 或 "A6"。

b) 对于从节点地址到节点名字的查询请求：把字符串 "IN-ADDR.ARPA" 改成 "IP6.INT"，把 "IN-ADDR.ARPA" 前的 IPv4 地址改成相应的 IPv6 地址。

反之，当 DNS 的查询应答欲从 IPv6 网络进入 IPv4 网络时，DNS-ALG 进行如下操作：

a) 更改 "AAAA" 或 "A6" 为 "A"

b) 把查询到的 IPv6 地址用 NAT-PT 分配的 IPv4 转换地址进行替换。

如果没有提前分配一个 IPv4 的转换地址给这个 IPv6 节点，那么现在 NAT-PT 将分配一个给它。比如上面的例子，节点 C 要发起与节点 A 的连接，产生一个 A 节点名的查询。这个节点被送到本地的 DNS，DNS-ALG 截获该报文，并把 "A" 查询更改为 "AAAA" 查询或 "A6" 查询，然后把它发送给 IPv6 网络的 DNS 服务器。DNS 服务器将做出如下应答："Node-A AAAA FEDC:BA98::7654:3210"。该应答仍然会被 DNS-ALG 捕获，并转换成如下 IPv4 形式："Node-A A 120.130.26.1"

在 NAT-PT 上，DNS-ALG 将会维持 FEDC:BA98::7654:3210 和 120.130.26.1 的映射关系。现在这条 "A" 记录就可以返回给节点 C 了，从而节点 C 将发起如下的连接信息："源地址：132.146.243.30，目的地址：120.130.26.1"。

带有此信息的数据包将被路由到 NAT-PT，因为它维护着 FEDC:BA98::7654:3210 和 120.130.26.1 的映射关系，因此上述信息将被转换成："源地址： PREFIX::132.146.243.30，目的地址 FEDC:BA98::7654:3210"。连接由此建立了起来，通讯就可以进行了。

对于上面所描述的从 IPv4 到 IPv6 的连接建立过程，可能会导致服务攻击拒绝(denial of service attack)。因为一个节点可以发起多个查询，导致 NAT-PT 把 IPv4 的地址资源耗尽，从而阻止了后面的服务。因此对于此种连接的建立(从 IPv4 向 IPv6 发起的连接)应该有一个超时时间以降低服务拒绝的可能性。在从 IPv6 到 IPv4 的连接建立过程中，可以提前保存一个 IPv4 的地址(采取 NAPT-PT)来减少在建立过程中服务拒绝的可能性。

2) 从 IPv6 到 IPv4

IPv6 节点通过 IPv4 网络中的或者是 IPv6 网络中的 DNS 服务器来获取 IPv4 节点的 IP 地址。建议 IPv6 网络上的 DNS 服务器能够维持 IPv6 节点名字与地址的映射关系，并能够缓存 IPv6 地址与外部 IPv4 地址的对应关系。如果 IPv6 网络中的 DNS 服务器包含与外部 IPv4 网络节点的地址映射，那么 DNS 查询就不会穿过 IPv6 网络，也不需要 DNS-ALG 的干预。否则，查询就要穿过 IPv6 网络，并需要 DNS-ALG 的协同工作。建议 IPv4 网络中的 DNS Server 只映射 IPv4 节点与 IPv4 地址之间的映射关系，不推荐在其上进行跨 IPv4 网络和 IPv6 网络的转换。

对于从 IPv6 到 IPv4 的连接，在 NAPT-PT 模式下，一旦新的连接要建立，TCP/IP 的源端口号将从已登记的 IPv4 地址进行分配。另外，在连接建立过程中，地址前缀(PREFIX ::/96)的使用，不会影响 IPv4 节点上的任何配置。

现在仍然以图 3-39 为例，假设节点 A 要与节点 C 建立一个连接，因此节点 A 要发起对节点 C 的名字查询("AAAA"或"A6")。因为节点 C 可能有 IPv6 地址，也可能有 IPv4 地址，NAT-PT 上的 DNS-ALG 就把这个原始的 AAAA/A6 查询直接转发给外部的 DNS 系统，同时还发送了一个 A 查询。如果目的节点(节点 C)的 AAAA/A6 记录存在，那么，信息将会被传回到 NAT-PT，然后 NAT-PT 会直接把信息再传回到节点 A。相反，如果节点 C 的 A 记录存在，那么，记录信息也会被传给 NAT-PT，DNS-ALG 就会添加上合适的前缀并把信息转发给发起查询的设备，即节点 A。所以，如果 A 记录如下"节点 C　A　132.146.243.30"，那么就会被转换成"节点 C　AAAA　PREFIX::132.146.243.30"或者"节点 C A6 PREFIX::132.146.243.30"。现在节点 A 就可以使用这个地址建立连接，就像它与其他 IPv6 的节点进行通讯一样。

以上这些过渡技术在实际应用时应根据不同的需求选择最合适的过渡技术。一般来说，骨干网络用双栈技术，IPv6 网做业务网，IPv4 做管理网兼备份，网络性能好；接入层网络一般可使用隧道技术，可继续使用原有的网络设备，升级成 IPv6 网络的成本比较低；如果是 IPv6 骨干网络需要与 IPv4 骨干网络互通，则可以用 NAT-PT 技术。

小型办公或家庭网络一般使用 NAT 设备连接公网(如网吧)，拥有一个公网地址，内部设备使用私网地址。首先升级 NAT 设备为双栈，如果 ISP 能够提供纯 IPv6 接入，则可以选择纯 IPv6 连接；如果提供手动隧道或 ISATAP 隧道接入，则选择手动隧道或 ISATAP 隧道；如果运营商不提供任何 IPv6 接入方式，则只有在路由器上使用 6to4 隧道，由路由器向网络内的主机发布 6to4 前缀，主机用 6to4 地址访问 IPv6 网络。

中型企业或办公网络一般使用 IPv6 专线或手动隧道连接到 IPv6 ISP，也可以使用 6to4 隧道连接到 IPv6 公网 。内部用双栈技术建立 IPv6 试验网，网内放置 IPv6 服务器，用专线或隧道连到总部，其他 IPv4 网络用 NAT-PT 或 ISATAP 隧道技术访问 IPv6 公网，网络运行稳定后 IPv6 技术再扩散到全网。

大型 ISP 网络开始用手动隧道连接到 IPv6 Internet，采用 MBGP 及 OSPFv3 路由协议来建立双栈骨干网络，网络内放置各种服务器，并设置专门的 ISATAP、手动隧道及专线接入服务器，向用户提供各种 IPv6 接入服务。随着 IPv6 接入需求的增长，ISP 可以建立 IPv6 骨干网，采用专线连接到 IPv6 Internet，并用此网络提供 IPv6 接入服务。无论是开始还是后来，ISP 都要建立 IPv6 的 DNS 服务器，提供 DNS 解析服务。

3.4.5　网际控制报文协议 ICMPv6

与 IPv4 相似，IPv6 也需要使用因特网控制报文协议 ICMP。ICMPv6 是 IPv6 的一个组成部分，也是 IPv6 的辅助协议，它只有 ICMP 的基本功能，取消了一些旧的类型，提供了一种简单的故障排除回应服务。

ICMPv6 的报文格式和 IPv4 使用的 ICMP 基本相同，前 3 个字段的名称相同，但 ICMPv6 中没有其它信息字段，从第 5 字节开始便是数据部分。ICMPv6 报文有两类：差错报文和提供信息的报文。这两类报文的类型字段的最高位分别是 0 和 1，所以对应的类型字段的值分别是 0 到 127 和 128 到 255。表 3-12 给出了在文献[RFC2463]中定义的 6 种类型的 ICMPv6 报文。

表 3-12　[RFC2463]中定义的 6 种类型的 ICMPv6 报文

ICMP 报文种类	类型的值	ICMP 报文的类型
差错报告报文	1	目的站不可达
	2	分组太长
	3	超时
	4	参数问题
提供信息的报文	128	回送请求
	129	回送应答

(1)目的地不可达：无去往目的地的路由(路由表中无默认路由，网络不可达)、与目的地通信被管理性禁止(访问控制列表或其他包过滤策略)、超出了原地址范围(源地址是链路本地地址且目的地址是全局单播地址)、地址不可达(主机不可达)、端口不可达、源地址与入站/出站策略相抵触、拒绝路由到目的地。

(2)分组过长：IPv6 只在源端(远端可以是主机，或是路由器)执行分段操作，当 IPv6 路由器收到数据包大于出站接口的 MTU 时，就会丢弃该数据并向远端发送 ICMPv6 数据包超大消息。数据包超大消息中包含了该链路的 MTU 值。IPv6 要求所有链路的最小 MTU 是 1280 字节。

(3)超时：路由器发送"超时"消息，通知发送主机 IPv6 数据报的跃点限制已到期。

(4)参数问题：路由器在处理 IPv6 扩展头部时，如果遇到错误，便发送"参数问题"消息来通知源主机。

(5)回送请求：发送主机发送请求回送消息来检查与特定节点的 IPv6 连接。

(6)回送应答：节点发送回送应答消息来响应 IPv6 的回送请求。

ICMPv6 封装为 IPv6 数据报时，如同 ICMP 报文封装成 IPv4 数据报，ICMPv6 报文作为 IPv6 的数据部分。所不同的是，ICMP 报文封装成 IPv4 数据报时，IPv4 报头的协议字段的值是 1，表示数据部分是 ICMP 报文，而 ICMPv6 报文封装成 IPv6 数据报时，ICMPv6 前面的报头(或扩展报头)中的"下一个报头"字段的值应当是 58，表示数据部分是 ICMPv6 报文。

3.4.6　IPv6 邻居发现协议

邻居发现协议(Neighbor Discovery protocol，NDP)是一组 ICMPv6 消息和过程，用于确定相邻结点间的关系。NDP 取代了 IPv4 中使用的 ARP、ICMP 路由器发现和 ICMP 重定向功能.作为 IPv6 的基础性协议，NDP 还提供了前缀发现、邻居不可达检测、重复地址监测、地址自动配置等功能。

主机可以利用 NDP 来发现相邻的路由器及发现并自动配置地址和其他配置参数。

路由器可以使用 NDP 来公布它们的存在、主机地址和其他配置参数以及向主机提示更好的下一跳地址以帮助数据报转发到特定的目标。

结点(包括主机和路由器)可以使用 NDP 来解析 IPv6 数据报将被转发到的一个相邻结点的 MAC 地址、动态公布 MAC 地址的更改、确定某个相邻结点是否仍然可达。

NDP 中定义了 5 种类型的信息：路由器宣告、路由器请求、路由重定向、邻居请求和邻居宣告。通过这些信息，实现了对以下功能的支持：

(1)路由器发现：即帮助主机来识别本地路由器。

(2)前缀发现：节点使用此机制来确定指明链路本地地址的地址前缀以及必须发送给路由器转发的地址前缀。

(3)参数发现：帮助节点确定诸如本地链路 MTU 之类的信息。

(4)地址自动配置：用于 IPv6 节点自动配置。

(5)地址解析：替代了 ARP 和 RARP，帮助节点从目的 IP 地址中确定本地节点(即邻居)的链路层地址。

(6)下一跳确定：IPv6 邻居发现协议可用于确定包的下一个目的地，即可确定包的目的地是否在本地链路上。如果在本地链路，下一跳就是目的地；否则，包需要选路，下一跳就是路由器，邻居发现可用于确定应使用的路由器。

(7)邻居不可达检测：帮助节点确定邻居(目的节点或路由器)是否可达。

(8)重复地址检测：帮助节点确定它想使用的地址在本地链路上是否已被占用。

(9)重定向：有时节点选择的转发路由器对于待转发的包而言并非最佳。这种情况下，该转发路由器可以对节点进行重定向，使它将包发送给更佳的路由器。IPv6 地址解析包括交换邻居请求和邻居公布消息，从而将下一跳 IPv6 地址解析为其对应的 MAC 地址。发送主机在适当的接口上发送一条多播邻居请求消息，邻居请求消息包括发送节点的 MAC 地址。当目的节点接收到邻居请求消息后，将使用邻居请求消息中包含的源地址和 MAC 地址的条目更新其邻居缓存(相当于 ARP 缓存)。接着，目标节点向邻居请求消息的发送方发送一条包含它的 MAC 地址的单播邻居公布消息。接收到来自目的邻居的邻居公布消息后，发送主机根据其中包含的 MAC 地址使用目的节点条目来跟新自己的邻居缓存。此时发送主机和邻居请求的目的主机就可以发送单播 IPv6 信息了。

主机通过路由器发现过程会尝试发现本地子网上的路由器集合。IPv6 路由器的发现过程如下：①IPv6 路由器定期在子网上发送多播路由器公告信息，以公布它们的路由器身份信息和其他配置参数。②本地子网上的 IPv6 主机接收到路由器公布的消息后，使用其内容来配置自己的地址、默认路由器和其他配置参数。③一个正在启动的主机发送多播路由器请求消息，收到该消息后，本地子网上的所有路由器都向发送主机发送一条单播路由器公告消息，该主机收到路由器公告消息后使用其中内容来配置地址、默认路由器和其他配置参数。

3.5　传输层协议

传输层是 OSI 参考模型的第 4 层，它既是面向网络通信的低三层和面向信息处理的高三层之间的中间层，又是七层模型中负责数据通信的最高层，是 OSI 七层模型中最重要、也是最关键的一层，是唯一负责总体数据传输和控制的一层，负责端到端的通信。在 TCP/IP 体系结构中，传输层位于第 3 层。传输层反映并扩展了网际层子系统的服务功能，并通过传输层地址提供给高层用户传输数据的通信端口，使系统间高层资源的共享不必考虑数据通信方面的问题。传输层有两个主要目的：一是提供可靠的端到端的通信；二是向会话层提供独立于网络的传输服务，其作用如图 3-40 所示。

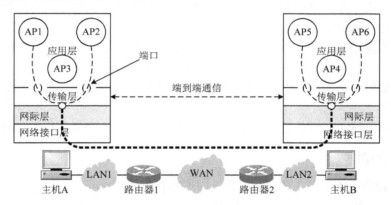

图 3-40　传输层的端到端通信

3.5.1　传输层功能及服务

1. 传输层的功能

传输层的功能就是在网际层提供的源结点到目的结点透明传输的基础上，在端主机的进程之间实现透明的数据传输，并通过屏蔽和完善下层网际层服务质量的差异和不足，为上层会话层提供统一服务质量的、可靠的端到端的透明数据传输。其主要功能如下。

1)传输连接的建立和释放

当网络中两个主机进行通信时，物理层使链路上能透明地传输比特流；数据链路层使各条链路能无差错地传送数据帧；网际层提供路由选择、流量控制和网络的互联，使发送端主机的分组能按照合理的路由到达接收端主机；传输层使用户实现进程到进程间的通信。传输层的连接使会话层以上的各层都不再包含任何数据传输的功能。

2)多路复用与分割

多路复用是利用一条网络连接支持多条传输连接；而分割是利用多层网络连接来支持一条传输连接，以提高传输服务质量和改善传输的可靠性。

3）分段与重新组装

发送传输实体可以将传输服务数据单元分段为多个网络服务数据单元；接收传输实体把所收到的网络服务数据单元重新组装为传输服务数据单元。

4）组块与分块

当用户数据很少时，发送传输实体可将多个传输服务数据单元组合成一个传输服务数据单元；接收传输实体则把所收到的传输服务数据单元，重新分割为多个传输服务数据单元。

2. 传输层服务

传输层可以向传输用户提供两种服务：面向连接服务和无连接服务，其服务性能由服务质量来衡量。所谓服务质量 QoS（quallity of service）是指在传输两结点之间看到的某些传输连接的特征，是传输层性能的度量，反映了传输质量及服务的可用性。

服务质量可用一些参数来描述，如连接建立延迟、连接建立失败、吞吐量、传输延迟、残留差错率、连接拆除延迟、连接拆除失败概率等。用户可以在连接建立时指明所期望的、可以接受的或不接受的 QoS 参数值。通常，用户使用连接建立用于在用户与传输服务提供者之间协商 QoS，协商过的 QoS 适用于整个传输连接的生存期。但主叫用户请求的 QoS 可能被传输服务者提供者降低，也可能被叫用户降低。通信子网按服务质量的不同，可以分为 A、B、C 三种类型。

下面主要以 TCP/IP 体系结构中 TCP 协议和 UDP 协议为例来说明传输层的协议机制。

3.5.2 TCP 协议

IP 协议提供不可靠的、无连接的、尽力而为的服务。传输控制协议（transmission control protocol，TCP）是在 IP 协议基础上的 TCP/IP 协议集中另一个非常重要的协议，它为应用层提供面向连接的、可靠的数据流传输服务。为了保证服务的可靠性，TCP 协议提供了确认-重传、流量控制、复用/分用及同步等功能。

1. 端口的概念

正如我们在第 1 章中所讲述的，服务的提供是通过相邻层间接口处的服务访问点 SAP 来完成的。在传输层和应用层之间同样存在这样的服务访问点 TSAP，在 TCP/IP 体系中传输层服务访问点 TSAP 一般称作端口（port），TCP 和 UDP 都使用端口与上层的应用进程进行交互通信。

TCP 端口的值与一个 16bit 的二进制整数相对应，该值称为 TCP 端口号，操作系统由此标志应用进程。对于不同的计算机操作系统，端口号的实现具有一定的差异，且端口号仅具有本地意义。对于那些常用的应用服务，一般使用因特网名字与号码指派公司 ICANN 分配熟知端口号（well-known port），数值为 0～1023。而其他的应用服务，如用户自行开发的应用服务，端口号采用动态分配的办法，由用户指定操作系统分配，例如 2004 年 5 月出现的震荡波病毒使用的端口号是 5554。一些常用的应用程序对应的端口号如表 3-13 所示。在 Windows 中我们也能看到很多应用程序对应的端口号，如 Windows XP 中，从目录\WINDOWS\system32\drives\etc\下的 services 文件中就能了解到相关内容。

表 3-13　常用的应用程序对应的端口号

应用程序	FTP	TELNET	SMTP	DNS	BOOTP	TFTP	HTTP	SNMP
端口号	21	23	25	53	67	69	80	161

有了端口号就可以区分各应用进程，但两台主机的 TCP 连接仅有端口号是不够的，必须把端口号和 IP 地址结合起来作为 TCP 连接的端点，该端点称为套接字(socket)或套接口。例如 IP 地址为 210.29.192.11，端口号是 80，则形成的套接字为(210.29.192.11，80)。TCP 连接是一个抽象的连接，用一对套接字来标识，所以一条 TCP 连接的实质就是通信双方定义了一对套接字而形成的抽象连接。

2. TCP 报文段格式

TCP 协议中的基本协议数据单元称为段(segment)，习惯上称为 TCP 报文段，由 TCP 报头和数据两部分构成。TCP 数据流是无结构的字节流，这种结构特征使得 TCP 报文段的长度是可变的。TCP 报文段的格式如图 3-41 所示。

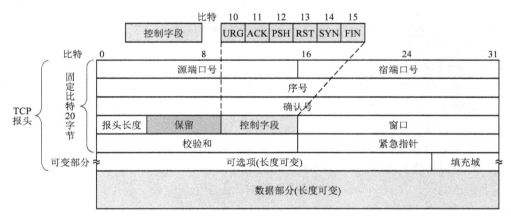

图 3-41　TCP 报文段格式

由图 3-41 可以看出，TCP 报头的前 20 字节是固定不变的，后面的 4m(m 是整数)字节是可变部分，包括可选项和填充域。TCP 报头各字段的含义如表 3-14 所示。

表 3-14　TCP 报头字段含义

字段名	位数	字 段 含 义
源端口号	16	本地端口号，支持 TCP 的复用和分用功能
宿端口号	16	远程端口号，支持 TCP 的复用和分用功能
序号	32	数据段的第一个数据字节的序号或 SYN 段的 SYN 序号(建立连接的初始序号)
确认号	32	表示本地希望接收的下一个 TCP 报文段的数据段的第一个数据字节的序号
报头长度	4	以 4 字节为单位表示 TCP 报头长度，也是数据起始位置离报头起始位置的距离
保留	6	保留今后使用，目前应置为 0
URG	1	紧急比特 URG 为 1 时表示紧急指针字段有效，告诉系统此报文段中有紧急数据
ACK	1	确认比特 ACK 为 1 时表示确认号字段有效，否则无效
PSH	1	置 1 时表示请求推进，收到数据立刻送入应用层，而不是等缓存满了再送入

续表

字段名	位数	字 段 含 义
RST	1	复位比特为 1 时表示 TCP 连接中出现严重差错，要求终止连接
SYN	1	用于建立连接，连接请求时 SYN=1，ACK=0，连接应答时，SYN=1，ACK=1
FIN	1	指示释放连接，FIN=1 表示报文段的数据已经发送完毕，要求释放传输层连接
窗口	16	本地接收窗口尺寸，即接收缓冲区的大小，单位是字节
校验和	16	包括 TCP 报头、数据以及 12 字节的伪报头(仅计算校验和时使用)用作校验和
紧急指针	16	指出本报文段中紧急数据(从数据字段第 1 字节开始)最后 1 字节的序号
可选项	可变	指示缓存所能接收 TCP 报文段的数据字段的最大长度
填充域	可变	保证 TCP 报头长度为 4 字节的整数倍

3. TCP 的数据编号和确认

因为 TCP 协议是面向字节的，所以在每条 TCP 通信连接上传送的每一个数据字节都对应一个序号，整个数据的初始序号在连接建立时商定。TCP 每次发送数据时都要在 TCP 报头的序号字段中填入数据部分第 1 字节的序号。TCP 的数据编号机制主要用于数据排序、重复检测、流量控制、差错控制等方面，保证任何数据字节的可靠传输。TCP 报头的序号字段为 32bit，可对 4GB 的数据进行编号，发送字节的序号编号算法是以 2^{32} 为模，当序号重复使用时，旧的序号早已在网络中消失。

TCP 的确认采用了捎带应答机制，这是由于 TCP 连接提供了全双工通信，可以在传输数据的同时顺便捎带传送确认信息，进而提高传输效率。确认是对接收到的数据的最后 1 字节的序号表示确认，返回的确认号是在上述序号的基础上加 1，表示接收端期望下一次收到的数据中的第 1 数据字节的序号。

TCP 发送报文段时，同时将副本保存于重传队列中。若收到确认，则删除；若在计时器时间到之前还没有收到确认，则重传该报文段的副本。

需要注意的是，TCP 的确认并不能保证数据已由应用层交给了端用户，它仅表明在接收端的 TCP 收到了发送方所发送的报文段。

4. TCP 的流量控制与拥塞控制

1) 流量控制

在数据传输过程中，TCP 提供了一种基于滑动窗口协议的流量控制机制，用接收端接收能力(缓冲区的容量)的大小来控制发送端发送的数据量。注意到，TCP 中采用的是动态窗口机制，通过 TCP 报头的窗口字段和确认号字段予以实现。

在建立连接时，通信双方使用 SYN 报文段或 ACK 报文段中的窗口字段捎带着各自的接收窗口尺寸，即通知对方从而确定对方发送窗口的上限。在数据传输过程中，发送方按接收方通知的窗口尺寸和序号发送一定量的数据，接收方根据接收缓冲区的使用情况动态调整接收窗口尺寸，并在发送 TCP 报文段或确认段时捎带新的窗口尺寸和确认号通知给发送方。

2) 拥塞控制

采用滑动窗口机制还可对网络进行拥塞控制，将网络中的分组(TCP 报文段作为其数据部分)数量维持在一定的数量之下，当超过该数量时，网络的性能会急剧恶化。传输层的拥塞控制有慢开始(slow-start)、拥塞避免(congestion avoidance)、快重传(fast retransmit)和快恢复(fast recovery)4 种算法，具体内容可参阅 1999 年公布的因特网建议标准 RFC 2581。

5. TCP 连接

传输层的连接有 3 个阶段：建立连接、数据传输和释放连接。通常 TCP 的连接建立采用客户—服务器方式，客户(client)指主动发起连接建立请求的应用进程，服务器(server)指被动等待连接建立的应用进程。

1) 建立连接

服务器应用进程发出一个被动打开(passive open)命令运行守护进程，即告诉 TCP 准备接受客户进程的连接请求，其守护进程处于"侦听"状态，不断检测是否有客户应用进程的连接请求，若有则做相应的响应。客户应用进程向 TCP 发出主动打开(active open)命令，表明要向某个套接字的端点请求建立传输层连接。

在 TCP 协议中，建立连接是通过"三次握手"过程来实现的，如图 3-42 所示。首先，客户端的 TCP 向服务器端的 TCP 发出建立连接请求报文段，报头中含有目的端口号、窗口尺寸等重要信息，另外控制字段中的同步位 SYN 置 1，并选择一个序号 x，请求报文段发出之后等待应答。然后，服务器端的 TCP 收到建立连接请求报文段，如果同意，则发回确认报文段，在此报文段中应将 SYN 置 1，确认位 ACK 置 1，确认号为 x+1，并将自己的初始序号 y 放入报头的序号字段。第 3 次握手是客户端的 TCP 收到该报文段后，还要向服务器端发出确认报文段，其确认号为 y+1，序号为 x+1。

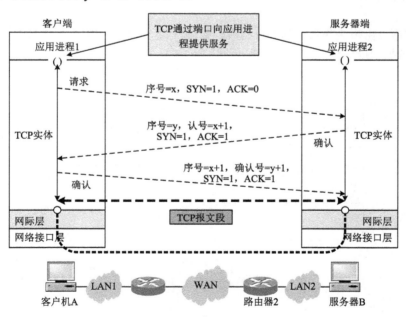

图 3-42　三次握手建立 TCP 连接

客户端和服务器端的 TCP 都要通知上层的应用进程连接已经建立，可以传输数据。上述"三次握手"机制既可以由一方 TCP 发起，另一方响应，也可以由通信双方同时发起连接请求。当然，如果两个主机同时企图在同一套接字之间建立连接，但由于只能有一对初始序号 (x, y) 有效，结果必然只能建立一个连接。

2) 释放连接

因为 TCP 连接是一个全双工的连接，所以 TCP 连接和释放也必须由通信双方共同完成。实际上，TCP 连接的释放过程也是一个三次握手的过程。当通信的一方没有数据发送时，可以发送 FIN 报文段给对方请求释放连接，只有对方也提交了释放连接请求后，TCP 连接才会完全释放。

3.5.3 UDP 协议

在 TCP/IP 体系结构中，传输层既可以由 TCP 提供面向连接的传输服务，又可以提供无连接的传输服务，这是由用户数据报协议(user datagram protocol，UDP)提供的传输服务功能。

1. UDP 的特点

(1)提供无连接服务，减少额外开销和发送数据前的时延，效率较高。

(2)UDP 不使用流量控制和拥塞控制，不对报文进行确认、排序，不能保证 UDP 报文可靠交付，但不需维护具有众多参数的、复杂的连接状态表。

(3)UDP 报头简单，仅有 8 字节。

(4)适合于对可靠性要求不高，但需要低时延的场合，如实时多媒体通信。

2. UDP 报文格式

UDP 数据报由报头和数据两部分构成，如图 3-43 所示。应用进程传来的协议数据单元作为其服务数据，报头只有 8 字节，由 4 个字段组成，每个字段都为 2 字节。UDP 报头各字段意义如下。

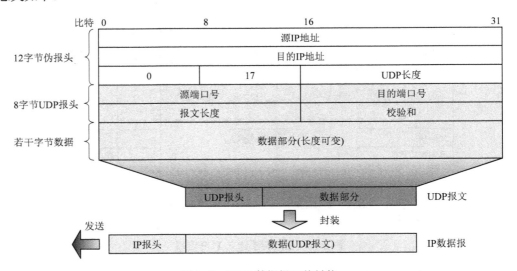

图 3-43 UDP 数据报及其封装

(1)源端口号：发送方的 UDP 端口号，支持多路复用。

（2）目的端口号：接收方的 UDP 端口号，支持多路复用。

（3）报文长度：UDP 报文的总长度，包括 UDP 报头和数据部分，单位是字节，最小值为报头长度 8 字节，最大为 64k 字节。

（4）校验和：计算对象包括伪报头、UDP 报头和数据报头。伪报头仅作为计算校验和用，不是 UDP 报头和真正报头。伪报头的第 1、2 字段为源 IP 地址和目的 IP 地址，第 3 字段全0，第 4 字段是 IP 报头中的协议类型字段的值，第 5 字段为 UDP 报文的长度。在发送前，首先要将全 0 存入校验和字段，再将伪报头连同 UDP 报文一起分成若干个 16bit 组（若数据部分不是 4 字节的整数倍则需补 0），然后按二进制反码计算这些 16bit 组的和，将和的二进制反码写入校验和字段再发送。接收端再连同伪报头和 UDP 报文一起按二进制反码求 16bit 组的和，若结果为 1，则表明无差错；若不是全 1，则表明有差错出现。顺便指出，TCP 中校验和也采用这种算法。

3. UDP 报文的发送和接收

与 TCP 报文段一样，UDP 报文也是通过 IP 协议来发送和接收的。在发送数据时，UDP实体构造好 UDP 报文后，交付给 IP 协议，IP 协议将整个 UDP 报文封装在 IP 数据报中，形成 IP 数据报（见图 3-32）发送到网络中。在接收数据时，UDP 实体判断 UDP 报文的目的端口是否与当前使用的某个端口匹配。若匹配，则将报文存入接收队列；若不匹配，则向源端发送一个端口不可达的 ICMP 报文，同时丢弃 UDP 报文。

3.6　应用层协议

应用层和下面的层不同，低层涉及到提供可靠的端到端的通信，而应用层则与提供有关面向用户的服务。应用层利用传输层提供的无差错信道，并增加一些广泛应用所需的附加功能，这样，人们编写应用程序时就不会在各自的程序中重复实现这些功能。

应用层是 TCP/IP 参考模型的最高层，是直接面向用户的一层，是计算机网络与最终用户间的界面。应用层为用户服务，是唯一直接为用户应用进程访问 TCP/IP 环境提供手段和服务的层。应用层以下各层通过应用层间接地向应用进程提供服务。换句话说，TCP/IP 的下面3 层解决了网络服务功能所需的通信，而应用层则提供完成特定网络服务功能所需的各种应用协议。

OSI 定义的应用层不包含应用系统（应用软件），但是在实际应用中，多数的计算机网络系统中的应用层把 OSI 环境的应用服务和应用系统融合在一起，其应用层协议就是指一个个具体的应用协议，并实现为一个个具体的应用程序。在实际的网络应用系统中，通常将 OSI参考模型的会话层、表示层和应用层统称为应用层，用一个层次来表示，例如 TCP/IP 就是采用了这种简化的层次结构。应用层协议仍属于网络体系结构的一部分，且不是应用程序。应用层协议在实现方式上，既可以由网络系统实现，也可以在应用程序中实现，这跟具体的网络应用有关。例如在 WWW（world wide web）应用系统中采用客户/服务器模式，客户端是 Web浏览器，服务器端是 Web 服务器，而两者之间采用 HTTP 协议进行通信。在这里，HTTP 就是应用层协议，在客户端用应用程序 Web 浏览器实现，在服务器端由 Web 服务器具体实现。

由于网络应用具有多样性，每一种新的网络应用都有可能派生出一种应用层协议。例如远程登录协议 Telnet、文件传送协议 FTP、简单邮件传输协议 SMTP、简单网络管理协议 SNMP、以及新闻论坛(Usenet)等等。

我们将在后面的 Internet 技术应用中详细讨论 Internet 上几个典型的应用系统及应用层协议，这里就不再赘述了。

本 章 小 结

网际层是通信子网的最高层，它主要解决数据传输单元(分组)在通信子网中的路由选择、流量控制以及多个网络互联的问题。因特网所使用协议的集合称为 TCP/IP 协议集，IP 协议是 TCP/IP 协议集中两个最主要的协议之一，是网际层中的基础协议。IP 地址能够唯一地标识 Internet 上的某台主机(或路由器)，运用 IP 地址使得我们很方便地在 Internet 上进行路由寻址。特殊 IP 地址的运用增强了 IP 地址的功能，专用 IP 地址以及子网掩码可以缓解 IP 地址资源紧张问题，并提高了网络的安全性。无分类编址方法的应用使选择组网规模更为灵活，路由表中的项目数也明显减少。

IP 协议屏蔽了下层各种物理网络的差异，向上层提供统一格式的 IP 数据报服务，上层的数据经 IP 协议能够形成 IP 数据报，IP 数据报由报头和数据两部分构成。路由器是转发 IP 数据报的网络连接设备，使用统一的 IP 协议，用来连接不同的网络。在互联网中，寻找 IP 路由的过程称为寻址，寻址是通过路由表来实现的。

为了增强网际层功能，与 IP 协议配套使用的还有 ARP、RARP、ICMP、IGP、EGP 和 OSPF 等协议。提供从 IP 地址到物理地址映射服务的协议是地址解析协议 ARP，而 RARP 提供从物理地址到 IP 地址的映射服务。因特网控制报文协议 ICMP 允许路由器或主机进行差错报告和控制，ICMP 协议也是 IP 协议的辅助协议，ICMP 报文是作为 IP 数据报的数据部分在网络中进行传输的。

自治系统内及自治系统之间的路由器都要经常地交换路由信息，内部网关协议 IGP 和外部网关协议 EGP 就是分别用来解决该类路由选择问题的。

随着 Interner 的迅速发展，IPv4 的缺点越来越明显，而在地址空间、路由协议、安全性等方面体现了 IPv6 的巨大优势，IPv6 将成为下一代网络通信的主流协议。IPv6 中每个地址占 128bit，在可预见的未来，这样大的 IPv6 地址空间是不会被用完的。IPv4 向 IPv6 过渡只能采用逐步推进的方法，IPv4 向 IPv6 过渡的方法主要有两种，一种是双协议栈技术，另一种是隧道技术。与 IPv4 相似，IPv6 也使用因特网控制报文协议 ICMP，称为 ICMPv6。

一般情况下，网际层提供的服务是不可靠的，传输层是在网际层提供的源结点到目的结点透明传输的基础上，在端主机的进程之间实现透明的数据传输，Internet 中常用的传输层协议有 TCP 协议和 UDP 协议。TCP 协议为应用层提供面向连接的、可靠的数据流传输服务，UDP 协议提供无连接的传输服务。前者主要适用于可靠性要求比较高的情况，后者适用于要求延时小的场合。TCP 连接的实质是通信双方定义了一对套接字而形成的抽象连接。TCP 连接是通过一个三次握手过程实现的。

在实际的网络应用系统中，通常将 OSI 参考模型的会话层、表示层和应用层统称为应用层，用一个层次来实现，TCP/IP 就将它们简化为一个应用层。应用层协议在实现方式上，既可以由网络系统实现，也可以在应用程序中实现，跟具体的网络应用有关。

思考与练习

1．分类的 IP 地址有哪几类？其网络数及每个网络的主机号分别为多少？

2．什么是特殊 IP 地址？什么是专用 IP 地址？它们各有什么用途？

3．简单说明下列协议的作用：

　　　　IP、ARP、RARP、ICMP、IGP、EGP、TCP、UDP

4．IP 数据报在什么情况下要进行分段？重装的依据是什么？

5．有一个互连网包括 A、B、C 三个网络，其拥有的主机数分别为 55、17、23，现在用两个路由器将它们互连起来，分配给该互连网的 IP 地址为 210.78.56.0。请为该互连网设计一个 IP 地址分配方案。

6．说明 IP 地址与物理地址的区别，网络中为什么要使用这两种不同的地址？

7．路由表的作用是什么？它包含哪些信息？IP 数据报是如何寻址的？

8．什么是默认网关？什么是特定主机路由？它们应用在哪些场合？

9．为什么要使用子网掩码？子网掩码 255.255.255.192 代表什么含义？该网络能够容纳多少台主机？

10．某单位申请到一个 B 类 IP 地址，其网络号为 136.53.0.0。现进行子网划分，若选用的子网掩码为 255.255.224.0，可划分为多少个子网？每个子网的主机数最多为多少？请列出全部子网地址。

11．一个 4500 字节长的 TCP 报文传到 IP 层，加上 160bit 的报头后成为 IP 数据报。下面的互连网由两个局域网通过路由器连接起来。但第 2 个局域网（以太网）所能传送的最长数据帧中的数据部分只有 1500 字节，因此 IP 数据报在路由器必须进行分片。试计算出第 2 个局域网向其上层传送的各分片结构报头和数据的长度。

12．CIDR 有哪些标记地址的方法？其地址块和掩码是如何表示的？

13．ICMP 协议的作用是什么？当 IP 数据报在传输过程中检测到差错时是如何处理的？

14．Internet 采用何种路由策略实现路由选择？路由器是怎样获取和维护路由表信息的？

15．IPv6 有哪些特点？如何理解 IPv6 数据报中的扩展报头？IPv6 地址是怎样表示的？

16．如何实现 IPv4 向 IPv6 过渡？

17．传输层提供哪些功能服务？通过具体实例说明 TCP 连接的三次握手过程。

18．TCP 报文段的数据部分最多为多少字节？为什么？如果用户要传输的数据的字节长度超过 TCP 报文段中的序号字段可能编出的最大序号，是否还能用 TCP 传输？

19．与 TCP 相比，UDP 有哪些特点？它们各自适用什么场合？TCP 和 UDP 的校验和字段是怎样得到的？

20．你是怎样理解端口和套接字这两个概念的？

21．应用层协议与应用程序有什么关系？

第4章 Internet 技术及其应用

应用层是计算机网络体系结构中的最高层，也是唯一面向用户的一层。应用层将为用户提供常用的应用程序，并实现网络服务的各种功能。Internet 是全球最大的、最开放的、由众多网络互连而成的计算机网络，是应用层功能的集中体现。本章在介绍应用层协议、应用程序工作方式的基础上，将进一步讲述域名系统 DNS、文件传输 FTP、远程登录 Telnet、电子邮件系统以及万维网等技术原理与知识原理的知识与技术，并介绍 DNS 服务器、Web 服务器和 FTP 服务器的安装和配置方法。

4.1 Internet 与应用层概述

Internet 是一个全球性的信息通信网络，是一个由世界各地的网络和计算机通过诸如电话线、卫星以及各种传输媒体连接而成的一个庞大的计算机通信系统，是当今最大的国际性计算机互连网络，但它本身不是一种具体的物理网络。把它称为网络是网络专家们为了让大家容易理解而给它加上的一种"虚拟"概念。实际上它是把全世界各地已有的各种网络，例如计算机网络、数据通信网以及公用电话交换网等互连起来，组成一个跨国界范围的庞大的互联网，因此也称为"网络的网络"，如图 4-1 所示。

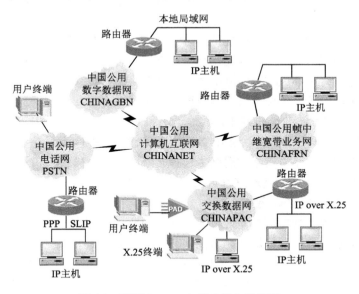

图 4-1 我国 Internet 与用户接入示意图

从网络技术的角度看，Internet 是一个用 TCP/IP 把各个国家、各个部门、各种机构的内部网络连接起来的超级数据通信网。

从提供信息资源的角度看，Internet 是一个集各个部门、各个领域内各种信息资源为一体的超级资源网,只要接入 Internet,用户都可以有选择地访问网上的信息资源,从事网上购物、网络支付、聊天等活动。

从管理归属的角度来看,Internet 是一个不受政府或某个组织管理和控制的、包括成千上万个互相协作的组织和网络的集合体。

归纳起来,Internet 有以下几个主要特点:

(1)Internet 是一个最大的网络(网间网),是跨越全球的计算机网络的互连,它覆盖到了世界各地,覆盖了各行各业。

(2)Internet 遵循 TCP/IP 协议簇。

(3)Internet 不属于任何个人、企业和部门,当计算机接入 Internet 时,则该计算机便是 Internet 的一部分,一旦断开与 Internet 的连接,则该计算机就不属于因特网了。

(4)Internet 是一个开放的系统,Internet 的成员可以自由地"接入"和"退出"Internet,没有特殊的限制。

(5)Internet 应用多样化、内容信息无限化,包括网络新闻、邮件、搜索引擎、信息查询(产品信息、工作信息、医疗健康、政府信息等)、论坛/BBS/讨论组、在线影视(网络直播)、即时通讯、在线音乐(在线广播)、文件上传下载、网络游戏、网上校友录、博客(Blog)、网络购物、网上招聘、网络聊天室、电子杂志、网络教育、网络销售(包括网上推广、网上拍卖)、网络电话(包括网上 IP 电话、PC to Phone)、网络金融(网上银行、网上炒股)、网上预订(酒店、票务等)、电子政务(网上投诉、网上审批、网上监督等)、征婚与交友等社区俱乐部,它是真正的资源无穷尽,每天都有海量的信息产生。

4.1.1　Internet 及其发展

1968 年,美国国防部高级计划局(defense advanced research project agency,DARPA)和美国麻省坎布里奇(剑桥)的 BBN 公司签订合同,研制适合计算机通信的网络。1969 年,建成了连接美国加州大学洛杉矶分校(UCLA)、加州大学圣巴巴拉分校(UCSB)、斯坦福大学(SRI)和犹他大学(UTAH)4 个结点的 ARPANET,并投入运行。ARPANET 是计算机网络技术发展的一个重要里程碑,它使计算机网络的概念发生了根本的变化,它的研究成果对于网络技术的发展具有重要的促进作用:提出了资源子网、通信子网两级子网的网络结构的概念;研究了报文分组交换的数据交换方法;采用了层次结构的网络体系结构模型与协议体系;为 Internet 的形成和发展奠定了基础。ARPANET 被公认为世界上第一个采用分组交换技术组建的网络。

1980 年左右,DARPA 开始致力于互联网技术的研究——Interneting Project,构成了最初期的因特网——Internet,推出了 TCP/IP 协议集,将 TCP/IP 嵌入 UNIX 操作系统,并把 TCP/IP 作为异种计算机互连的协议集。1986 年,美国国家科学基金会 NSF 把建立在 TCP/IP 协议集上的主干网 NSFNET(national science foundation network)向全社会开放。

我国 Internet 的发展,可以分为 3 个阶段。

1. 起步阶段 1986~1994 年

这个阶段主要以拨号入网为主,主要使用电子邮件服务。这个阶段是以中国科学院高能物理研究所为代表的。1987 年 9 月 20 日,我国发出第一封电子邮件,揭开了中国人使用 Internet 的序幕。1993 年 12 月,中关村地区教育/科研示范网络(CNFC)建成,覆盖北大、清华和中科院，形成高速互联网和超级计算中心。1994 年 4 月，中国正式接入因特网，通过美国 Sprint 公司连入因特网的 64K 国际专线开通，实现了与因特网的全功能连接。1994 年 5 月 21 日，中国科学院计算机网络信息中心接管中国国家顶级域名（CN）。

2. 发展阶段 1994～1995 年

1994 年 9 月，中国电信起动中国公用计算机互联网（CHINANET），通过美国 Sprint 公司在北京和上海之间开通 2 条 64K 专线，于 1995 年 1 月提供社会服务。

1994 年 10 月，由国家计委投资，国家教委主持的中国教育和科研计算机网（CERNET）开始启动。

1995 年 4 月，中国科学院起动京外单位连网工程（俗称"百所连网"工程），实现国内各学术机构的计算机互连并和 Internet 相连，取名"中国科技网（CSTNET）"。

3. 商业化发展阶段 1995 年至今

1995 年 5 月，中国电信开始筹建中国公用计算机互联网（CHINANET）全国骨干网。1996 年 1 月，中国公用计算机互联网（CHINANET）全国骨干网建成并正式开通，全国范围的公用计算机互联网络开始提供服务。

1997 年 6 月 3 日，组建中国互联网络信息中心（CNNIC）。国务院信息化工作领导小组办公室宣布成立 CNNIC 工作委员会，在中国科学院计算机网络信息中心组建 CNNIC，行使国家互联网络信息中心的职责，同时发布中国因特网的统计信息。

到 2007 年 1 月，经国务院批准，我国全国性的骨干互联网有 10 个，其中经营性的互联网络有 6 个：

(1) 中国公用计算机互联网（CHINANET），由中国电信负责建设与经营管理，俗称 163。

(2) 中国铁通互联网（CRNET）。

(3) 中国联通公用计算机互联网（UNINET）。

(4) 中国网络通信集团（宽带中国 CHINA169 网）。

(5) 中国移动互联网（CMNET）。

(6) 中国卫星集团互联网（CSNET）。

非经营性的互联网络有 4 个：

(1) 中国教育科研网（CERNET），由国家投资建设，教育部负责管理。

(2) 中国科技网（CSTNET）。

(3) 中国国际经济贸易互联网（CIETNET）。

(4) 中国长城互联网（CGWNET）。

20 世纪 90 年代以来，特别是 1991 年 WWW（World Wide Web）技术的实现，Internet 被国际社会广泛接受。从此，Internet 的功能和信息服务获得了空前的发展，其注册的主机数和用户数进入了高速增长的时期，成为今天众所周知的全球性的互连网络。

4.1.2　应用层

应用层位于网络体系结构的最高层，是直接面向用户的一层，是计算机网络与最终用户间的界面。OSI 定义的应用层不包含应用系统（应用软件），但是在实际应用中，多数的计算机网络系统中的应用层把 OSI 环境的应用服务和应用系统融合在一起，其应用层协议就是指一个个具体的应用协议，并实现为一个个具体的应用程序。在实际的网络应用系统中，通常将 OSI 参考模型的会话层、表示层和应用层统合为应用层，用一个层次来表示，TCP/IP 就采用了这种层次结构。

TCP/IP 的下面 3 层解决了网络服务功能所需的通信，而应用层则提供完成特定网络服务功能所需的各种应用协议。图 4-2 显示了 TCP/IP 协议与各应用层协议的关系。

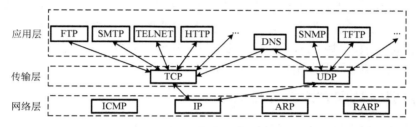

图 4-2　TCP/IP 模型中的应用层协议

应用层以下各层通过应用层间接地向应用进程提供服务。应用层是直接为用户应用进程访问 TCP/IP 环境提供手段和服务的层。应用层协议仍属于网络体系结构的一部分，且不是应用程序。应用层协议在实现方式上，既可以由网络系统实现，也可以在应用程序中实现，这跟具体的网络应用有关。例如，在 WWW（world wide web）应用系统中采用客户/服务器模式，客户端是 Web 浏览器，服务器端是 Web 服务器，而两者之间采用 HTTP 协议进行通信。在这里，HTTP 就是应用层协议，在客户端用应用程序 Web 浏览器实现，在服务器端由 Web 服务器具体实现。

由于网络应用具有多样性，每一种新的网络应用都有可能派生出一种应用层协议。例如远程登录协议 Telnet、文件传送协议 FTP、简单邮件传输协议 SMTP、简单网络管理协议 SNMP 等。

图 4-3 给出了 Internet 应用的发展变化，从图中可以看出，Internet 应用的发展可以大致分为 3 个阶段。

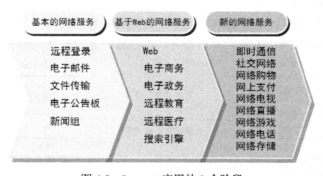

图 4-3　Internet 应用的 3 个阶段

第 1 阶段互联网应用的主要特征是提供 Telnet、E-mail、FTP、BBS 与 Usenet 的网络服务功能。

- 远程登录（Telnet）服务实现终端远程登录服务功能。
- 电子邮件（E-mail）服务实现电子邮件服务功能。

- 文件传送(FTP)服务实现交互式文件传输服务功能。
- 电子公告牌(BBS)服务实现网络上人与人之间交流信息的服务功能。
- 网络新闻组(Usenet)服务实现人们对所关心的问题开展专题讨论的服务功能。

第2阶段互联网应用的主要特征是：Web技术的出现，以及基于Web技术的电子政务、电子商务、远程医疗、远程教育应用及搜索引擎的快速发展。

第3阶段互联网应用的主要特征是：P2P网络模式与移动互联网应用将互联网应用推向一个新的阶段，并进一步向社交网、物联网、大数据服务方向发展，全方位地影响着我们的生活方式。这些新的网络应用主要有社交网络、网络购物、网上支付、网络电视、网络直播、即时通信、网络视频、网络游戏、网络广告、网络存储与网络计算服务等。这些新的网络应用为互联网与现代信息服务业增加了新的产业增长点。

4.1.3 客户/服务器和P2P工作模式

网络应用程序至少有两个通信参与者，往往其中一个是发起者，另一个是接受者或倾听者。网络应用程序有两种工作方式：集中式和分布式。集中式包括客户/服务器模式和浏览器/服务器模式，其实浏览器就是通用的客户端程序；分布式主要代表就是P2P(Peer to Peer，点对点)模式。

1. 客户/服务器方式

Web、FTP这些应用层协议所使用的都是客户/服务器工作方式。客户/服务器工作方式的基本原理就是客户端发出服务请求，网络通信系统将请求的内容传到服务器，服务器根据请求完成规定的操作，然后把结果返回给客户机。这里客户和服务器都是指进程(即运行中的程序)。

1) 客户进程与服务器进程的关系

客户(client)和服务器(server)都是指通信中所涉及的两个应用进程；客户/服务器方式所描述的是进程之间服务和被服务的关系。

当A进程需要B进程的服务时就主动呼叫B进程，在这种情况下，A是客户而B是服务器。可能在下一次通信中，B需要A的服务，此时B是客户而A是服务器，如图4-4所示。

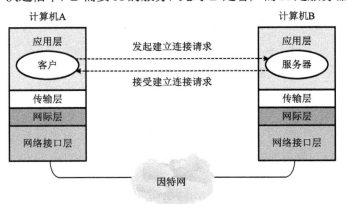

图4-4 客户/服务器工作方式示意图

2) 客户与服务器

客户是服务请求方，服务器是服务提供方。客户(client)不是指使用计算机的人(用户，user)，也不是计算机硬件本身。由于运行服务器进程的机器往往有许多特殊的要求，因此人们经常将主要运行服务器进程的机器(硬件)称为服务器。例如，"这台机器是服务器。"意思是："这台机器(硬件)主要用来运行服务器进程(软件)。"因此，服务器(server)一词有时指的是软件实体，也有时指硬件。但客户/服务器工作方式中的服务器特指软件实体。Internet 的某个应用在采用客户/服务器工作方式时，往往都在客户机与服务器两端分别安装支持某个应用层协议的软件来实现。

(1) 客户软件的特点

● 在进行通信时临时成为客户，被用户调用并在用户的计算机上运行，在打算通信时主动向远地服务器发起通信。

● 可与多个服务器进行通信。如我们常用的浏览器可以打开多个网站下载、浏览等。

● 不需要特殊的硬件和很复杂的操作系统。

(2) 服务器软件的特点

● 是一种专门用来提供某种服务的程序，可同时处理多个远地或本地客户的请求，如图 4-5 所示。

● 在共享计算机上运行。当系统启动时即自动调用并一直不断地运行着。

● 被动地等待并接受来自多个客户的通信请求。

● 一般需要强大的硬件和高级的操作系统支持。

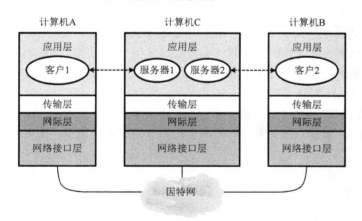

图 4-5　服务器同时处理多个客户请求示意图

2. P2P 的工作方式

与客户/服务器方式不同的是，分布式的 P2P 方式一般没有特定的服务器(即使有服务器，其作用也与 C/S 中服务器不同)，节点之间是对等的关系，每个节点既是资源的提供者又是资源的使用者，如图 4-6 所示为 P2P 工作方式。

P2P 技术现在应用很广，它与客户/服务器模式相比具有以下特点。

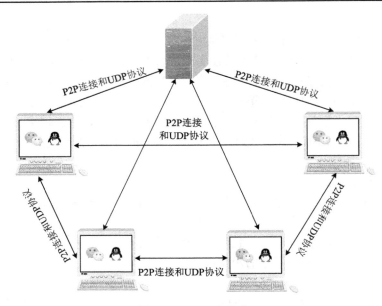

图 4-6　P2P 工作方式

(1) 非中心化：网络中的资源和服务分散在所有结点上，信息的传输和服务的实现都直接在结点之间进行，可以无需中间环节和服务器的介入，避免了可能的瓶颈。

(2) 可扩展性：在 P2P 网络中，随着用户的加入，不仅服务的需求增加了，系统整体的资源和服务能力也在同步地扩大。理论上其可扩展性几乎可以是无限的。

(3) 健壮性：P2P 架构天生具有耐攻击、高容错的优点。由于服务是分散在各个结点之间进行的，部分结点或网络遭到破坏对其他部分的影响很小。网络一般在部分结点失效时能够自动调整拓扑，保持其他结点的连通性。P2P 网络还能够根据网络带宽、结点数、负载等变化不断地做自适应式的调整。

(4) 负载均衡：P2P 网络环境下由于每个节点既是服务器又是客户机，减少了对 C/S 结构服务器计算能力、存储能力的要求，同时因为资源分布在多个节点，更好地实现了整个网络的负载均衡。

(5) 性能/价格比高：性能优势是 P2P 被广泛关注的一个重要原因，采用 P2P 架构可以有效地利用互联网中散布的大量普通结点，将计算任务或存储资料分布到普通结点上，利用其中闲置的计算能力或存储空间，达到高性能计算和海量存储的目的。

由于没有特定的服务器，如何组织资源的存放，如何使得节点快速地获得资源是 P2P 实现的关键。根据信息索引的方式，可以分为集中式 P2P、分布式 P2P 和混合式 P2P。

1) 集中式 P2P

集中式 P2P 网络是 P2P 发展过程中最早出现的 P2P 工作方式，也被称为第一代 P2P。其应用就是著名的 Napster。

Napster 有一个中心服务器，称为目录服务器，存放所有文件的元数据信息(文件的标题和一些简单的描述信息)和节点的 IP 地址。基本的信息传输模式如下：

(1) 节点加入系统时首先要连接目录服务器，并报告自身地址及共享的文件列表；

(2) 用户需要某个文件时向目录服务器提交搜索请求；

(3) 目录服务器返回符合搜索要求的所有文件的存储地址；

(4) 用户根据对应地址向某个节点发出请求；

(5) 该节点提供文件下载服务。

因为目录服务器只提供索引服务，不承担文件存储和下载服务，所以它支持上万节点同时在线。文件下载是在节点之间进行的，不需要中间服务器转发。

2) 分布式 P2P

分布式是与集中式相对的，分布式 P2P 方式可分为非结构化和结构化两种方式。

非结构化 P2P 网络中，节点没有指定的逻辑地址，采用随机方法或者启发策略加入网络，网络拓扑随着节点的变迁和通信活动的进行而发生变化。

在结构化的 P2P 网络中，每个节点都有固定的地址，每个节点的逻辑地址是根据其拓扑结构给出的，地址和节点一一对应。对于给定的地址，拓扑结构保证只需要通过较少的次数就能路由到具有该地址的节点上去。在实际实现中，一般是采用分布式散列表 (Distributed Hash Table，DHT) 技术来组织网络中的节点。

DHT 通过散列函数将键值的集合分散到所有在分布式系统中的节点上，信息存放的节点由信息键值的索引决定，因此给定存储信息的索引，就可以通过 DHT 高效地定位到对应该索引的信息所存放的节点。

集中式 P2P 有利于网络资源的快速检索，并且只要服务器能力足够强大，就可以无限扩展，但是中心化的模式使其容易遭到直接的攻击。分布式 P2P 解决了抗攻击问题，但是又缺乏快速搜索和可扩展性。将分布式 P2P 方式去中心化与集中式的 P2P 快速查找结合起来，就形成了混合式的 P2P 网络。混合式 P2P 结合了集中式和分布式 P2P 的优点，在设计思想和处理能力上都得到了进一步的优化。它在分布式模式的基础上，将用户节点按能力进行分类，使某些节点担任特殊的任务。

3) 混合式 P2P

混合式 P2P 网络中，根据各节点能力的不同 (计算能力、连接带宽等)，将节点分为用户节点、搜索节点、索引节点 3 类。用户节点即一般用户；搜索节点处理搜索请求，从它们的"孩子"节点中搜索文件列表，这些节点必须有较高的网络连接速度，建议使用高性能的处理器；连接速度快，内存充足的节点可以作为索引节点，索引节点用于保存可以利用的搜索节点信息，并搜集状态信息，维护网络结构信息。

在第三代 P2P 的软件 (如 Skype，流媒体播放器) 中，普遍采用了混合式 P2P。这种模式的关键之一是引入了索引节点，索引节点不会直接链接到有版权的资料上，它就像搜索引擎一样，只是搜索和所需资料相关的地址，至于用户到底链接下载了什么内容则与它无关。这种模式的关键之二是引入搜索节点，搜索节点管理着所属用户的文件列表。用户节点通过索引节点获得搜索节点信息，之后用户节点就与获得的搜索节点相连，每一次查询都通过该索引节点进行。

在混合式 P2P 网络中，搜索仅仅在搜索节点之间进行转发，这样就消除了分布式 P2P 网络中泛洪算法带来的网络资源浪费。

4.2　域名系统 DNS

4.2.1　域名系统的基本概念

DNS 是 domain name system（域名系统）的缩写，是一种按域层次结构组织计算机和网络的命名系统。DNS 命名用于 TCP/IP 构建的 Internet 网络。这是因为在 Internet 上，对于众多的由数字表示的一长串 IP 地址，人们记忆起来是很困难的，为此，便引入了域名的概念。通过为每台主机建立 IP 地址与域名之间的映射关系，用户在网上可以避开难于记忆的 IP 地址，而使用域名来唯一标识网上的计算机。在 Internet 早期，整个网络上的计算机数目只有几百台，那时使用一个对照文件，列出所有主机名称和其对应的 IP 地址，用户只要输入主机的名称，计算机就可以很快将其转换成 IP 地址。

虽然从理论上讲，可以只使用一个域名服务器，使它装入 Internet 上所有的主机名，并负责所有对 IP 地址的查询。然而这种做法并不可取。因为随着 Internet 规模的扩大，这样的域名服务器肯定会因超负荷而无法正常工作，而且一旦域名服务器出现故障，整个 Internet 就会瘫痪。因此，自 1983 年起，Internet 开始采用一种树状、层次化的主机命名系统，即域名系统 DNS。

Internet 的 DNS 是一个联机分布式数据库系统，采用客户/服务器方式。域名系统的基本任务是将字符表示的域名，如 www.jstu.edu.cn，转换成 IP 协议能够理解的 IP 地址格式，如 210.29.192.25，这种转换亦称为域名解析。域名解析的工作通常由域名服务器来完成。域名系统确保大多数域名在本地进行域名解析，仅少数需要向上一级域名服务器请求解析，使得系统高效运行。同时域名系统应具有可靠性，即使某台计算机发生故障，解析系统仍然能够工作。

4.2.2　Internet 的域名结构

域名的意义就是以一组英文字符串来代替难以记忆的数字，入网的每台主机具有唯一的一个域名。域名的地址格式如下：

计算机主机名.机构名.网络名.顶级域名

同 IP 地址格式类似，域名的各部分之间也用"."隔开。例如江苏理工学院的图书馆主机域名地址是 lib.jsut.edu.cn，等同于 210.29.193.120。其中 lib 表示这台主机的名称，jstu 表示江苏理工学院，edu 表示教育网，cn 表示中国。

域名系统负责对域名到 IP 地址的转换，为了提高转换效率，Internet 上的域名系统采用了一种由上到下的层次关系，根域（Root Domain）是"."，它是域名结构中的最高级别，只负责保存顶级域的"DNS 服务器--IP 地址"的对应关系数据，也就是只负责".com"".net"等顶级域名服务器的域名解析。

Internet 的域名结构中的各层次是这样规定的，每一层的 DNS 服务器只负责管理其下一层"DNS 服务器--IP 地址"的对应关系数据，从而达到均衡负荷、方便快速查询的目的。而且 Internet 上任何一台 DNS 服务器都知道根域的 DNS 服务器地址，因为任何一台 DNS 服务器，当它不知道或解析不了域名时，就会请求根域的帮助，这是 DNS 服务器协同工作的起点。

现在顶级域名 TLD(Top Level Domain)有 3 类。

(1)国家顶级域：采用 ISO3166 的规定。如 cn 表示中国，us 表示美国，uk 表示英国等。

(2)国际顶级域名：采用 int，国际性的组织可在 int 下注册。

(3)通用顶级域名：根据 RFC 1591 规定，最早的顶级域名有 6 个，即：

.com----------商业　　　　　.edu----------教育机构　　　　　　　.gov----------政府机构

.mil----------军事部门　　.org----------民间团体如组织　　　.net----------网络服务机构

Internet 的域名结构如图 4-7 所示。

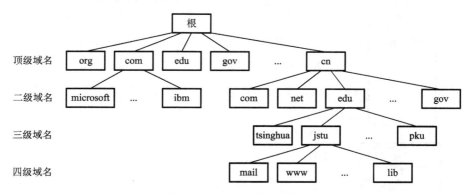

图 4-7　Internet 的域名结构

此外，由于 Internet 上用户的急剧增加，现在又新增了其他几个通用顶级域名，如.firm 表示公司企业，.arts 表示文化、娱乐活动的单位，info 表示提供信息的单位等。

顶级域名由 Internet 网络中心负责管理。在国别顶级域名下的二级域名由各个国家自行确定。我国将二级域名按照行业类别或行政区域来划分。行业类别大致分为.ac(科研机构)、.com(商业企业)、.edu(教育机构)、.gov(政府部门)、.net(网络机构和中心)等。

中国教育与科研计算机互联网 CERNET 负责为.edu 二级域名下分配三级域名，即大专院校在校园网建设中申请各自的域名，由 CERNET 负责管理。而四级域名则由各院校自行分配。其他的二级以及二级以下域名注册，由中国互联网网络信息中心(CNNIC)负责。

由此可见，Internet 域名系统是逐层、逐级由大到小划分的，这样既提高了域名解析的效率，又保证了主机域名的唯一性。

4.2.3　域名的解析过程

当我们使用浏览器阅读网页时，在地址栏输入一个网站的域名后(如 www.jsut.edu.cn)，会如何开始解析此域名所对应的 IP 地址呢？其 DNS 解析/查询过程如图 4-8 所示。

(1)解析程序会去检查本机的高速缓存记录，如果从高速缓存内即可得知该域名所对应的 IP 地址，就将此 IP 地址传给应用程序(本例为浏览器)。如果在高速缓存中找不到的话，则会进行下一步骤。

(2)若在本机高速缓存中找不到答案，则向本机指定的 DNS 服务器请求查询，DNS 服务器在收到请求后，会检查是否有相符的数据，没有则进行下一步骤。

(3)若还是无法找到对应的 IP 地址，那就必须借助其他的 DNS 服务器了。这时候就会开始进行服务器对服务器之间的查询操作。它首先向根域服务器发出请求，查询管辖.cn 域的

DNS 服务器地址，根域服务器收到后将管辖.cn 域的 DNS 服务器 IP 地址发送给本地 DNS 服务器。

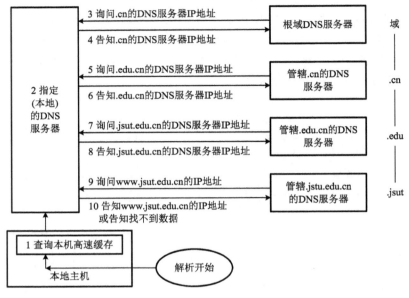

图 4-8 DNS 解析/查询的过程示意图

(4) 本地 DNS 服务器得到结果后，再向管辖.cn 域的 DNS 服务器发出进一步的查询请求，要求得到管辖.edu.cn 的 DNS 服务器地址，管辖.cn 域的 DNS 服务器把结果返回本地 DNS 服务器。

(5) 本地 DNS 服务器得到结果后，再向管辖.edu.cn 域的 DNS 服务器发出进一步的查询请求，要求得到管辖 jsut.edu.cn 的 DNS 服务器地址，管辖.edu.cn 域的 DNS 服务器把结果返回本地 DNS 服务器。

(6) 本地 DNS 服务器得到结果后，再向管辖.jsut.edu.cn 域的 DNS 服务器发出查询 www 主机 IP 地址的请求，管辖.jsut.edu.cn 域的 DNS 服务器把解析结果返回本地 DNS 服务器。

由上述 6 个步骤，我们应该能很清楚地了解 DNS 的查询/解析过程。而事实上，这 6 个步骤可以分为两种查询模式，即客户端对服务器的递归查询模式(第 2 步)及服务器和服务器之间的反复查询模式。

1. 递归查询

DNS 客户端要求 DNS 服务器解析 DNS 域名时，采用的多是递归查询(recursive query)。当客户端向 DNS 服务器提出递归查询时，DNS 服务器会按照下列步骤来解析域名。

(1) DNS 服务器本身的信息足以解析该项查询，则直接告知客户端其查询的域名所对应的 IP 地址。

(2) 若 DNS 服务器无法解析该项查询，会尝试向其他 DNS 服务器查询。

(3) 若其他 DNS 服务器无法解析该项查询时，则告知客户端找不到数据。

从上述过程可得知，当 DNS 服务器收到递归查询时，必然会响应客户端其查询的域名所对应的 IP 地址，或者是通知客户端找不到数据，而绝不会是告知客户端去查询一部分 DNS 服务器。

2. 反复查询

反复查询(iterative query)一般多用在服务器对服务器之间的查询操作。这个查询方式就像对话一样，整个操作会在服务器间一来一往，反复查询而完成。举例来说：假设客户端向指定的 DNS 服务器要求解析 www.sina.com.cn 地址，如果服务器中并未有此记录，于是便会向根域的 DNS 服务器询问：请问你知道 www.sina.com.cn 的 IP 地址吗？根域 DNS 服务器告知这台主机位于".cn"域下。同样，管辖".cn"网域的服务器也只会告知管辖".com..cn"网域的服务器 IP 地址，而指定的服务器便再通过此 IP 地址继续询问，一直问到管辖".sina.com.cn"的 DNS 服务器回复 www.sina.com.cn 的 IP 地址，或是告知"无此条数据"为止。

上述的过程看似复杂，其实可能只要短短 1 秒钟就完成了。而通过这个结构，只要欲连接的主机已按规定注册登记，就可以很快地查出各地主机的 DNS 与 IP 地址了。

4.2.4　DNS 的区域概念

DNS 的区域(zone)是为了便于管理而使用的概念，在实际使用中，网络将 DNS 域名空间划分区域来进行管理。在 Internet 上有成千上万的 DNS 服务器在工作，这些 DNS 服务器各自承担一定的域名解析的任务，并共同构成了 Internet 的 DNS 系统，而当一个 DNS 服务器无法解析的情况时就会转发别的(往往是上一级) DNS 服务器。DNS 区域实际上就是一台 DNS 服务器上完成的属于本区域的部分域名解析的工作。如区域 jsut.edu.cn 实际管理着 www.jsut.edu.cn、mail.jsut.edu.cn 和 lib.jsut.edu.cn 等子域。实际使用中，一台 DNS 服务器可以管理一个或多个区域，而一个区域为了容错，也可以由多台 DNS 服务器来管理。在设置 DNS 服务器时，必须先建立区域，再在区域中建立子域，以及在区域或自域中逐渐地添加相关记录。

4.2.5　DNS 的区域类型与查找模式

我们可以利用流行的 UNIX、Linux 以及 Windows Server 等操作系统来配置 DNS 服务器。使用这些操作系统配置的一台 DNS 服务器可以管理几百甚至上千个区域，单个区域中的主机记录可以有几万甚至几十万条，子域的个数在理论上是无限制的。

1. 基本区域类型

在 DNS 有关标准中，操作系统所配置 DNS 服务器的区域有两类："主要"区域和"辅助"区域，也称为标准主要区域和标准辅助区域。标准主要区域中的所有记录都是可读可写的，也就是说客户可以在 DNS 服务器上查询记录，管理员可以在 DNS 服务器上更新记录。而标准辅助区域中的记录是只读的，它是标准主要区域服务器的复制，只有当标准主要区域出问题时它才可作为备份使用。

2. DNS 查找模式

DNS 服务器在自己的数据库中查找记录的模式有正向查找和反向查找两种。正向查找就是将域名或主机名解析为 IP 地址；反向查找则是将 IP 地址解析为域名或主机名。一般来说，90%以上的查找都是正向查找。

4.2.6　主要资源记录

客户机向 DNS 服务器发出查询请求后，DNS 服务器则根据数据库中查到的资源记录给出响应。资源记录的种类决定了该资源记录对应的计算机功能，简单来说，如果建立了主机资源记录，就表明计算机是主机(如提供 Web 或 FTP 服务)，如果是邮件交换器(MX)资源记录，就表明计算机是邮件服务器。而这些记录是 DNS 服务器在创建区域后根据实际应用添加进去的，它们可以有以下几种类型。

1. 主机资源记录(A 或 AAAA 记录)

如果用户查找一台主机的 IP 地址，DNS 服务器根据数据库中的主机(A)资源记录给予响应。主机资源记录又叫 A 记录(IPv4 为 A，IPv6 为 AAAA，以下都以 A 来说明)，这种记录是所有记录中最常用的一种。主机(A)资源记录用于将计算机(或主机)的 DNS 域名与它们的 IP 地址建立关联，这种记录存在于正向查找区域，可以通过多种方法添加到区域中：管理员可使用 DNS 控制台，手动为客户机创建主机(A)资源记录；客户机也可通过某种方式在 DNS 内动态注册和更新自己的 A 资源记录。

2. 别名(CNAME)资源记录

如果一台主机需要对应多个名字时，我们可以使用主机(A)资源记录的同时，添加别名(CNAME)资源记录。别名(CNAME)资源记录用于将另一个名字映射到已存在的 DNS 域名上。这些记录允许用户使用多个名称指向单个主机，使得某些任务更容易执行。

例如，一台名称为 www 的计算机需要作为 Web 服务器，取名为www.sailaide.com；又需作为 FTP 服务器，使用名字 ftp.sailaide.com。为解决此问题，我们可以在区域 sailaide.com 中添加和使用如下 CNAME 项：

```
WWW  IN  A  210.29.194.1;
Ftp  IN  CNAME www
```

如果这台主机的 IP 地址更改，只需更改一条记录(WWW IN A 210.29.194.1)即可，这样减少了管理的负担。

3. 邮件交换器(MX)资源记录

当用户发送电子邮件时，是如何知道对方域中哪台计算机是邮件服务器的呢？邮件交换器(MX)资源记录，用以定位 DNS 域名中作为电子邮件接收者的邮件服务器。如果存在多个 MX 资源记录，DNS 客户服务则会按照从最低值(最高优先级)到最高值(最低优先级)的优先级顺序与邮件服务器联系。

4. 授权机构记录(SOA)和名称服务器(NS)记录

当知道一台主机的 IP 地址，需要知道它对应的域名时，就需要指针(PTR)资源记录的帮助。指针(PTR)资源记录在反向搜索区域中创建,用于支持在反向搜索区域中的反向搜索过程。PTR 资源记录可以通过多种方法添加到区域中:管理员可使用 DNS 控制台,手动为客户机创建指针(PTR)资源记录;客户机也可通过某种方式在 DNS 内动态注册和更新自己的指针(PTR)资源记录。

5. 授权机构(SOA)记录和名称服务器(NS)记录

起始授权机构(SOA)资源记录在任何标准区域中都是第 1 个记录,它表明哪台 DNS 服务器是该区域的主 DNS 服务器。它也用于存储其他属性,如版本信息和影响区域更新或期满的时间。这些属性影响了该区域的所有“主要”与“辅助”DNS 服务器之间进行区域复制的频率。起始授权机构(start of authority)资源记录指明区域复制源服务器的名称,所以此记录是区域中非常重要、必不可少的记录。

名称服务器(NS)资源记录用于标记所有代理本区域的 DNS 服务器的名字与位置。SOA 和 NS 资源记录在区域配置中具有特殊作用,它们是任何区域都需要的记录,并且一般是区域中列出的第一个资源记录。在默认情况下,添加新的主要区域时,DNS 服务器会自动创建这些记录。

以上内容参见本章后面的 4.4.3 节。有了实际使用的体会会更明白这些记录的作用和内涵。

4.3　Internet 的基本服务

Internet 的发展之所以迅猛,一个很重要的原因是它提供了许多受大众欢迎的服务。通过这些服务可以使广大用户快速便捷地检索并浏览到各类信息资源,方便自如地进行文件的传输,迅速而准确地将消息传递到世界各地。Internet 主要提供了 4 种基本服务功能:远程登录功能、文件传输功能、电子邮件功能、Web 服务,这 4 种功能构成了 Internet 上服务的基础。

4.3.1　远程登录

远程登录(Telnet)是 telecommunication network protocol 的英文缩写,它是用来进行远程访问的重要的 Internet 工具之一。Telnet 是指本地低性能的计算机通过 Internet 连接到一台性能好的远程计算机上进行访问,登录成功后本地计算机完全成为对方主机的一个远程终端用户,从而可以共享那台计算机上的硬件、软件、数据,甚至全部资源。

远程登录的“远”字并不表示实际距离的意义,而是相对本地系统而言。这里的本地系统是指用户正在使用的身边的系统,如本地的计算机或本地终端等。使用本地计算机的用户为本地用户。而本地用户通过 Telnet 连接登录到另一个系统,那个系统就称为远程系统、远程计算机或远程主机。本地计算机和远程计算机可以在同一处,也可以处于不同的地方,这与具体距离无关,也就是说远程与本地的概念是相对而言的。

与其他 Internet 信息服务一样,Telnet 采用了客户/服务器(C/S)模式。在用户要登录的远程系统上,必须运行 Telnet 服务程序,在用户的本地主机上则需要安装 Telnet 客户软件。本地用户可以通过 Telnet 客户程序进行远程访问,Telnet 服务程序和客户程序一起工作,来实现远程登录的功能。

为了解决异种系统的互操作问题，Telnet 提供了 NVT 抽象定义。由于不同操作系统对键盘输入的解释存在差异，比如结束标志，当键入回车键（return 或 enter 键）时，所有的系统都会换行，这是相同的；不同的是有些系统以 ASCII 字符 CR 作为行结束符，有些系统则以 LF（line feed）作为行结束标志。以不同的字符作为行结束标志的系统显然不能直接进行远程登录。为了统一异种系统对键盘输入的解释，Telnet 专门提供了一种标准的键盘定义方式，即网络虚终端（network virtual terminal，NVT），如图 4-9 所示。

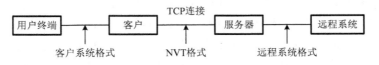

图 4-9　Telnet-NVT 原理图

在客户和服务器系统两端，输入输出采用各自的本地格式。在远程登录连接上，客户软件将终端用户输入转化为标准的 NVT 数据，经 TCP 连接传到远程服务器，服务器再将 NVT 数据转化为远程系统的内部格式。这样对于终端键盘输入的异种性便被 NVT 所屏蔽。在 NVT 的作用下，不同的本地格式得以统一起来，各本地格式只与标准的 NVT 打交道，而不与其他本地格式打交道。这样就不必针对具体的远程机或本地机而编写各种客户和服务程序了，从而简化了程序设计。

4.3.2　文件传输

尽管 Telnet 是访问远程文件的一种很好的手段，但访问只能在远程系统上进行。有时用户为了使用方便，希望在自己的计算机上拥有一些文件（如文档、应用程序、数据等），最好方法是通过网络把文件拷贝到自己的计算机上。文件传输协议就能够很好地完成这个工作。

文件传输（file transfer protocol，FTP）是 Internet 使用的文件传输协议。该协议的主要功能是完成从一个系统到另一个系统完整的文件拷贝。连接在计算机网络上的任何一个站点只要遵循 FTP 协议，就能够相互传送文件，而不管它们之间的距离多远，使用什么操作系统，采用什么技术与网络连接。

1. FTP 的基本工作原理

FTP 服务系统是典型的客户/服务器工作模式，客户和服务器之间利用 TCP 协议建立连接。在网络上的两个站点间传输文件，要求被访问的站点必须运行 FTP 服务程序，即是一个FTP 服务器；而访问 FTP 服务器的用户站点需要在自己的本地计算机上运行 FTP 客户程序。FTP 服务程序和客户程序分工协作，共同完成文件传输功能。下面简单介绍 FTP 服务系统的各部分的主要功能。

1）FTP 客户机

FTP 客户机是用户进行文件传输的使用工具，运行客户程序应该具有下述主要功能：

(1) 接收用户从键盘输入的命令。

(2) 分析命令并传送给 FTP 服务器告知所进行的操作。

(3) 接收并在本地计算机显示服务器回送的信息。

(4)根据不同命令读取本地文件传送给服务器程序或者接收从服务器传来的文件。

目前 FTP 客户程序一般可以有两种类型：WWW 方式或各专用客户软件。前者通过 WWW 浏览页面就可以进行文件传输，但是一次只能传输一个文件；专门的 FTP 客户软件必须先安装、配置才能使用，但是一次可以传输选定的全部文件。

2)FTP 服务器

FTP 服务器上驻留文件和提供文件传输服务，其上运行的 FTP 服务器软件主要功能是：

(1)接收并执行客户程序发送过来的命令。

(2)与客户程序建立 TCP 连接。

(3)完成将文件传送给客户或从客户程序接收文件的功能。

(4)将执行命令的状态信息回送给客户程序，由客户程序显示在本地计算机屏幕上。

FTP 与其他 Internet 应用的客户/服务器模型有一定的不同，那就是 FTP 客户机与服务器之间要建立双重连接，一个是控制连接(control connection)，一个是数据连接(data connection)。控制连接主要由服务程序被动地打开一个 FTP 应用端口(Host 21)，等待客户程序的 FTP 连接。客户程序主动与服务程序建立端口号为 21 的 TCP 控制连接。在双方通信的全部时间内，都处于控制连接状态。数据连接主要用于数据传输，真正完成文件内容的传输。在客户程序与服务程序之间，每传输一个文件都要产生一个数据连接，如图 4-10 所示。

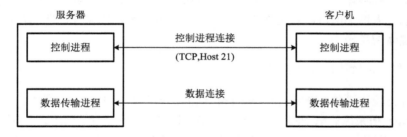

图 4-10　FTP 工作原理图

2. FTP 的主要功能

在用户的本地计算机(FTP 客户)与网络上的一台远程计算机(FTP 服务器)建立了 FTP 连接后，就可以进行文件传输了。FTP 的主要功能如下：

(1)文件的"上传"和"下载"。所谓上传就是把本地计算机上的一个或多个文件传送到远程计算机上；而下载也就是从远程计算机上查找到需要的文件后，把它拷贝到本地计算机上的过程。值得注意的是，使用 FTP 传送文件并不是移动文件，而是拷贝。FTP 传送的是文件的副本，也就是说在完成文件的传输后，被传输的文件并不从源端消失，而是仍然在传送方的磁盘上存在。

(2)可在本地计算机或远程计算机上建立、删除目录、打印目录，以及改变当前工作目录等目录操作功能。

(3)用户使用 FTP 能够访问匿名 FTP 服务器，从而获取大量的免费应用程序或共享软件等。

3. 单纯文件传输协议 TFTP

TFTP(trivial file transfer protocol)是一种简化的文件传输协议。作为 TCP/IP 主要的文件传输协议，FTP 是完善而功能强大的，但它太复杂，在许多场合并不适用。于是 TCP/IP 在性能与开销之间做了一个折中，推出了简单的、适用于某些特殊场合的 TFTP 协议。TFTP 仅是提供了单纯的文件传输，没有权限控制，当然也不支持客户和服务器之间的复杂交互过程，从而它要比 FTP 小了很多。

TFTP 之所以简洁，一个重要的原因是它是建立在 UDP 数据报基础上的，因而并不提供可靠流传输服务，它只是利用确认和超时重传机制来保证传输的可靠性。TFTP 另一个特点是它具有对称性重传功能，即客户和服务器都运行超时重传机制。客户超时后，重传一个确认信息，服务器超时后，重传一个数据块。这种对称性重传机制进一步确保某报文数据丢失后，不会导致整个传输失败。

4.3.3　电子邮件

E-mail(电子邮件)是 Internet 提供的一项最基本服务，也是用户使用最为广泛的 Internet 应用之一。电子邮件是一种利用计算机网络进行信息传递的现代化通信手段，具有快速、高效、方便、价廉等特点。通过 Internet 上的电子邮件，你可以向世界上任何一个角落的网上用户发送信息，人们不但可以发送文字信息，还可以发送经数字化处理后的音频、视频、图形图像等多媒体信息。

1. 简单邮件传输协议与电子邮件系统

简单邮件传输协议 SMTP(simple mail transfer protocol)是 TCP/IP 协议集中的一个应用层协议，也是 Internet 所采用的电子邮件传输协议。SMTP 的最大特点就是简单，在当初设计 SMTP 时，设计者希望它是一个小巧、简洁、可适用于各种网络系统的应用协议。结果在互联网普及后，这些特点正好符合互联网的特性，于是便迅速成为目前最受欢迎的电子邮件传输协议。

1)SMTP 的模型

SMTP 提供了一种邮件传输的机制，当收件方和发件方都在一个网络上时，可以把邮件直接传给对方；当双方不在同一个网络上时，需要通过一个或几个中间服务器转发。SMTP 首先由发件方提出申请，要求与接收方 SMTP 建立双向的逻辑通道，收件方可以是最终收件人也可以是中间转发的服务器。收件方服务器确认建立连接后，双发就可以开始通信。图 4-11 是 SMTP 的模型-1 示意图。

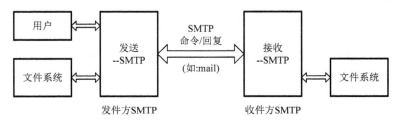

图 4-11　SMTP 模型-1

　　发件方 SMTP 向收件方发 MAIL 命令，告知发件方的身份；如果收件方接受，就会回答 OK。发件方再发出 RCPT 命令，告知收件人的身份，收件方 SMTP 确认是否接收或转发，如果同意就回答 OK；接下来就可以进行数据传输了。通信过程中，发件方 SMTP 与收件方 SMTP 采用对话式的交互方式，发件方提出要求，收件方进行确认，确认后才进行下一步的动作。整个过程由发件方控制，有时需要确认几回才可以，图 4-12 是 SMTP 的模型-2 示意图。

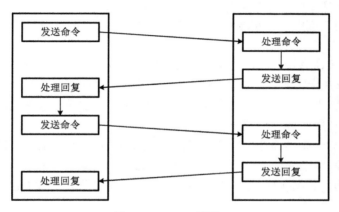

图 4-12　SMTP 模型-2

　　为了保证回复命令的有效，SMTP 要求发件方必须提供接收方的服务器及邮箱。邮件的命令和答复有严格的语法定义，并且回复具有相应的数字代码，所有的命令由 ASCII 码组成。命令代码是大小写无关的，如 MAIL 和 mail、mAIL 是等效的。下面简单介绍一下 SMTP 的一些基本命令。

　　2) SMTP 的基本命令

　　SMTP 定义了 14 个命令，它们是：

- HELO <SP> <domain> <CRLF>
- MAIL <SP> FROM:<reverse-path> <CRLF>
- RCPT <SP> TO:<forward-path> <CRLF>
- DATA <CRLF>
- RSET <CRLF>
- SEND <SP> FROM:<reverse-path> <CRLF>
- SOML <SP> FROM:<reverse-path> <CRLF>
- SAML <SP> FROM:<reverse-path> <CRLF>
- VRFY <SP> <string> <CRLF>
- EXPN <SP> <string> <CRLF>
- HELP [<SP> <string>] <CRLF>
- NOOP <CRLF>
- QUIT <CRLF>
- TURN <CRLF>

其中，SMTP 工作的基本命令有 7 个，分别为：HELO、MAIL、RCPT、DATA、REST、NOOP 和 QUIT。

- HELO：发件方问候收件方，后面是发件人的服务器地址或标识。收件方回答 OK 时标识自己的身份。问候和确认过程表明两台机器可以进行通信，同时状态参量被复位，缓冲区被清空。
- MAIL：这个命令用来开始传送邮件，它的后面跟随发件方邮件地址（返回邮件地址），当邮件无法送达时，此命令用来发送失败通知。为保证邮件的成功发送，发件方的地址应是被对方或中间转发方同意接受的。这个命令会清空有关的缓冲区，为新的邮件做准备。
- RCPT：这个命令告诉收件方收件人的邮箱。当有多个收件人时，需要多次使用该命令，每次只能指明一个人。如果接收方服务器不同意转发这个地址的邮件，它必须报 550 错误代码通知发件方。如果服务器同意转发，它要更改邮件发送路径，把最开始的目的地（该服务器）换成下一个服务器。
- DATA：收件方把该命令之后的数据作为发送的数据。数据被加入数据缓冲区中，以单独一行是"<CRLF>.<CRLF>"的行结束数据。结束行对于接收方同时意味立即开始缓冲区内的数据传送，传送结束后清空缓冲区。如果传送数据已接收，接收方回复 OK。
- REST：这个命令用来通知收件方复位，所有已存入缓冲区的收件人数据、发件人数据和待传送的数据都必须清除，接收方必须回答 OK。
- NOOP：这个命令不影响任何参数，只是要求接收方回答 OK，不会影响缓冲区的数据。
- QUIT：SMTP 要求接收方必须回答 OK，然后中断传输；在收到这个命令并回答 OK 前，收件方不得中断连接，即使传输出现错误。发件方在发出这个命令并收到 OK 答复前，也不得中断连接。

3）电子邮件的工作原理

电子邮件系统的体系结构分为两部分，用户代理程序 UA（User Agent）和邮件传输代理程序 MTA（Mail Transfer Agent），如图 4-13 所示。

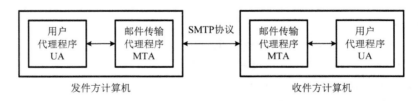

图 4-13　电子邮件原理图

用户代理程序 UA 可以协助我们编辑信件的内容，然后将信件转交给邮件传输代理程序 MTA 发出。两个 MTA 之间便以 SMTP 当作沟通的语言，顺利完成信件的传送和接收工作。而收件方则可以通过用户代理程序"阅读"别人发给他的电子邮件，并进一步回复或转发他所收到的信件。

　　不过在实际上，用户代理程序和邮件传输代理程序都已经被整合在一起了，也就是说像 Outlook Express、FoxMail 这些我们常用来收发信件的软件，本身就能协助我们编辑信件内容，而且在编辑完成后，还可以帮我们把信件发出去，从而省去了我们设置上的麻烦。

　　2. POP 协议

　　电子邮件的传递是即时性的，发件人信件发送过去，收件人马上就收到了，这是电子邮件的一大特点，也是它能逐渐取代传统邮寄信件的主要原因之一。但也相对的产生一个问题：在发送信件时，两边计算机都要求在正常的连接状态(On Line)下，否则无法收发信件。可是，我们不能期望用户的个人计算机只是为等别人寄电子邮件过来，而电源一直不关，随时保持连接(Always Online)状态。用户可以申请一个电子邮件账号。以后凡是寄到这个账号的信件，都会暂存在这台服务器上，直到用户连接到这台服务器取回信件，这就简单地解决了 SMTP 需要两端都处于 Online 才能运作的问题。

　　但是，用户要通过什么样的机制来从"邮局"取回自己的信件呢？答案是利用 POP(post office protocol)这种通讯协议。在需要收信时，用户连上邮件服务器后，就可以采用 POP 协议来访问服务器上的电子信箱及接收邮件，如图 4-14 所示。目前大多数邮件服务器都支持 POP 协议的第 3 个版本，简称 POP3。

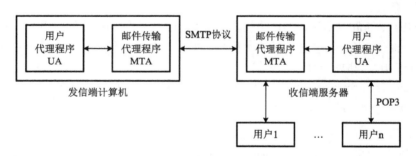

图 4-14　POP3 工作原理

　　基于 POP3 的电子邮件软件使得用户具有很大的灵活性，它允许用户在不同地点访问服务器上的电子邮件，并决定是把电子邮件存储在服务器信箱还是本地信箱内。如果是服务器邮箱，则只能在联机时阅读邮件，若选择了本地邮箱，电子邮件会一次性将所有电子邮件下载到自己的计算机中以供查阅，节省联机阅读时间，这两种方法都要依赖于 POP3 协议。通俗地说，SMTP 负责电子邮件的发送，POP3 则用于接收 Internet 上的电子邮件。

　　3. MIME 标准

　　1) MIME 概述

　　MIME(multipurpose internet mail extemsions，多用途 Internet 邮件扩展)是一种编码标准，它解决了 SMTP 只能传送 ASCII 文本的限制，MIME 定义了各种类型数据，如声音、图像、表格、二进制数据等的编码格式。通过对这些类型的数据编码并将它们作为邮件中的附件(Attachment)进行处理，以保证这部分内容正确、完整地传输。因此，MIME 增强了 SMTP 的传输功能，统一了编码规范。前面所述的电子邮件协议 SMTP 具有以下缺点。

（1）SMTP 不能传送可执行文件或其他的二进制对象。人们曾试图将二进制文件转换为 SMTP 使用的 ASCII 文本，但最后未能形成真正的标准。

（2）SMTP 限于传送 7 位的 ASCII 码。许多其他非英语国家的文字（如中文），即使在 SMTP 网关将 EBCDIC 码转换为 ASCII 码时也会遇到一些麻烦。

（3）SMTP 服务器会拒绝超过一定长度的邮件。

（4）某些 SMTP 的实现并没有完全按照 RFC 821 的 SMTP 标准。常见的问题包括：回车、换行的删除和增加；超过 76 字符时的处理，截断或自动换行；后面多余空格的删除；将制表符 TAB 转换为若干个空格。

MIME 并没有改动 SMTP 或取代它，而是继续使用目前的 RFC 822 格式。不过，它增加了邮件主体的结构，并定义了传送非 ASCII 码的编码规则。MIME 邮件可在现有的电子邮件程序和协议下传送。MIME 主要包括 3 个部分内容：其一是 5 个新的邮件首部字段，它们可包含在 RFC 822 首部中，这些字段提供了有关邮件主体的信息；其二是定义了许多邮件内容的格式，对多媒体电子邮件的表示方法进行了标准化；其三是定义了传送编码，可对任何内容格式进行转换，而不会被邮件系统改变。

为了适应于任意数据类型和表示，每个 MIME 报文包含告知收件人数据类型和使用编码的信息。MIME 将增加的信息加入 RFC 822 邮件首部中。下面是 MIME 增加的 5 个新的邮件首部名称及其意义。

（1）MIME-Version：标识 MIME 的版本，现在的版本号是 1.0。若无此行，则为英文文本。

（2）Content-Description：这是可读字符串，说明此邮件是什么，和邮件的主题差不多。

（3）Content-ID：邮件的唯一标识符。

（4）Content-Transfer-Encoding：在传送时邮件的主体时是如何编码的。

（5）Content-Type：说明邮件的性质。

2）内容类型

MIME 标准规定内容类型说明必须含有两个标识符，即内容类型（type）和子类型（subtype），中间用"/"分开。

标准定义了 7 个基本内容类型和 15 种子类型。除了标准类型和子类型外，MIME 允许发信人和收件人定义专用的内容类型。但为避免可能出现名字冲突，标准要求为专用的内容类型选择的名字要以字符串"X-"开始。表 4-1 列出了 7 种基本内容类型和 15 种子类型，及简单说明。

表 4-1　可出现在 MIME Content-Type 说明中的 7 类型及其说明

内容类型	子类型	说　　明
Text（正文）	plain	无格式的文本
	richtext	有少量格式命令的文本
Image（图像）	gif	GIF 格式的静止图像
	jpeg	JPEG 格式的静止图像
Audio（音频）	basic	可听见的声音
Video（视频）	mpeg	MPEG 格式的影片
Application（应用）	Octet-stream	不间断的字节序列
	postscript	PostScript 可打印文档

续表

内容类型	子类型	说　明
Message（报文）	Rfc822	MIME RFC 822 邮件
	partial	为传输将邮件分割开
	External-body	邮件必须从网上获取
Multipart（多部分）	mixed	按规定顺序的几个独立部分
	alternative	不同格式的同一邮件
	parallel	必须同时读取的几个部分
	digest	每一个部分是一个完整的 RFC 822 邮件

MIME 的内容类型中的 Multipart 是很有用的，因为它使邮件增加了相当大的灵活性。标准为 Multipart 定义了 4 种可能的子类型，每个子类型都提供重要功能。

（1）mixed 子类型允许单个报文含有多个相互独立的子报文，每个子报文可有自己的类型和编码。mixed 子类型报文使用户能够在单个报文中附上文本、图形和声音，或者用额外数据段发送一个备忘录，类似商业信笺含有的附件。在 mixed 后面还要用到一个关键字，即 Boundary=，此关键字定义子分隔报文各部分所用的字符串（由邮件系统定义），只要在邮件的内容中不会出现这样的字符串即可。当某一行以两个字符"－"开始，后面紧跟上述的字符串，就表示下面开始了另一个子报文。

（2）alternative 子类型允许单个报文含有同一数据的多种表示。当给多个使用不同硬件和软件系统的收信人发送备忘录时，这种类型的 Multipart 报文很有用。例如，用户可同时用普通的 ASCII 文本和格式化的形式发送文本，从而允许拥有图形功能计算机的用户在查看图形时选择格式化的形式。

（3）parallel 子类型允许单个报文含有可同时显示的各个子部分（如，图像和声音子部分必须一起播放）。

（4）digest 子类型允许单个报文含有一组其他报文（如，从讨论中收集电子邮件报文）。

4．电子邮件地址

前面讲到大多数的用户需要在 ISP 的主机上申请一个电子信箱以便接收电子邮件，这个电子信箱号就是用来标识每个用户的电子邮件地址的。一台邮件服务器上通常包含有众多用户的电子信箱号，并且每个用户的地址都是唯一的。

Internet 上电子邮件地址的格式是由一个字符串组成，中间由@分成两部分：

username @ hostname

其中 username 指用户所申请的账号，即用户名。hostname 指 ISP 某台主机的域名，中间的符号@读作"at（或"花 a"）"，表示名称为 username 的用户在 hostname 主机上有一个信箱。例如，下面为一个正确的电子邮件地址：

jzj @ jsut.edu.cn

有时，一个用户的电子邮件地址可能很长，使用起来不方便。目前大多数的电子邮件软件允许为邮件地址定义一个很短的别名（Alias），当用户在编写邮件时可以以别名作为收件人的地址，而发送时电子邮件软件会用地址的全称来替换别名，将邮件正确发送出去。对于处在同一台 ISP 主机上的不同用户，彼此发送电子邮件时可以略去@后面的主机名，而只使用@前面的用户名作为收件人的地址，邮件系统将认为你的邮件是要发给本网络中的其他用户的。

4.3.4　万维网

万维网是目前在互联网上最流行、最受人欢迎的服务，它拥有色彩缤纷的网页，还能搭配符合网页风格的悠扬乐声，让人流连忘返。

1．万维网的起源

万维网(world wide web，WWW)是在 1989 年，由欧洲粒子物理实验室 CERN(European laboratory for particle physics)提出的，而发明人就是当时任职于该实验室的英国人伯纳斯李(Tim Berners-Li)。

伯纳斯李当初的构想，只是为了设计一个能让分布在世界各地的物理研究人员，以简单又有效率的方式，共享资源、分工合作，也就是希望创造一个共同的信息空间，没想到他所开发出来的技术，最后却成为全球最受欢迎的信息传播方式。

2．万维网的工作原理

WWW 也是采用了客户/服务器(C/S)的工作模式，Internet 上的一些计算机运行着 WWW 服务程序，它们是各种信息的提供者；在用户的计算机上运行着 WWW 的客户程序，(如微软的 IE)用来帮助用户完成信息查询。WWW 客户程序主要有两种功能：向用户提供友好的使用界面和将用户查询请求传送给相应的 WWW 服务器进行处理。当 WWW 服务器接到来自某一客户机的请求后，就进行查询并将得到的数据送回客户机，再由 WWW 客户机程序将这些数据转换成相应的形式显示给用户，如图 4-15 所示。

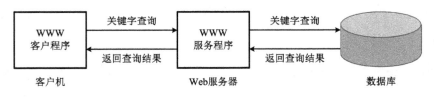

图 4-15　万维网工作原理

其实，万维网之所以能够呈现各种各样的变化，是与许多标记语言(XML、HTML)、脚本(JavaScript、VBScript)、ActiveX 组件等分不开的，因为客户端的浏览程序支持这些语言，所以能够解读出正确的显示方式，例如动画、闪烁、跑马灯等效果。至于服务器所要担负的则是数据处理、数据查询与更新、产生网页文件等操作，这些工作由 CGI、ASP 或 PHP 来完成。也就是说，当我们在浏览网页时，看到的一些美丽的图片、滚动的文字，其实都是由 Web 客户程序即浏览器产生的，Web 服务器只提供了文字、文件和文件位置的信息而已，但要是搜索数据、日期这类和数据库相关的操作时，则是由服务器处理后，再将结果返回给客户端的。

3. WWW 常用术语

万维网 WWW 制定了一整套标准，如超文本标记语言 HTML(hyper text markup language)，信息资源的统一定位格式或称统一资源定位器 URL(uniform resource locator)和超文本传输协议 HTTP(hyper text transport protocol)。对于 Internet 的用户来说，在使用 WWW 查找信息时将不可避免地遇到这些术语，所以在概念上了解它们各自的含义是非常必要的。

1)超文本传输协议(HTTP)

HTTP 是浏览器与 Web 服务器之间相互通信的协议。不管是显示图片还是查询数据库，如不能事先建立信息流通的桥梁，则客户端和服务器是独立的、互不相关的。所以在发送信息前，必须先通过 HTTP 在两端搭起信道，让信息可以在两者之间传递。HTTP 定义了在客户端和服务器之间所传输的数据格式，使得包含文字、图片、声音等内容的网页能够呈现在客户端的浏览器中。

HTTP 是一个面向事务的客户/服务器协议。虽然 HTTP 使用了 TCP，但 HTTP 协议是无状态的(stateless)。也就是说，每一个事务都是独立地进行处理。当一个事务开始时，就在万维网客户与万维网服务器之间产生一个 TCP 连接，而当事务结束时就释放这个 TCP 连接。HTTP 的无状态特性很适合它的典型应用。用户在使用万维网时，往往要读取一系列的网页，而这些网页又可能分布在许多相距很远的服务器上。将 HTTP 协议做成无状态的，可使读取网页信息完成得较为迅速。HTTP 协议本身也是无连接的，虽然它使用了面向连接的 TCP 向其提供服务。

HTTP 协议最主要的特征在于，它是一个跨平台的标准，因此，在不同计算机系统中所存放的数据，都可以通过互联网传送给其他计算机，从而实现共享资源的目的。

2)统一资源定位器(URL)

统一资源定位器 URL 是对能从因特网上得到的资源的位置和访问方法的一种简洁的表示。URL 给资源的位置提供一种抽象的识别方法，并利用这种方法给资源定位。只要能够对资源定位，系统就可以对资源进行各种操作，如存取、更新、替换和查找其属性。而其中的"资源"是指在因特网上可以被访问的任何对象，包括文件目录、文件、文档、图像、声音，以及与因特网相连的任何形式的数据等。"资源"还包括电子邮件的地址和 USENET 新闻组，或 USENET 新闻组中的报文。

URL 相当于一个文件名在网络范围的扩展，因此 URL 是与因特网相连的机器上的任何对象的一个指针。由于对不同对象的访问方式不同(如通过 FTP 或 HTTP)，所以 URL 还可以指出读取某个对象时所使用的访问方式。URL 的一般形式如下(即由以冒号隔开的两大部分组成，并且在 URL 中的字符对大写或小写没有要求)：

　　　　<URL 的访问方式>：//<主机>：<端口>/<路径>

在上式中，冒号左边的<URL 的访问方式>有 3 种最常用的方式，即 ftp(文件传送协议 FTP)、http(超文本传送协议)和 news(USENET 新闻)。冒号右边的部分，其中<主机>一项是必需的，而<端口>和<路径>则有时可以省略。对于万维网的网点的访问要使用 HTTP 协议，下面就以使用 HTTP 的 URL 为例简单说明。

HTTP 的 URL 的一般形式是：

```
http: //<主机>: <端口>/<路径>
```

HTTP 的默认端口号是 80，通常可以省略。若再省略文件的<路径>项，则 URL 就指到因特网上的某个主页(Home Page)。主页的概念很重要，它可以是以下几种情况之一：

(1)一个 WWW 服务器的首页页面。

(2)某一个组织或部门的一个定制的页面或目录。从这样的页面可链接到因特网上与本组织或部门有关的其他站点。

(3)由某人自己设计的描述它本人情况的 WWW 页面，即个人主页。

例如，要查清华大学的信息，就可先进入到清华大学的主页，其 URL 为：http://www.tsinghua.edu.cn 。这里省略了默认的端口号 80。我们从清华大学的主页入手，就可以通过许多不同的连接找到所要的各种有关清华大学的信息。

用户使用 URL 并非仅仅能够访问万维网的页面，而且还能够通过 URL 使用其他的因特网应用程序，如 FTP、Telnet、电子邮件以及新闻组等。更重要的是，用户在使用这些应用程序时，只使用一个程序，即浏览器，这显然是非常方便的。

3)超文本标记语言(HTML)

万维网要使因特网上任何一台计算机都能显示出任何一个万维网服务器上的网页，就必须解决页面制作的标准化问题。超文本标记语言 HTML 就是一种制作万维网页的标准语言，它消除了不同计算机之间信息交流的障碍。ISO 早在 1986 年就已经制定了一个标准 ISO8897，即 SGML(standard generalized markup language)，这是一个描述标记语言的标准。但 SGML 过分复杂使它很不适合于简单快捷的 Web 出版，这就导致 HTML 的问世。HTML 是一种特定的 SGML 文档类型，由于 HTML 非常易于掌握且实施简单，因此它很快就成为万维网的重要基础。

HTML 定义了许多用于排版的命令，即"标签"(tag)，表 4-2 给出了一些常用的 HTML 标签。例如，<I>表示后面开始的字将是斜体，而</I>则表示斜体字到此结束。

表 4-2　HTML 标签以及简要的说明

标　签	说　明
<HTML>...</HTML>	声明这是用 HTML 写成的万维网文档
<HEAD>...</HEAD>	定界页面的首部
<TITLE>...</TITLE>	定义页面的标题，此标题并不在浏览器的显示窗口中显示
<BODY>...</BODY>	定界页面的主体
<Hn>...</Hn>	定界一个 n 级题头
<B>...</B>	设置...为黑体字
<I>...</I>	设置...为斜体字
<UL>...</UL>	设置...为无序列表，列表中每个项目前面出现一个圆点
<OL>...</OL>	设置...为编号列表
<MENU>...</MENU>	设置...为菜单
<LI>	开始一个列表项目，</LI>可不用
 	强制换行
<P>	一个段落开始，与上个段落空一行或缩进几个字符，</P>可不用
<HR>	强制换行，同时画出一条水平线
<PRE>...</PRE>	设置...为已排版的文本，浏览器显示时不再进行排版
<IMG SRC= "..." >	插入一张图像，其文件名为...

　　HTML 就是将各种标签嵌入万维网的页面中，这样就构成了所谓的 HTML 文档。HTML 文档是一种可以用任何文本编辑器(例如，Windows 的记事本 notepad)创建的 ASCII 码文件。但应注意，仅当 HTML 文档是以.html 或.htm 为后缀时，浏览器才对这样的 HTML 文档的各种标签进行解释。如果 HTML 文档改换以.txt 为其后缀，则 HTML 解释程序就不对标签进行解释，而浏览器只能看见原来的文本文件。

　　当浏览器从服务器读取某个页面的 HTML 文档后，就按照 HTML 文档中的标签，根据浏览器所使用的显示器的尺寸和分辨率大小，重新进行排版并恢复出所读取的页面。现有的一些文字处理软件都不具有像 HTML 这样的功能。

　　目前已开发出了很好的制作万维网页面的软件工具，如 Dreamweaver、Frontpage 等，使我们能够像使用 Word 字处理器那样地很方便地制作各种页面。然而学习一些 HTML 的基本概念仍是必要的，这是因为在对已有的万维网页面进行修改时，往往要查看其源代码，即需要查看其 HTML 文档。直接在 HTML 文档上对页面进行修改，有时很有必要。所以，建议每一个读者都使用一下浏览器上的编辑器来编写一个很简单的页面，然后仔细观察浏览器显示的页面和相应的 HTML 文档的关系，同时也和编辑器上显示的内容进行对比，这是学习 HTML 最好的方法。

4.3.5　Internet 的其他应用

　　这一小节介绍 Internet 其他一些有趣的应用，其中包括公告板服务 BBS、网上聊天工具 QQ。通过下面的介绍，我们可以更深刻地体会到 Internet 的魅力。

　　1.　电子公告板 BBS

　　BBS 的全称是 bulletin board service，即公告板服务。BBS 最早起源于美国，最初的形式是一些电脑爱好者团体自发组织的，用来在计算机上传递信息、相互交流。随着计算机与通信技术的飞速发展，特别是随着 Internet 在 20 世纪 80 年代后期的迅速崛起，BBS 纷纷接入 Internet。目前的 BBS 已同 WWW、FTP、电子邮件等 Internet 应用服务一样，成为 Internet 上最著名的服务功能之一。

　　BBS 在 Internet 上为人们开辟了一块类似公告板形式的公共场所，供彼此交流信息。在 BBS 系统中，每一个用户都可以在公告板上阅读信息，也可以在公告板上张贴信息，其张贴的可以是供别人阅读的文章，也可以是对别人文章的响应。这种交流信息的方式是公开的，轻松的，没有保密性。一个 BBS 系统包含多个电子公告板，每一块板都围绕一个特定的内容，如篮球 NBA 公告板、足球公告板等。在这些公告板中有一部分是有人专管的，另一部分没有专人管理，是经过申请并得到允许后可以进入并参加讨论的。另外，还有一些是系统向用户发布信息使用的，这些公告板只能阅读不能张贴。

　　BBS 系统是由 BBS 服务器、公告板信息和 BBS 服务软件组成的。在 Internet 上有许多 BBS 服务器，每一个 BBS 服务器由于发布的信息内容不同而各有特色，但大多具有传递信息、邮件服务、在线交谈、文件传输，以及网上游戏等基本功能。

　　2.　即时通信

　　即时通信应用是以因特网为基础的，允许交互双方即时地传送文字、语音、视频等消息，能够跟踪网络用户在线状态的网络应用软件。即时通信比传送电子邮件所需时间更短，而且比拨电话更方便，无疑是网络时代最方便的通信方式。

1996 年 7 月，4 位以色列籍年轻人成立的 Mirabilis 公司，推出了全世界第一款被非 UNIX/Linux 用户使用的即时通信软件 ICQ，取意为"我在找你"，是 I Seek You 的连音缩写，被称为"网络寻呼机"。它的主要功能就是让您知道网络上的朋友现在有没有上线，然后可以通过互送 Messages 交谈、直接聊天、相互交换文件等方式进行交流。

腾讯 QQ 是我国占即时通信领域最大份额的软件系统，是 1999 年 2 月由"深圳市腾讯计算机系统有限公司"推出的。

QQ 可以使用 TCP，也可以使用 UDP，默认使用的是 UDP，因为 UDP 消耗资源少，发送速度快。但是当 UDP 不能正常转发的时候或登录时，就会采用 TCP 进行发送。当客户登录后，客户连接到腾讯公司的主服务器上，作为客户从 QQ 服务器上读取在线网友名单。用 QQ 进行聊天时，如果连接比较稳定，聊天内容用 UDP 在点到点之间传送，如果连接不稳定或者中间有防火墙，QQ 服务器就为聊天内容进行"中转"。如果两个用户由于各种原因不能同时在线，消息可以寄存在服务器上，等离线用户登录时，服务器将消息自动转发给接收者。QQ 的工作原理如下。

(1) 登录：登录的时候首先向服务器注册其 IP 地址和端口信息，登录成功之后，QQ 会有一个 TCP 连接来保持在线状态。

(2) 聊天消息通信：通信采用 P2P 连接和 UDP 协议，或通过服务器中转方式。腾讯采用了上层协议来保证可靠传输，如果客户端使用 UDP 协议发出消息后，服务器收到该包，需要使用 UDP 协议发回一个应答包，如此来保证消息可以无遗漏传输。如图 4-16 所示。

图 4-16　QQ 工作示意图

(3) 文件/自定义表情传送：表情实际发送的是命令字，而没有发送表情。客户端收到命令字后，会自动解释为对应的表情，自定义表情的传送是以文件传输方式进行的。

此外，腾讯公司还推出一系列的增值服务，如视频聊天以及语音聊天、点对点断点续传文件、共享文件、网络硬盘、自定义面板、评定用户等级、收发短信和铃声下载，及在手机上使用 QQ 等，这些功能是为了吸引更多的用户，方便用户更好地交流和使用网络。

腾讯公司推出另一款人气产品就是微信,微信和 QQ 两者在功能上有重叠：两者都是 P2P 应用，两者都能用语音、视频聊天，两者都包含社交平台(朋友圈)等，两者在技术上的主要区别在于：QQ 的主要终端是 PC，而微信的终端是手机、iPad 等移动设备。微信是基于移动互联网开发的，其工作原理示意如图 4-17 所示。

就拿微信的"摇一摇"功能来说，实现它需要完成"摇一摇、定位、匹配" 3 个步骤。

(1) 摇一摇：用的是"加速度"传感器，当传感器检测到你的手机正在摇动时，就会向附近的手机基站发出请求。

(2) 定位：附近信号最好的手机基站接收到你手机的请求并测量距离，该手机基站所处的位置，就是你现在的位置，会发送到微信后台。

(3) 匹配：客户端和云端交互，人们只要"摇一摇"之后，他们的位置信息就全部上传到服务器端，然后把和你处在一定距离内的、在短时间内也摇过的人的信息推送给你就行了。

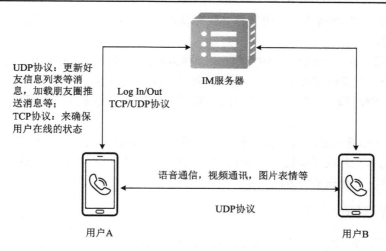

图 4-17 微信工作原理示意图

随着因特网带宽的增加，出现了网络电视等流媒体下众多应用，PPLive 是当前我国流行的流媒体播放软件之一，软件的设计就采用了混合式 P2P。位于网络结构中心的是视频源和服务器，视频源提供多种视频服务，服务器负责记录当前用户选择的频道。

P2P 的出现不仅改变了人们对网络的认识，而且也改变了人们对网络的使用方式，使人们可以更容易地沟通，更直接地共享和交互信息了。

4.4 网络操作系统

网络操作系统(NOS)是使网络上各计算机能方便而有效地共享资源以及为网络用户提供所需的各种服务的软件和规程的集合。它除了具有一般操作系统应有的 CPU 管理、存储器管理、设备管理和文件管理功能外，还应具有网络通信、访问控制以及众多网络服务(诸如文件传输、电子邮件等)功能。本节在介绍网络操作系统的特点以及常用网络操作系统的基础上，配合前面的 Internet 常用应用协议，着重介绍 Windows Server 2012 系统中 DNS、Web 以及 FTP 网络应用服务。

4.4.1 网络操作系统的特点

网络操作系统是一种着重提供网络服务的操作系统，它一般在 C/S 结构的服务器(Server)上安装，安装了网络操作系统的服务器从根本上说是用来管理网络连接、资源和流量的一种高级管理平台，而客户端就是请求网络服务并接收。网络操作系统的主要特点如下：

(1)从体系结构的角度看，网络操作系统要支持不同底层平台，即网络操作系统要能够运行于不同的硬件平台和网络拓扑结构之上，比如支持 Intel、普联(TP-LINK)、友讯(D-Link)公司以及腾达(Tenda)等所有正规厂家的网卡和设备。

(2)支持互连。可以通过交换机、路由器或网关等连接设备与别的网络互连互通。

(3)支持多用户、多任务。为了实现文件传输、资源共享的功能，网络操作系统应能同时支持多个用户、多任务对网络的访问。

(4) 网络管理。支持网络实用程序及其管理功能，如系统备份、日志与事件管理、性能控制、存储器等。

(5) 系统容错。防止主机系统因故障而影响网络的正常运行，通常采用 UPS 电源监控保护、双机热备份、磁盘镜像和热插拔等措施来保证系统的健壮性。

(6) 安全管理和存取控制。要能够对用户账号进行管理，并提供控制用户对网络访问的方法。

(7) 支持众多服务功能，包括文件服务、打印服务、数据库服务、分布式服务等。

随着虚拟化等计算机网络技术的发展，网络操作系统正在向着管理海量的基础硬件、软件资源的云平台综合管理系统方向发展。

4.4.2　常用网络操作系统简介

目前，网络操作系统主要有 UNIX、Windows 和 Linux 三个系列产品，虽然 Novell 的 NetWare 因它完备的目录服务(NDS)结构也曾引领过网络操作系统市场，但因没有及时跟随 Internet（TCP/IP 技术）的发展而没落了。

1. UNIX 网络操作系统

UNIX 是 AT&T 贝尔实验室的研究人员在 1969 年开发出来的，它比 Windows 系统历史长很多。UNIX 比 20 世纪 70 年代开发出来 TCP/IP 协议族开发的还早，可以说是 UNIX 导致了 TCP/IP 的诞生。多年以来，UNIX 不断被修改，可运行 UNIX 的机型和处理器越来越多，从 PC 到工作站到超级服务器等都找得到 UNIX 的踪影，即使现在受到 Windows 和 Linux 系统的挑战，UNIX 仍在金融电信等行业应用广泛，主要用在 Oracle 大型数据库等的后台服务平台。

由于 UNIX 不是由一个软件厂商控制和发布的，众多厂商都在出售不同的 UNIX 版本，例如 Sun Microsystems 公司的 Solaris 系统、IBM 的 AIX 系统以及 HP 的 HP-UX 系统。尽管这些 UNIX 系统都遵循某些被接受的开放的标准,但每一家厂商发布的都是一个专有的实现。当然这些实现之间的差别不大，只需做很小的一些努力便可以弄懂它们。

2. Windows 网络操作系统

Microsoft 公司的 Windows 系统不仅在个人操作系统中占有绝对优势，它在网络操作系统中也非常强劲。在局域网组网中最常见的就是 Windows 网络操作系统，但由于以往的 Windows 网络操作系统对服务器的硬件要求较高，且稳定性能不是很好，所以它一般只是用在中、低档服务器中。但随着 Windows Server 2008 的出现，高端服务器的应用格局已有所改变。微软的网络操作系统主要经历了：Windows NT Server、Windows 2000 Server 系列、Windows Server 2003 系列、Windows Server 2008 系列、Windows Server 2012 系列，以及最新的 Windows Server 2016 系列等。

本书重点介绍的 Windows Server 2012 是一个与 Internet 充分集成的多功能网络操作系统，无论对大、中、小型企业网络，Windows Server 2012 都可以提供一个高效率、高扩展性、易于管理的网络解决方案。按照所服务的企业规模从低到高，Windows Server 2012 有 4 个版本：Foundation、Essentials、Standard 和 Datacenter。

(1) Windows Server 2012 Foundation 版本仅提供给 OEM 厂商，限定用户 15 位，提供通用服务器功能，不支持虚拟化。

(2) Windows Server 2012 Essentials 版本面向中小企业，用户限定在 25 位以内，该版本简化了界面，预先配置云服务连接，不支持虚拟化。

(3) Windows Server 2012 Standard 版本提供完整的网络服务 (Windows Server) 功能，限制使用两台虚拟主机，本章将介绍它的使用。

(4) Windows Server 2012 Datacenter 数据中心版本提供完整的网络服务 (Windows Server) 功能，不限制虚拟主机数量。

Windows 系列网络操作系统秉承了友好的用户界面、易于安装和管理的特点，是初学者入门的网络操作系统。此外，它还可以与微软的系列软件集成，提供多种便捷、高效的网络解决方案，这也是它受人们欢迎的原因之一。

3. Linux 网络操作系统

Linux 的核心程序是由一名芬兰赫尔辛基的大学生 Linus Torvalds 编写的。Linus 的初衷是为 Minux (由 Andrew Tannebaum 教授设计的微型 UNIX 操作系统) 用户开发一种高效率的 PC 机 UNIX 版本，称其为 Linux，并在 1991 年年底首次公布于众，同年 11 月发布了 0.10 版本，12 月发布了 0.11 版本。Linus 并把该版本的程序贡献给自由软件基金会 (free software foundation，FSF) 的 GNU 计划。Linux 是一套自由软件，Linux 的全部源代码都是免费公开的，包括整个系统核心、所有的驱动程序、开发工具包以及所有的应用程序。这使得人们都可以从网上下载、分析、修改它。此外它可以轻松地与 TCP/IP、UNIX 和 Windows Server 网络集成在一起。Linux 不仅能够作为网络工作站使用，更可应用于各类服务器，如文件服务器、打印服务器、Web 服务器、FTP 服务器、邮件服务器、新闻服务器等。

1) Linux 系统的内核和 Shell

Linux 系统有 4 个主要组成部分：内核、Shell、文件结构和应用程序。

内核 (Kernel) 是操作系统的核心部分，并控制计算机运行的基本状态。它包括进程管理、存储器管理、硬件设备驱动、文件系统驱动、网络管理和其他不同的几个重要部分。内核最重要的部分可能就是存储器管理和进程管理。

Shell 是系统的用户界面，提供了用户与内核进行交互操作的一种接口。它接收用户输入的命令，并且是把它送入内核去执行。

操作环境是指操作系统内核与用户之间提供的操作界面。Linux 存在几种操作环境，分别是：桌面 (desktop)、窗口管理器 (window manager) 和命令行 shell (command line shell)。Linux 系统中的每个用户都可以拥有自己的用户操作界面，可根据自己的要求进行定制。

2) 内核版本和发行版本

Linux 的版本号分为两部分：内核 (kernel) 版本和发行 (distribution) 版本。

内核版本指的是在 Linus Torvalds 领导下的开发小组开发出的系统内核的版本号，通常由 3 个数字组成：x.y.z。x：目前发布的内核主版本。y：偶数表示是稳定的版本，如 2.6.39；奇数表示是开发中的版本，有一些新的东西加入，是不稳定的测试版本，如 2.5.6。z：错误修补的次数。Linux 内核版本从 3.0 之后版本号按 "A.B.C" 格式设计，它们分别表示主版本号、次版本号和修正号。A 和 B 标志着重要的功能变动，C 表示一些 bug 修复、安全更新、新特性等。

　　Linux 的发行版本大体可以分为两类，一类是商业公司维护的发行版本，一类是社区组织维护的发行版本，前者以著名的 RedHat Linux 为代表，后者以 Debian 为代表。

　　RedHat Linux 是最成熟的一种 Linux 发行版，无论在销售还是装机数量上都是市场上的第一。目前 RedHat 系列的 Linux 操作系统包括：RHEL、Fedora、CentOS、OEL 和 SL。RHEL 是 RedHat 的企业版(RedHat Enterprise Linux)，CentOS 是 RHEL 的社区克隆版，国内外许多企业或网络公司选择 CentOS 作为服务器操作系统。

　　RedFlag/Deepin/中标麒麟是北京中科红旗软件技术有限公司开发的，也是由我国公司研制的 Linux 发行版。该公司于 2014 年 8 月被五甲万京信息产业集团收购，收购后的中科红旗公司保持原有的业务和发展模式。

　　当然，网络操作系统远不止以上讲的几种，还有一些应用范围较少，或专门为某种应用而定制的网络操作系统。

4.4.3　DNS 服务器的安装和配置

　　域名系统 DNS(domain name system)是提供 IP 地址到域名的映射服务系统，Internet 上域名系统是分级的分布式数据库，它是按客户/服务器模式工作的。下面我们介绍在 Windows Server 2012 系统下 DNS 服务器的安装和配置，实验环境示意图如图 4-18 所示。实验网络搭建要求：在某局域网内搭建 Web 和 FTP 站点，域名分别为 www.abc.com 和 ftp.abc.com，因此需要在网络的服务器上配置 DNS 服务，使其能解析 www.abc.com 和 ftp.abc.com，DNS 服务器地址为 192.168.40.100，默认网关为 192.168.40.1。DNS 服务器安装和配置具体步骤如下。

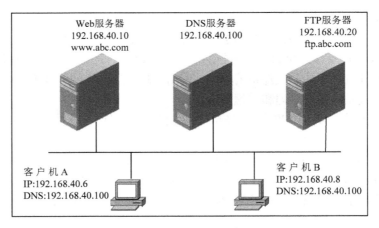

图 4-18　实验网络示意图

1.　添加 DNS 服务

　　在安装 Windows Server 2012 系统时，一般不同时安装 DNS 服务器，因此需要添加 DNS 服务来启用此项功能，步骤如下。

（1）设置静态的 IP 地址。要使用 DNS 服务，DNS 服务器必须要有静态（即固定）的 IP 地址。如果只是在局域网（或实验环境）中使用，最常用的是私有地址，如 192.168.x.1～192.168.x.254。

（2）打开"服务器管理器"窗口，单击"添加角色和功能"选项，如图 4-19 所示。进入"添加角色和功能向导"。

图 4-19　"添加角色和功能"选项

（3）在"服务器角色"中选中"DNS 服务器"，如图 4-20 所示，单击"下一步"按钮。

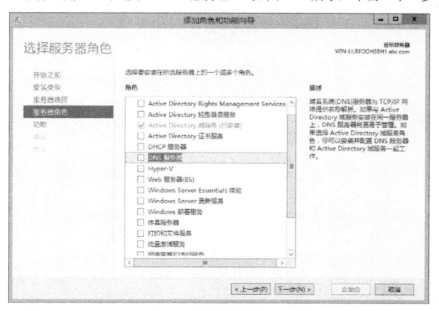

图 4-20　选择服务器角色

（4）在"确认"页面，单击"安装"按钮，完成安装。

2. 创建正向查找区域

所谓正向查找（解析），是指由域名查找 IP 地址的过程。步骤如下：

（1）打开"DNS 管理器"，选择"正向查找区域"，选择"新建区域"选项，如图 4-21 所示。

图 4-21　选择新建区域

（2）创建主要区域，在"区域类型"页面选择"主要区域"，并单击"下一步"按钮，如图 4-22 所示。

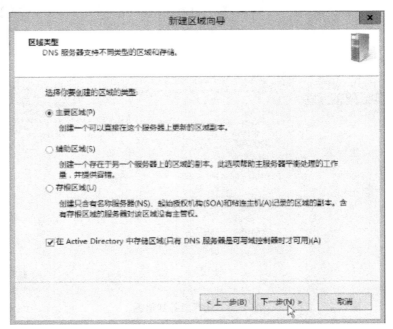

图 4-22　选择区域类型

　　(3)在"区域名称"页面，输入区域名称 abc.com，并单击"下一步"按钮，按提示完成区域的建立，如图 4-23 所示。

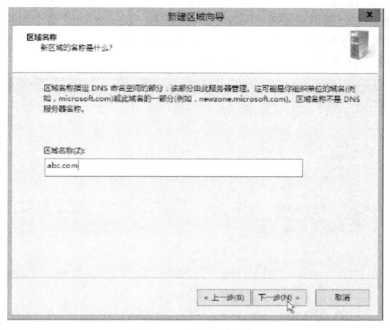

图 4-23　输入区域名称

　　(4)完成新建区域，如图 4-24 所示。

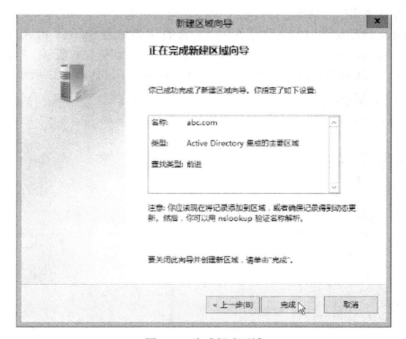

图 4-24　完成新建区域

3. 创建主机资源记录

前面已经成功创建了 abc.com 区域，还需要创建主机资源记录，网络上的用户才能使用域名来访问该站点。下面就是创建"www.abc.com"和"ftp.abc.com"2 个记录的步骤。

（1）当区域建立完毕之后，右击之前建立的 abc.com 正向查找区域，在弹出的菜单中选择"新建主机（A 或 AAAA）命令"，如图 4-25 所示。

图 4-25　DNS 服务器管理界面

（2）在"新建主机"对话框名称处输入 www，可以看到自动生成的 www.abc.com 域名，在 IP 地址处输入 192.168.40.10（假设内网 Web 站点的 IP 地址为 192.168.40.10），单击"添加主机"按钮，并选中"创建相关的指针（PTR）记录"选项，如图 4-26 所示。同样，在对话框名称处输入 ftp，也可以看到自动生成的 www.abc.com 域名了，如图 4-27 所示。

图 4-26　新建 Web 主机资源记录

图 4-27　新建 FTP 主机资源记录

　　(3)如果一台主机需要对应多个名字时，我们可以在使用主机(A)资源记录的同时，添加别名(CNAME)资源记录。别名(CNAME)资源记录用于将另一个名字映射到已存在的 DNS 域名上。这些记录允许用户使用多个名称指向单个主机。在如图 4-25 所示的"DNS 管理器"界面选中"新建别名(CNAME)"，步骤与上面类似。

　　此外，还可以新建邮件交换器(MX)资源记录，用以定位 DNS 域名中作为电子邮件接收者的邮件服务器。如果存在多个 MX 资源记录，DNS 客户服务则会按照从最低值(最高优先级)到最高值(最低优先级)的优先级顺序与邮件服务器联系。在此就不多说了。

　　4.　设置客户主机与测试解析结果

　　我们可以使用两种方法验证上述域名解析结果。

　　方法一：使用命令提示符，输入 nslookup，测试到 www.abc.com 的解析结果。可以看到，能正常解析，结果如图 4-28 所示。

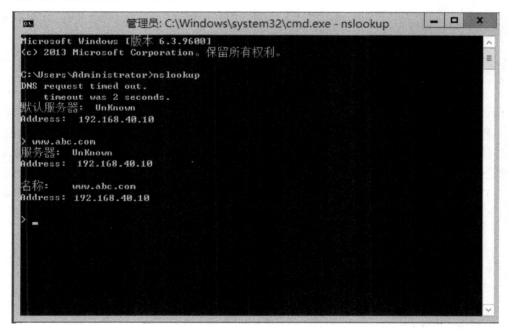

图 4-28　解析域名

　　方法二：在实验网络上选择一台计算机作为客户端，并按如下步骤配置。

　　(1)在桌面上右键单击"网上邻居"图标，在弹出的菜单中选择"属性"；或者在"网络连接"窗口中右键单击"本地连接"图标，在弹出的菜单中选择"属性"也一样。结果如图 4-29 所示。

　　(2)在如图 4-29 所示"本地连接属性"对话框中选中"Internet 协议(TCP/IP)"选项。

　　(3)出现如图 4-30 所示的对话框，在"首选 DNS 服务器"地址处输入 DNS 服务器的地址，如此处是 192.168.40.100。

　　(4)完成上述配置后，在客户计算机上打开浏览器，在地址栏输入 www.abc.com 域名回车，应该就可以正常访问了。

 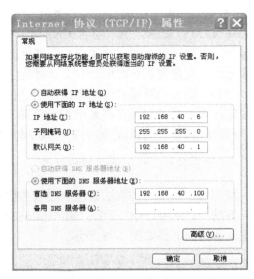

图 4-29　"本地连接属性"框图　　　　　　图 4-30　"首选 DNS 服务器"地址

5. 创建反向查找区域

所谓反向查找(解析)是指客户端利用 IP 地址来查询其主机名的过程。反向查找区域名称的前半段是其网络号的方向书写格式，后半段是 in-addr.arpa。例如，若要为网络号 192.168.40 的地址提供反向查询功能，则其反向查找区域名称是 40.168.192.in-addr.arpa。其他步骤与正向查找区域类似。

(1)打开"DNS 管理器"，选择"反向查找区域"选项，选择"新建区域"，如图 4-31 所示。

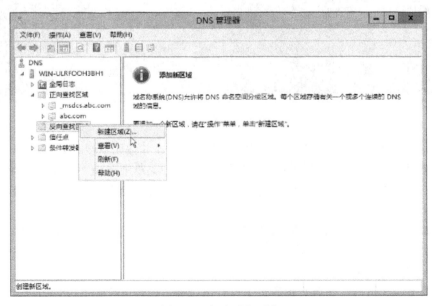

图 4-31　新建反向区域

（2）在图 4-32 中选择"主要区域"后单击"下一步"按钮。在接下来的弹出框中选择"IPV4反向查找区域"后再，单击"下一步"按钮。

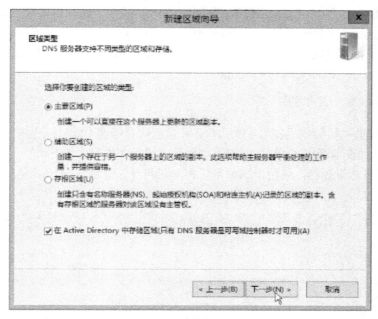

图 4-32　区域类型

（3）在如图 4-33 所示的网络 ID 处输入网络 ID192.168.40，会自动出现反向查找区域名称40.168.192. in-addr.arpa。其后的步骤就简单了，只要随向导提示操作即可。

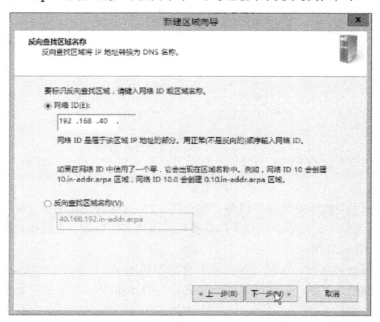

图 4-33　反向查找区域名称

4.4.4　Web 服务器的安装和配置

Windows Server 2012 与它之前的 Windows Server 版本一样，也内置 Internet 信息服务（internet information services，IIS），可用来创建 Web 服务器、FTP 服务器服务器。在 Windows Server 2012 中，IIS 版本也升级为 8.0，同时其性能得到大幅度提高。下面就依次来介绍这些服务器的安装（也许说添加更确切）与配置。

1. 安装 Web 服务器（IIS）

安装 IIS 之前，需要先安装 TCP/IP 协议，并且应该有静态 IP 地址（不应由 DHCP 动态分配的 IP 地址）。如在前面图 4-18 中为 Web 服务器预设的 192.168.40.10。

（1）打开服务器管理器，使用"添加角色和功能向导"安装 Web 服务器（IIS），如图 4-34 所示。

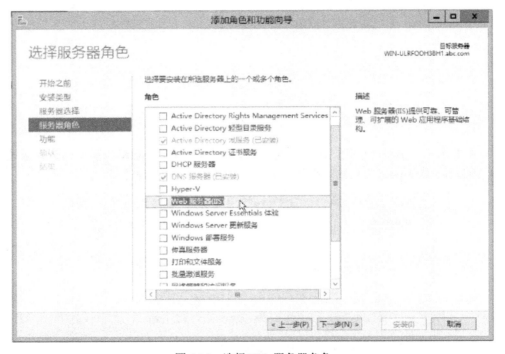

图 4-34　选择 Web 服务器角色

（2）安装过程中会提示安装相关服务，在此将 FTP 服务器也勾选了，其他使用默认值，如图 4-35 所示。选择下一步就会出现"确认安装所选内容"界面，在此确认选项是否是自己想要的内容，如图 4-36 所示。

（3）检查是否安装成功，如果安装成功，会出现如图 4-37 所示的"Internet Information Services（IIS）管理器"界面，其中已经有一个名称为 Default Web Site 的内置网站。

2. 新建 Web 网站

在 Windows Server 2012 中安装 IIS8.0 后不能马上使用 Web，还需要进行下述步骤的设置。

　　(1)创建存放网页的文件夹。网站(web site)是使用 HTML 语言等工具制作的用于展示特定内容相关网页的集合。通俗地说，一个网站往往由一个主页和若干内容页面构成，在此，我们仅建立一个主页面代表一个网站。新建网站首先要在服务器建立放置网页的空间(文件夹)，此处就在本地磁盘 C 盘下建立文件夹 web1，用来放置网站的内容(网页)，如图 4-38所示。

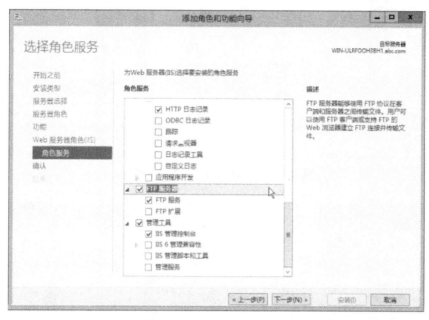

图 4-35　勾选 FTP 服务器

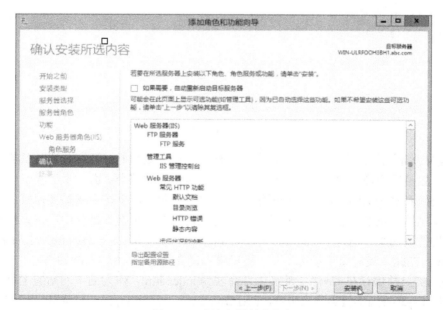

图 4-36　确认安装所选内容

图 4-37　Internet 信息服务管理器界面

图 4-38　创建存放网页的文件夹 web1

(2)建立网站主页。主页(home page)也被称为首页，是我们打开浏览器时默认打开的网页。主页一般是用户通过搜索引擎访问一个网站时所看到的首个页面，用于吸引访问者的注意，通常也起到登录页的作用。在一般情况下，主页是用户用于访问网站其他模块的媒介，主页会提供网站的重要页面及新文章的链接，并且常常有一个搜索框供用户搜索相关信息，大多数作为首页的文件名是 Default.htm、Default.asp、index.htm、index.html、iisstart.html 或 portal. .htm。在此，我们简单示意一下，用记事本建立 txt 文本，输入网站内容"welcome to www.abc.com"，并保存在 web1 文件夹中，命名为 index.htm，作为简单网站的主页，方便实验使用，如图 4-39 所示。但实际应用中，常用 Dreamweaver、Frontpage、FLASH 以及 Photoshop 等工具制作静态网页，采用 ASP、JSP、PHP、.NET 等编程工具，和 SQL、Access、Oracle、

MySQL 等数据库设计动态网站，具体见相关课程教材，因不是本教材的内容，此处不介绍了。如图 4-40 所示是一个真实主页：江苏理工学院的主页（www.jsut.edu.cn）。

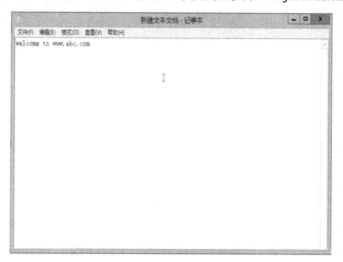

图 4-39　创建一个简单主页

图 4-40　真实主页面

（3）添加网站。打开 Internet Information Services（IIS）管理器，右键单击默认网站 Default Web Site 并停止。再右击网站，选择"添加网站"选项，如图 4-41 所示。

（4）输入网站名称和选择网站物理路径。新建网站时需要输入网站名称和网站物理路径，如图 4-42 所示。

图 4-41　添加网站

(5)选定网站 IP 地址和端口参数。如图 4-43 所示，IP 地址下拉箭头处选定在 TCP/IP 属性中为网站设置的地址 192.168.40.10，并填写主机名 www.abc.com。

图 4-42　选择网站物理路径　　　　　图 4-43　设定网站 IP 地址和端口参数

(6)测试验证。打开 IE 浏览器，输入"http://192.168.40.10"访问网站，就可看见前面建立的简单页面了。如果网络中也设置了 DNS 服务器，就能直接输入"http://www.abc.com"域名得到网页了，如图 4-44 所示。

3. 在同一服务器上创建多个 Web 网站

我们可以在一台服务器上创建多个网站，具体如下：
(1)使用不同的 IP 地址在一台服务器上创建多个 Web 网站。
(2)使用不同主机名在一台服务器上创建多个 Web 网站。
(3)使用不同的端口号在一台服务器上创建多个 Web 网站。

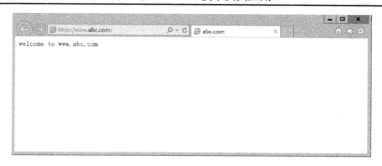

图 4-44　打开浏览器查看网站主页

当然在创建多个网站之前，在服务器上要分别创建不同网站的文件夹，并在每个文件夹中创建一个不同的主页文件(index.htm)。利用 IP 地址创建多个网站这种方法是虚拟主机服务提供商常采用的。操作要点是：在一个网卡上绑定多个 IP 地址(在配置 TCP/IP 协议属性时单击"高级"按钮，可以添加多个 IP 地址)，并在 DNS 服务器配置每个网站对应的域名与 IP 地址即可。其他设置同前面创建一个新网站是一样的。

可以利用端口号或主机头名称在一台服务器上创建多个网站，这两种方法可用于专有网站的开发和测试以及公司内部网站。例如，为某公司和 3 个部门分别建立网站，即公司网站、A 部门网站、B 部门网站和 C 部门网站。4 个网站都建在一台服务器上，其 IP 地址为 192.168.1.10，就可以使用不同的 TCP 端口对应不同的网站，如采用 TCP 端口分别为 80、8086、8087、8088，站点主目录分别为 c:\web\com、c:\web\a、c:\web\b、c:\web\c。使用浏览器输入 192.168.1.10 访问公司网站，输入 192.168.1.10:8086 访问 A 部门网站，输入 192.168.1.10:8087 访问 B 部门网站，输入 192.168.1.10:8088 访问 C 部门网站。

4.4.5　FTP 服务器的安装和配置

在 Windows Server 2012 系统中，安装 FTP 服务器实际上就是添加 FTP 服务。安装好"Internet 信息服务(IIS)"后，在它的列表框中选择"文件传输协议(FTP)服务"即可，前面在图 4-35 中已勾选了。完成 FTP 服务的安装后，系统会在系统盘下生成 systemroot\Interpub\ftproot 文件夹。接下来，就可以配置 FTP 服务器了。

FTP 的工作模式也是采用客户机/服务器方式，与 Web 服务器一样，FTP 服务器也需要静态 IP 地址，为讲述方便，以图 4-18 中为 FTP 服务器预设的 IP 地址 192.168.40.20 为例。

(1)创建存放 FTP 文件的文件夹。如在本地磁盘 C 盘下建立文件夹 ftp1，如图 4-45 和图 4-46 所示。

(2)新建文件。在创建的 ftp1 文件夹中建立 txt 文本，并输入文件内容"hello"，并保存为原文件格式(这点与前面建立网页不同)。实际应用时，可以是任何格式的文件，如老师共享给学生的 PPT、PDF 文件、音频和视频文件均可。图 4-47 采用的是一个简单示例，可以节省实验时间。

(3)添加 FTP 站点。打开 Internet Information Services(IIS)管理器，选择"添加 FTP 站点"选项，如图 4-48 所示。

(4)选择 FTP 站点物理路径。为新建的 FTP 站点选择存放文件的物理路径(物理路径就是实际存放的磁盘空间)，如图 4-49 所示。

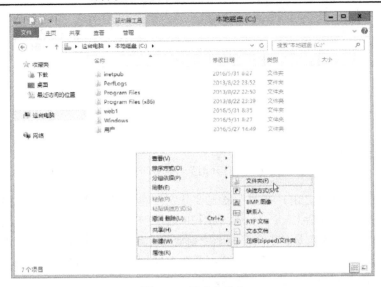

图 4-45　新建文件夹

图 4-46　已建好的文件夹

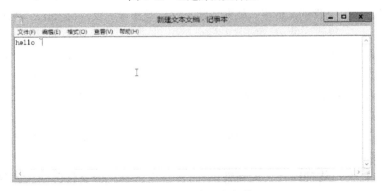

图 4-47　新建文本文件

图 4-48　添加 FTP 站点

图 4-49　FTP 站点的物理路径

(5)绑定 FTP 站点的 IP 地址和端口等参数。按照图 4-50 所示进行绑定和选择，IP 地址就绑定前面预设的 192.168.40.20，端口号(21)和其他选择默认即可，接着进行下一步。

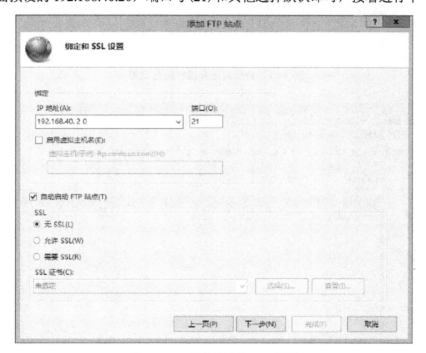
图 4-50　IP 地址绑定和 SSL 设置

(6)配置身份验证和授权信息。勾选"匿名""基本"以及"读取""写入"复选框，设置完成后，单击"完成"按钮，完成简单 FTP 的设置，如图 4-51 所示。为安全起见，可以不选择"匿名"，登录账号为系统创建的账号。

FTP 客户端的访问方式如下：

(1)利用浏览器的访问方式：打开 IE 浏览器，在地址栏输入"http://192.168.40.20"访问

FTP 站点，就可见前面建立的简单页面了。如果网络中先设置 DNS 服务器，就能直接输入
"http://ftp.abc.com"域名得到文件列表页面，单击文件可见文件内容，如图 4-52 所示。而且
可以像使用 Windows 资源管理器一样，利用文件的复制和粘贴实现文件的下载和上传。

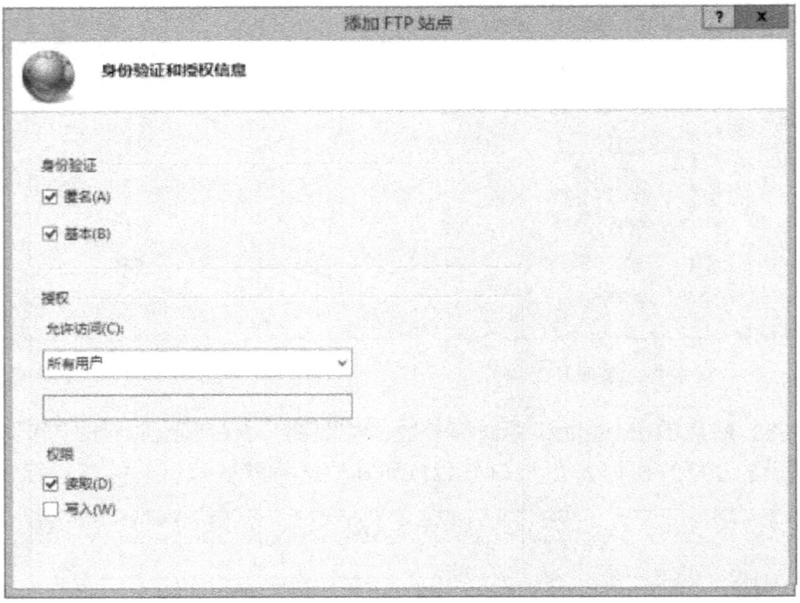

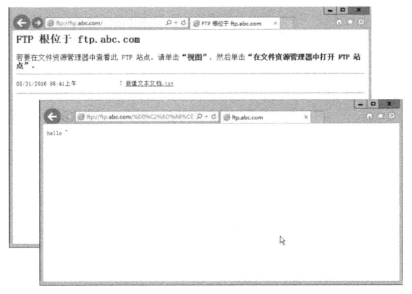

图 4-51　身份验证和授权信息设置

图 4-52　FTP 站点文件列表页和文件打开界面

(2) 利用 DOS 命令的访问方式：在客户端计算机打开 DOS 窗口，输入命令"ftp
ftp.jstu.com"，如图 4-53 所示。在弹出的画面中输入用户名"anonymous"（注："安全账户"
选项配置时要选用允许匿名连接)，以及对应的密码，就能连接到 FTP 站点服务器了。

图 4-53　DOS 命令方式

　　若对 FTP 命令不熟悉，可以在 FTP 提示符下输入 "？"，系统会把 FTP 下的所有可用命令显示出来，如图 4-53 所示。

- dir 命令：显示 FTP 服务器端有哪些文件可以下载。
- get 命令：从服务器端下载一个文件。
- bye 命令：退出 FTP 连接。

　　(3) 利用第三方客户端软件访问方式：FTP 是一种网络文件传输协议标准，所以支持此标准的客户端软件也是非常多的。比如在 Windows 下，常用的 FTP 软件有 CuteFTP、SmartFTP 和 FlashFXP 等，它们不仅提供了多文件下载，设置灵活，而且具有断点续传等功能。

本 章 小 结

　　Internet 中包含了丰富的资源，可通过各种服务方式提供给广大用户。TCP/IP 将 OSI 参考模型的会话层、表示层和应用层这三层简化为一个应用层。

　　Internet 应用程序的工作方式有两种：客户/服务器方式和 P2P 方式。客户/服务器方式中客户处于主动地位，向服务器发出各种请求，而服务器处于被动地位，根据客户的请求提供响应的服务。在 P2P 网络中，彼此连接的计算机之间都处于对等的地位，无主从之分，整个网络一般来说不依赖专用的集中服务器，网络中的每一台计算机既能充当网络服务的请求者，又对其他计算机的请求做出响应，提供资源、服务和内容。

　　域名系统 DNS 的结构是层次化的，像一棵倒挂的树结构。区域 (zone) 将域名树划分成互不交叉的子树，一棵子树形成一个区域，每个区域可以划分成更小的区域。区域的权威代表是网络信息中心 NIC，它对域名的管理职能包括：申请和分配 IP 地址、提供域名注册服务、提供域名/地址解析服务 (DNS 服务)、与上级管理域和其他域共同维护 DNS

信息等，主要的 NIC 机构有 InterNIC（北美及其地区）、RIPENIC（欧洲）、APNIC（亚洲）和国内的 CNNIC、CERNIC 等。域名解析有递归解析（Recursive resolution）和反复解析（iterative resolution）两种方式。

FTP 是 Internet 上最早使用的文件传输协议。FTP 也采用客户/服务器的工作模式，该协议的主要功能是完成不同系统之间的文件复制，FTP 协议标准是 RFC 959。

远程登录 Telnet 的目的是让用户从本地计算机登录进入远程计算机，使用远程计算机的资源。Telnet 的标准是 RFC 854。其原理是，用户通过本地计算机的终端或者键盘将命令输入到客户程序中，客户程序会通过 TCP 连接（端口号为 23）将命令发送到远程计算机中，由服务程序进行接收。服务程序按照命令自动执行处理，并将结果通过 TCP 连接返回到客户机，由客户程序接收并显示在屏幕上。

简单邮件传输协议 SMTP（Simple Mail Transfer Protocol）的协议标准为 RFC 821，占用的 TCP 端口号为 25。SMTP 的目的是邮件服务器之间实现基于 TCP 连接的邮件传输。POP3 协议是一种从远程邮箱中读取电子邮件的简单邮局协议，它能让用户无需实时在线就能收取邮件。

万维网 WWW（world-wide web）通过超文本向用户提供全方位的多媒体信息，从而为全世界的 Internet 用户提供了一种获取信息、共享资源的有效途径。WWW 系统是基于服务器/客户模式的，WWW 是 Internet 上分布式的信息资源，是置于 Web 服务器中的互连起来的超媒体资源，是客户端程序可以浏览和检索的 WWW 文档，并且借助于客户端和服务器之间的 HTTP 超文本传输协议进行传输。

网络操作系统是网络系统的心脏和灵魂，通过常用的网络操作系统的比较，得出网络操作系统的通用功能。其中 Linux 与 Windows Server 这两大系列以其极高的性价比，成为目前网络操作系统市场上的主力军，在网络上得到了广泛应用。

主要介绍了 Windows Server 2012 的 Internet 应用服务器的配置方法，这些服务器包括 DNS 服务器、FTP 服务器、Web 服务器。通过 DNS 服务器的配置，更加深入地了解了什么是 DNS、DNS 的域名结构、DNS 解析的工作过程等。通过 FTP 服务器的配置，了解 FTP 客户端常用命令的使用方法、FTP 客户端与 FTP 服务器的连接方法。一个 Web 网站可以有多个 IP 地址，在一台服务器上可以创建多个 Web 网站，也可以是同一个 IP 地址但需要配置不同的端口实现。通过对本章的学习，读者应该熟练掌握这几种服务器的安装、配置和使用方法。

思考与练习

1. 什么是 Internet？Internet 有哪些特点？
2. Internet 能提供哪些主要的信息服务？
3. 应用层协议与应用程序有什么关系？
4. Internet 应用的发展大致分为哪几个阶段？
5. 比较 C/S 和 P2P 工作方式的异同点。
6. P2P 工作方式的类型有哪些？并简述之。
7. 简述域名系统的结构和域名系统 DNS 的工作原理。

8. 域名解析方式有几种？

9. 试叙述 Internet 中域名与电子邮件地址的格式？

10. 试比较 Telnet 协议与 FTP 协议。

11. 电子邮件的信封和内容在邮件系统中的作用是什么？

12. SMTP 和 POP3 协议是如何工作的？

13. 引入 MIME 有和作用？MIME 与 SMTP 的关系如何？

14. 什么是超文本传输协议？

15. 为什么 HTTP、FTP、SMTP 和 POP3 要运行在 TCP 之上，而不是 UDP 之上？

16. 什么是网络操作系统？其功能主要包含哪些？

17. 常用的网络操作系统有哪些？各自有什么特点？

18. Linux 与其他操作系统的区别是什么？

19. Linux 的版本有几种？各自的含义是什么？

20. Windows Server 2012 系统发布几个版本？各自的适用场合是什么？

21. 怎样设置与管理 Windows Server 2012 DNS 服务器？

22. 简述 Windows Server 2012 Web 服务器的设置过程。

23. 简述 Windows Server 2012 FTP 服务器的设置过程。

24. Windows Server 2012 Web 服务器的设置中的"主目录"是指什么？

第 5 章　计算机局域网

局域网(local area network，LAN)是将分散在有限地理范围内(如一栋大楼、一个部门)的计算机及其设备通过传输介质连接起来的通信网络，以实现计算机及其设备之间的相互通信和资源共享为目的。局域网的研究始于 20 世纪 70 年代，其突出代表是以太网(Ethernet)。本章在介绍局域网的标准和介质访问控制方式的基础上，重点讲述以太网的技术及其应用。

5.1　局域网概述

5.1.1　局域网的特点

在第 1 章中，网络分类时讲到，若按距离范围网络可分为广域网和局域网。虽然按距离范围分是一个地理的范畴，但正是距离决定了计算机网络采用不同的传输技术和拓扑结构，在较小的地理范围，LAN 通常要比广域网(WAN)具有高得多的传输速率。LAN 的拓扑结构目前常用的是树型，而广域网往往采用网状结构。

根据局域网所采用的技术和本身的特征，可以列举出局域网的特点有：

(1)网络覆盖范围小(几十千米以内)。

(2)高的传输速率(常见应用 Gbps 和 10Gbps)和低的传输误码率，数据传输速率高达 10Gbps 或更高。

(3)决定局域网特性的主要技术因素是传输介质、拓扑结构和介质访问控制方法。

(4)与 OSI 参考模型的要求相对照，LAN 的协议有所简化；介质访问控制方法以共享式、交换式为主，网络连接方式实现起来相对简单。

5.1.2　局域网的体系结构

20 世纪 80 年代初，随着微型机算机的普及，局域网也迅速发展。但由于各公司的产品在传输介质、介质访问控制方式以及数据链路协议等方面互不统一，阻碍了局域网的发展，局域网的标准化问题日显突出。

国际上进行局域网标准化研究的机构和组织中，最有影响的就数美国电气和电子工程协会(IEEE)于 1980 年 2 月成立的局域网标准化委员会(IEEE802 委员会)，IEEE802 委员会专门对局域网的标准进行研究，并提出了 IEEE802 LAN 标准。局域网的体系结构并没有遵循 ISO/OSI 完整的七层参考模型，而是采用自己的协议模型，其模型的层次结构和对应的协议规范如第 1 章中图 1-14 所示。

1985 年，IEEE 公布了应用于局域网的 802 标准文本，后经国际标准化组织(ISO)讨论并建议为局域网国际标准，主要标准内容详见第 1 章。在标准中又包涵许多规范，尤其是应用最广泛的 802.3，如表 5-1 所示。其中 IEEE802.15 标准因考虑到图的清晰度未列入图 1-14 中，但它包括蓝牙(Bluetooth)技术规范等常用标准。

表 5-1　主要 IEEE802.3 标准

IEEE802.3u	100Base-T 访问控制方法与物理层规范
IEEE802.3z	1000Base-SX 和 1000Base-LX 访问控制方法与物理层规范
IEEE802.3ae	基于光纤的 10G 以太网标准规范
IEEE802.3ba	下一代 40Gbps 和 100Gbps 以太网标准规范

IEEE802 局域网模型参照了 ISO/OSI 参考模型的要求，制定了底层(即物理层和数据链路层)以及网络层的接口服务标准，但没有制定相关的高层协议标准。事实上，LAN 的高层协议兼容了 TCP/IP 等流行协议。其中，物理层与 OSI 参考模型的物理层类似，但 802 委员会为了使数据链路层能更好地适应多种局域网标准，将局域网的数据链路层拆成两个子层：逻辑链路控制子层(LLC)和媒体(介质)访问控制子层(MAC)，如图 5-1 所示。

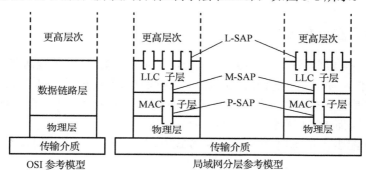

图 5-1　OSI 参考模型与 IEEE802 局域网模型

(1)IEEE802 局域网模型中的物理层：主要定义结点和传输媒体的接口特性，包括机械特性、电气特性等；涉及在信道上传送数据比特的细节，包括信号编码/译码、调制技术、传输同步，发送/接收、载波检测和其他可选功能等。

(2)IEEE802 局域网模型中的 MAC 子层：定义结点共享传输媒体时采用的访问控制技术。其主要作用是介质接入控制和对信道资源的分配，即具体管理通信实体(硬件/软件)接入信道而建立数据链路的控制过程。关键在于如何选择正确的数据送入时机和将数据从信道上摘下与撤销方法，目标是尽量提高信道的利用率。一句话，与接入各种传输介质有关的问题都放在该层。

(3)IEEE802 局域网模型中的 LLC 子层：与介质接入无关的数据链路功能都集中在 LLC 子层。其主要作用就是屏蔽不同的 MAC 子层之间的差异，以便对上层提供统一的接口。LLC 层还应具有差错控制和流量控制的功能。另外，局域网中不需要完整的第三层功能，需要的部分第三层功能也可由 LLC 提供(如数据报服务和虚线路服务)。

由图 5-1 可以看出，LLC 层向上提供多个服务访问点(L-SAP)，即在高层与 LLC 层的接口界面上提供多个逻辑接口(每一个 SAP 相当于一个逻辑接口，类似公共数据网中的逻辑信道，以复用的形式建立"多点-多点"的数据通信)。多个服务访问点的业务在 LLC 层中完成"复用"，到统一的服务访问点(M-SAP)。MAC 层向上只提供一个服务访问点，MAC 层与物理层之间也只提供单一的服务访问点(P-SAP)。

5.2　局域网的介质访问(接入)控制方法

决定局域网特性的主要技术有以下 3 种：传输数据的传输介质；连接各种设备的拓扑结构；共享资源的介质访问控制方法。这 3 种技术在很大程度上决定了传输数据的类型、网络的响应时间、吞吐量和利用率，以及网络应用等各种网络特性。其中最重要的是介质访问控制方法，它对网络特性具有十分重要的影响。介质访问控制方法是指分配介质使用权的机制(mechanism)、策略(strategy)或算法(algorithm)。所以，LAN 中介质访问控制方法(即多路访问算法)包括两方面的内容：一是要确定 LAN 中每个结点能将信息送到通信介质上去的时刻；二是如何控制公共通信介质的访问和利用，这不仅与传输介质有关，且与局域网的拓扑结构有关。

5.2.1　介质访问控制方法的分类

由于 LAN 技术发展迅速，介质访问控制方法又是设计 LAN 的关键问题，因此许多人做了大量的研究工作，提出许多的访问控制方法，这些方法可以按不同的标准来进行分类。

根据分配信道的方式不同，可以分为按时间分配(TDM)和按频率分配(FDM)两类。FDM 可用于宽带 LAN，而 TDM 通常用于基带 LAN。

根据每次分配占用信道时间的长短和方式不同，又可分为固定时间分配和可变时间分配。

也可以按访问控制算法来分类。

(1)固定分配技术，即将信道带宽静态分配给多个用户。如前面已经介绍过的频分复用、时分复用、波分复用等。用户只要分配到信道就不会和别的用户发生冲突。这种技术比较简单，但信道利用率低。

(2)随机访问技术，即信道全部带宽由多个用户争用，信道利用率较高，但冲突会降低信道性能。

(3)控制分配访问，控制分配即请求分配是避免多路访问冲突的控制法。根据控制信道访问权的集中和分散，又可分为集中控制和分布控制两种。轮询法就是一种集中控制的分配法。令牌(token—passing)则是一种分布控制的分配法。

设计一个好的介质访问控制方式有 3 个基本目标：协议要简单，获得有效的通道利用率，对网上各站点用户的公平合理。

属于随机访问的以太网介质访问控制协议是载波监听多路访问/冲突检测(carrier sense multiple access/collision detection，CSMA/CD)将在本章重点讨论。属于控制分配访问的令牌环(token ring)和令牌总线(token bus)等目前已经使用得较少，本书只简单介绍。

5.2.2　CSMA/CD 介质访问控制

介质访问控制方法中的随机(random)访问技术，在任何时刻和任何结点之间都可能发生多个结点竞争(contention)使用一个线路。由于计算机通信具有猝发性特点。一旦某个用户获得了信道访问权，他就可以使用信道的全部带宽。采用这类技术时，不是通过控制来决定哪个站获得发送权，而是以一种比较随意的方式来争夺发送时间。其主要优点是实现简单，轻负荷下效率较高。缺点是在报文发送时可能发生冲突，冲突的结果将造成报文破坏，重负荷下会导致网络性能下降。下面介绍几种随机访问技术及其工作原理。

1. 载波侦听多路访问（CSMA）

20 世纪 70 年代，美国夏威夷大学的诺曼·艾布拉莫森（Norman Abramson）等为研制无线 LAN 所采用的 ALOHA 技术是最早的随机访问技术。在一条公共的广播信道上，由所有网络结点完全随机地使用，哪一个结点都可随意地发送，而不管其他结点和信道的状况，这就是 ALOHA。所以 ALOHA 是完全随机、分布控制的介质访问方法。ALOHA 盲目的随机发送使信道利用率极低。而随后提出的 CSMA（carrier sense multiple access）称为载波侦听多路访问，它不像 ALOHA 那样盲目随机发送，而是采用先听后说（listen before talk）技术，即当结点有信息要发送时，首先侦听信道是否有其他结点的信息正在传送，如果测到载波就等待，直到信道空闲再发送。这就大大降低了冲突的概率。CSMA 技术有两个控制过程，一是测到信道有载波时，推迟（deference）发送；二是测试到信道空闲时，获得（acquisition）信道访问权。

载波侦听多路访问（CSMA）的控制方案概述如下：

（1）一个站要发送，首先需监听总线，以决定介质上是否存在其他站的发送信号。

（2）如果介质是空闲的，则可以发送。

（3）如果介质是忙的，则等待一定间隔后重试。

根据"网络结点侦听载波是否存在（即又无传输）并做出动作的"情况，可以归纳出 3 个不同的 CSMA 算法，简述如下：

1）不坚持 CSMA

（1）假如介质是空闲的，则发送。

（2）假如介质是忙的，等待一段随机时间，重复上一步。

2）1–坚持 CSMA

（1）假如介质是空闲的，则发送。

（2）假如介质是忙的，继续侦听，直到介质空闲，立即发送。

（3）假如冲突发生，则等待一段随机时间，重复第（1）步。

3）P–坚持 CSMA

（1）假如介质是空闲的，则以 P 的概率发送，而以（1–P）的概率延迟一个时间单位。时间单位等于最大的传播延迟时间。

（2）假如介质是忙的，继续侦听直到介质空闲，重复第（1）步。

（3）假如发送被延迟一个时间单位，则重复第（1）步。

不坚持算法利用随机的重传时间来减少冲突的概率，这种算法的缺点是：即使有几个站有数据要发送，介质仍然可能处于空闲状态，介质的利用率较低。为了避免这种介质利用率的损失，可采用 1-坚持算法，当站点要发送时，只要介质空闲，就立即发送。这种算法的缺点是：假如有两个或两个以上的站点有数据要发送，冲突就不可避免。P-坚持算法是一种折中的算法，它试图降低像 1-坚持算法的冲突概率，另一方面又减少像不坚持算法中的介质浪费。

问题在于如何有效地选择 P 值？假如当介质忙时，有 N 个站有数据等待发送，则当前的发送完成时有 $N×P$ 个站企图发送，如果选择 P 过大，使 $N×P>1$，则冲突不可避免。最坏的情况是，随着冲突概率的不断增大，吞吐率会降为 0，所以必须选择 P 值使 $N×P<1$。如果 P 值选得过于小，则信道利用率会大大降低。因此，研究各种 CSMA 技术的目标都是要尽可能减少冲突的次数，提高信道利用率。

2. 载波侦听多路访问/冲突检测(CSMA/CD)

在 CSMA 中，在报文被送入网络的一小段时间内，仍有可能发生冲突，因为信号在线路上有传播延时。有时可能某一结点刚要开始发送，而另一结点正好准备发送并测试信道，此时，第一个结点的信号还没有抵达第二个结点，第二个结点测出信道空闲，就开始发送，于是产生冲突。如果传播延时越长，则冲突的机会就越多，对协议的性能影响也就越大。有时，在一个结点发送结束，另两个准备发送的结点可能同时发送，导致冲突，此时即使延时为零，也还是要发生冲突。一种 CSMA 改进方案可以提高信道的利用率，称作载波侦听多路访问/冲突检测的协议(CSMA/CD)，意为带有冲突检测的载波侦听多路访问，即边听边说(listen-while-talk)技术。这是一套完整的访问技术，它包括载波侦听、冲突检测、冲突增强、后退算法等环节。可以用通俗的 3 句话概括：先听后说，边听边说(此处的"听"是指侦听，"说"是指发送数据)；一旦冲突，立即停说；等待时机然后再说。CSMA/CD 的工作原理具体解释如下。

1) 载波侦听

要发送的站首先进行载波侦听测试，如信道空闲，就发送报文；如信道忙碌，就推迟发送。

在 Ethernet 中，载波是曼彻斯特相位编码信号，有跳变即有载波，利用相位译码机构，就可侦听到载波。载波侦听测试还可起同步作用，可在接收器中为报文分组的开始与结束来定界。

2) 冲突检测

由于传播延时的存在，不可能完全避免冲突，为此必须设法检测出冲突并停止冲突。它一边发送一边接收，比较发送和接收到的信号，如两者不一致，即为冲突；或者只检测接收信号；如发现畸变(如相位被破坏)，就说明有冲突。

冲突检测的作用是：第一，发送结点能随时检测冲突和立即停止冲突。第二，冲突周期被限制在一次全程往返的最大时间之内(即任意两个站之间最大的传播延迟的两倍)，如图 5-2 所示。图中假定发送时间为 τ，A、B 两个站点位于总线的两端，传播时间为 $a=0.5\tau$，由图可知，当 A 点发送后，经过 $2a = \tau$ 的时间，才能检测出冲突。第三，可以利用冲突检测的次数来估算信道上的通信量，以便调整重发的间隔时间，优化信道效率。

3) 冲突增强

当网络中发送结点很多时，参与冲突者也增多，有可能引起传输线上信号饱和，无法检测跳变，由于此原因，使上述冲突检测方法并不十分有效。为了克服这个问题，CSMA/CD 采用了"冲突增强"(collision enforcement)措施。当一发送结点检测到冲突时，立即发送一个"阻塞报文"(jam)，使冲突周期加长，让所有发送结点都能检测到冲突。

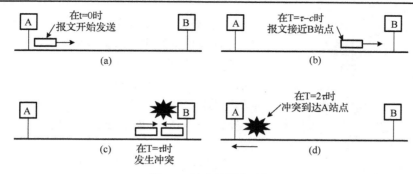

图 5-2　冲突检测的时间

4) 退避算法

CSMA/CD 算法中，在检测到冲突并发完阻塞信号后，为了降低再冲突的概率，需要等待一个随机的延迟时间 t，然后再用 CSMA 的算法发送。为了决定这个随机延迟时间 t，通常采用一种称为二进制指数的退避算法，此算法使重发延迟时间与重发次数 n 呈二进制指数关系。算法过程如下：

(1) 确定基本退避时间 $2a$ (任意两个站之间最大的传播延迟时间的两倍)，此时间间隔也称为争用期。

(2) 取在 0 至 2^n-1 整数集合之中的一个随机数 r，其中 n 是冲突发生的次数，发送结点等待 $r \cdot 2a$ 长度时间。

(3) 如果冲突的次数达到 10 次后，随机等待的最大 r 固定为 1023。在 16 次冲突后，站点放弃传输，并报告一个错误。

3．CSMA/CD 的不足

当在局域网中 CSMA/CD 时，如果网络中计算机台套数不多，并且每台计算机最好有少量数据传输时，它的优势是明显的。随着台套数增加，冲突概率必然会提高。而且如果某个站点(计算机)有大量的数据发送时，就可能出现一个站点长时间占用整个网络的情况，这对其他的站点有失公平，使用网络的便捷性就没有了。

CSMA/CD 是 10M 标准以太网采用的介质争用协议，后来的快速以太网、千兆以太网也采用。但上面描述的不足之处很明显，高速以太网实际使用时希望尽力避免的，避免其不足的最实用技术就是全双工通信技术，在千兆以太网已大量使用了，万兆以太网则是完全使用全双工技术。

5.2.3　令牌环介质访问控制

CSMA/CD 是 IEEE802.3 标准所采用的介质访问控制技术，它早期是用于拓扑结构为总线型的网络(以太网 Ethernet)，后来的星型以太网也采用。那么拓扑结构为环型的网络的介质访问控制技术又如何呢？它就是下面我们要谈的 IEEE802.5 标准。

1．环型局域网的结构

环型介质访问技术历史上也产生过令牌、时隙(时间片)、寄存器延迟插入等方式。但最典

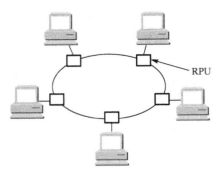

图 5-3　环型局域网的结构

型还是令牌环。为了弄懂环型介质访问技术，我们先来看一下环型网的结构，如图 5-3 所示。

环型网的所有结点通过环接口设备（又称环中继转发器 RPU）接入环路，一系列的环段（传输媒体，有时也称链路）和 RPU 组成了整个环路。环中所传输的信息只能沿着一个方向传送（要么顺时针方向，要么逆时针方向）。

环型网与总线型网络不同之处如下：

（1）虽然一个结点发出的帧仍然可以像总线型网络那样被网络中的所有结点接收，但这种接收是由环中所有的 RPU 的合作而实现的，每个 RPU 仅从其上行链路上获取帧，再生帧中的每一位，并转发到下行链路。

（2）环型网中设置专门的环监控器，监视和维护环路的工作。有时，环监控的功能也分布在 RPU 中，但可以看到，RPU 如果出现故障可能会导致整个网络瘫痪。实用中 RPU 常用多路访问器（MAU）代替。

2. 令牌环工作原理

在令牌环网中，站点如何获取发送权和接收属于自己的信号呢？这就是令牌环网的介质访问控制方式所要解决的问题。在这种介质访问方式中，使用一个沿着环循环的令牌。令牌其实就是一种规定的数据帧，当各站都没有帧发送时，令牌的形式为空令牌（也就是令牌）。当一个站要发送帧时，需等待空令牌通过，然后将它改为忙令牌（其实际上就是将要发送的数据加入令牌帧中，并修改帧头中对应的标识字段，表示"忙"），站点再将此数据帧发送到环上。由于令牌是忙状态，所以其他站不能发送帧，必须等待。

对令牌和数据帧都需要有维护。因为站点的故障，可能出现数据帧永远在环上循环，对这类情况如何处理？办法是在环中设置一个监控站，等帧第一次通过监控站时，在帧上设置一个记号，如把帧中某一位设置为 1，当带有该位为 1 的帧再次通过监控站时，表示出错，必须除去该帧。标记有两种出错可能，环中无令牌循环或一直是忙令牌在循环。集中式的检测法设置一个监控站，监控站有一个超时计时器，用于检测令牌丢失的情况。分布式检测法是在每个站设置一个计时器，当站上有数据要发送且等待令牌的时间超过限定值时，则认为令牌已经丢失。

3. 令牌环网的特点

- 同一时刻，环上只有一个数据帧在传输（一个结点在传输数据）。
- 网上所有结点共享网络带宽。
- 有最小的传输延迟时间（令牌传输需要时间）。
- 可以设置优先级，使某些设备可得到更好或更可靠的服务。
- 支持长帧。
- 在轻负载时，由于等待令牌的时间，效率较低。在重负载时，对各站公平，且效率高。

IBM 令牌环网是 IEEE802.5 标准的具体实现，其传输速率为 4Mbps 或 16Mbps。在其全盛时期也占领了 20%～25%的 LAN 市场份额，由于以太网的兴起，近年它几乎退出市场，但其技术价值尚在。它后来的 FDDI 技术也曾风靡过局域网市场，但随着千兆以太网的兴起，FDDI 这种环型技术也黯然退市了。

5.2.4　令牌总线介质访问控制

令牌传送比较简单，也比较有效，它能发送变长报文，不仅可用在环型网中，也能用于总线结构中。若给每一个工作站分配一个唯一的标识号，这些标识号是有序的，每一站除记住自己的标识号外，还知道前站和后站的号，如将最后一个站号与第一个站号相接，则按站标识号的顺序，整个网络配置形成了一个"逻辑环路"(logical ring)，如图 5-4 所示。站配置的逻辑顺序(图中虚线所示)与物理配置可以是无关的、独立的。这就是 IEEE802.4 协议标准中所涉及的介质访问控制方式。

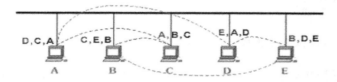

图 5-4　令牌总线的逻辑环路结构

1.　工作原理

令牌总线(Token Bus)访问控制是在物理总线上建立一个逻辑环，如图 5-4 所示。从物理上看，这是一种总线结构的局域网，和总线网一样，站点共享的传输介质为总线。但是，从逻辑上看，这是一种环型结构的局域网，接在总线上的站组成一个逻辑环，每个站被赋予一个顺序的逻辑位置。和令牌环一样，站点只有取得令牌，才能发送帧，令牌在逻辑环上依次传递。

假如取得令牌的站有报文要发送，则发送报文，随后，将令牌送至下一个站；假如取得令牌的站没有报文要发送，则立即把令牌送到下一个站。由于站点接收到令牌的过程是顺序依次进行的，因此对所有站点都有公平的访问权。为使站点等待取得令牌的时间是确定的，这就需要限定每个站发送帧的最大长度。

令牌总线网络的正常操作是十分简单的，然而，网络必须有初始化的功能，即能够生成一个顺序访问的次序。当网中的令牌丢失或产生多个令牌时，必须有故障恢复功能。还应该有将不活动的站点从环中去除以及将新的活动站点加入环的功能，这些附加功能大大增加了令牌总线访问控制的复杂性。

2.　令牌总线网的特点

令牌总线方式要求对网络操作的管理比令牌环要复杂得多。令牌总线网的特点归纳如下：

* 令牌传递，使所有结点对传输媒体进行公平和有序的访问。
* 可传输多种类型的帧，无最小帧长的限制(数据字段 data>=0)，控制方式复杂。
* 整个网络具有最小的传输延时。无数据可传输的结点，仍然需要处理令牌的传递和进

行环路维护工作。
- 整个网络的最大发送延时是可以估算的。因此，令牌总线网适合具有一定实时性要求的环境。

令牌总线网与令牌环型网一样，因它们的性能价格比远远比不上以太网而遭淘汰了。我们在此介绍它们，一是为了更好地理解 802 标准的局域网介质控制方式；二是为了拓宽大家的思路，便于进一步理解网桥转换数据链路层协议的原理。

5.3　IEEE802.3 标准与以太网

以太网(Ethernet)与其他 LAN 类型相比，具有易用、易安装、易维护、低成本等优点，这大大推动了局域网的发展。本章重点在此，下面着重介绍它。

5.3.1　IEEE802.3 概述

1. IEEE802.3——体系结构模型

IEEE802.3 采用 CSMA/CD 技术的总线式局域网的 MAC 层和物理层(PHY)技术规范，如第 1 章的图 1-13 所示。

2. MAC 子层的主要功能

这是指 MAC 子层本身应该完成的功能：

1) MAC 帧的发送/接收功能
- 成帧与卸帧
- 编址与寻址
- 差错检测

2) 介质访问控制/管理功能
- 信道使用与分配(避免碰撞的介质访问控制)
- 竞争分解(退避延时、重发安排等)

3. PHY 层的主要功能

(1) 完成数据比特流的发送/接收操作。
(2) 完成与介质进行物理连接功能。

4. PHY 层的接口特性

802.3 的 PHY 层的接口特性提供本站 DTE 设备与介质之间的功能、电气和机械的连接关系。

1) 功能特性
- 发送功能：通过介质向远程 DTE 发送串行比特流。
- 接收功能：通过介质从远程 DTE 接收串行比特流。

- 碰撞检测功能：检测介质中存在两个或两个以上的站同时发生传输的能力。
- 监控功能：在正常接收和碰撞存在同时发生时，在规定时间内禁止向介质正常发送数据流。

2）电气特性
- 信号编码：曼彻斯特编码(0：高到低电平跳变；1：低到高电平跳变；空闲：保持高电平)。
- 数据速率：10Mbps。

3）机械特性

规定了接口的连接方式和尺寸，参见图 5-12。详细规范可参见 IEEE 的技术规范手册。

5.3.2 早期的以太网及其技术规范

以太网(Ethernet)是美国 Xerox 公司和 Stanford(斯坦福)大学合作于 1975 年推出的一种局域网技术。由于时逢个人微型计算机飞速发展的年代，它的出现为计算机网络应用提供了有效、可靠的新技术和新方法，并引起人们的极大注意。随后，DEC、Intel 和 Xerox 三家公司合作于 1980 年 9 月第一次正式公布了 Ethernet 物理层和数据链路层的标准,也称 DIX(AUI)规范，实际上它是 Ethernet Ⅱ。

根据 IEEE802.3 标准(CSMA/CD)，标准 Ethernet 规范(也就是我们俗称的 10M 网标准)包括：使用 50Ω 粗同轴电缆的 10BASE5(对应 IEEE802.3 标准)，使用 50Ω 细同轴电缆的 10BASE2(对应 IEEE802.3a 标准)，使用双绞线的 10BASE-T(IEEE802.3i 标准)和使用光纤的 10BASE-F(对应 IEEE802.3j 标准)。几种技术规范如表 5-2 所示。

表 5-2 Ethernet 的技术规范

名称	传输介质	最长介质段	网卡上连接端	特点
10BASE5	Φ10 50Ω 粗同轴电缆	500M	15 芯 D 型 AUI	标准以太网；现已不用
10BASE2	Φ5 50Ω 细同轴电缆	185M	BNC, T 型头	无需集线器 HUB
10BASE-T	3 类或 5 类非屏蔽双绞线	100M	RJ45	价廉
10BASE-F	62.5/125 多模光纤	2000M	ST	室外最佳

为了避免使用累赘的称呼，IEEE802.3 定义了一种缩写符号来表示以太网的某一技术规范标准。其表示法为：

<数据速率 Mbps><信号传输方式><介质类型/最大段长度(数字)>

其中，数据速率：以每秒兆位为单位，如 1，10，100，1000。

信号传输方式：如果采用的信号是基带的，即传输介质是以太网专用的，不与其他的通信系统共享，则表示成 BASE；如果信号是宽带的，即传输介质能同时支持以太网和其他非以太网的服务，则表示 BROAD。

介质类型/最大段长度(数字)：在早期，"介质"表示以米为单位的最大传输线缆段长度(以 100M 为基数)，如 10BASE5 中"5"就表示 500 米，10BASE2 中"2"就表示 200 米(严格来说，此标准只有 185 米，约等于 200)。后来，这一习惯变化了，"介质"只简单地表示特定的介质类型，如 10BASE-F 中的"F"就表示光纤。

顺便提一下，10BASE5 与 10BASE-F 标准的表示有一细微的差别，即"5"前无"-"，这是因为 10BASE5 标准先制定，当时就没有用"-"，后来的 10BASE-F 等标准制定时规定加"-"，现在都混用了，可以加"-"也可以不加。

5.3.3　以太网的线缆连接方式

1. 网卡与网络间的连接方式

计算机怎样才能连接到传输介质上呢？网卡，又称网络适配器。它是连接必不可少的设备。它的作用有两个，一个是作为连接局域网中的计算机和传输介质的连接设备，另一个是作为实现 MAC 子层和 PHY 层主要功能的设备。

图 5-5 是表 5-2 中列举的 3 种 Ethernet 局域网的网卡与网络间的连接示意图。

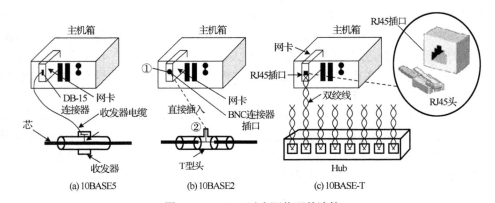

图 5-5　10Mbps 以太网物理的连接

10BASE5 型局域网络通常称为粗缆以太网，因其运行在速率为 10Mbps、使用基带信号、采用粗同轴电缆支持最大长度为 500m 而得此名。10BASE5 规定每个网络工作站通过收发器（transceiver）与总线相连，收发器用于载波监听和冲突检测。收发器与网络工作站的网卡之间通过收发器电缆相连。如图 5-5 所示。收发器电缆最大长度为 500m。网卡包括一个控制器，负责数据的接收和发送，以及相应的数据帧组装、差错检测、网络控制等。

10BASE2 型局域网络通常称为细缆以太网，因其运行在速率为 10Mbps、使用基带信号、采用细同轴电缆、支持最大长度为 185m 而得此名。细缆直接用无源的、标准 BNC T 型接头连接到网卡上的 BNC 连接器的插口，在图 5-5 中，①与②处是直接套接上的。采用细缆及 T 型连接器的以太网其特点是安装容易、使用方便，但最大长度仅 185m，每段的最大结点数为 30。如果 T 型连接器连接不好，会使整个网络不能运行。

10BASE-T 所有站点都用双绞线连到称为 Hub 的集线器上。常用的线缆有 3 类和 5 类两种非屏蔽双绞线（UTP），双绞线的最大长度为 100m。这种以太网的特点是易于安装、可靠性高、布线灵活，所以被广泛采用。而且它的第 2 代、第 3 代的产品也得到了广泛的应用，其第 4 代的产品也正在研制中。

集线器是一个多端口的以太网连接设备，其主要功能，一是再生传输介质上的信号，把双绞线上传递过来已经衰减和失真的信号波形通过集线器放大和整形，再转发到连接端口的所有双绞线上去；二是要有能处理冲突等作用，由于集线器连接各个站点的星型以太网系统逻辑上仍是一根公共总线，当两站同时发送时可能出现冲突。

图 5-6 是用上述 3 种以太网规范构建的连网拓扑结构图。

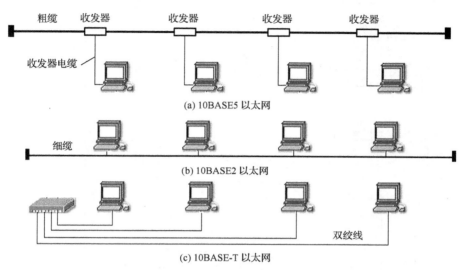

图 5-6　三种以太网规范构建的连网拓扑结构图

2. 双绞线的连接

在局域网中，通常使用的传输媒体是双绞线，用于集线器、交换机、计算机之间的连接。不同连接情况下，双绞线两端的 RJ45 连接器（水晶头）中线的排列是不同的，如图 5-7 所示。

图 5-7　RJ45 连接器引脚

1）计算机网卡—集线器（或交换机）

用双绞线连接计算机和集线器（交换机）时，两端的 RJ45 头中的线的分布排列必须完全一致，称为"直通"的排列方式，如图 5-8 所示。注意：1 和 2 必须是一对，用于数据发送，3 和 6 必须是一对，用于数据接收。

2）集线器（交换机）—集线器（交换机）

集线器（交换机）之间的连接以及计算机与计算机之间的连接，采用"交叉"连接的方式，如图 5-9 所示。即：1 和 3 交叉，2 和 6 交叉。

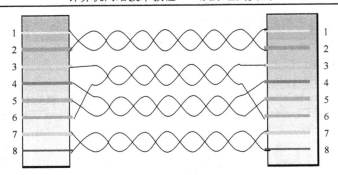

图 5-8　计算机与集线器的双绞线连接方式

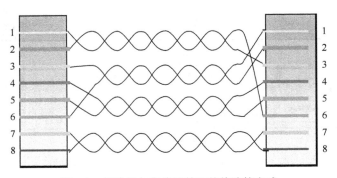

图 5-9　集线器与集线器的双绞线连接方式

注意：如果使用集线器（交换机）上专用的级联端口或上联端口（uplink），无需使用交叉连接方式，因为这些端口内部已经做了对接处理，使用"直通"方式即可。现在市场上的网络设备基本上都具有智能识别"交叉"与"直通"的功能，因此无需特意制作交叉线。

5.3.4　以太网的 MAC 帧格式

MAC 帧在 Ethernet Ⅱ标准中通常被认为就是数据链路层帧，是 MAC 子层实体间交换的协议数据单元（PDU），它的格式如图 5-10 所示。

图 5-10　MAC 帧的格式

前导码字段：MAC 帧以 7 字节的前导字段开头，每字节的内容为 10101010，该字段的曼彻斯特编码会产生 10MHz 持续 5.6μs 的方波，从而使接收端与发送端的时钟同步，以便数据的接收。

帧起始字段：紧跟在前导码字段之后是内容为 10101011，标识一帧的开始。

源地址和目的地址字段：尽管标准允许 2 或 6 字节两种地址长度，但是 10Mbps 的局域网标准规定只使用 6 字节地址（即 48 位的物理地址）。最高有效位为"0"表示单地址，为"1"表示组地址，组地址允许多个站点使用同一地址。当把一帧送到组地址时，组内的所有站点都会收到该帧。向一组站点发送称为多点播送(multicast)。全"1"地址表示广播地址，帧将发送到网上所有站点。

类型字段：占 2 字节，类型字段用来标志上一层使用的是什么协议，以便把收到的 MAC 帧的数据上交给上一层的这个协议。

数据字段：来自高层(网络层)的信息，长度在 46 至 1500 字节之间，长度小于 46 字节，要在此字段中加上填充字段(PAD)，其目的是保证整个帧长度不小于 64 字节。

FCS 字段：帧校验序列。采用 CRC-32 循环冗余校验码。

为什么设置帧的最小长度？

当 MAC 帧数据字段的长度小于 46 字节时，则应加以填充(内容不限)。这样，整个 MAC 帧(包含 14 字节首部和 4 字节尾部)的最小长度是 64 字节或 512 bit。为什么长度不够的帧要填充呢？这是因为，CSMA/CD 协议的一个要点就是当发送站正在发送时，若检测到碰撞则立即中止发送，然后推后一段时间后再发送。如果所发送的帧太短，还没有来得及检测到碰撞就已经发送完了，那么就无法进行碰撞检测，因而就会使 CSMA/CD 协议变得没有意义。因此，所发送的帧的最短长度应当要保证在发送完毕之前，必须能够检测到可能最晚来到的碰撞信号。也就是说，整个帧的发送时间应当不小于信号在网中"传播距离最大"的两个结点之间往返传输时延。一句话，最小帧长要求就是为了保证发送结点可以对发送的冲突进行有效的冲突检测。

在 802.3 标准中，这段时间取为 51.2μs，对于 10Mbps 速率的以太网，这段时间可以发送 512bit。这样就得出了 MAC 帧的最短长度为 512bit，或 64 字节。在接收端，凡长度不够 64 字节的帧都认为是应丢弃的无效帧。

如何估算帧的实际传输时间？

帧实际传输时间的估算=发送时间+传输时延+转发器(中继器)的处理时间

发送时间为帧从结点到介质(传输线)的时间，传输时延为帧在介质上传输的时间。

因 10BASE5 是 802.3 的最早的标准，下面以 10BASE5 为例分析一下帧实际传输时间的估算。10BASE5 的基本特征是：基带传输、速率为 10Mbps、采用粗同轴电缆、单段缆线最长 500m、最多允许 5 段，具体见图 5-11 标识的各处占用时间(比特)。

图 5-11　CSMA/CD 帧的最小长度估计

① 信号发送到结点的时间约 20 比特；

② 从信号到介质的时间(500m)约 2.5 比特；

③ 结点 MAU 转发时间约 20 比特；

④ 2500 米传输所需时间约 125 比特；

⑤ 4 个转发器转发处理时间约 80 比特(20 比特/转发器)。

帧实际传输时间还应包括检测冲突所需的时间，因此，发送结点从发送信号到检测出冲突的总时间为上述各时间值之和的 2 倍，即：

$$(20+2.5+20+125+80)*2 = 512 \text{ (比特时间)}$$

即为了保证发送结点在完成发送任务之前可以发现冲突,帧的最小长度规定为512位(64字节),或者可填充的 PAD 字段的最大长度为 46 字节。

5.3.5　物理地址(MAC 地址)

前面,我们讲到,局域网的物理层、逻辑链路控制子层(LLC)和媒体(介质)访问控制子层(MAC)的功能实现都集成在我们常见的网卡上了。MAC 帧中用的地址称为 MAC 地址,又称为物理地址或硬件地址。也就是在图 5-10 中 CSMA/CD 帧格式的源地址(SA)和目的地址(DA)。

IP 地址在 Internet 网中是用来标识某台主机的,它是网络层所用的地址。而在数据链路层,在发送数据帧时,也需要有地址,它是局域网使用的地址。802 标准为局域网规定了一种 48 bit 的全球地址,是指局域网上的每一台计算机所插入的网卡上的地址。我们在命令状态输入:ipconfig/all 命令,即可看到计算机的物理地址(网卡的地址),如图 5-12 所示。关于物理地址有以下几点需要说明的。

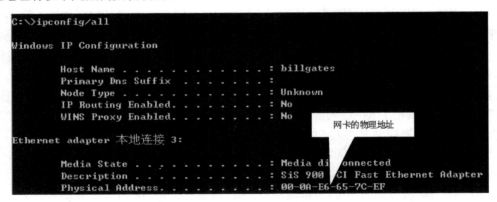

图 5-12　网卡的物理地址

1. 地址字段的长度

在制定局域网的地址标准时,首先遇到的问题就是应当用多少个比特来表示一个网络的地址字段。为了减少不必要的开销,地址字段的长度应当尽可能地短些,当然它的长度应当够用。起初人们觉得用 2 字节(共 16bit)表示地址就够了,因为这一共可表示 6 万多个地址。但是,由于局域网的迅速发展,而处在不同地点的局域网之间又经常需要交换信息,这就希望在各地的局域网中的站具有互不相同的物理地址。802 标准规定 MAC 地址字段可采用 6 字节(48bit)或 2 字节(16bit)这两种中的一种。6 字节的地址字段对于一个局部范围内使用的局域网的确是太长了一些,这会增加额外开销。但是由于 6 字节的地址字段可使全世界所有局域网上的站都具有不相同的地址,因此这种标准深受欢迎。现在的局域网实际上使用的都是 6 字节 MAC 地址。

2. 地址的表示

现在 IEEE 的注册管理委员会 RAC(registration authority committee)是局域网全球地址的

法定管理机构，它负责分配地址字段的 6 字节中的前 3 字节。世界上凡要生产局域网网卡的厂家都必须向 IEEE 购买由这 3 字节构成的一个号(即地址块)，这个号的正式名称是机构唯一标识符 OUI(organizationally unique identifier)，通常也叫作公司标识符。地址字段中的后 3 字节是由厂家自定的。只要保证生产出的网卡没有重复地址即可。

物理地址的标准记法为，每 4 比特用一个十六进制数表示，而每两个十六进制数字与它后面两个十六进制数字之间用一个连接符隔开，如 02-60-8C-45-7C-EF。

3. 地址的使用

网卡从网络上每收到一个 MAC 帧就首先用硬件检查 MAC 帧中的 MAC 地址，如果是发往本站的帧则收下；否则就将此帧丢弃。网卡接收 3 种帧：

- 单播帧(一对一)，即收到的 MAC 帧中的目的地址就是本站的硬件地址。
- 广播帧(一对全体)，即收到的 MAC 帧中的目的地址是全 1 地址。
- 组播(mulhcast)帧(一对多)，即收到的 MAC 帧中的目的地址是发送给本站点所在组的帧。

所有的网卡都至少应当能够识别前两种帧，即能够识别单播和广播地址。网卡一般通过编程方法识别组播地址。

4. 局域网中路由器与交换机的物理地址

由于网卡是插在计算机中，因此网卡上的硬件地址就可用来标识插有该网卡的计算机。同理，当路由器/交换机连接到局域网时，为了收发数据帧，它也必须具有硬件地址，并用它来标识该路由器/交换机。需要强调的是，由于路由器一般连接两个网络，因此它有两个硬件地址。而交换机是一个多端口的设备，它可连接若干网段或计算机，因此，交换机的物理地址是标识到端口的。

5.4　高速以太网

5.4.1　高速局域网发展的技术方案

网络传输速率、带宽、性能以及服务质量等指标的提高是局域网技术发展的标志，如何来实现这些目标，一直是业界所追求的。下面 3 种方案是目前普遍认可的。

第 1 种是提高数据传输速率，具体技术有：高速以太网、FDDI 网和 ATM 网络。它们都能实现 100Mbps 以上的传输速率，这其中又以高速以太网应用最为广泛，其传输速率已由 100Mbps 到 1000Mbps，甚至到 10Gbps。此方案最直接、最纯粹，就是提高传输速率。

在此，需要说明的是，在实际应用中，人们往往将传输速率达到或超过 100Mbps 的局域网(以太网)称为高速局域网(以太网)，其中传输速率在 100 Mbps 左右称为快速局域网(以太网)。以太网的发展时间表如表 5-3 所示。

表 5-3　以太网的发展

时间	标准代号	介　质
1982	802.3	粗缆
1985	802.3a	细缆
1990	802.3i	双绞线
1993	802.3j	光缆
1995	802.3u	双绞线、光缆
1997	802.3x	双绞线、光缆
1998	802.3z	光缆、短屏蔽双绞线
1999	802.3ab	双绞线
2002	802.3ae	光缆

第 2 种方案是将网络微段化以提高局域网的带宽。可以使用网桥(交换机)或路由器将一个大型局域网划分成多个网段,每个网段有不同的子网地址,不同的广播域,这样可以减少网络上的冲突,提高网络带宽。这种方法称为网络微段化。

第 3 种方案是将"共享介质方式"改为"交换方式",来提高局域网的带宽。这导致"交换式局域网"技术的发展。所谓共享式网络就是网络建立在共享介质的基础上,在网络上的所有站点共享一条公共的传输信道,每个站点都必须抢占这条信道,才能与其他站点进行通信,而在任何时候,最多只允许一对站点占用信道,其他站点必须等待。但随着网络通信负荷加重,冲突和重发现象将大量发生,网络效率将会下降,网络传输延迟将会增长,网络服务质量将会下降。

近几年发展起来的交换式局域网技术,如交换以太网(Switching Ethernet),能够解决共享式局域网所带来的网络效率低、不能提供足够的网络带宽和网络不易扩展等一系列问题,它从根本上改变了共享式局域网的结构,解决了带宽瓶颈问题。目前已有交换以太网、交换令牌环、交换 FDDI 和 ATM 等交换局域网,其中交换以太网应用最为广泛。交换局域网已成为当前局域网技术的主流。

5.4.2　从共享型以太网到交换型以太网

1. 基于共享式集线器(Hub)的以太网

特点:10BASE-T 的核心是集线器(Hub),Hub 在支持结点接入的同时,也提供信号整形、放大的功能。Hub 具有 8 或者 16,甚至更多的 RJ45 端口,结点通过网卡上的 RJ45 插口经双绞线接入 Hub,形成星型拓扑结构,附接在 Hub 端口上的结点共享 Hub 的带宽。如图 5-13 所示。

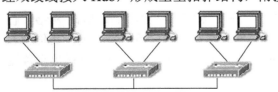

图 5-13　串接有多个 Hub 的共享式以太网

共享式局域网具有共享带宽的特性,网上的每个站点只能得到局域网带宽的一小部分。如对 10Mbps 带宽的以太网而言,若网上只有一个站点,那么这个站点可以使用全部带宽(10Mbps)。但如果网上连接了 N 个站点,那么 10Mbps 网络带宽则由 N 个站点共享,每个站点所能获得的平均带宽仅为 10/N(Mbps)。

在共享式局域网中，连接的站点越多，每个站点所得到的带宽就越小，所以共享式局域网不能提供足够的带宽。

2. 基于交换机(Switch)的以太网

1)特点

交换机在外观上类似于 Hub，但在内部采用了电路交换的原理，将一个端口的输入交换到另一个指定的端口，如图 5-14 所示。

交换式以太网把"共享"变为"独享"，网络上的每个站点都独占一条点到点的信道，独占带宽。每台计算机都有一条 100Mbs 带宽的传输信道，它们都独占 100Mbps 带宽。网络的总带宽通常为各个交换端口带宽之和。所以在交换式网络中，随着用户的增多，网络带宽在不断增加，而不是减少，即使网络负载很重也不会导致网络性能下降。交换式局域网从根本上解决了网络带宽问题，能满足用户对带宽的需求。

交换式以太网是指以数据链路层的帧为数据交换单位，以交换设备为基础构成的网络。交换式网络的核心设备是交换机。交换机为每个端口提供专用的带宽，各个站点有一条专用链路连到交换机的一个端口。这样每个站点都可以独享信道和带宽，如图 5-15 所示。

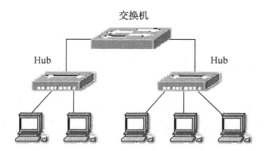

图 5-14　基于交换器的以太网示意图

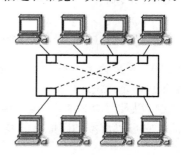

图 5-15　以太网交换机内部交换示意图

2)交换机的工作原理

交换机对数据的转发是以计算机的 MAC 地址为基础的。交换机会监测发送到每个端口的数据帧，通过数据帧中的有关信息(源节点的 MAC 地址、目的节点的 MAC 地址)就会得到与每个端口相连接的节点 MAC 地址，并在交换机的内部建立一个"端口、MAC 地址"映射表。建立映射表后，当某个端口接收到数据帧后，交换机会读取出该帧中的目的节点 MAC地址，并通过"端口-MAC 地址"的对照关系，迅速地将数据帧转发到相应的端口。由于交换机能够识别并分析 LAN 数据链路层 MAC 子层的 MAC 地址，所以它是工作在第二层上的设备，因此，这种交换机也被称为第二层交换机。

目前的以太网交换机对数据帧的转发方式主要采用 3 种工作方式：直通方式(cut-throught)、存储-转发方式(store-forward)和自适应方式(直通/存储转发)。工作原理详见第 6 章。

3. 基于全双工交换机的以太网

一般情况下，交换机端口和网卡都是以半双工的方式工作，也就是说，数据 MAC 帧的

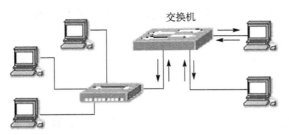

图 5-16　基于全双工交换器的以太网

发送和接收不是同时进行的。全双工以太网是指交换机的端口和网卡都以全双工的方式工作，可以同时进行 MAC 帧的发送和接收。

如图 5-16 所示为全双工以太网连接。当传输信道不再被多个设备共享时，就不需要传统 CSMA/CD 访问控制机制了。这样站与站之间、站与 Hub 之间以全双工方式（同时发送和接收）工作，既可增加信道容量，又使网络范围突破 CSMA/CD 控制系统的限制。这使得传输线路的长度足以支持建筑物内部和园区主干网（backbone，主干网的用途是连接其他网络，而不是连接站点）的应用了。

交换机的端口可以由用户自己设置，100Mbps 的端口如果设置成全双工方式，则相当于 200Mbps 的端口速率。

注意：全双工通信只有在数据传输链路两端的节点设备（如交换机与交换机、交换机与网卡）都支持全双工时才有效。

5.4.3　快速以太网

1. 快速以太网（Fast Ethernet）标准

IEEE802 委员会于 1995 年正式批准了快速以太网标准，其编号为 802.3u，是对现行的 802.3 标准的补充。快速以太网其特点是继承了 802.3 的 MAC 访问控制技术（CSMA/CD）、帧格式、接口以及退避算法，仅是将传输速率从 10Mbps 提高到 100Mbps，并减少了等待 ACK 帧的时间。它可以直接利用原有的线缆设施，从而支持 10Mbps 至 100Mbps 的无缝连接和自然过渡。

标准还规定了下面 3 种不同的物理层标准：

（1）100BASE-TX，传输编码采用 4B/5B，使用 2 对 5 类 UTP 双绞线，最大传输距离 100m。

（2）100BASE-FX，传输编码采用 4B/5B，使用单模/多模光纤，最大传输距离分别是 10/2km。

（3）100BASE-T4，使用 4 对 3 类以上 UTP 双绞线。

2. 快速以太网的实际应用

在实际应用中，快速交换以太网技术可以用于中小型园区网的主干网技术，也可以用于工作组级，通常将一台或多台快速以太网交换机（100Mbps）连接起来，构成校园主干网，再下连 100M 以太网交换机或下连 10M/100M 自适应以太网交换机，组成全交换的快速交换式以太网，如图 5-17 所示。快速以太网采用的介质是能在 100m 内传输速率达 100Mbps 的 100BASE-T 规范双绞线，俗称"5 类线"（10BASE-T 则使用传输速率为 10Mbps 的"3 类线"）。

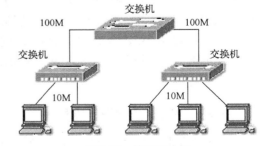

图 5-17　快速以太网

3. 10/100Mbps 自适应

100BASE-T 标准包括了"自动协商部分"——自动速率感应功能。这是因为要保证有性能差别的设备相互连接时能正确配置，如果没有某些自动方式来确定和配置设备的功能，那么系统管理人员的负担会变得很重。为解决这个问题，引入了自动协商功能。其工作机制是，100BASE-T 工作站发送一组高速链路脉冲(FLP)的链路集成脉冲，如果接收端只能接收 10BASE-T 传输，则网络将工作在 10Mbps 模式。如果接收端是 100BASE-T，则采用自动协商算法，检测 FLP，确定 FLP 数据，以达到最高网络速度，并将 FLP 送到网卡，自动调整到 100BASE-T，网络将工作在 100Mbps 模式。也就是说以太网交换机的端口和以太网卡的速度可以是 10M 或 100Mbps 的。

注意：目前很多交换机端口和以太网卡都支持 10/100Mbps 自适应，但实际使用中会发现，使用 10/100Mbps 自适应，其性能并不显得太高，因为网络会不停地检测，从而影响网络速度。

5.4.4 千兆高速以太网

千兆以太网(Gigabit Ethernet，吉比特以太网)具有每秒 1000 兆位的传输速率(1000Mbps)，由于局域网的扩大(网上几千台工作站是常有的事)和网上多媒体的应用(例如网上电视 IP/TV，网上视频点播 VOD 等)，使得网络核心部分(或称主干部分)，即使用 100Mbps 的快速以太网，也仍然显得十分拥挤。千兆以太网的出现，能有效地解决主干上拥挤的问题，使网络性能大大提高。

千兆以太网的硬件主要包括千兆以太网传输介质、千兆以太网网卡和千兆以太网交换机。千兆以太网的传输介质主要为光纤。千兆以太网仍然采用 CSMA/CD 的 MAC 访问技术，支持共享式、交换式、半双工和全双工的操作，也引入了自动协商系统。千兆以太网主要用于大型局域网的主干和服务器(需要 1000Mbps 网卡)，如图 5-18 所示。

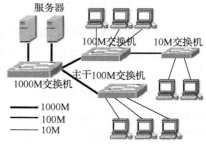

图 5-18 千兆以太网

千兆以太网的标准

千兆以太网标准化工作开始于 1995 年。1996 年 8 月，IEEE 802.3 委员会成立了高速网研究组，以及 802.3z 工作组，主要研究使用光纤与短距离屏蔽双绞线的千兆以太网物理层标准；1997 年年初成立了 802.3ab 工作组，主要研究使用长距离光纤与非屏蔽双绞线的千兆以太网物理层标准。千兆以太网的物理层标准如表 5-4 所示。

表 5-4 千兆以太网的物理层标准

千兆以太网的标准	物理层标准	线缆类型	传输距离
802.3z	1000BASE-CX	铜线	25m
	1000BASE-SX	多模光纤，短波(850nm)	300m
	1000BASE-LX	多模光纤，长波(1300nm)	550m
802.3ab	1000BASE-T	4 对 5 类 UTP	100m

（1）1000BASE-CX，CX 表示铜线。1000BASE-CX 使用了一种特殊规格的高质量平衡屏蔽双绞线，最长有效距离为 25m。1000BASE-CX 主要用于配线间或一个单独房间中设备柜的连接（如交换机之间或主干交换机和主服务器之间）。

（2）1000BASE-SX，SX 表示短波。1000BASE-SX 是一种使用短波长激光作为信号源的网络技术，配置波长为 770～860nm（一般为 850nm）的激光传输器，它不支持单模光纤，只能驱动多模光纤。1000BASE-SX 所使用的光纤规格有两种：62.5μm 多模光纤和 50μm 多模光纤。使用 62.5μm 多模光纤在全双工方式下的最长传输距离为 275m，而使用 50μm 多模光纤在全双工方式下的最长有效距离为 550m。

（3）1000BASE-LX，LX 表示长波。1000BASE－LX 是一种使用长波长激光作为信号源的网络介质技术，配置波长为 1270～1355urn（一般为 1300urn）的激光传输器，它既可以驱动多模光纤，也可以驱动单模光纤。目前 1000BASE-LX 标准下多模光纤传输距离可达 550m，单模光纤可达 5km，单模光纤使用远程驱动模块可达 150km。1000BASE-LX 所使用的光纤规格为：62.5μm 多模光纤、50μm 多模光纤和 10μm 单模光纤。其中，使用多模光纤时，在全双工方式下的最长传输距离为 550m；使用单模光纤时，全双工方式下的最长有效距离可以达到 5km。

（4）1000BASE-T，T 表示双绞线。1000BASE-T 是一种使用 5 类 UTP 作为网络传输介质的千兆以太网技术，最长有效距离可以达到 100m。用户可以采用这种技术在原有的快速以大网系统中实现从 10Mbps/100Mbps 到 1000Mbps 的自然升级。

5.4.5　万兆高速以太网

万兆以太网（又称为 10 吉比特以太网）技术的研究始于 1999 年年底，当时成立了 IEEE802.3ae 工作组，2000 年方案成型并进行互操作性测试，2002 年 6 月由 IEEE 正式发布了 10Gbps（万兆）以太网标准。

从经典的 OSI 网络层次模型上看，以太网协议属于第 1、2 层。万兆以太网之所以称为以太网，是因为它也使用 IEEE802.3 以太网 MAC 协议和帧长度。但为了适应高带宽的要求和更长传输距离的要求，万兆以太网对原来的以太网技术也做了很大的改进，主要表现在物理层实现方式、帧格式和 MAC 的工作速率及适配策略方面。

下面是万兆以太网的技术要点。

1）全双工的工作模式

万兆以太网只在光纤上工作，并只能在全双工模式下操作，这意味着不必使用 CSMA/CD 协议，因此它本身没有距离限制。

2）物理层特点

万兆以太网不但可以在局域网中使用，也可以用于广域网中。而这两种不同的应用环境对于以太网各项指标的要求存在许多差异，针对这种情况，人们制定了两种不同的物理介质标准。这两种物理层的共同点是共用一个 MAC 层，仅支持全双工，省略了 CSMA/CD 策略，采用光纤作为物理介质。其主要特点有：

（1）万兆以太网物理层的特点是支持 802.3MAC 全双工工作方式，帧格式与以太网的帧格式一致，传输速率为 10Gbps。万兆局域网可用最小的代价升级现有的局域网，并与 10/100/1000Mbps 兼容，使局域网的网络范围最大达到 40km。

（2）万兆广域网物理层的特点是采用 OC-192c 帧格式（由于以太网在设计时是面向局域网的，传输距离短并且对物理线路没有任何保护措施，所以当用以太网作为广域网进行长距离高速传输时，必然导致线路信号频率和相位较大的抖动，因此以太网帧在广域网中传输，需要对以太网帧格式进行修改）。在线路上传输的传输速率为 9.58464Gbps，所以 10Gbps 广域以太网 MAC 层必须有速率匹配功能。10Gbps 广域网物理层还可选择多种编码方式。

3）接口方式

万兆以太网作为新一代宽带技术，在局域网、城域网、广域网不同的应用上提供了多样化的接口类型，在局域网方面，针对数据中心或服务器群组的需要，可以提供多模光纤长达 300m 的支持距离，或针对大楼与大楼间/园区网的需要提供单模光纤长达 10km 的支持距离。在城域网方面，可以提供 1550nm 波长单模光纤长达 40km 的支持距离。在广域网方面，更可以提供 OC-192c 广域网，支持长达 40～300km 的连接距离。

4）万兆以太网物理层标准

万兆以太网标准的具体表示方法为

10GBASE-[介质类型][编码方案][波长数]

或更加具体些为

10GBASE-[E/L/S][R/W/X][/4]

（1）在表示方法的光纤介质类型中：

- S 为短波长（850nm），用于多模光纤在短距离（约为 35m）传送数据；
- L 为长波长，用于在校园的建筑物间或大厦的楼层间进行数据传输，当使用单模光纤时可支持 10km 的传输距离，而在使用多模光纤时，传输距离为 900m；
- E 为特长波长，用于广域网或城域网中的数据传送，当使用 1550nm 波长的单模光纤时，传输距离可达 40km。

（2）在表示方法的编码方案中：

- X 为局域网物理层中的 8B/10B 编码；
- R 为局域网物理层中的 64B/66B 编码；
- W 为广域网物理层中的 64B/66B 编码（简化的 SDH/SONET 封装）。

最后的波长数可以为 4，使用的是宽波分复用（WWDM）。在进行短距离传输时，WWDM 要比密集波分复用适宜得多。如果不使用波分复用，则波长数就是 1，并且可将其省略。

无论是 10Mbps、100Mbps，还是千兆以太网，由于信噪比、冲突检测、可用带宽等原因，传输距离始终是有限的，5 类线传输距离是 100m。使用 62.5μm 的 1000BASE-SX 的最长传输距离为 275m，使用纤芯 10μm 单模光纤的最长传输距离也只有 5km。而万兆以太网技术不仅提高了原有以太网技术的带宽，同时也使传输距离更长了，这为以太网技术的应用扩展到广域网开辟了道路。

5.4.6　40/100G 以太网

以太网到底能走多远？它的传输速率到底能达到多高？这一直是业内关注的热点问题。2010 年 6 月 17 日 IEEE 正式批准了 IEEE 802.3ba 标准，这标志着 40G/100G 以太网的商用之路正式开始。早在 2006 年下半年，IEEE 就成立了 HSSG（Higher Speed Study Group），目标是要研究制定下一代高速以太网 100G 的标准。随着工作组相关工作的深入开展，40G 以太网被明确提出，技术上的分歧也随之凸显：40G 还是 100G？下一代以太网的标准之路从一开始就面临一个艰难的抉择。在以太网标准中，40G 是个"另类"的以太网速率。从 10M→100M→1000M（1G）→10G，以太网一直都是以 10 倍的速率来定义更高的接口速率，而 40G 的出现第一次打破了这个规律。是什么原因使得 IEEE 改变了以太网接口速率一直以来所遵循的规律？

将 40G 以太网作为下一代标准，支持者有着非常充分的理由：40G 端口的相关技术和产业链相对成熟得多，在芯片成本、光模块成本和端口部署等方面都有着非常现实的意义，可以很快实现规模性的商用。而 100G 的支持者更愿意面临更大的技术挑战：虽然 100G 在诸多方面都存在技术和成本问题，但基于 10G*10=100G 的考虑，不能因为技术上的原因就放弃它。双方分歧与争论的结果是 40G 和 100G 同时被定义下来了。不过从市场定位来看，两者各有所侧重：40G 以太网主要面向数据中心的应用；而 100G 以太网则更侧重于网络汇聚和骨干。或者换句话说：大部分交换机设备厂商率先支持的是 40G 以太网，而大部分路由和核心设备厂商率先支持的是 100G 以太网。

40/100G 和 10G 以太网相比较，主要是在光电接口和物理层方面有区别。与传统的以太网物理接口一样，40/100G 接口也分为 PCS（physical coding sublayer）、PMA（physical medium attachment）和 PMD（physical medium dependent）子层。PCS 子层把编码数据分发到多个逻辑的通道上，这些逻辑通道就称为虚通道（virtual lane）。例如，一条 40/100G 链路通过复用多条通道（lane）来实现，可以分为若干个 25G 通道或者 10G 通道。发送端通常把 40/100G 的流分成 4 个或者 10G 并行通道，在接收端把并行通道的码流再重组成 40/100G 流。

随着 IT 行业的高速发展，云计算、虚拟化、高清视频、电子商务、社交网络等各种新兴业务的不断涌现，海量的数据在不断的交互，网络正在成为人类的第二个生活空间，越来越多的事情正在或将要在网络上进行。更强大的数据中心、更高的网络带宽是实现这一切的物理基础。40G/100G 以太网应用的序幕已经拉开，人们期待着超高速的（以太）网能够给网络世界带来翻天覆地的变化。

5.5　无线局域网

5.5.1　无线网络与无线局域网

无线网络（wireless network）是采用无线通信技术实现的网络。"无线"是指网络连接的方式，它不需要任何物理介质，传输的信号是电磁波。由于无线网具有移动性、便携性、建网迅速等特点，所以在工业控制与管理、医疗、金融等领域也有着广泛的应用前景。

按照无线网覆盖范围的大小，一般将无线网分为无线个域网、无线局域网、无线城域网和无线广域网。

1.　无线个域网（WPAN）

无线个域网（wireless personal area network）是"活动半径小、业务类型丰富、无线无缝连接"的新兴无线通信网络技术。WPAN 有效地解决了"最后的几米电缆"的问题。在没有物理介质连接的情况下，将计算机与键盘、鼠标、显示器等部件连接起来，可以将手机、数码相机、耳机、打印机、音箱、扫描仪等外设连接计算机，也可以将耳机、音箱等与手机连接起来。

蓝牙（blue tooth）是目前最流行的无限个域网技术，蓝牙标准是在 1998 年由爱立信、诺基亚、IBM 等公司共同推出的，即后来的 IEEE802.15.1 标准。蓝牙可以提供 720kbps 的数据传输速率和 10m 的传输距离。由于蓝牙具有低功耗、低代价和比较灵活等特点，越来越多的人开始使用蓝牙设备，蓝牙耳机是最为常用的。不过，蓝牙设备的兼容性不好。

RFID 俗称电子标签。它是一种非接触式的自动识别技术，通过射频信号自动识别目标对象并获取相关数据。RFID 由标签、解读器和天线 3 个基本要素组成。RFID 可被广泛应用于物流业、交通运输、Zigbee。这是一种新兴的短距离、低功率、低速率无线接入技术。ZigBee 技术是可以用于构建无限个域网的无线网技术，是 IEEE802.15.4 的扩展集，它由 Zigbee 联盟与 IEEE802.15.4 工作组共同制定。Zigbee 工作在 2.4GHz 频段，数据传输速率为 20～250kbps，传输距离为 10～75m。ZigBee 技术适合于低带宽应用，可用于组建无线传感器网络。

另外，UWB（超宽带）即 802.15.3a 技术，它是一种超高速的短距离无线接入技术。它在较宽的频谱上传送极低功率的信号，能在 10m 左右的范围内实现每秒数百兆比特的数据传输率，具有抗干扰性能强、传输速率高、带宽极宽、消耗电能小、保密性好等诸多优势。UWB 早在 1960 年就开始开发，但仅限于军事应用，美国 FCC 于 2002 年 2 月准许该技术进入民用领域。

2.　无线局域网（WLAN）

无线局域网（wireless local area networks）的覆盖范围比无线个域网更广些，无线局域网已经被 IEEE 标准化，标准编号是 IEEE802.11。802.11b 是第一个成功实现商业化的无线局域网技术，它运行于 2.4GHz 频段上，并能提供 11Mbps 的数据传输速率。而 802.11g 及 802.11a 将数据率提高到 54Mbps。目前常见的双频无线网卡可以同时支持 802.11a、802.11b、802.11g 中的两种。下一代无线局域网为 IEEE802.11n，它将与 802.11a、802.11b、802.11g 兼容，并提供超过 100Mbps 的数据传输速率。无线局域网是本节重点介绍的内容。

WiFi 联盟是专门负责 WiFi 认证及兼容性测试的机构，其目的是改善基于 IEEE 802.11 标准的无线网路产品之间的互通性，主要对新产品是否与 802.11 系列标准兼容进行测试和认证。

3.　无线城域网（WMAN）

无线城域网是以无线方式构建的城域网，它是以 IEEE 802.16 标准为基础的、可覆盖城市或郊区等较大范围的一种无线组网技术。目前 IEEE 已将无线城域网技术标准化，比较成熟的标准是 IEEE 802.16d 和 IEEE 802.16e。802.16d 标准在 50km 范围内的最高数据传输速率可达 70Mbps，而 802.16e 标准支持在数据终端车载速率（通常认为可以达到 120km/h）下以 70Mbps 数据传输速率带宽接入。

IEEE 802.16 也称为 WiMAX(worldwide interoperability for microwave access,微波接入全球互操作性),WiMAX 联盟是由业界主要的无线宽带接入厂商和芯片制造商成立的非盈利工业贸易联盟组织,对基于 IEEE 802.16 标准的宽带无线接入产品进行兼容性和互操作性的测试和认证,发放 WiMAX 认证标志。WiMAX 能达到 30~100Mbps 或者更高速率,移动性优于 WiFi。

4. 无线广域网(WWAN)

无线广域网(wireless wide area network)是移动电话及数据服务所使用的数字移动通信网络。无线广域网可覆盖相当广的地理范围,一般由电信运营商经营。典型的无线广域网就是移动通信网(2G/3G/4G)和卫星通信网。

目前,世界各地的移动电话通信网络主要是采用 GSM 及 CDMA 技术。支持在 GSM 上传输数据的是通用无线分组业务(general packet radio service,GPRS)和增强型数据 GSM 演进(enhanced data GSM evolution,EDGE)两种技术。GSM 及 CDMA 技术发展到现在都已进入 4G 时代了。

4G 集 3G 与 WLAN 于一体,并能够快速传输数据、高质量、音频、视频和图像等。4G 能够以 100Mbps 以上的速度下载,比家用宽带的 ADSL(4M)快 25 倍,并能够满足几乎所有用户对于无线服务的要求。

5.5.2 无线局域网的优势

无线局域网 WLAN 就是指在局部区域内以无线媒体或介质进行通信的无线网络。这是广义的概念,实际上,无线局域网有丰富的内涵。

无线局域网的历史可以追溯到 20 世纪 70 年代,夏威夷大学的研究员创造了第一个的无线电通信网络 ALOHA。但其真正的发展还是近几年的事。在 2000 年,美国各大电脑厂商及家电设备厂商纷纷推出了无线局域网的产品,而且同年 10 月 Microsoft 推出的 Windows XP 加入对 802.11x 无线通信安全标准的支援,从此全球掀起了无线局域网的热潮。无线局域网的兴起是基于下列几点优势:

(1)无线局域网不需要受限于网络可连线站点数之多寡,就可轻松地在无线局域网中增加新的计算机数目。

(2)使用无线局域网时不必受限于网线的长短与上网的计算机内插槽。

(3)相较于一般拨号上网(Modem 56kbps)的传输速率,无线局域网具有高速、宽频上网的特性,它可提供 11Mbps 甚至更高速率,约 200 倍于前者,可满足使用者对大量的数据和多媒体信息传输之需求。

凡是采用无线传输介质的计算机局域网都可称为无线局域网。这里的无线介质可以是射频(radio frequency)无线电波和光波,射频无线电波主要使用无线电波和微波,光波主要使用红外线(infrered)。因此,无线局域网可以有基于无线电波的和基于红外线的两类。

5.5.3 无线局域网的传输介质

无线信号是能够在空气中传播的电磁波,电磁波不仅能够穿透墙体,还能覆盖较大的范围,电磁波的波谱如图 5-19 所示。无线电频率与带宽的对应关系如表 5-5 所示。其中微波波段又分成 L、S、C、X、Ku、K、Ka 和 V 等,分别对应的频率为 1~2GHz、2~4GHz、4~8GHz、8~12GHz、12~18GHz、18~27GHz、27~40GHz 和 40~75GHz。

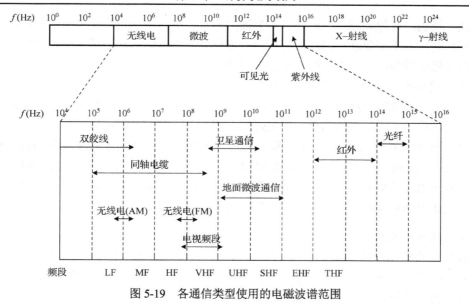

图 5-19　各通信类型使用的电磁波谱范围

表 5-5　无线电频率与带宽的对应关系

频段划分	低频(LF)	中频(MF)	高频(HF)	甚高频(VHF)	特高频(UHF)	超高频(SHF)	极高频(EHF)
范围	30～300kHz	300kHz～3MHz	3～30MHz	30～300MHz	300MHz～3GHz	3～30GHz	30～300GHz
类	无线电波					微波	

　　无线局域网使用的无线电波和微波频率是由各国的无线电管理部门规定的,不同国家有不同的无线电波法规,但一般可分为两种,即专用频段和自由使用频段。专用频段是需要批准的,也称为执照频段。而自由使用频段主要是指工业、科学和医学所用的 ISM(industrial scientific medical)频段或其他不需要许可的频段。ISM 频段虽然不需要执照,也不需要交纳费用,但在发射功率和频谱范围等方面也需要遵守有关法规。美国联邦通信委员会 FCC 批准的不需要执照的频段主要有 902～928MHz 和 2.400～2.4835GHz 的 ISM 频段,1.890～1.930GHz 的个人通信系统 PCS(personal communication system)频段等。在我国,可用于无线局域网的频段主要是 2.400～2.4835GHz 和 5.725～5.850GHz 的频段,也可以用 336～344MHz 频段。

5.5.4　无线局域网的组成及拓扑结构

　　无线局域网在结构上一般由站(station,STA)、无线介质(wireless medium,WM)、基站(base station,BS)或接入点(access point,AP)和分布式系统(distribution system,DS)等几部分组成。

　　1)站 STA

　　站(点)通常就是主机或终端,是无线局域网的最基本组成单元,数据传输就是在站间进行的。站设备必须具有无线网络接口,并配置相应的网络软件。

　　无线局域网中的站点可分为固定站点、半移动站点、移动站点 3 类。固定站点指固定位置的台式计算机，有线局域网中的站点均为固定站点；半移动站点指经常改变使用场所的站点，但在移动状态下不要求与网络保持通信；而移动站点就像移动电话一样，在移动过程中仍要与网络保持通信，如在车、船上用便携式计算机与网络进行通信。

无线局域网的站之间可以直接相互通信，也可以通过基站或接入点进行通信，站之间的通信距离由于天线的辐射能力有限和应用环境的不同而受到限制，例如，在有柱子的办公室中，柱子两侧的站点之间的通信就会受到影响。我们把无线局域网所覆盖的区域称为业务区域 SA（service area），而把由无线收发机及地理环境所确定的通信覆盖区域称为基本业务区BSA（basic service area），它是构成无线局域网的最小单元。在一个 BSA 内彼此之间相互联系、相互通信的一组设备组成了一个基本业务群 BSS（basic service set）。BSS 的通信覆盖区域不太大，一般在 100m 以内，也就是说同一 BSA 中的站间距离应小于 100m。

2) 无线接入点 AP

无线接入点类似于手机网的基站，是一种具有无线网络接口的网络设备，它通常处于BSA 的中心，固定不动。其基本功能是完成同一 BSS 中各站之间的通信和管理，以及站点对分布系统的接入访问。

3) 分布式系统 DS

一个 BSA 所能覆盖的区域有限，为了覆盖更大的区域，需要将多个 BSA 通过分布式系统连接起来，形成一个扩展业务区域 ESA（extended service area），而通过 DS 互相连接起来的、属于同一 ESA 的所有设备组成一个扩展业务群 ESS（extended service set）。可以说，BSA 是构成无线 LAN 的最小单元，而 ESA 则构成了一个逻辑网段。

分布式系统是用来连接不同 BSA 的通信信道，它可以是有线信道，也可以是频段多变的无线信道。这样在构建无线局域网时就有了足够的灵活性。通常情况下，有线 DS 系统与骨干网都采用有线局域网，而无线 DS 可通过 AP 间的无线通信（无线网桥）取代有线电缆来实现不同 BSS 的连接。

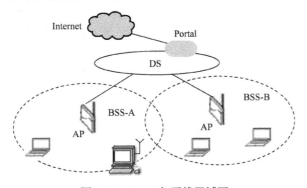

图 5-20　Portal 与无线局域网

分布式系统通过入口（Portal）与骨干网连接。从无线局域网发往骨干网的数据都必须经过 Portal，反之亦然。这样 Portal 就把无线局域网与骨干网连接起来了，如图 5-20 所示。Portal 像有线网桥一样必须能够处理无线局域网的帧、DS 上的帧和骨干网的帧，并能相互转换。Portal 是一个逻辑的接入点，它既可以是单一的设备（如路由器或网桥），也可以和 AP 集成在一起，而 DS 与骨干网一般是同一个有线局域网。

上面我们介绍了无线局域网的基本组成部分，这些部分互连就构成了 WLAN，而 WLAN 在具体实现时可以有不同的拓扑结构。从物理区域上看，有单区域网和多区域网。从控制方式上看，可分为分布式和集中控制式。从与外网的连接上看，有独立和非独立的。从逻辑上看，一种是孤立使用的独立基本业务群 BSS 结构，另一种是与有线局域网互连使用的扩展业务群 ESS 结构。

1）BSS 结构网络

BSS 是 WLAN 的一个基本构成单位。它有两种基本结构，分别是分布对等式结构和集中式基础结构（infrastructure），如图 5-21 所示。

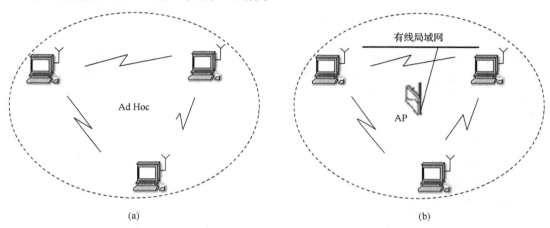

图 5-21　BSS 的两种结构

分布对等式结构 WLAN 是一种独立的 BSS 网络，通俗地说，所谓独立 BSS 网络，是指无线网络内的计算机之间构成一个独立的网络，无法实现与其他无线网络或有线网络的连接。独立无线网络由一个无线接入点和若干带无线网卡的设备组成。它至少有两个站，是一种典型的、自发式的单区域网。网中各站可直接通信而无需 AP 转接，如图 5-21（a）所示。站与站的关系是对等的（peer to peer）、分布的或无中心的。此网无需事先计划，随时可以构建，因此结构网络也被称为自组织网络（Ad Hoc network）。该结构网络运行时各站点采用竞争公用信道的方式，当站点多时，网络性能明显下降。当然，这种结构的网络也有优势，那就是，组网简单、迅速，使用方便，抗毁性强，可用于临时组网和军事通信。

集中式基础结构网络包括接入点 AP 和若干个移动站，以及提供接入 DS 或骨干网的一个逻辑接入点，此单区域的网络结构如图 5-21（b）所示。在 BSS 内的各站可以彼此直接通信。无线接入点 AP 类似于以太网中的集线器，可以对网络信号进行放大处理，一个站到另外一个站的信号都可以经由该 AP 放大并进行中继。该结构仍然属于共享式接入，但所有计算机之间的通信仍然共享无线网络带宽。由于带宽有限，因此，该无线网络结构只能适用于小型网络。

应当指出，在一个基础结构 BSS 中，如果 AP 没有与其他网相连，此种结构的网络也是一种独立的 BSS 结构网络。

2）ESS 结构网络

如图 5-22 所示，ESS 结构网络是由两个或两个以上BSS组成的,各个独立结构的BSS通过接入点 AP 与其他 BSS 相连，扩大了通

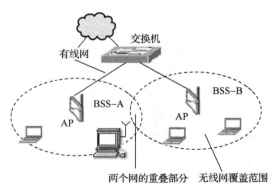

图 5-22　扩展业务群方式

信范围，通信距离可扩大到 1000m 左右。这种由多个 BSS 相互连接构成的网络也称为多区无线局域网。AP 在无线工作站和有线主干之间起网桥的作用，实现了无线与有线的无缝集成，既允许无线工作站访问网络资源，同时又为有线网络增加了可用资源。

无线局域网的移动管理

半移动站点和移动站点通常可在 BSA 及 ESA 区域内自由移动。如果站点的移动限制在一个 BSA 区域内，由于构成 BSA 的站点没有发生变化，故这种移动对 BSA 不产生影响。

如果站点在某一 ESA 内移动，当移动站点从一个 BSA 移动到另一个 BSA 时，就必须切换 AP，并且这两个 BSA 的构成情况发生了变化，故需要对该移动进行专门的管理。移动管理包括：登录管理、认证管理及移动管理。

1）登录管理

当某一站点开机时，首先应找到自己所在的 BSA，向该 BSA 的 AP 登录，并获得该 BSA 的相关信息，例如 BSA 标识、信道号等。当该站点移动到另一个 BSA 时，应向新的 BSA 中的 AP 重新登录，同时新 BSA 的 AP 应把该站点的移动信息通知原 BSA 中的 AP。

2）认证管理

在支持移动的网络中，认证管理是网络安全所必须的。通常只有办理过入网手续的用户才可接入网络，这样的用户被称为合法用户。各 BSA 或 ESA 保存有合法用户的名单。当用户访问网络时，网络需对该站点进行认证处理。

3）移动管理

支持移动的网络要对站点的移动情况进行管理。当某站点在多个 BSA 间移动，而这些 BSA 通过有线骨干网构成同一逻辑网段的 ESA 时，管理较为简单，只需解决越区切换问题。但如果这些 BSA 分属不同的子网时，移动管理将会变得复杂，因为跨越子网的移动要由网络层处理。

5.5.5 无线局域网体系结构

IEEE802.11 WLAN 是 802 系列局域网的一个分支。其与 802.3 以太网等其他 LAN 只是 LLC 层以下的 MAC 子层和 PHY 层不同，WLAN 的特色充分体现在这两层上。WLAN 的体系结构如图 5-23 所示。

1. MAC 子层

1）MAC 子层的功能结构

MAC 子层的功能结构如图 5-24 所示。无线局域网不能使用 CSMA/CD，这是因为无线信道由于传输条件特殊，使得发送站无法使用冲突检测的方法来确定是否发生了冲突。因此，它使用不带冲突检测的 CSMA 协议，即 CSMA/CA 协议，这里 CA 表示冲突避免（collision avoidance）。稍后介绍。

802.11 标准设计了独特的 MAC 层，如图 5-24 所示。它通过协调功能（coordination function）来确定在基本服务集 BSS 中的移动站在什么时间能发送数据或接收数据。802.11 标准中的 MAC 层包括两个子层。下面的一个子层是分布协调功能 DCF（distributed coordinahon function）。

DCF 在每一个结点使用 CSMA 机制的分布式接入算法,让各个站通过争用信道来获取发送权。因此 DCF 向上提供争用服务。另一个子层叫做点协调功能 PCF(point coordination function)。PCF 是可选项,独立无线网络就没有 PCF 子层。PCF 使用集中控制的接入算法(一般在接入点 AP 实现集中控制),用类似于探询的方法将发送数据权轮流交给各个站,从而避免了冲突的产生。对于时间敏感的业务,如分组话音,就应使用提供无争用服务的点协调功能 PCF。

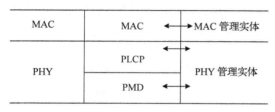

图 5-23 802.11 MAC 与 PHY 层结构示意图

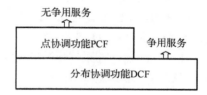

图 5-24 MAC 层功能模型

2) CSMA/CA

像其他的局域网技术一样,无线局域网也使用共享技术。也就是说,在一个无线局域网内的所有计算机被配置为同一无线频率,因而它们必须轮流发送数据。

无线局域网不能搬用与以太网同样的 CSMA/CD 机制。这主要是因为无线局域网采用的无线通信的信号传输方式,即电磁信号可以向四面八方辐射,而且无线局域网使用低功率的发射器使通信只具备短距离内的传输能力,金属障碍物也会阻塞信号,使得相隔较远或位于障碍物后的无线设备不能接收到彼此间的信号。这些原因使得很难实现不间断的冲突检测,或者在特定的情况下干脆检测不出冲突来。

为此,无线局域网采用带有冲突避免的载波侦听多路访问机制(CSMA/CA)。发送结点在发出一个数据帧前,首先传输一个要求接收结点应答的小的控制信号。然后控制信号的交换可以通知接收结点范围内的所有结点即将有数据传输出现,这样可以使其他结点在传输进行时保持安静(如为了避免冲突),即使它们并不接收信号。

3) MAC 管理实体

WLAN 是开放系统,各站共享介质,而且通信站具有可移动性、便携性,因此,必须解决信息的保密性问题、节能问题、同步问题和漫游问题。

(1)保密问题。IEEE802.11 定义了两种认证服务:开放系统认证和共享密钥认证。开放系统认证就是使用口令对入网者进行鉴权;共享密钥认证就是用 WEP(有线等效保密算法)对服务进行加密,使之成为密文,实现信息的保密传输。

(2)同步问题。WLAN 只能在一个 BSS 内实现各站的时钟同步。对于基础设施网,每个 BSS 利用各自的 AP 作为主时钟,控制其内部的各站达到同步,这种方式称为主从同步;对于独立网,BSS 采用互同步方式达到同步。

(3)节能问题。IEEE802.11 允许空闲站处于睡眠状态,在同步时钟的控制下周期性地唤醒处于睡眠态的空闲站,由 AP 发送的信标帧中的 TIM(业务指示图)指示是否有数据暂存于 AP,若有,则向 AP 发探询帧,从 AP 接收数据,然后进入睡眠态;若无,则立即进入睡眠态。

(4)漫游问题。IEEE802.11 只考虑 ESS 内的移动,即 BSS 转移移动。这种转移移动主要解决的问题是如何选择一个合适 AP 与之连接和再连接。站利用扫描功能或当前的扫描信息发现一个新的高质量的 AP，并向这个 AP 发送再连接请求，若再连接请求成功，则旧站漫游到新的 AP，而且 AP 把再次连接信息通知分布系统，分布系统修改信息，这样就完成了从一个 BSS 向另一个 BSS 的漫游。若再次连接不成功，站将扫描另一个 AP。

2. 物理层 PHY

PHY 层是负责收发 MAC 数据的层。它分为两个层：物理汇聚子层 PLCP 和物理介质相关子层 PMD。PLCP 是连接 MAC 与 PHY 之间的桥梁，负责对数据进行必要的处理，便于数据在 MAC 层和 PMD 层之间传输；PMD 层直接与物理介质接口。

在 PHY 层，扩频技术是数据传输的关键技术。所谓扩频通信，是指发送的信息被展宽到一个比信息带宽宽得多的频带上去，接收端通过相关接收将其恢复到原信息带宽的一种通信手段。

扩频通信的特点是：具有很强的抗干扰能力，可以进行多址通信，安全保密性好，抗多径干扰。扩频技术包括：直接序列扩频 DSSS，跳频扩频 FHSS，跳时扩频 THSS，线性调频和 DS/FH、DS/TH、FH/TH 混合系统。其中最常用的是直接序列扩频和跳频扩频方式。IEEE802.11 支持 DSSS、FHSS 两种扩频方式，规定其工作频段为 2.4GHz（2.4000～2.4835）的 ISM（industrial scientific medical 即工业、科学和医学）频段。其基本接入速率为 1Mbps 和 2Mbps，甚至更高。

（1）DSSS（direct sequence spread spectrum）是指用高速伪噪声码序列与信息码序列模 2 加后的复合码序列去控制载波的相位而获得的信号。

（2）FHSS 是指信息的载波受一伪随机序列的控制，不断随机跳变，即载波按一定规律变化的多频频移键控，虽然在某一时刻频谱是窄带的，但在整个时间内，跳频系统在整个频带内跳变是宽带的，从而达到了扩频的目的。

DSSS 与 FHSS 各有利弊。在抗衰落等方面 DSSS 优于 FHSS；而 FHSS 则在抗远近效应上优于 DSSS。为了弥补单一扩频方式的缺陷，可以将两者结合起来，采用 FH/DS 方式，从而达到提高性能、降低成本的目标。在实际应用中应根据需要，综合考虑，选择最优的扩频方式。

5.5.6　无线局域网标准

IEEE 802.11 是最早颁布的无线局域网标准，是 1997 年所发布的，其传输速率为 1Mbps/2Mbps，在 1999 年发布了传输速率为 54Mbps 的 IEEE802.11a 和传输速率为 11Mbps 的 IEEE802.11b 这两个标准，2004 年发布了传输速率为 54Mbps 的 IEEE802.11g。无线局域网的主要规范标准如表 5-6 所示。

表 5-6　无线局域网主要规范标准对照表

标准号	IEEE802.11b	IEEE802.11a	IEEE802.11g	IEEE802.11n	IEEE802.11ac	IEEE802.11ad
工作频段	2.4GHz	5GHz	2.4GHz	2.4/5GHz	5GHz	60GHz
最高传输速率	11Mbps	54Mbps	54Mbps	600Mbps	3.2Gbps	7Gbps
非重叠信道数	3	12 或 24	3	15	8	暂未知
传输距离	35～140m	35～120m	150m 以上	几平方千米	几平方千米	暂未知
调制方式	CCK/DSSS	OFDM	CCK/DSSS/OFDM	4*4MIMO-OFDM/DSSS/CCK	8*8MIMO-OFDM/16-256QAM	暂未知
兼容性	802.11b	802.11a	802.11b/g	802.11a/b/g/n	802.11a/b/g/n	802.11a/b/g/n/ac

1. IEEE 802.11b 标准

802.11b 又称为 802.11HR(high rate)，其使用 2.4GHz 的频段，采用直接序列扩频技术，传输信息的传输速率可达到 11Mbps，传输距离可达到 100m，甚至更远。它曾是市面上使用最多无线网络产品使用的标准。该规范的主要特性如下：

1) 工作频段

IEEE802.11b 规范工作在免费的 2.4GHz 频段，室内有效传输距离为 35m，室外有效传输距离为 140m。

2) 传输速率

IEEE802.11b 规范的最高传输速率为 11Mbps，还可根据实际网络环境调整为 1Mbps、2Mbps 和 5.5Mbps(相对现在几百兆速率的 WLAN 来说，它早已被淘汰了)。

3) 调制方法

IEEE802.11b 规范可根据不同接入速率采用不同的调制技术：传输速率为 1Mbps 和 2Mbps 时，采用原来 IEEE802.11 规范中的 DSSS(direct sequence spread spectrum，直接序列扩展)、DBPSK(differential binary phase shift keying，差分二相位键控)、DQPSK(differential quadrature phase shift keying，差分四相位键控)等数字调制方法；传输速率为 5.5Mbps 和 11Mbps 时，采用 CCK(complementary code keying，互补编码键控)调制方法。

2. IEEE802.11a 标准

IEEE802.11a 标准是已在办公室、家庭、宾馆、机场等众多场合得到广泛应用的 802.11b 无线联网标准的后续标准，支持语音、数据、图像传输业务。802.11a 规范的主要特性如下：

1) 工作频段

IEEE802.11a 规范工作频段为商用的 5GHz 频段(不是采用 IEEE802.11b 规范中的 2.4GHz 免费频段，所以不与 IEEE802.11b 设备兼容)，室内有效传输距离为 35m，室外有效传输距离为 120m。

2) 传输速率

IEEE802.11a 规范的最高数据传输速率为 54Mbps，根据实际网络环境，还可调整为 6Mbps、9Mbps、12Mbps、18Mbps、36Mbps、48Mbps。

3) 调制方法

IEEE802.11a 规范采用 52 个 OFDM(orthogonal frequency division multiplexing，正交频分复用)调制扩频技术，可提高信道的利用率。在 52 个 OFDM 中的 52 个载波中，48 个用于传输数据，4 个是辅助载波(pilot carrier，载波里面没有携带任何数据)，每一个带宽为 0.3125MHz(20MHz/64)，可以应用 BPSK(二相移相键控)、QPSK(四相移相键控)、16-QAM 或者 64-QAM 调制技术。OFDM 技术将信道分成若干个正交子信道，将高速数据信号转换成并行的低速子数据流，再调制到每个子信道上进行传输。正交信号可以通过在接收端采用相关技术来分开，这样可以减少子信道之间的相互干扰。

为什么最先推出的规范命名为 IEEE802.11b,而后来推出的规范反而是 IEEE802.11a 呢？那是因为，这两个规范是分属于两个不同的小组。事实上 IEEE802.11a 规范与 IEEE 802.11b 的研制工作是同时开始的，只是在后来正式完成发布中，IEEE802.11b 规范却走在了前面，所以最先发布的是 IEEE802.11b，而不是 IEEE802.11a。还有一点，那就是 IEEE 802.11a 规范本来要先于 IEEE802.11b 发布，所以其速度原先的设想不是 54Mbps，只是 IEEE 802.11b 发布了 11Mbps 的规范，所以 IEEE802.11a 规范的连接速率就不可能再低于或者接近 11Mbps，只能超过它。

3. IEEE802.11g 标准

802.11g 是 IEEE 组织于 2004 年 6 月正式批准的更为高速的无线局域网技术标准。虽然 IEEE802.11a 规范的速度已非常快了，但由于 IEEE802.11b 与 IEEE802.11a 两个规范的工作频段不一样，相互不兼容，致使一些原先购买 IEEE802.11b 规范的无线网络设备在新的 802.11a 网络中不能用，于是推出这个兼容两个规范的新规范。IEEE802.11g 规范的主要特性如下：

1）工作频段

IEEE802.11g 规范与 IEEE802.11b 规范一样工作在免费的 2.4GHz 频段（与 IEEE802.11b 兼容，但不与 IEEE802.11a 兼容），室内有效传输距离为 38m，室外有效传输距离为 140m。

2）传输速率

IEEE802.11g 规范具有与 IEEE802.11a 规范一样的传输速率（54Mbps），总带宽为 20MHz，如果需要的话，传输速率可降为 48Mbps、36Mbps、24Mbps、18Mbps、12Mbps、9Mbps 或者 6Mbps。

3）调制方法

高速率和兼容 802.11b 是 802.11g 两个最为主要的特征。高速率是由于其采用 OFDM（正交频分复用）调制技术，可得到高达 54Mbps 的数据通信带宽。为保证兼容性，802.11g 采用了两个方法来解决这个问题。第一个方法是 802.11g 设备同时支持 OFDM 和 CCK 两种调制技术，第二个办法是采用"保护"机制。保护机制提供了一种能控制无线工作站是采用 OFDM 还是采用 CCK 的调制技术。具体实现是采用了 802.11b 规范当中已有的 RTS/CTS 机制。当使用保护机制时，每一个 802.11g 的 OFDM 数据包之前都有一个 CCK 的 RTS（request to send）。

4. IEEE 802.11n 标准

IEEE802.11n 是 2009 年 9 月正式发布的 IEEE 新的 802.11 规范，也是目前最主要应用的 WLAN 规范。其主要特性如下：

1）工作频段

IEEE802.11n 规范可工作在 2.4GHz 和 5GHz 两个频段，所以它可以全面向下兼容以前发布的 IEEE802.11b/a/g 这 3 个规范。

2）传输速率

IEEE802.11n 规范在标准带宽（20MHz）单倍 MIMO 上支持的速率有 7.2Mbps、15.4Mbps、21.7Mbps、28.9Mbps、43.3Mbps、57.8Mbps、65Mbps、72.2Mbps，使用标准带宽和 4 倍 MIMO

时，最高速率为 300Mbps；在 2 倍带宽(40Mbps)和 4 倍 MIMO 时，最高速率可达 600Mbps，是 IEEE802.11g 的 10 倍多。

3) 调制方法

IEEE802.11n 规范采用了与 IEEE802.11g 规范中相同的 OFDM 调制技术，只是选择的正交载波数更多。OFDM 可将信道分成许多进行窄带调制信道和传输正交子信道，并使每个子信道上的信号带宽小于信道的相关带宽，用以减少各个载波之间的相互干扰，同时提高频谱的利用率。MIMO(multiple-input and multiple-output，多进多出)与 OFDM 技术的结合，就产生了 MIMO OFDM 技术，它通过在 OFDM 传输系统中采用阵列天线实现空间分集，提高信号质量，并增加多径的容限，使无线网络的有效传输速率有质的提升。

5. IEEE802.11ac 和 IEEE802.11ad 标准

802.11ac 是802.11n的继承者。它采用并扩展了源自 802.11n 的空中接口(air interface)概念，包括：更宽的 RF 带宽(提升至 160MHz)，更多的 MIMO 空间流(spatial streams)(增加到 8)，多用户的 MIMO，以及更高阶的调制(modulation)(达到 256QAM)。

802.11ad标准规范是针对速率超过 1Gbps 的多路高清视频和无损音频的，它将被用于实现家庭内部无线高清音视频信号的传输，为家庭多媒体应用带来更完备的高清视频解决方案。从无线传输最为重要的频段使用上分析，由于应用难度的增大，6GHz 以下的频段都不能满足要求，经过标准制定小组的确定，高频载波 60GHz 频谱成为了 802.11ad 的工作频段。

802.11ac 标准提供了一种更接近于传统的蜂窝式无线网络的 WiFi 体验。802.11ac 不仅提高了吞吐量，还能比以前的 WiFi 版本更好地管理通道绑定引起的互操作性问题。而且，802.11ac 利用更好的编码算法，天线配置也更加密集，所以更省电，还提高了 WiFi 接入点(AP)的覆盖范围。所以，802.11ac 每个无线接入点可以支持更多用户。而且 802.11ac 的无线接入点是向后兼容 802.11n 的，所以升级 AP 会变得非常简单。

任何复杂的技术都要有一个稳定的支撑，802.11ac 也不例外，它只有在基础设施能够支持的情况下才能发挥它的优势性能。也就是说，虽然从理论上来看 802.11ac 能够提供高达 1 Gbps 甚至更高的传输速率，但是必须有强大的硬件来支持它传输，这就显著增加了设备的复杂性。而如果没有相应的硬件的支持，那么就体验不到 802.11ac 的高传输速率。

本 章 小 结

决定局域网特性的主要技术有以下 3 种：传输数据的传输介质；连接各种设备的拓扑结构；共享资源的介质访问控制方法。这 3 种技术在很大程度上决定了传输数据的类型、网络的响应时间、吞吐量和信道利用率，以及网络应用等各种网络特性。其中最重要的是介质访问控制方法，它对网络特性具有十分重要的影响。介质访问控制方法是指分配介质使用权的机制(mechanism)、策略(strategy)或算法(algorithm)。所以，LAN 中介质访问控制方法(即多路访问算法)包括两方面的内容：一是要确定 LAN 中每个结点能将信息送到通信介质上去的时刻；二是如何控制公共通信介质的访问和利用。这不仅与传输介质有关，且与局域网的拓扑结构有关。

　　本章重点讨论了 IEEE802 标准中涉及的 3 种介质访问控制方法，它们是载波监听多路访问/冲突检测 CSMA/CD、令牌环 Token Ring 和令牌总线 Token Bus。

　　虽然局域网的传输介质被许多计算机共享，但物理或硬件地址使得计算机能够向指定的计算机发送帧。这是因为连接在共享网络上的每台计算机都分配了唯一的物理地址。计算机必须在发送帧的同时把目的计算机的物理地址放到帧头的地址字段中，然后发送结点得到共享介质的访问权后发出帧。网卡收到一个帧后，就把帧头中的目的地址与该计算机的物理地址和广播地址相比较。如果帧中的目的地址是指定到另一台计算机的，则网卡就丢弃该帧开始监听下一个帧。如果帧中的目的地址与计算机的物理地址或广播地址匹配，则网卡就中断 CPU 并把收到的帧交给计算机处理。由于网卡硬件的处理独立于计算机的 CPU，所以计算机可以在网卡接收帧和比较地址的同时继续执行其正常的处理。

　　共享式局域网的主要缺点是：那些对广播帧不感兴趣的计算机必须耗费 CPU 时间来分析帧并丢弃它们。

　　以太网技术发展经历了 4 个阶段，即以太网阶段、快速以太网阶段、千兆以太网和万兆以太网阶段。以太网最初是采用 10Mbps 粗缆总线，而后改进为采用 10BASE5 10Mbps 细缆，随后以太网技术发展成为大家熟悉的星型的双绞线 10BASE-T。随着人们对带宽要求的提高及以太网器件能力的增强，出现了快速以太网，5 类线传输的 100BASE-TX、3 类线传输的 100BASE-T4 和光纤传输的 100BASE-FX。随后千兆以太网出现了，它包括短波长光传输 1000BASE-SX、长波长光传输 1000BASE-LX 及 5 类线传输 1000BASE-T。目前千兆以太网正处于一个技术成熟、大量应用的繁荣期。无论是 10Mbps、100Mbps 还是千兆以太网，大范围、远距离传输始终是以太网技术的一大障碍。但万兆以太网技术不仅提高了原有以太网技术的带宽和传输距离，并且也为以太网技术的应用扩展到广域网开辟了道路。目前以太网的应用已经覆盖从桌面、校园网/企业网、接入网、城域网甚至骨干网的各个方面。

　　无线局域网是计算机网络与无线通信技术相结合的产物，并为移动通信、移动办公提供了技术可能。实现无线局域网的关键技术主要有 3 种：红外线、跳频扩频(FHSS)和直接序列扩频(DSSS)。最常见的无线局域网标准有 IEEE802.11，IEEE802.11a、IEEE802.11b、IEEE802.11g。

　　综观现在的市场，IEEE802.11b 技术在性能、价格各方面均超过了蓝牙、HomeRF 等技术。IEEE802.11b 又被称为 WiFi，使用开放的 2.4GHz 直接序列扩频，最大数据传输速率为 11Mbps，也可根据信号强弱把传输率调整为 5.5Mbps、2 Mbps 和 1 Mbps 带宽。无需直线传播，传输范围为室外最大 300 米，室内有障碍的情况下最大 100 米，是现在使用得最多的传输协议。

　　无线局域网具有移动性、通信范围不受环境条件的限制、建网容易和管理方便等优势。但在目前，无线局域网还不能完全脱离有线网络，它只是有线网络的补充，而不是替换。

思考与练习

　　1. 局域网为何设置介质访问控制子层？

　　2. 比较局域网参考模型与 OSI 参考模型的异同。局域网是否需要高层协议的支持？为什么？

3．描述以太网采用的介质访问控制方式的工作过程。

4．何谓冲突？在 CSMA/CD 中，如何解决冲突？在令牌环和令牌总线网中存在冲突吗？为什么？

5．数据传输速率为 10Mbps 的以太网的码元传输速率是多少波特？

6．有 10 个站连接到以太网上。试计算以下 3 种情况下每一个站所能得到的带宽。

（1）10 个站都连接到一个 100Mbps 以太网集线器上。

（2）10 个站都连接到一个 100Mps 以太网交换机上。

（3）10 个站都连接到一个 10Mbps 以太网交换机上。

7．说明 10BASE5、10BASE2、10BASE-T 和 10BROAD36 所代表的意思。

8．为什么早期的以太网选择总线拓扑结构而不使用星型拓扑结构，而现在却改为使用星型拓扑结构？

9．某单位有相距几百米的 3 座建筑物，请使用流行的 10/100/1000Mbps 混合以太网技术，设计一个 LAN，连接单位内的所有办公室。

10．试比较以太网的 MAC 层协议和 HDLC 协议的相似点和不同点。

11．以太网标准规定了最大帧长度与最小帧长度，它们分别是多少？为什么需要最小帧长度？

12．简述 MAC 地址的构成及含义。

13．什么是交换以太网？它与传统的局域网有何区别？

14．以太网交换机有何特点？

15．简述万兆以太网的技术特点。

16．无线局域网的 MAC 协议有哪些特点？为什么在无线局域网中不能使用 CSMA/CD 协议而必须使用 CSMA/CA 协议？

17．解释无线局域网中的名词：BSS，ESS，AP，BSA，DCF，PCF。

第 6 章 网络连接设备及技术

从小范围内的计算机与计算机的连接到大范围的甚至跨国界的 Internet 的连接，除了使用连接介质外，还需要一些中介设备。这些中介设备主要有哪些？起什么作用？如何选用这些设备？本章将详细介绍目前市场上常用的网络连接设备以及这些设备工作原理和用途。

6.1 网络的互联和互连设备

网络互联通常是指将不同结构的网络或相同结构的网络用互联设备连接在一起而形成一个范围更大的网络。为了实现网络的互联，提高网络传输性能，人们发明了众多的网络连接设备，并通过各种传输介质（各种线缆，如双绞线、光纤、铜缆等），使网络中的设备能够相互通信。需要指出的是，互联（internetworking）与互连（interconnection）这两个词的含义是有所不同的，一般而言，"互连"强调物理连接；而"互联"强调逻辑连接。因此，很多情况下，网络层以下的连接被认为是"互连"，而网络层以上的连接则被认为是"互联"。但有时，人们也将两者混用了。

计算机网络互联的本质就是实现网络终端应用设备间的通信，主要涉及局域网（LAN）之间、广域网（WAN）之间、局域网与广域网之间的相互通信。在每一个层面上，还涉及同种网络、异种网络间的通信，如 ATM 网如何与以太网间通信、PSTN 网络如何与数据网络通信等。目前，各种网络间相互通信的方法已相当成熟，人们根据不同的需求，发明创造了各种各样的网络互联设备，如网桥、路由器以及各种网关设备，以实现不同层次的网络互联。根据 OSI 参考模型，可以将网络互联分成 4 个不同的层次，如图 6-1 所示。

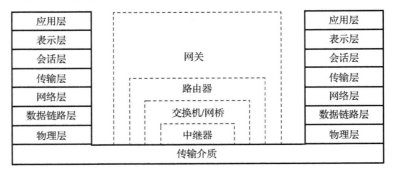

图 6-1 网络互联层次模型

6.1.1 物理层互联

由于信号在介质上传输时会不断地衰减，所以信号只能传输有限远的距离。为了扩展传输距离，物理层互联的基本要求是在不同的传输介质之间对信号进行复制。一般来说，中继器可以起到这个作用。中继器在网络中的作用主要是放大信号，用于局域网物理上的延伸。

因此，我们可以认为中继器是一种连接设备，用它连接的网络也称为网段。但集线器(Hub)等设备基本上已替代了中继器在网络上的使用。"Hub"是中心的意思，集线器的主要功能是对接收到的信号进行再生、整形、放大，以扩大网络的传输距离，同时它把所有节点集中在以它为中心的节点上。

网段(network segment)一般指一个计算机网络中使用同一物理层设备(传输介质、中继器、集线器等)能够直接通信的那一部分。通常使用同一物理层的设备之间必然通过相同的传输介质直接相互连接(如用交叉双绞线直接连接两台主机)，但是两组传输介质并非直接相连的网络设备，如果它们的传输介质通过工作在物理层的扩展设备如中继器和集线器等转接连接，则仍然被视为同一物理层中的设备，是一个网段而非两个。工作在数据链路层或更高层的设备，如网桥、交换机、路由器等，由它们连接起来的两个或多个网络因分别处于各自独立的物理层，因此是两个或多个网段。

"网段"原本是严格定义在物理层的，但"网段"还有一些不严格的含义，也是业内人员常说的，它是指以太网上的一个广播域，就是数据链路层上一个独立的、内部相互作用的区域。

6.1.2　数据链路层互联

数据链路层主要解决帧信号的存储转发数据问题，交换机(早期是网桥)是数据链路层的主要设备，起到数据接收、地址过滤及数据转发的功能。交换机是搭建一个局域网的主要设备，因为数据链路层分为 LLC 子层、MAC 子层，交换机实际上是在 MAC 子层上实现网络互联，所以要求互联的两个网络从应用层到 LLC 子层，相对应的层次采用相同的协议，即为同构网络，而 MAC 子层和物理层则可遵循不同的协议。交换机作为特殊的网桥设备，在数据链路层的互联中得到广泛的应用。

6.1.3　网络层互联

网络层互联所要解决的问题主要是在不同的网络之间对数据进行存储转发。网络层互联主要包括协议转换、路由选择、流量控制、分段和重组功能和网络管理功能等。路由器是这个层次上常用的网络互联设备。如果网络层协议相同，互联主要解决路由选择问题；如果网络层协议不同，路由器还需要进行协议转换。多协议路由器能支持多种协议，如 RIP、OSPF、BGP 等，能为不同类型的协议建立和维护不同的路由表。所以用路由器实现网络互联时，允许互联网络的网络层及其以下的各层协议是不同的。

6.1.4　高层互联

传输层及以上各层协议不同的网络之间的互联一般被称为高层互联。实现高层互联的设备是网关，最常用的是应用层网关，网关用于互联异构型网络。所谓异构型网络，是指不同类型网络，至少从网络层到物理层的协议不同，甚至从应用层到物理层的协议也不同。网关可用于异构型局域网、局域网与广域网、广域网与广域网及局域网与主机等几种场合的异构网互联。

网络连接有两层含义，第一层含义是将分散的用户计算机连接成一个网络，其 IP 网络号相同，主机号不同；第二层含义是将一个网络的几个网段(segments)连接起来，或将几个网络(LAN-LAN、WAN-WAN、LAN-WAN)连接起来形成一个互联网络。这两种连接都需要借助传输介质和网络互连设备来实现。常用的传输介质我们在第 2 章已介绍了,这里不再重复。而常用的网络连接设备有哪些呢?一般有中继器(集线器)、网桥、交换机、路由器和网关这五类设备。下面我们详细介绍这些设备及其相关的技术。当然,为了连接传输介质和计算机或网络连接设备,常常也要用到一些连接器(或称转接头),如 T 型头、RJ45 接头、加长连接头及光纤连接器等。这些连接器的主要功能就是实现设备与介质的连接,第 5 章也有涉及,在此不再说了。

6.2　网卡和集线器

集线器是属于物理层的网络设备,网卡是工作在物理层和数据链路层的网络设备。其中,网络适配器(简称网卡)的发展已成为连网设备的基本配置,而集线器的使用范围则越来越少,但在一些投资较低、对网络性能要求不高的场合,如家庭用户、小型办公室用户等,集线器仍然是一种性价比较高的网络互联设备。

6.2.1　网卡

1. 网卡的基本功能

网卡是局域网中提供各种网络设备与网络通信介质相连的接口,全名是网络接口卡(network interface card, NIC),也叫网络适配器。网卡作为一种 I/O 接口卡插在主机板的扩展槽上(也可集成在主机板上),目前市场上的网卡产品基本上都是支持以太网工作模式的。其硬件结构主要包括接口控制电路、数据缓冲器、数据链路控制器、编码解码电路、内收发器、介质接口部件六部分。

网卡的基本功能包括:

(1)数据帧的封装与解封。发送时将上一层交下来的数据包加上首部和尾部,成为以太网的帧,接收时将以太网的帧剥去首部和尾部,然后送交上一层。

(2)数据转换。由于数据在计算机内是并行传输的,而在计算机间却是串行传输的,这样网卡就必须有对数据进行并、串和串、并转换的功能。

(3)编码与译码。即曼彻斯特编码与译码。

(4)数据缓存。网络与主机 CPU 之间速率往往不匹配,为了防止数据丢失,网卡必须设置数据缓存功能。

(5)链路管理。主要是通过 CSMA/CD 协议实现对介质访问进行控制。

此外,有些网卡还具有优化、网络管理和数据过滤等功能。因为网卡的功能涵盖了网络层次模型的物理层与数据链路层,所以通常将其归于数据链路层的组件。需要指出的是,每一块网卡在出厂时都被分配了一个全球唯一的地址标识,该标识被称为网卡地址或 MAC 地址,由于该地址是固化在网卡上的,所以又被称为物理地址或硬件地址。网卡地址的结构见第 5 章相关内容。网卡地址主要用于设备的物理寻址,与 IP 地址所具有的逻辑寻址作用不同,具体可参见交换机工作原理。

2. 网卡的类型及选用

网卡的分类方法有多种，例如按照传输速率、总线类型、所支持的传输介质、用途或按照网络技术来进行分类等。

按照网络技术的不同可分为以太网卡、令牌环网卡、FDDI 网卡等，目前以以太网网卡为主流。

按照总线类型分类，网卡可分为 ISA 网卡、EISA 网卡、PCI 网卡及 PCMCIA 网卡等。ISA 网卡又有 8 位和 16 位两种，它是最老式的网卡，目前已退出市场了。PCI 接口的网卡有 32 位和 64 位两种，64 位主要有 PCI、PCI-X、PCI-E 三种，传输性能是依次增强的，现在个人计算机大多采用 64 位总线结构 PCI 网卡，而且以 10/100M 自适应的 PCI 以太网卡(见图 6-2)为最常用，而服务器以 PCI-X、PCI-E(见图 6-3)两种居多。

PCI、PCI-X、PCI-E 三者的主要区别如下：

(1)PCI 总线标准是由 PCISIG 于 1992 年开发的，PCI 的总带宽=33MHz×32bit/8=133Mbps。

(2)PCI-X 接口是由 IBM 最初开发的，在外观上，它与 64 位 PCI 接口差不多。在增加了电源管理功能和热插拔技术的基础上，将 PCI 的总带宽由 133Mbps 增至 1.066Gbps。

(3)PCI-Express(PCI-E)是新的总线和接口标准，它原来的名称是 "3GIO"，是由英特尔提出的，英特尔的意思是它代表着下一代 I/O 接口标准。交由 PCI-SIG(PCI 特殊兴趣组织)认证发布后才改名为 "PCI-Express"。它的数据传输速率目前最高可达到 10Gbps 以上。

按照传输速率来分，以太网卡分为 10Mbps、100Mbps、1000Mbps 和 10Gbps 等多种速率。

按照所支持的传输介质，网卡可分为双绞线网卡、光纤网卡和无线网卡，还有早期的 10M 网络时的粗缆网卡和细缆网卡(这两类网卡现在市场上已找不到了)。连接双绞线的网卡带有 RJ45 接口，连接粗缆的网卡带有 AUI 接口，连接细缆的网卡带有 BNC 接口，连接光纤的网卡则带有光纤接口。当然有些网卡同时带有多种接口，如同时具备 RJ45 口和光纤接口。目前，市场上还有带 USB 接口的网卡，这种网卡可以用于具备 USB 接口的各类计算机网络。

无线网卡采用天线和基站收发器或其他无线网络接口卡适配器交换信号。常见的无线网卡包括基于 PCI 的无线网卡(见图 6-4)、基于 PCMCIA 的无线网卡以及 USB 无线网卡。无线网络的连接方式适用于无法安装线缆的环境，为移动性强的用户提供网络接入服务。

另外，按照用途，网卡还可分为工作站网卡、服务器网卡和笔记本网卡等。

图 6-2 至图 6-4 显示了 3 种常见的网卡外观结构。

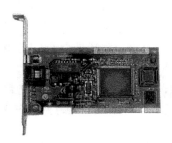

图 6-2　RJ45 接口的 PCI 网卡

图 6-3　光纤接口千兆以太网网卡

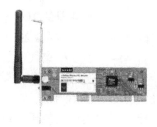

图 6-4　PCI 无线网卡

　　目前，随着 Internet 宽带接入的大量应用，大部分个人计算机的制造商已将网卡集成到计算机主板中，也不存在选用何种网卡的问题。但是，如果你需要安装使用第二块网卡，或者你的计算机需要更新一块网卡，你就需要根据主板上的总线型号和制造商的指导来选择合适的网卡。一般情况下，现在的个人计算机在同一块主板上至少有两种不同类型的总线，如果可能，你应该选择与最新的总线结构相匹配的网络接口卡。例如，如果一台个人计算机支持 PCI 和 PCI-X 总线结构，你应该尽量选用 PCI-X 总线结构的网络接口卡。对于笔记本电脑而言，你可以安装一块 PCMCIA 类型的网卡。

6.2.2　集线器

　　集线器(Hub)工作在物理层，它曾是连接到桌面的最佳、最经济的方案。在以太网中，集线器通常能够支持星型或者混合型拓扑结构。在星型结构的网络中，集线器又被称为多址访问单元(MAU)。它有一个端口与主干网相连，并提供多个端口连接一组设备，包括计算机、网络打印服务器、交换机、文件服务器或其他的设备。集线器作为网络传输介质间的汇合点，集线器克服了介质单一通道的缺陷。当网络系统中某条线路或某节点出现故障时，不会影响网络上其他节点的正常工作。

　　1.　集线器的工作原理

　　集线器是一个多端口的局域网设备。其基本的工作原理是使用广播技术，也就是 Hub，从任一个端口收到一个数据包后，它将此数据包广播发送到其他的所有端口，而 Hub 并不记忆该数据包是由哪一个 MAC 地址主机发往哪一个端口。所说的广播技术是指 Hub 将该数据包以广播发送的形式发送到其他所有端口，而不是将该包改变为广播数据包。

　　使用集线器的局域网在物理上是一个星型网，但由于集线器是使用电子器件来模拟实际电缆线的工作，因此整个系统仍然像一个传统的以太网那样运行。也就是说，使用集线器的以太网在逻辑上仍是一个总线网，使用的还是 CSMA/CD 协议，各连接到端口的主机共享逻辑上的总线，各个主机必须竞争对传输媒体的控制，并且在一个特定时间至多只有一台计算机能够发送数据。因此，当网络较大时，集线器的效率会变得十分低下，一般我们在中、大型的网络中不使用集线器。

　　2.　集线器的类型及选用

　　根据配置形式的不同，集线器分为独立型集线器、模块化集线器和可堆叠式集线器三类。

　　(1)独立型集线器：独立型集线器连接的所有主机共享一个带宽。例如，一个连接着几个工作站或服务器的 100Mbps 共享式集线器所提供的最大带宽是 100Mbps，与它连接的所有主机就共享这个带宽。独立型集线器最适合小型工作组、部门或办公室，尤其是小于 24 个用户的网络。独立型集线器如图 6-5 所示。

　　(2)模块化集线器：模块化集线器一般带有机架和多个卡槽，每个卡槽中可安装一块卡，每块卡的功能相当于一个独立型的 Hub，多块卡通过安装在机架上的通信底板进行互联并进行相互间的通信，便于对端口实施集中管理。模块化集线器如图 6-6 所示。

　　(3)堆叠式集线器：将堆叠式集线器堆叠在一起时，可当作一个 Hub 使用，可以非常方便地实现对网络的扩充，如当 3 个 24 口的集线器级连在一起时，可以看作一个 72 口的集线器。堆叠式集线器类似于独立式集线器。从逻辑上来看，堆叠式集线器代表了一个大型的集线器，堆叠方式通常有星型堆叠和菊花链式堆叠。

图 6-5　独立型集线器　　　　　　　　　图 6-6　模块化集线器

尽管传统的集线器应用范围越来越小，但由于其价格便宜，管理简单，仍有少量在应用。

物理层设备使用非常简单，一般只要将物理线路可靠连接，接通电源，设备就可以工作。如果只想构建一个简单的网络，可以实现基本的网络功能，那么，利用物理层的设备就可以工作了。典型的网络拓扑如图 6-7 所示。

由于目前交换机的大量使用，使集线器使用的范围越来越小。为了解决传统集线器的不足，提高网络传输性能，增加网络安全性，传统的集线器逐步增加了新的功能，如网络管理、数据整形、数据过滤及转发功能，这已经不是传统意义上的集线器了，已经带有数据链路层设备的一些功能，所以称为交换机，也称为交换式集线器。

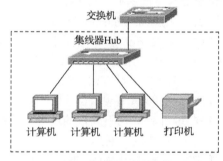

图 6-7　利用集线器组网的网络拓扑

6.3　交　换　机

6.3.1　交换机的概念

数据链路层最常用的设备是交换机。从物理上看，交换机类似于集线器，它有多个端口，每个端口可连接一台计算机或一个网段。交换机与集线器的区别在于它们的工作方式，集线器是共享的，连接到端口的计算机有多个，要发送数据时就会发生冲突。而交换机内部一般采用背板（backplane）总线或交换矩阵的结构，此背板总线带宽通常是交换机每个端口带宽的几十倍。交换机的所有端口都挂接在这条背板总线或交换矩阵上，每个端口都有自己的固定带宽，即每个端口独享传输信道，一个端口才是一个冲突域，而集线器是所有端口在一个冲突域内，如图 6-8 所示。此外，如果交换机支持双工通信，那么它的每个端口有两个信道，在同一时刻既可往外发送数据，又可接收其他端口发的数据。

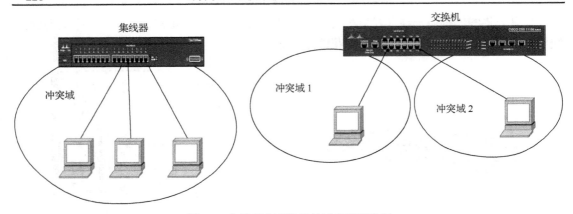

图 6-8 集线器和交换机的冲突域示意图

交换机能通过"MAC 地址的自主学习"来完成数据帧的转发和过滤(Filtering)。当交换机在数据链路层进行数据转发时，根据数据帧的 MAC 地址决定数据转发的端口，而不是像集线器那样向所有的端口转发。当交换机接收到一个数据帧时，它首先将数据帧的目的 MAC 地址与交换机内部的 MAC 地址表进行比较，然后根据比较结果将数据帧发送给对应的目的端口，如图 6-9 所示。图中 MAC 地址为 02-60-8c-01-1A-11 的主机 A 给 MAC 地址为02-60-8c-01-2A-22 的主机 C 发送数据，交换机接到主机 A 的数据帧后，在 MAC 地址表中找到连接 MAC 地址 02-60-8c-01-2A-22 的端口是 F0/2，交换机就将数据帧发到此端口，而其他端口(图中的 F0/3 和 F0/4)则不转发，这种不转发到非目的端口的行为就称为"帧过滤"。若MAC 地址表中找不到目的地址对应的端口，则采用广播方式将数据帧向每个连接端口(除了发送端口)转发，直到把目的主机的 MAC 地址记录到自己的地址表中，此过程就称为"自主学习"。需要指出的是，交换机的 MAC 地址表在交换机起始时是空的，它是经过这样的自学习才建立起来的，MAC 地址表的主要内容是端口与 MAC 地址对应数据表。

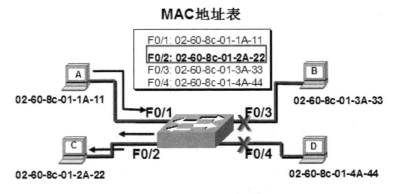

图 6-9 交换机的数据帧转发

提示：F0/1 中，"0"表示插槽(slot)号，即高端交换机采用模块化的组件所在的位置。"1"才是表示端口号。对于低端的交换机而言，E0 代表第一个 Ethernet port，如果是第一个 fast Ethernet 则用 F0 来表示。

6.3.2　交换机的分类

从广义上看，交换机有两种，广域网交换机和局域网交换机。广域网交换机主要应用于公用数据网，归专业运营商管理，提供网络通信用的基础平台。而局域网交换机则应用于企业网、校园网、园区网等局部范围的网络，可以直接连接终端设备，如计算机、网络打印机等。本书中提到的交换机都是指这种局域网交换机。

从使用的网络类型上分，局域网交换机可以分为以太网交换机、FDDI 交换机、ATM 交换机和令牌环交换机等多种，这些交换机分别适用于以太网、FDDI、ATM 和令牌环网等环境。最常用的就是以太网交换机，以太网交换机又可分为快速以太网交换机、千兆以太网交换机和万兆以太网交换机。

从外观结构设计理念上分，交换机有两种：一种是机箱式交换机(也称为模块化交换机)，如图 6-10(b)所示；另一种是独立式固定配置交换机，如图 6-10(a)所示。机箱式交换机最大的特色就是具有很强的可扩展性，它能提供一系列扩展模块，如千兆以太网模块、FDDI 模块、ATM 模块、快速以太网模块、令牌环模块等，所以能够将具有不同协议、不同拓扑结构的网络连接起来。它最大的缺点就是价格昂贵。机箱式交换机一般作为骨干交换机来使用。固定配置交换机一般具有固定端口的配置。固定配置交换机的可扩充性不如机箱式交换机，但是成本却要低得多。

(a) 固定配置式交换机　　　　　　　　　　　　(b) 机箱式交换机

图 6-10　交换机的外观结构

从应用规模上分，有企业级交换机、部门级交换机和工作组级交换机。企业级交换机一般都是机架式的，属于第三层或第四层千兆(或以上)交换机，通常能支持 500 个以上的信息点。部门级交换机一般为千兆第三层交换机，固定配置或模块配置，通常能支持 300~500 个信息点。工作组级交换机一般为固定配置，10/100Mbps 自适应，通常支持的信息点(注：信息点是指网络综合布线中用户设备接入点。)少于 100 个。

按协议层次分，有二层、三层或高层交换机。二层交换机采用可编程的 ASIC(专用集成电路)通过高速背板/总线(速率可达每秒几十 GB)并基于 MAC 地址完成不同端口间的数据转发，价格最低，性能亦最低，支持 VLAN，通常为非网管型。三层交换机既可完成二层交换机的端口交换功能，又能完成部分路由器的路由功能(可为每个端口配置独立的 IP 地址)。四层(或高层)交换机能够基于传输层中的 TCP/UDP 端口号来决定转发，即根据主机的某应用需求来自主确定或动态限制端口的交换过程和数据流量。

6.3.3　交换机的连接

当单一交换机所能够提供的端口数量不能满足网络计算机的需求时，必须要有两个以上的交换机提供相应数量的端口，这就要涉及交换机之间的连接问题。从根本上讲，交换机之间的连接不外乎两种方式，一是级联(Uplink)，一是堆叠(Stack)。

1. 级联

级联就是将上层交换机的普通以太网端口与下层交换机的 Uplink(级联)端口连接，是我们最常见的连接方式。需要注意的是交换机不能无限制级联，交换机进行级联超过一定数量，最终会引起广播风暴，导致网络性能严重下降。

2. 堆叠

堆叠就是几台交换机堆叠在一起，采用专用堆叠电缆进行连接，堆叠中的所有交换机可视为一个整体交换机来进行管理，但必须有专门端口(Up 和 Down，通常都是 D 型 25 孔接口)，如图 6-11 所示。堆叠的交换机只能在有限距离内(1 米)使用，不能很远。

(a) 菊花链堆叠　　　　　　　　　　　　　　　　　　(b) 主从式堆叠

图 6-11　交换机的堆叠连接

此外，我们还可以将堆叠和级联技术综合起来形成群集(或称集群)，集群可将分布在各处的交换机逻辑地组合到一起，其中一台为 Commander(管理者)，其他交换机则处于从属地位，由 Commander 统一管理。

3. 堆叠和级联的区别

堆叠和级联是多台交换机连接在一起的两种方式，它们的主要目的是增加端口密度，但它们实现的方法不同。

(1)级联是通过交换机的某个端口与其他交换机相连的，如使用一个交换机的 UPLINK 口连接到另一个的普通端口；而堆叠是通过交换机的背板连接起来的，它是一种建立在芯片级的连接，如 2 个 24 口交换机堆叠起来的效果就像一个 48 口的交换机，其优点是不会产生瓶颈的问题。

(2)级联可通过一根双绞线在任何网络设备厂家的交换机之间、集线器之间，或交换机与集线器之间完成连接。而堆叠只能在自己厂家的设备之间，且此设备必须具有堆叠功能才可实现。级联只需单做一根双绞线(或其他媒介),堆叠需要专用的堆叠模块和堆叠线缆。

(3)交换机的级联在理论上是没有级联个数限制的(注意:集线器级联有个数限制,且 10M 和 100M 的要求不同),而各个厂家的堆叠设备会标明最大堆叠个数。

(4)级联相对容易,但堆叠这种技术有级联不可比的优势。首先,多台交换机堆叠在一起,从逻辑上来说,它们属于同一个设备。这样,如果你想对这几台交换机进行设置,只要连接到任何一台设备上,就可看到堆叠中的其他交换机。而级联的设备逻辑上是独立的,如果想要网管这些设备,必须依次连接到每个设备。

(5)多个设备级联会产生级联瓶颈。例如,两个百兆交换机通过一根双绞线级联,则它们的级联带宽是百兆。这样不同交换机之间的计算机要通讯,都只能通过这百兆带宽。而两个交换机通过堆叠连接在一起,堆叠线缆将能提供高于 1G 的背板带宽,极大地减少了瓶颈。

(6)级联还有一个堆叠达不到的优点,就是增加连接距离。比如,一台计算机离交换机较远,超过了单根双绞线的最长距离 100 米,则可在中间再放置一台交换机,使计算机与此交换机相连。而堆叠线缆最长也只有几米,所以堆叠时应考虑距离问题。

总之,堆叠和级联各有优点,在实际的方案设计中经常同时出现,可灵活应用。

4. 光纤模块

由于光收发模块集成化程度越来越高,因此从千兆以太网开始,光纤接口的功能是由一个光纤模块(或称为光纤转换器)来实现的。光纤模块主要包括光/电转换、时钟提取和同步、复用/解复用、64B/66B 编解码(或 8B/10B 编解码)等子功能模块。

千兆光纤模块有 GBIC 和 SFP 两种,具体介绍如下。

(1)GBIC(gigabit interface converter,千兆位接口转换器)是将千兆位电信号转换为光信号的接口器件,将其插入千兆位以太网插槽内,负责将接口与光纤网络连接在一起,实现与远程高速主干网络的连接,支持热插拔。

GBIC 模块分为两大类,一是普通级联使用的 GBIC 模块,二是堆叠专用的 GBIC 模块。

级联使用的 GBIC 模块分为 4 种,一是 1000Base-T GBIC 模块,适用于超五类或六类双绞线,最长传输距离为 100 米;二是 1000Base-SX GBIC 模块,适用于多模多纤,最长传输距离为 500 米;三是 1000 Base-LX GBIC 模块,如图 6-12(a)所示,适用于单模光纤,最长传输距离为 10 千米;四是 1000Base-ZX GBIC,适用于长波单模光纤,最长传输距离为 70~100 千米。

(a) 1000 Base-LX GBIC 模块　　　(b) SFP 模块　　　(c) 安装在 GBIC 插槽中的 GBIC 模块

图 6-12　GBIC 和 SFP 模块

（2）SFP（small form-factor pluggables，小型可插拔件）可以简单地理解为 GBIC 的升级版本。SFP 模块体积比 GBIC 模块减小一半，可以在相同面板上配置多出一倍以上的端口数量，如图 6-12（b）所示。由于 SFP 模块在功能上与 GBIC 基本一致，因此，也被有些交换机厂商称为小型化 GBIC（Mini-GBIC）。目前更多的采用 SFP 模块，因为它体积小，同样容积下可以扩展更多。

10G 模块经历了 300Pin、XENPAK、X2、XFP 的发展，最终实现了用和 SFP 一样的尺寸传输 10G 的信号，这就是 SFP+。SFP+凭借其小型化低成本等优势满足了设备对光模块高密度的需求，到 2010 年已经取代 XFP 成为 10G 市场的主流。

其中 300Pin 属于第一代模块，主要应用于 SDH；XENPAK 也是针对第一代光模块，采用 IEEE 802.3ae 标准中的 10G 附加单元接口（XAUI）作为数据通路；X2 是 XENPAK 光模块的直接改进版，体积缩小了 40%左右；XFP 是一种外形紧凑、价格低廉的光模块，有点类似于千兆以太网的小型化可拔插光模块（SFP）。300Pin 光模块几乎不在 10G 以太网中应用，XENPAK、X2，XFP 这 3 种光模块都曾应用过，尤其是 XFP，但目前使用最广范的是 SFP+模块。

SFP+光纤模块（10 gigabit small form factor pluggable）是一种可热插拔的、独立于通信协议的光学收发器，通常传输光的波长是 850nm、1310nm 或 1550nm，广泛用于 10Gbps 网络。SFP+光模块优点如下：

- SFP+具有比 X2 和 XFP 封装更紧凑的外形尺寸（与 SFP 尺寸相同）；
- 可以和同类型的 XFP、X2、XENPAK 直接连接；
- 成本比 XFP、X2、XENPAK 低。

6.3.4　交换机的交换方式

交换机采用的交换方式有直通方式（cut through）、存储转发方式（store and forward）和碎片丢弃方式（fragment free）这 3 种。

1.　Cut-through（直通方式）

直通方式的以太网交换机就像在各端口间是纵横交叉的线路矩阵电话交换机。它在输入端口检测到一个数据帧时，检查该帧的帧头（通常是 14 字节），获取帧的目的地址，通过内部的 MAC 地址表转换成相应的输出端口，在输入与输出交叉处接通，把数据帧直通到相应的端口，实现交换功能。由于不需要存储，所以延迟非常小、交换非常快，这是它的优点。它的缺点是，因为数据帧内容并没有被以太网交换机保存下来，所以无法检查所传送的数据帧是否有误，不能提供错误检测能力；由于没有缓存，所以不能将具有不同速率的输入/输出端口直接接通，而且容易丢帧。

2.　Store and Forward（存储转发方式）

存储转发方式是在计算机网络领域应用最为广泛的方式。它把输入端口的数据帧先存储起来，然后进行 CRC（循环冗余码校验）检查，在对错误帧处理后才取出数据帧的目的地址，通过查找表转换成输出端口送帧。正因如此，存储转发方式在数据处理时延时大，这是它的不足。它的优点是可以对进入交换机的数据帧进行错误检测，有效地改善网络性能。尤其重要的是它可以支持不同速度的端口间的转换，并保持高速端口与低速端口间的协同工作。

3. Fragment Free (modified cut-through，碎片丢弃方式)

这是介于前两者之间的一种解决方案。它检查数据帧的长度是否够 64 字节，如果小于 64 字节，说明是假帧，则丢弃该帧；如果大于 64 字节，则发送该帧。这种方式也不提供数据校验，它的数据处理速度比存储转发方式快，但比直通方式慢。

6.3.5　交换机的主要性能指标

由于交换机发展很快，新的概念层出不穷，给用户选择交换机带来了不少困难。对用户而言，局域网交换机最主要的性能指标有配置的端口类型、端口密度、背板带宽、交换机 MAC 地址表的容量、包转发率等。下面我们就介绍这些指标的含义。

（1）背板带宽：交换机背板总线或交换矩阵所能吞吐的最大数据量（单位为 GB）。一台交换机的背板带宽越高，处理数据的能力就越强。

（2）包转发率：以数据包为单位表示的转发数据能力（Mbps 或百万包/每秒，一般几十到几百）。各厂商公布的都是以 64 字节定长包在设备上传输为测试标准。

（3）端口类型：支持的网络类型。如以太网、FDDI 和 ATM 等。交换机除了能够连接同种类型的网络之外，还可以在不同类型的网络（如以太网和快速以太网）之间起到互连作用。如今许多交换机都能够提供支持快速以太网或 ATM 等设备的高速连接端口。

（4）端口密度：所有模块插槽均插满时的最大端口数。

（5）交换机 MAC 地址表的容量（MAC 地址数量）：交换机的地址表中最多可存储的 MAC 地址数，通常为几万到几十万。地址表的大小体现了交换机正常工作时所能支持的终端数量。

实际应用中，不同的用户对交换机的性能往往还有不同的需求，如支持 VLAN 的数量，是否支持全双工/半双工自适应，是否带光纤接口，是否支持网络管理，是否支持生成数算法（Span Tree），等等。目前交换机还具备了一些新的功能，如线速交换（即三层具有和二层交换相同的交换速率），甚至有的还具有防火墙的功能。

总之，用户在进行网络规划设计和选择交换机时应仔细考察交换机的各种性能，特别是随着交换技术的日新月异，越来越多的交换机融合了其他网络设备的新功能，并以超群的性能价格比为用户提供新的选择。目前，在国内市场上，交换机生产厂商有思科、H3C（华三）、华为、锐捷等国内外公司。

6.4　路　由　器

6.4.1　路由器的概念

路由器（Router）是工作在网络层的一种多端口设备，它是一种用来连接多个网络的设备，它能对不同网络之间的数据包进行转换，以使它们能够相互正确地收发对方的数据，从而构成一个更大的网络。路由器由硬件和软件组成，它可以连接不同传输速率并运行于各种环境的局域网和广域网。

路由器的数据转发是基于路由表实现的，每个路由器内部都有一张路由表，根据路由表决定数据包的转发路径，且通过与网络上其他路由器交换路由和链路信息来维护路由表，因此，路由器具有判断网络地址和选择路径的功能，如图 6-13 所示。

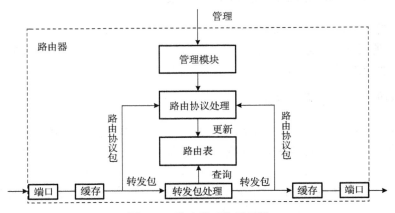

图 6-13　路由器工作原理图

当路由器收到数据包后，首先判断是路由协议信息交换包还是转发的数据包，若是前者，则交给相应模块去处理。若是后者(绝大多数情况是后者)，则需要根据数据包的地址查询路由器内部的路由表决定输出端口以及下一跳地址，并且重写链路层数据包头实现转发数据包。

路由表是路由器对网络拓扑结构的组织方式，如何对路由表实现更新和维护至关重要，常见的策略有静态和动态两种方式。静态路由表一般是在系统安装时由系统管理员根据网络的配置情况预先设定的。静态路由的优点是简单、高效、可靠。但静态路由不能对网络的改变做出及时的反应，而且当网络规模较大时，配置也十分复杂。动态路由则可以根据网络系统的运行情况而自动地调整路由表。路由器是根据路由选择协议提供的功能，自动地学习和记忆网络运行情况，在需要时自动计算数据传输的最佳路径。动态路由适用于网络规模大、网络拓扑复杂的网络。其缺点是各种动态路由协议会不同程度地占用网络带宽和 CPU 资源。Internet 中采用的动态路由方式有 RIP(距离矢量路由选择协议)和 OSPF(最短路径优先链路状态选择协议)等。

简单地讲，路由器通常具备以下几种功能：

(1)网络互连，路由器支持各种局域网和广域网接口，主要用于互连局域网和广域网，实现不同网络互相通信。

(2)数据处理，提供包括分组过滤、分组转发、优先级和加密等功能。

(3)网络管理，路由器提供包括配置管理、性能管理、容错管理和流量控制等功能。

路由器的发展有起有伏。20 世纪 90 年代中期，传统路由器由于过多注意第三层或更高层的数据，如协议或逻辑地址，增加了系统开销，使它比交换机的数据转发速度慢几十倍甚至几百倍，这使之成为制约网络发展的瓶颈。随后 ATM 交换机取而代之，成为 IP 骨干网的核心，路由器变成了配角。进入 20 世纪 90 年代末期，网络规模进一步扩大，流量每半年翻一番，ATM 网又成为瓶颈，路由器东山再起，但此时的路由器无一例外地都引入了交换的结构，路由器因此也被称为交换路由器(gigabit switch router，GSR)。路由交换机在 1997 年面世后，取代了 ATM 交换机，开始架构以路由器为核心的骨干网。但是独立式路由器仍然是用户连接广域网的一种选择。

6.4.2　路由器的分类

路由器产品按照不同的划分标准有多种类型。一般情况下，可以按以下几种方法进行划分：

（1）从结构上分，路由器可分为模块化结构与非模块化结构。通常中高端路由器为模块化结构，低端路由器为非模块化结构，如图 6-14 所示。

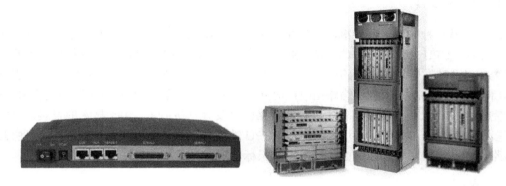

图 6-14　路由器的外观结构图

（2）从网络位置划分，路由器可分为核心路由器与接入路由器。核心路由器位于网络中心，通常使用高端路由器，要求有快速的包交换能力与高速的网络接口，通常是模块化结构；接入路由器主要应用于连接家庭或 ISP 内的小型企业客户群体，通常使用中低端路由器，要求相对低速的端口以及较强的接入控制能力。

（3）从功能上划分，路由器可分为通用路由器与专用路由器。一般所说的路由器为通用路由器。专用路由器通常为实现某种特定功能对路由器接口、硬件等做了专门优化，例如接入路由器用作接入拨号用户，增强 PSTN 接口以及信令能力；VPN 路由器增强隧道处理能力以及硬件加密；宽带接入路由器强调宽带接口数量及种类。

（4）从性能上划分，路由器可分为线速路由器以及非线速路由器。所谓线速路由器就是完全可以按传输介质带宽进行通畅传输，基本上没有间断和延时。通常线速路由器是高端路由器，具有非常高的端口带宽和数据转发能力，能以媒体速率转发数据包。中低端路由器是非线速路由器。但是一些新的宽带接入路由器也有线速转发能力。

（5）按所处网络位置划分，路由器可分为边界路由器和中间节点路由器。边界路由器，顾名思义就是处于网络边缘，用于不同网络路由器的连接。而中间节点路由器则处于网络的中间，通常用于连接网络，起到一个数据转发的桥梁作用。由于各自所处的网络位置有所不同，其主要性能也就有相应的侧重，如中间节点路由器需要选择缓存更大、MAC 地址记忆能力较强的路由器；而边界路由器则要求的背板带宽要足够宽。

此外，还可从体系结构上来划分，路由器可以分为第一代单总线单 CPU 结构路由器、第二代单总线主从 CPU 结构路由器、第三代单总线对称式多 CPU 结构路由器、第四代多总线多 CPU 结构路由器、第五代共享内存式结构路由器、第六代交叉开关体系结构路由器和基于机群系统的路由器等几类。

Cisco 公司是世界上主要的路由器提供商。近年，我国的路由器研制技术得到快速发展，涌现出华为、锐捷、华三、大唐等网络高端设备供应商，打破了国外产品的垄断。

6.4.3　路由器的硬件结构和启动过程

路由器的硬件主要由中央处理器、内存、Console（控制台）口、接口（局域网和广域网接口）、Anxil/ary（辅助）口等物理硬件和电路组成；软件主要由路由器的 IOS 操作系统组成。

1．中央处理器

路由器是一种专用的计算机，它包含中央处理器（CPU）。无论在中低端路由器还是在高端路由器中，CPU 都是路由器的心脏。通常在中低端路由器中，CPU 负责交换路由信息、路由表查找以及转发数据包。在路由器中，CPU 的能力直接影响路由器的吞吐量（路由表查找时间）和路由计算能力（影响网络路由收敛时间）。在高端路由器中，通常包转发和查表由 ASIC 芯片完成，CPU 只负责实现路由协议、计算路由以及分发路由表。由于技术的发展，路由器中许多工作都可以由硬件实现（专用芯片）。CPU 性能并不能完全反映路由器性能。路由器性能由路由器吞吐量、时延和路由计算能力等指标体现。

2．内存

路由器采用了以下几种不同类型的内存，每种内存以不同方式协助路由器工作。

1）只读内存

只读内存（ROM）在路由器中的功能与计算机中的 ROM 相似，主要用于系统初始化等功能。ROM 中主要包含：

（1）系统加电自检代码（POST），用于检测路由器中各硬件部分是否完好。

（2）系统引导区代码（BootStrap），用于启动路由器并载入 IOS 操作系统。

（3）备份的 IOS 操作系统，以便在原有 IOS 操作系统被删除或破坏时使用。通常，这个 IOS 比现运行 IOS 的版本低一些，但却足以使路由器启动和工作。

顾名思义，ROM 是只读存储器，不能修改其中存放的代码。如要进行升级，则要替换 ROM 芯片。

2）闪存

闪存（Flash）是可读可写的存储器，在系统重新启动或关机之后仍能保存数据。Flash 中存放着当前使用中的 IOS。事实上，如果 Flash 容量足够大，甚至可以存放多个操作系统，这在进行 IOS 升级时十分有用。当不知道新版 IOS 是否稳定时，可在升级后仍保留旧版 IOS，当出现问题时可迅速退回到旧版操作系统，从而避免长时间的网络故障。

3）非易失性 RAM

非易失性 RAM（nonvolatile RAM，NVRAM）是可读可写的存储器，在系统重新启动或关机之后仍能保存数据。由于 NVRAM 仅用于保存启动配置文件（Startup-Config），故其容量较小，通常在路由器上只配置 32KB～128KB 大小的 NVRAM。虽然 NVRAM 的速度较快，但成本也比较高。

4）随机存储器（RAM）

RAM 也是可读可写的存储器，但它存储的内容在系统重启或关机后将被清除。和计算机中的 RAM 一样，路由器中的 RAM 也是在运行期间暂时存放操作系统和数据的存储器，以便路由器能迅速访问这些信息。RAM 的存取速度优于前面所提到的 3 种存储器的存取速度。

运行期间，RAM 中包含路由表项目、ARP 缓冲项目、日志项目和队列中排队等待发送的分组。除此之外，还包括运行配置文件（Running-config）、正在执行的代码、IOS 操作系统程序和一些临时数据信息。

路由器的类型不同，IOS 代码的读取方式也不同。如有的路由器只在需要时才从 Flash 中读入部分 IOS；而有的路由器则必须先将整个 IOS 全部装入 RAM 才能运行。因此，前者称为 Flash 运行设备（Run from Flash），后者称为 RAM 运行设备（Run from RAM）。

3．路由器加电启动过程

路由器加电启动过程如图 6-15 所示。

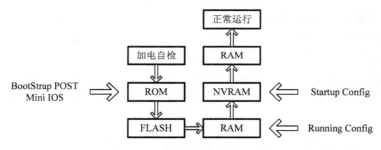

图 6-15　路由器加电启动过程示意图

（1）系统硬件加电自检。运行 ROM 中的硬件检测程序，检测各组件能否正常工作。完成硬件检测后，开始软件初始化工作。

（2）软件初始化过程。运行 ROM 中的 BootStrap 程序，进行初步引导工作。

（3）寻找并载入 IOS 系统文件。IOS 系统文件可以存放在多处，至于到底采用哪一个 IOS，由命令设置指定。

（4）IOS 装载完毕，系统在 NVRAM 中搜索保存的 Startup-Config 文件，进行系统的配置。如果 NVRAM 中存在 Startup-Config 文件，则将该文件调入 RAM 中并逐条执行；否则，系统进入 Setup 模式，进行路由器初始配置。

需要指出的是，配置文件分成 Startup Config 和 Running Config 两种。Startup Config 在开机时启动 NVRAM 配置。由于路由器指令系统是即时生效的，故运行的配置可能与启动时的配置不同，把 Running Config 写到 NVRAM 中才是 Startup Config。路由器的系统文件和配置文件都可以像主机一样拷贝进来或拷贝出去。

4．路由器的接口

路由器具有非常强大的网络连接，它可以与各种各样的不同网络进行物理连接，这就决定了路由器的接口技术非常复杂，越是高档的路由器其接口种类也就越多，因为它所能连接的网络类型越多。路由器的接口主要分局域网接口、广域网接口和配置接口三类。需要指出的是，通常，接口的概念是指帮助路由器在不同的网段之间进行路由分组和桥接，并提供到各种传输介质的连接点。而端口用于管理对路由器的访问，路由器上的端口让用户能够连接到路由器，从而完成管理和配置方面的任务。接口和端口这两个词也经常混用。下面分别介绍。

1）局域网接口

常见的以太网接口主要有 AUI、SC 和 RJ-45 接口，还有 FDDI、ATM、千兆以太网等都有相应的网络接口，下面分别介绍主要的几种局域网接口。

（1）AUI 接口。AUI 接口它就是用来与粗同轴电缆连接的接口，它是一种"D"型 15 针接口，这在令牌环网或总线型网络中是比较常见的接口之一。路由器可通过粗同轴电缆收发器实现与 10Base-5 网络的连接。但更多的则是借助于外接的收发转发器（AUI-to-RJ-45），实现与 10Base-T 以太网络的连接。目前这种接口已不常用了。

（2）RJ45 接口。RJ-45 接口是我们最常见的接口了，它是我们常见的双绞线以太网接口。因为在快速以太网中也主要采用双绞线作为传输介质，所以根据端口的通信速率不同，RJ-45 端口又可分为 10Base-T 网和 100Base-TX 网这两类。其中，10Base-T 网的 RJ-45 端口在路由器中通常标识为"ETH"，而 100Base-TX 网的 RJ-45 端口则通常标识为"10/100bTX"。

（3）光纤接口。我们常说的光纤接口，用于与光纤的连接，有 SC、ST、FC 和 LC 四种。光纤接口通常不直接用光纤连接至用户计算机，而是通过光纤连接到快速以太网或千兆以太网等具有光纤接口的交换机。这种接口一般在高档路由器中才有，都以"100b FX"标识。

2）广域网接口

我们知道，路由器不仅能实现局域网之间的连接，而且更多地应用在局域网与广域网、广域网与广域网之间的互连。路由器与广域网连接的接口称为广域网接口（WAN 接口）。路由器中常见的广域网接口有以下几种。

（1）Serial（高速同步串口）。在路由器的广域网连接中，应用最多的端口要算高速同步串口（serial）了，这种端口主要是用于连接应用广泛的 DDN、帧中继（frame relay）、PSTN（模拟电话线路）等网络。DDN、帧中继等高速接入，要求网络两端保持实时同步。路由器中所能支持的同步串口类型比较多，如 EIA/TIA-232、EIA/TIA-449、V.35、X.21 和 EIA-530 等接口。一般来说适配器连线的两端采用不同的外形，一般称带插针的一端为"公头"，而带有孔的一端为"母头"。各类接口的"公头"为 DTE（data terminal equipment，数据终端设备）连接适配器，"母头"为 DCE（data communications equipment，数据通信设备）连接适配器。

（2）ASYNC（异步串口）115.2kbps，Modem 或 Modem 池电话线接入

异步串口主要用于远程计算机通过公用电话网拨入广域网的连接（即实现 Modem 或 Modem 池的连接）。这种异步端口相对于上面介绍的同步端口来说速率低许多，因此它并不要求网络的两端保持实时同步。

（3）ISDN BRI 端口。ISDN BRI 端口用于 ISDN 线路通过路由器实现与 Internet 或其他远程网络的连接，可实现 128kbps 的通信速率。ISDN 有两种速率连接端口，一种是 ISDN BRI（基本速率接口）；另一种是 ISDN PRI（基群速率接口）。目前此端口应用越来越少。

3) 配置接口

路由器的配置端口有 Console 和 AUX 两个，Console 端口使用专用线缆(也称翻转线)直接连接至计算机的串口，利用终端仿真程序(如 Windows 下的"超级终端")进行路由器本地配置。路由器的 Console 端口多为 RJ-45 端口。AUX 端口为异步端口，AUX 也称为辅助端口，主要用于远程配置，也可用于拨号连接，还可通过收发器与 MODEM 进行连接。AUX口在外观上与上面所介绍的 RJ-45 结构一样，只是里面所对应的电路不同，实现的功能也不同。根据 Modem 所使用的端口情况不同，来确定通过 AUX 端口与 Modem 进行连接也必须借助于 RJ-45-to-DB9 或 RJ-45-to-DB25 的收发器。

6.5　网络设备的配置与管理

网络设备的使用最重要的内容就是对其进行配置。网络设备具体的配置方法会因不同品牌和不同系列而有所不同。虽然许多网络设备的制造商会针对不同型号的设备推出一些辅助的配置管理软件工具，简化设备的配置过程，但这往往只能实现部分配置功能，而且只针对特定型号的设备，缺乏通用性。由于设备的配置参数、方式没有通用的标准和协议，因而没有通用的设备配置管理软件，管理员只能通过各自产品的软件对所有设备分别配置。下面我们将以锐捷网络产品为例进行讲解，如果在工作中遇到其他的网络设备，只需参考相应的技术文档即可，配置方法是相似的。

一般情况下，管理员可以通过 Console 端口、以远程登录(telnet)的命令行方式，或从 TFTP SERVER 上下载配置，或通过基于 Web 浏览器方式和专用网管软件对设备进行配置与管理。多种配置的途径如图 6-16 所示。我们下面就以锐捷网络的 R2624 路由器为例，讲述有关配置内容。掌握了这些配置方法，就能举一反三，融会贯通。

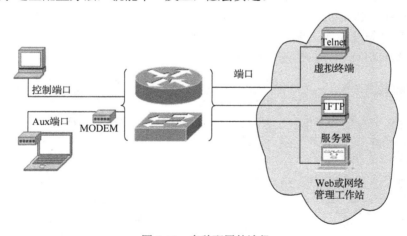

图 6-16　多种配置的途径

6.5.1　Console 端口及远程登录的命令行方式

通过 Console 端口连接并配置交换机或路由器，是配置和管理交换机及路由器必须经过的步骤。虽然除此之外还有其他若干种配置和管理方式(如 Telnet 方式、Web 方式)等，但是，这些方式必须通过 Console 端口进行基本配置后才能进行。因为其他方式往往需要借助于 IP 地址、域名或设备名称才可以实现，而新购买的交换机或路由器默认状态下是没有以上参数的，所以需要通过 Console 端口进行连接并配置，这种方式是最常用、最基本、也是用户必须掌握的管理和配置方式。

　　因为笔记本电脑的便携性能，所以配置交换机通常使用笔记本电脑进行，当然也可以使用台式机，但移动起来麻烦些。交换机或路由器的本地配置方式是通过计算机与交换机的 Console 端口直接连接的方式进行通信的，它的连接方式如图 6-17 所示。使用 Console 线（一般交换机或路由器都附带）将计算机的串口与路由器 Console 端口连接，使用异步仿真软件，如 Windows 操作系统内置的"超级终端"程序进行设置与管理。

交换机的
Console端口

图 6-17　利用 Console 端口与 PC 连接

　　除了在设备上的位置不同之外，Console 端口的类型也有所不同，常见的是 RJ-45 端口，但也有少数采用 DB9 串行端口或 DB25 串行端口。无论交换机采用串行接口，还是采用 RJ-45 接口，都需要通过专门的 Console 线连接至配置用计算机（通常称作终端）的串行口。与交换机不同的 Console 端口相对应，Console 线也分为两种：一种是串行线，即两端均为串行接口（两端均为母头），两端可以分别插入计算机的串口和交换机的 Console 端口；另一种是两端均为 RJ-45 接头的扁平线。由于扁平线两端均为 RJ-45 接口，无法直接与计算机串口进行连接，因此，还必须同时使用一个 RJ45/DB9（或 RJ45/DB25）的适配器。通常情况下，在交换机的包装箱中都会随机配备一根 Console 线和相应的 DB9 或 DB25 适配器。

　　当计算机通过 Console 线与交换机（或路由器）相连后，下面接下来要做的工作就是利用"超级终端"程序与设备进行通信了。具体过程如下：

　　（1）打开 Windows 系统内的超级终端程序，新建一个连接。

　　（2）设定相应的端口，具体参数如图 6-18 所示。每秒位数为 9600，数据位为 8，奇偶校验为无，停止位为 1，数据流控制为无。

　　（3）参数确定后就可以对设备进行配置了。

　　按几下回车键后，如果通信正常的话就会出现交换机或路由器的主配置界面，并且在这个窗口中就会显示初始配置情况。用户可根据提示，设置一个用于管理的 IP 地址和子网掩码，这样就可以通过 Telnet 和 Web 方式对交换机进行远程管理了。

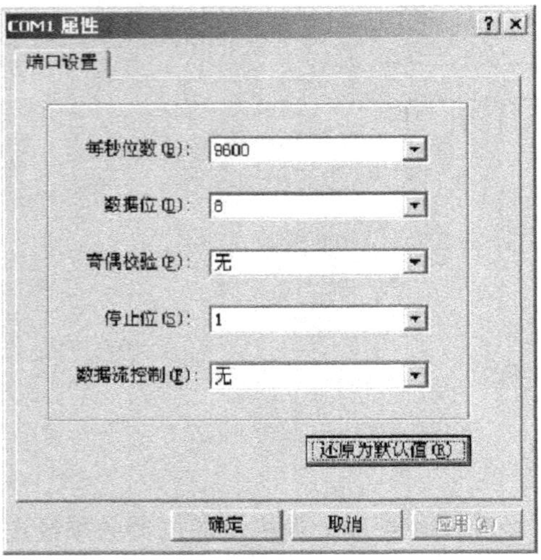

　　Windows、UNIX/Linux 等系统中都内置有 Telnet 客户端程序，可以用它来对设备进行管理，前提是已用 Console 的配置设定了交换机或路由器的 IP 地址。进入配置界面的步骤很简单，只需

图 6-18　设定相应的端口参数

运行 Telnet 软件，并输入先前设置的 IP 地址，就可以远程登录到设备上了。接下来就可以根据实际需要对该交换机或路由器进行相应的配置和管理了，以后的配置工作和利用 Console 一样了。当然，还可以用第三方远程登录的软件进行配置和管理，如 Netterm 等，不但使用方便，而且可以方便存储配置文件。

6.5.2　交换机/路由器配置的命令模式

交换机和路由器的配置与管理虽然可以通过多种方式实现，但最常用的方法还是通过系统软件提供的命令行界面 CLI(command-line interface)来对网络设备进行配置和管理。这里的系统软件指的是安装在交换机和路由器内部的操作系统。

锐捷网络操作系统 RGNOS(red-giant network operating system)是锐捷网络系列路由器和交换机的网络操作系统平台，它兼容了主流路由器和交换机产品的使用习惯，同时，它还是一个可升级的网络操作系统平台。

RGNOS 的功能与其他操作系统(Windows、Linux 等)相似，在用户和硬件之间提供一种接口，同时控制硬件的操作。但与其他操作系统不同的是，它使用基本文本方式，没有图形用户界面(GUI)；而且它只能运行在锐捷公司认证或生产的硬件平台上。RGNOS 和标准操作系统之间的另一个大的区别是存储方式不同。普通操作系统存储在硬盘上，并在执行时加载到内存中。RGNOS 则保存在特殊的闪存上，在执行之前再加载到内存 RAM 中。

RGNOS 提供用户界面和解析输入的命令的那部分称为命令执行器，或称 EXEC。由于交换机与路由器的配置都依赖系统软件，其中许多功能相同，为讲述方便，我们以锐捷网络的 R2624 路由器为例，讲述路由器的命令模式和常用命令。

1. 路由器的常见命令模式

在进行路由器配置时，经常可见到多种不同的命令提示状态，其实这些不同的命令状态对应不同的用户模式，也代表当前所处的不同配置位置，不同位置也代表着不同的配置权限。正确理解这些不同的命令状态，对正确掌握路由器配置非常重要。

(1)router>　用户模式。这时用户只具有最低层的权限，可以查看路由器的当前连接状态，访问其他网络和主机，但不能看到和路由器的设置内容。

(2)router#　特权模式。在上面介绍的"Router>"提示符下输入"enable"命令即可进入。这时用户不但可以执行所有的用户命令，还可以看到路由器的设置内容。输入"disable"即返回用户模式。

(3)router(config)#　全局配置模式。在"Router#"提示符下输入"configure terminal"命令，便出现"router(config)#"提示符。此时用户可以设置路由器的全局参数。可输入"end"或"exit"返回特权模式。

(4)router(config-if)#　接口配置模式。在全局配置模式下，使用 interface 命令进入该模式。

(5)switch(config-vlan)#　VLAN 配置模式(只有交换机才有)。在全局配置模式下，使用 vlan vlan_id 命令进入该模式。

此外还有：

router(config-line)# 线路配置模式、router(config-router)# 路由配置模式，等等。在后面用到时再说。

在任何一级模式下都可以用"exit"返回到上一级模式，输入"end"则直接返回到特权模式。

要彻底退出路由器，注销并结束控制台会话，可使用命令 exit 或 logout。一旦从路由器上注销，控制台屏幕将再一次显示等待控制台信息，出现"Press ENTER to get started"命令指示。

各种命令模式的详细说明及使用方法如表 6-1 所示。

表 6-1　常见的命令模式

模式	访问方法	提示符	退出方法	用途
用户模式 User Exec	开始一个进程	router>	logout 或 quit	改变终端设置执行基本测试显示系统信息
特权模式 Privileged Exec	在 User Exec 模式中键入 enable 命令	router#	disable 退出	校验键入的命令。该模式由密码保护
全局配置模式 Global Configuration	在 privileged Exec 模式中键入 configure 命令	router(config)#	exit 或 end，或按 Ctrl+C 组合键，返回 Privileged EXEC 状态	将配置的参数应用于整个交换机
接口配置模式 Interface Configuration	在模式 Global Configuration 中键入 interface 命令	router(config-if)#	exit 返回至 Global Configuration 模式，按下 Ctrl+C 组合键或键入 end，返回至 Pprivileged Exec 模式	为 Ethernet interfaces 配置参数
线路配置模式 Line Configuration	在模式 Global Configuration 中，为 line console 命令指定一行	router(config-line)#	键入 exit 返回至 Global Configuration 模式，按 Ctrl+C 或键入 end，返回 Privileged Exec 模式	为 terminal line 配置参数

2. 路由器的常用命令

路由器的操作系统是一个功能非常强大的系统，特别是在一些高档的路由器中，它具有相当丰富的操作命令，就像 DOS 系统一样。正确掌握这些命令对配置路由器是最为关键的一步，因为一般来说都是以命令的方式对路由器进行配置的。下面以 R2624 路由器为例，介绍路由器的常用操作命令。

1) 帮助命令(？)

RGNOS 提供了丰富的在线帮助功能，只需要输入一个"？"，便可以得到详细的帮助信息了，为了得到有效的命令模式、指令名称、关键字、指令参数等方面的帮助，可以使用如下的方法：

(1) Red-Giant #help　显示简短的系统帮助描述信息。

(2) Red-Giant #？　列出当前命令模式下的所有的命令。

(3) Red-Giant #*abbreviated-command-entry*?　显示出当前命令模式下，以指定的字符开始的所有命令。

(4) Red-Giant #*abbreviated-command-entry*<Tab>　自动补齐以指定字符开始的命令。

(5) Red-Giant #*command*?　列出这个命令开头的所有的参数或后续命令选项。

说明：

上述命令中，Red-Giant 为当前命令模式下的系统提示符，abbreviated-command-entry 为用户输入的简短的命令入口。

对于一些命令，用户可能知道这个命令是以某些字符开头的，但是完整的命令又不知道，这时可以用 RGNOS 提供的模糊帮助功能，只需要输入开头的少量的字符，同时紧挨着这些字符再键入"？"，RGNOS 便会列出以这些字符开头的所有的指令了。例如：

```
Red-Giant#c?
clear clock configure connect copy
```

如上例子，在特权用户模式下，输入"c?"，RGNOS 便列出在特权用户模式下以字符"c"开头的所有的命令了。

对于命令自动补齐功能，在上面的命令行编辑功能中已经说明了，对于某些命令，不知道后面可以跟随哪些参数，或者有哪些的后续命令选项，RGNOS 也提供了强大的帮助功能，只需要输入对应的命令，输入一个空格后，再输入"？"，RGNOS 便列出该命令所有的后续命令，并且对各个后续命令选项给予简短的说明，或者将参数类型列出来，并且给出各个参数的取值范围，保证输入指令的正确性。例如：

```
Red-Giant#copy ?
running-config Copy from current system configuration
startup-config Copy from startup configuration
tftp Copy from a TFTP server
```

以上例子便列出了后续的所有命令，并且给予了简短的说明。

2) 显示命令

show 命令是最常用的显示命令，用于显示系统信息、配置内容、网络协议、运行状况等。常用的 show 命令如表 6-2 所示。

表 6-2　show 命令

任　　务	命　　令
查看版本及引导信息	Show version
查看运行配置	Show running-config
查看保存在 NVRAM 中的配置文件	Show startup-config
查看端口信息	Show interface type slot/number
查看路由信息	Show ip router

3) 基本设置命令

RGNOS 的设置命令很多，在交换机、路由器上，由于执行的任务不同，设置的内容也不一样。表 6-3 罗列了一些常用的 RGNOS 设置命令。

表 6-3　RGNOS 设置命令

任　　务	命　　令
设置机器名	hostname name
启动登录进程	login
设置特权密码	enable secret password
启动 IP 路由	ip routing

续表

任　　务	命　　令
激活端口	no shutdown
设置静态路由	ip route destination subnet-mask next-hop
设置端口	interface type number
设置 IP 地址	ip address address subnet-mask
设置物理线路	line *type number*

4)用户配置文件的管理

(1)保存文件：将当前运行的参数保存到 flash 中，用于系统初始化时初始化参数。

命令：copy running-config startup-config

或 write memory

或 write

(2)删除文件：永久性地删除 flash 中不需要的文件。

命令：delete flash:config.text

(3)删除 VLAN 数据库：永久性地删除 flash 中 VLAN 数据库文件。

命令：delete flash:vlan.dat

(4)查看配置文件内容。

命令：more config.text 或 show running-config

以上仅仅是其中一小部分命令，RGNOS 的命令配置是一个较复杂的过程，要想熟悉 RGNOS，需要积累相当多的网络知识及实践经验。

6.5.3　通过 Telnet 对路由器进行远程配置

如果用户已经配置好路由器各接口的 IP 地址，可以正常地进行网络通信了，则可以通过局域网或者广域网，使用 Telnet 客户端登录到路由器上，对路由器进行本地或者远程的配置。下面详细介绍具体的配置步骤。

(1)如图 6-19 所示，如果建立本地 Telnet 配置环境，则只需要将主机上的网卡接口通过局域网与路由器的以太网口连接即可。

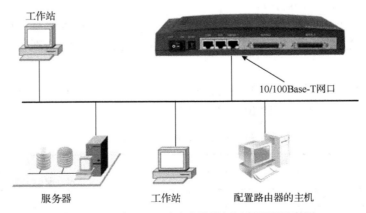

图 6-19　通过 Telnet 对路由器进行远程配置示意图

(2) 在路由器上配置 fastethernet0 端口的 IP 地址。

```
Red-Giant>enable                    ! 进入特权模式
Red-Giant # configure terminal  ! 进入全局配置模式
Red-Giant (config)# hostname RouterA        ! 配置路由器名称为"RouterA"
RouterA(config)# interface fastethernet0    ! 进入路由器接口配置模式
RouterA(config)# ip address 192.168.0.138 255.255.255.0
                                            ! 配置路由器管理接口 IP 地址
RouterA(config)# no shutdown     ! 开启路由器 fastethernet0 接口
验证路由器接口 fastethernet0 的 IP 地址已经配置和开启。
RouterA#show  ip  interface fastethenet0      ! 验证接口 fastethernet0 的 IP
地址已经配置和开启。
```

路由器显示如下：

```
FastEthernet0 is up, line protocol is up
    Internet address is 192.168.0.138/24
    Broadcast address is 255.255.255.255
    Address determined by setup command
    MTU is 1500 bytes
    Helper address is not set
    Directed broadcast forwarding is disabled
    Outgoing access list is not set
    Inbound  access list is not set
    Proxy ARP is enabled
    Security level is default
    Split horizon is enabled
    ICMP redirects are always sent
    ICMP unreachables are always sent
    ICMP mask replies are never sent
    IP fast switching is enabled
    IP fast switching on the same interface is disabled
    IP multicast fast switching is enabled
    Router Discovery is disabled
    IP output packet accounting is disabled
    IP access violation accounting is disabled
    TCP/IP header compression is disabled
    Policy routing is disabled
```

或者用下面的命令：

```
RouterA#show ip interface brief   ! 验证接口 fastethernet0 的 IP 地址已经配置
                                    和开启
Interface      IP-Address      OK? Method Status              Protocol
FastEthernet0  192.168.0.138   YES manual up                  up
FastEthernet1  unassigned      YES unset  administratively down down
FastEthernet2  unassigned      YES unset  administratively down down
FastEthernet3  unassigned      YES unset  administratively down down
Serial0        unassigned      YES unset  administratively down down
```

```
Serial1          unassigned      YES unset  administratively down  down
```

(3)配置路由器远程登录密码。

```
RouterA(config)# line vty 0 4              ！进入路由器线路配置模式
RouterA(config-line)# login                ！配置远程登录
RouterA(config-line)# password star ！设置路由器远程登录密码为"star"
RouterA(config-line)#end
```

(4)配置路由器特权模式密码。

```
RouterA(config)# enable secret star         ！设置路由器特权模式密码为"star"
```

或者：

```
RouterA(config)# enable password  star
```

(5)在 Windows 的 DOS 命令提示符下，直接输入 Telnet a.b.c.d，这里的 a.b.c.d 为路由器的以太网端口的 IP 地址(如果在远程 Telnet 配置模式下，为路由器的广域网口的 IP 地址)，与路由器建立连接，提示输入登录密码，如图 6-20 所示。

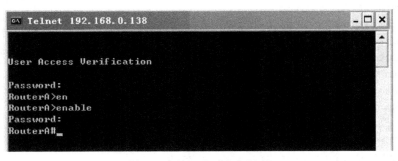

图 6-20　输入登录密码提示

如果出现以下错误提示：

- "Password required, but none set"则说明，以 Telnet 方式登录时，需要在对应的 line vty 配置密码，该提示说明没有配置对应的登录密码。
- "% No password set"则说明，没有设置控制密码，对于非控制台口登录时，必须配置控制密码，否则无法进入特权用户模式。

6.5.4　静态路由和缺省路由的配置

在路由器上可以配置 3 种路由：静态路由、动态路由和缺省路由。路由器查找路由的顺序为先静态路由后动态路由，如果还没有合适的路由，则按缺省路由将数据包转发出去。在一个路由器中，可以综合使用这 3 种路由。

路由器路由协议配置的基本步骤是：先选择路由协议；然后，指定协议的应用网络或端口。

1. 静态路由和缺省路由

静态路由(static routing)可由网络管理员手工配置而成。这种方法适合在规模较小、路由表也相对简单的网络中使用。它比较简单，容易实现；可以精确控制路由选择，改进网络的性能；减少路由器的开销，为重要的应用保证带宽。但对于大规模网络而言，如果网络拓扑结构发生改变或网络链路发生故障，用手工的方法配置及修改路由表，对管理员会形成很大压力。

在路由器上增加静态路由的完整语法格式如下：

```
router(config)#ip route [网络编号] [子网掩码] [转发路由器的 IP 地址/本地接口]
```

【参数说明】

- [网络编号][子网掩码]为目的 IP 地址和掩码，点分十进制格式。
- [转发路由器的 IP 地址/本地接口]指定该路由的发送接口名或该路由的下一跳 IP 地址（点分十进制格式）。在配置静态路由时，既可指定发送接口，也可指定下一跳地址，到底采用哪种方法，需要根据实际情况而定：对于支持网络地址到链路层地址解析的接口或点到点接口，指定发送接口即可。

缺省路由是一种特殊的路由。缺省路由在没有找到匹配的路由表入口项时才使用。在路由表中，缺省路由以到网络 0.0.0.0/0 的路由形式出现，用 0.0.0.0 作为目的网络号，用 0.0.0.0 作为子网掩码，所有的网络都会和这条路由记录匹配。每个 IP 地址与 0.0.0.0 进行二进制"与"操作后的结果都为 0，与目的网络号 0.0.0.0 相同。也就是说用 0.0.0.0 作为目标网络的路由记录符合所有的网络，因此称这种路由记录为缺省路由或默认路由。缺省路由可以减少路由器中路由记录的数目，降低路由器配置的复杂程度，放宽对路由器性能的要求。缺省路由一般可由手工配置。

在路由器上配置缺省路由的完整语法格式如下：

```
router(config)#ip route 0.0.0.0 0.0.0.0 [转发路由器的 IP 地址/本地接口]
```

【参数说明】

- [转发路由器的 IP 地址/本地接口]指定该路由的发送接口名或该路由的下一跳 IP 地址（点分十进制格式）。

2.　配置静态路由和缺省路由

在图 6-21 中，假设 Network 1 之外的其他网络访问 Network 1 时必须经过路由器 A 和路由器 B，则网管员可以在路由器 A 中设置一条指向路由器 B 的静态路由信息。这样做的好处是可以减少路由器 A 和路由器 B 之间 WAN 链路上的数据传输量，因为网络在使用静态路由后，路由器 A 和 B 之间没有必要进行路由信息的交换。

在图 6-21 中，路由器 A 配置的一条静态路由如下：

```
routerA(config)#ip route 200.108.20.0  255.255.255.0  220.18.1.2
```

或

```
router(config)#ip route 200.108.20.0  255.255.255.0 serial 0
```

在图 6-21 中，路由器 B 端所连接的公司欲到达 Internet 网上的所有网络，如果配置静态路由，则需配置成千上万条，这是不现实的。而在实际中往往配置一条指向 ISP 的默认路由，则所有在路由表中查不到的网络都被转发到与之相连的 ISP 路由器。其实默认路由是静态路由的特殊方式。

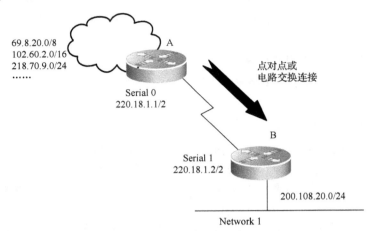

图 6-21　静态路由选择

在路由器 B 配置的一条默认路由如下：

```
routerB(config)#ip route 0.0.0.0  0.0.0.0  220.18.1.1
```

或

```
routerB(config)#ip route 0.0.0.0  0.0.0.0  Serial 1
```

如果我们在配置时需要删除静态路由，那么只要在原来的命令前加 no 即可，命令格式为：

```
router(config)#no ip route [网络编号] [子网掩码]
```

3. 静态路由配置实例

假设某网络通过一台路由器连接到外网的另一台路由器上，现要在路由器上做适当配置，实现网内部主机 PC1 与网外部主机 PC2 的相互通信。配置网络拓扑图如 6-22 所示。

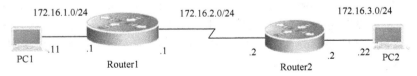

图 6-22　静态路由配置

网络中路由器的配置步骤如下。

(1)在路由器 Router1 上配置接口的 IP 地址和串口上的时钟频率。

```
Router1(config)# interface fastethernet 0  ! 进入接口 F0 的配置模式
Router1(config-if)# ip address 172.16.1.1 255.255.255.0   ! 配置路由器接
口 F0 的 IP 地址
Router1(config)# no shutdown    ! 开启路由器 fastethernet0 接口
```

```
Router1(config)# interface serial 0    !进入接口 S0 配置模式
Router1(config-if)# ip address 172.16.2.1 255.255.255.0    !配置路由器接
```
口 S0 的 IP 地址
```
Router1(config-if)#clock rate 64000    !配置 Router1 的时钟频率(DCE)
Router1(config)# no shutdown    !开启路由器 serial 0 接口
```

此时，可用以下命令来验证路由器接口的配置。

```
Router1#show ip interface brief
```

或

```
Router1#show interface serial 0
```

(2)在路由器 Router1 上配置静态路由。

```
Router1(config)#ip route 172.16.3.0 255.255.255.0 172.16.2.2
```

或

```
Router1(config)#ip route 172.16.3.0 255.255.255.0 serial 0
```

此时，可用以下命令来验证 Router1 上的静态路由配置。

```
Router1#show ip route
```

(3)在路由器 Router2 上配置接口的 IP 地址和串口上的时钟频率。

```
Router2(config)# interface fastethernet 0    !进入接口 F0 的配置模式
Router2(config-if)# ip address 172.16.3.2 255.255.255.0    !配置路由器接
```
口 F0 的 IP 地址
```
Router2(config)# no shutdown       !开启路由器 fastethernet0 接口
Router2(config)# interface serial 0    !进入接口 S0 配置模式
Router2(config-if)# ip address 172.16.2.2 255.255.255.0    !配置路由器接
```
口 S0 的 IP 地址
```
Router2(config)# no shutdown       !开启路由器 serial 0 接口
```

验证测试：可用以下命令来验证路由器接口的配置。

```
Router2#show ip interface brief
```

(4)在路由器 Router2 上配置静态路由。

```
Router2(config)#ip route 172.16.1.0 255.255.255.0 172.16.2.1
```

或

```
Router2(config)#ip route 172.16.1.0 255.255.255.0 serial 0
```

(5)测试连在网络上的 PC1 和 PC2 互连互通情况。
在 PC1 上，运行 ping PC2 命令。若配置正确会出现接通数据。

```
C:\>ping 172.16.3.22    !从 PC1 ping PC2
Pinging 172.16.3.22 with 32 bytes of data:
Reply from 172.16.3.22: bytes=32 time<10ms TTL=126
```

```
Reply from 172.16.3.22: bytes=32 time<10ms TTL=126
Reply from 172.16.3.22: bytes=32 time<10ms TTL=126
Reply from 172.16.3.22: bytes=32 time<10ms TTL=126
```

同样，在 PC2 上，运行 ping PC1 命令，结果也一样。

大型和复杂的网络环境通常不宜采用静态路由，这是因为，一方面，网络管理员难以全面地了解整个网络的拓扑结构；另一方面，当网络的拓扑结构和链路状态发生变化时，需要大范围地调整路由器中的静态路由信息，这一工作的难度和复杂程度非常高。此时需要使用动态路由协议，如 RIP、OSPF 等。

6.5.5　动态路由 RIP 的配置

在路由器中配置了动态路由协议后，网络管理员就不需要像配置静态路由那样手工配置了。这是因为路由器的管理程序会根据路由器上的接口情况及所连接的链路状态等，自动按照动态路由协议的规则生成路由表中的表项。

在第 3 章我们介绍过 RIP，RIP 就是一种动态路由协议，它采用距离矢量算法计算路由。距离矢量算法就是规定相邻的路由器之间相互交换路由信息并进行矢量的叠加，最后使网络中的每个路由器都知道整个网络的路由。RIP 使用跳数（hop）来衡量到达目的地的距离，注意，路由器到与它直接连接的网络的跳数为 0，通过一个路由器可达的网络的跳数为 1，其余以此类推，当跳数大于或等于 16 时被定义为无穷大，即目的网络或主机不可达。

RIP 采用的距离矢量算法无论是实现还是管理都比较简单，但是它的收敛速度慢，这使得路由表更新信息将占用较大的网络带宽，并且它会产生路由环路。为避免环路，RIP 应用了水平分割、毒性逆转等技术。RIP 有 RIPV1 和 RIPV2 两个版本，RIPV2 支持明文认证和MD5 密文认证，并支持可变长子网掩码 VLSM 等。

1.　RIP 配置步骤

RIP 在路由器上配置非常简单，步骤如下：
(1)进入路由器的全局配置模式，输入如下命令：

```
Router1(config)#router rip
```

这样就启动了 RIP 路由协议。
(2)设置本路由器的网络，格式如下：

```
network <本路由器直连的网络>
```

例如：

```
Router1(config)# network 192.0.0.0
```

注：由于 RIP 为有类别路由协议，因此对网络的各个子网不加区分，所以只需对主网络进行配置即可。

2.　RIP 的相关命令

(1)Router1 (config) #show ip protocols　　查看路由器的路由信息。

(2) Router1 (config) #show ip route　查看 IP 路由表。

3. RIP 配置实例

配置网络拓扑图如 6-22 所示。网络中路由器的 RIP 配置步骤如下。

(1) 在路由器 Router1 上配置接口的 IP 地址和串口上的时钟频率。

```
Router1(config)#interface fastethernet 0   !进入接口 F0 的配置模式
Router1(config-if)#ip address 172.16.1.1 255.255.255.0    !配置路由器接口
F0 的 IP 地址
Router1(config)#no shutdown    !开启路由器 fastethernet0 接口
Router1(config)#interface serial 0   !进入接口 S0 配置模式
Router1(config-if)#ip address 172.16.2.1 255.255.255.0    !配置路由器接口
S0 的 IP 地址
Router1(config-if)#clock rate 64000    !配置 Router1 的时钟频率(DCE)
Router1(config)#no shutdown     !开启路由器 serial 0 接口
```

(2) 在路由器 Router1 上配置 RIP V1 路由协议。

```
Router1(config)#router rip    !创建 RIP 路由进程
```

或

```
Router1(config)#network 172.16.0.0    !定义关联网络(必须是直接的主网络地址)
```

此时，可用以下命令来验证 Router1 上的路由配置：

```
Router1#show ip route
```

(3) 在路由器 Router2 上配置接口的 IP 地址和串口上的时钟频率。

```
Router2(config)#interface fastethernet 0    !进入接口 F0 的配置模式
Router2(config-if)#ip address 172.16.3.2 255.255.255.0     !配置路由器接口
F0 的 IP 地址
Router2(config)#no shutdown      !开启路由器 fastethernet0 接口
Router2(config)#interface serial 0   !进入接口 S0 配置模式
Router2(config-if)#ip address 172.16.2.2 255.255.255.0     !配置路由器接口
S0 的 IP 地址
Router2(config)#no shutdown      !开启路由器 serial 0 接口
```

验证测试：可用以下命令来验证路由器接口的配置：

```
Router2#show ip interface brief
```

(4) 在路由器 Router2 上配置 RIP V1 路由协议。

```
Router2(config)#router rip     !创建 RIP 路由进程
```

或

```
Router2(config)#network 172.16.0.0     !定义关联网络
```

验证测试：验证 Router2 和 Router1 上的 RIP V1 路由表。

```
Router2#show ip route
```

```
Codes: C - connected,S - static, R - RIP
D - EIGRP, EX- EIGRP external ,O - OSPF, IA - OSPF inter area
E1 - OSPF external type 1, E2 - OSPF external type 2
Geteway of last resort is not set
172.16.0.0/24 is subnetted, 3 subnets
R  172.16.1.0 [120/1] via 172.16.2.1, 00:00:16, Serial0  !Router2 通过 RIP
协议获得的路由
C  172.16.2.0 is directly connected,Serial0
C  172.16.3.0 is directly connected, FastEthernet0

Router1#sh ip route
Codes: C - connected,S - static, R - RIP
O - OSPF, IA - OSPF inter area
E1 - OSPF external type 1, E2 - OSPF external type 2
Geteway of last resort is not set
172.16.0.0/24 is subnetted, 3 subnets
C  172.16.1.0 is directly connected, FastEthernet0
C  172.16.2.0 is directly connected, Serial0
R  172.16.3.0 [120/1] via 172.16.2.2, 00:00:08, Serial0  !Router1 通过 RIP
协议获得的路由
```

(5)测试连在网络上的 PC1 和 PC2 互连互通情况。

在 PC1 上，运行 ping PC2 命令。若配置正确会出现接通数据。

```
C:\>ping 172.16.3.22    ! 从 PC1 ping PC2
Pinging 172.16.3.22 with 32 bytes of data:
Reply from 172.16.3.22: bytes=32 time<10ms TTL=126
Reply from 172.16.3.22: bytes=32 time<10ms TTL=126
Reply from 172.16.3.22: bytes=32 time<10ms TTL=126
Reply from 172.16.3.22: bytes=32 time<10ms TTL=126
```

同样，在 PC2 上，也运行 ping PC1 命令，结果一样。

6.6　虚拟局域网 VLAN

VLAN(virtual local area network)即虚拟局域网，是一种通过将局域网内的设备逻辑地而不是物理地划分成一个网段从而实现虚拟工作组的技术。VLAN 是为解决以太网的广播问题和安全性而提出的一种技术，它在以太网帧的基础上增加了 VLAN 头，用 VLAN ID 把用户划分为更小的工作组，限制不同工作组间的用户二层互访，每个工作组就是一个虚拟局域网。VLAN 的技术标准为 1999 年 6 月由 IEEE 颁布的 IEEE 802.1Q。以太网交换机的 VLAN 还须参照 IEEE 802.3ac，有些交换器则遵循 CGMP(Cisco group management protocol，专用标准)。

6.6.1　虚拟局域网概述

VLAN 技术允许网络管理者将一个物理的 LAN 逻辑地划分成不同的广播域(或称虚拟LAN，即 VLAN)，每一个 VLAN 都包含一组有着相同需求的计算机工作站，与物理上形成的 LAN 有相同的属性。但由于它是逻辑划分而不是物理划分，所以同一个 VLAN 内的各个工作站无须被放置在同一个物理空间里，即便这些工作站不一定属于同一个物理 LAN 网段，一个 VLAN 内部的广播和单播流量也不会转发到其他 VLAN 中，从而有助于控制流量、优化网络性能、简化网络管理、提高网络的安全性。

VLAN 可以存在于单个交换机上，也可以跨越多个交换机。VLAN 所包括的站点可以在单个建筑物内，也可以分布在多个建筑物内。

为什么要使用 VLAN？其理由如下：

(1)增加了网络连接的灵活性。网络管理员对网络上工作站可以按业务功能分组，而不必按地理位置分组。

(2)控制网络上的广播风暴。随着网络向交换结构转变，网络内部路由器(其作用之一是阻隔广播)的使用越来越少。这样，广播风暴将发送到每一个交换端口，这就是常说的整个网络是一个广播域。使用交换网络的优势是可以提供低延时和高吞吐量，缺点是增加了整个交换网络的广播风暴。使用 VLAN，可以将某个交换端口或用户赋予某一个特定的 VLAN 组，该 VLAN 组可以在一个交换网中，也可以跨接多个交换机，在一个 VLAN 中的广播风暴不会送到 VLAN 之外。同样，相邻的端口不会收到其他 VLAN 产生的广播风暴。这样，可以减少广播流量，释放带宽给用户应用，减少广播风暴的产生。

(3)增加网络的安全性。通过广播域的分隔，使每个逻辑的 VLAN 就像一个独立的物理桥，提高了网络的性能和安全。

(4)方便网络集中化管理。通过集中化的 VLAN 管理程序，网络管理员可以确定 VLAN 组，分配特定用户和交换端口给这些 VLAN 组，设置安全性等级，限制广播域的大小，通过冗余链路负载分担网络流量，跨越交换机配置 VLAN 通信，监控交通流量和 VLAN 使用的网络带宽。这些能力有效地提高了网络管理程序的可控性、灵活性和监视功能，减少了管理的费用。

6.6.2　虚拟局域网的划分

VLAN 是在交换机上通过软件来实现的，因此，用户不仅可以方便地划分 VLAN，还可以随时修改 VLAN。根据 VLAN 划分策略的不同，大致可以将其划分为 4 类。

1.　基于交换机端口划分

这种方法是根据以太网交换机的端口来划分的，这些属于同一 VLAN 的端口可以不连续，如何配置由管理员决定。如果有多个交换机，例如，可以指定不同交换机的某些端口为同一 VLAN，即同一个 VLAN 可以跨越数个以太网交换机。根据端口划分是目前定义 VLAN 的最广泛的方法。IEEE 802.1Q 规定了依据以太网交换机的端口来划分 VLAN 的国际标准，这种划分的方法的优点是定义 VLAN 成员时非常简单，只要将所有的端口都指定一下就可以了。它的缺点是如果属于某个 VLAN 的用户离开了原来的端口，到了一个新的交换机的某个端口，那么就必须重新定义。

2.　基于 MAC 地址划分

这种方法是根据每个主机的 MAC 地址来划分，即对每个 MAC 地址的主机都指定它属于哪个组。这种划分 VLAN 的方法的最大优点就是当用户物理位置移动时，即从一个交换机换到其他的交换机时，VLAN 不用重新配置，所以，可以认为这种根据 MAC 地址的划分方法是基于用户的 VLAN。这种方法的缺点是初始化时，所有的用户都必须进行配置，如果有几百个甚至上千个用户的话，配置是一项繁重的工作。而且这种划分的方法也导致了交换机执行效率的降低，因为在每一个交换机的端口都可能存在很多个 VLAN 组的成员，这样就无法限制广播包了。另外，对于使用笔记本电脑的用户来说，它们的网卡可能经常更换，这样，就必须不停地配置 VLAN。

3. 基于网络层划分

这种方法是根据每个主机的网络层地址或协议类型（如果支持多协议）来划分的，虽然这种划分方法是根据网络地址，比如 IP 地址，但它不是路由，与网络层的路由毫无关系。它虽然查看每个数据包的 IP 地址，但由于不是路由，它是根据生成树算法进行交换的。这种方法的优点是当用户改变物理位置时，不需要重新配置所属的 VLAN，而且可以根据协议类型来划分 VLAN，这对网络管理者来说很重要。另外，这种方法不需要附加的帧标签来识别 VLAN，可以减少网络的通信量。这种方法的缺点是效率低，因为检查每一个数据包的网络层地址是需要消耗处理时间的（相对于前面两种方法），一般的交换机芯片都可以自动检查网络上数据包的以太网帧头，但要让芯片能检查 IP 帧头，则需要更高的技术，同时也更费时。当然，这与各个厂商的实现方法有关。

4. 基于组播划分

IP 组播实际上也是一种 VLAN 的定义，即认为一个组播域就是一个 VLAN，这种划分的方法将 VLAN 扩大到了广域网，因此这种方法具有更大的灵活性，而且也很容易通过路由器进行扩展。当然这种方法不适合局域网，因为效率不高。

从上述几种 VLAN 划分方法的优缺点综合来看，基于端口划分 VLAN 是最普遍使用的方法之一，它也是目前所有交换机都支持的一种 VLAN 划分方法。只有少量交换机支持基于 MAC 地址的 VLAN 划分。

6.6.3 虚拟局域网的工作原理

1. VLAN 的帧格式

IEEE802.1Q 协议标准规定了 VLAN 技术，它定义同一个物理链路上承载多个子网的数据流的方法。其主要内容包括：VLAN 的架构、VLAN 技术提供的服务、VLAN 技术涉及的协议和算法。为了保证不同厂商生产的设备能够顺利互通，802.1Q 标准严格规定了统一的 VLAN 帧格式以及其他重要参数。

802.1Q 标准在原有的标准以太网帧格式中规定增加一个特殊的标志字段 tag 字段，用于标识数据帧所属的 VLAN ID，其帧格式如图 6-23 所示。

从两种帧格式可以看到，VLAN 帧相对标准以太网帧在源 MAC 地址后面增加了 4 字节的 tag 字段。它包含了 2 字节的标签类型标识（TPID）和 2 字节的标签控制信息（TCI）。其中 TPID（tag protocol identifier）是 IEEE 定义的新类型，表示这是一个加 802.1Q 标签的帧。TPID

包含了一个固定的十六进制值 0x8100，TCI(tag control information)又分为 Priority、CFI 和 VLAN ID 三个字段。

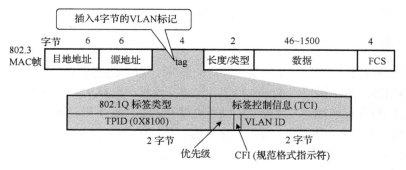

图 6-23　VLAN 的帧格式

（1）Priority：该字段占用 3bit，用于标识数据帧的优先级。

（2）CFI(canonical format indicator)：该字段仅占用 1bit，如果该位为 0，表示该数据帧采用规范帧格式，如果该位为 1，表示该数据帧为非规范帧格式。它主要用在令牌环/源路由 FDDI 介质访问方法中，来指示数据帧中所带地址的位次序信息。比如，在 802.3 Ethernet 和透明 FDDI 介质访问方法中，它用于指示是否存在 RIF 字段，并结合 RIF 字段来指示数据帧中地址的位次序信息。

（3）VLAN ID：该字段占用 12bit，它明确指出该数据帧属于某一个 VLAN。所以 VLAN ID 表示的范围为 0～4095。

2. VLAN 的工作原理

目前任何主机都不支持带有 tag 字段的以太网数据帧，即主机只能发送和接收标准的以太网数据帧，而将 VLAN 数据帧作为非法数据帧。所以支持 VLAN 的交换机在与主机和交换机进行通信时，需要区别对待。当交换机将数据发送给主机时，必须检查该数据帧，并删除 tag 字段。而发送给交换机时，为了让对端交换机能够知道数据帧的 VLAN ID，它应该给从主机接收到的数据帧增加一个 tag 字段后再发送，其数据帧在传播过程中的变化如图 6-24 所示。

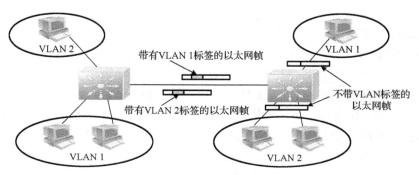

图 6-24　VLAN 数据帧的传输

当交换机接收到某数据帧时，交换机根据数据帧中的 tag 字段或者接收端口的缺省 VLAN

ID 来判断该数据帧应该转发到哪些端口，如果目标端口连接的是普通主机，则删除 tag 字段 (如果数据帧中包含 tag 字段)后再发送数据帧；如果目标端口连接的是交换机，则添加 tag 字段(如果数据帧中不包含 tag 字段)后再发送数据帧。

3. Trunk 介绍

Trunk 是一种封装技术，它是一条点到点的链路，链路的两端可以都是交换机，也可以是交换机和路由器。基于端口的 Trunk 功能，允许交换机与交换机、交换机与路由器之间通过两个或多个端口并行连接同时传输以提供更高带宽、更大吞吐量。同时，Trunk 可以在一条链路上传输多个 VLAN 的流量，此时，交换机就必须对通过 Trunk 传输的每一个数据帧进行标识，以便识别相应数据包是发往哪个 VLAN 网段的。这个数据帧标识主要是 VLAN ID(VID)，因为在整个网络上 VID 是唯一的。在 Trunk 的另一端，接收该帧的交换机(或者路由器)通过该标识就可以知道它原来属于哪一个 VLAN，再转发到相应的端口上去。如图 6-25 所示。图中 VLAN1、VLAN2、VLAN3 和 VLAN5 都共用 Trunk 链路。

我们可以把一个普通的以太网端口设为一个 Trunk 口。

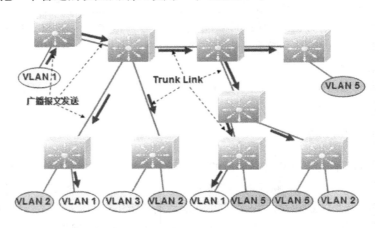

图 6-25　Trunk 链路示意图

4. VLAN 端口的分类

根据交换机处理 VLAN 数据帧的不同，可以将交换机的端口分为两类：一类是只能传送标准以太网帧的端口，称为 Access 端口；另一类是既可以传送有 VLAN 标签的数据帧也可以传送标准以太网帧的端口，称为 Trunk 端口。

Access 端口一般是指那些连接不支持 VLAN 技术的终端设备的端口，这些端口接收到的数据帧都不包含 VLAN 标签，而向外发送数据帧时，必须保证数据帧中不包含 VLAN 标签。

Trunk 端口一般是指那些连接支持 VLAN 技术的网络设备(如交换机)的端口，这些端口接收到的数据帧一般都包含 VLAN 标签(数据帧 VLAN ID 和端口缺省 VLAN ID 相同除外)，而向外发送数据帧时，必须保证接收端口能够区分不同 VLAN 的数据帧，故常常需要添加 VLAN 标签(数据帧 VLAN ID 和端口缺省 VLAN ID 相同除外)。

6.6.4　虚拟网的配置

根据以上所述，我们讨论一下如何具体配置 VLAN。由于交换机型号及品牌的不同，相应的配置命令也不相同，但本质上是一样的。我们以 S2126 为例，采用基于端口的 VLAN 划分，学习 VLAN 的配置。

1．VLAN 的建立

在特权模式下，通过如下步骤，就可以创建或者修改一个 VLAN。
（1）configure terminal 进入全局配置模式。
（2）vlan vlan-id 输入一个 VLAN ID。如果输入的是一个新的 VLAN ID，则交换机会创建一个 VLAN；如果输入的是已经存在的 VLAN ID，则修改相应的 VLAN。
（3）name vlan-name（可选）为 VLAN 取一个名字。如果没有进行这一步，则交换机会自动为它起一个名字 VLAN xxxx，其中 xxxx 是以 0 开头的 4 位 VLANID 号。比如，VLAN 0004 就是 VLAN 4 的缺省名字。
（4）End 回到特权命令模式。
下面是一个创建 VLAN 888、将它命名为 student 的例子。

```
Switch# configure terminal
Switch(config)# vlan 888
Switch(config-vlan)# name student
Switch(config-vlan)# end
```

在特权模式下，利用如下步骤可以将一个端口分配给一个 VLAN。
（1）configure terminal 进入全局配置模式。
（2）Interface interface-id 输入想要加入 VLAN 的 interface id。
（3）switchport mode access 定义该接口的 VLAN 成员类型（二层 ACCESS 口）。
（4）switchport access vlan vlan-id 将这个口分配给一个 VLAN。
（5）end 回到特权命令模式。

2．Trunk 口配置

在特权模式下，利用如下步骤可以将一个交换机的普通接口配置成一个 Trunk 口。
（1）configure terminal 进入全局配置模式。
（2）interface interface-id 输入想要配成 Trunk 口的 interface id。
（3）switchport mode trunk 定义该接口的类型为二层 Trunk 口。
（4）switchport trunk native vlan vlan-id 为这个口指定一个 native VLAN。
（5）end 回到特权命令模式。

3．单交换机 VLAN 配置实例

假设此交换机是宽带小区城域网中的一台楼道交换机，住户 PC1 连接在交换机的 0/5 口；住户 PC2 连接在交换机的 0/15 口。现要实现各家各户的端口隔离。配置连接如图 6-26 所示，配置步骤如下：

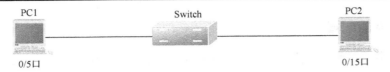

图 6-26　VLAN 配置连接图

(1)在未划 VLAN 前两台 PC 可以互相 ping 通。

(2)创建 VLAN。

```
Switch#configure terminal                    ! 进入交换机全局配置模式。
Switch(config)# vlan 10                       ! 创建 vlan 10。
Switch(config-vlan)# name test10             ! 将 Vlan 10 命名为 test10。
Switch(config)# vlan 20                       ! 创建 vlan 20。
Switch(config-vlan)# name test20             ! 将 Vlan 20 命名为 test20。
```

验证测试结果如下:

```
Switch#show vlan
VLAN Name                      Status          Ports
----------------------         -------------   ---------
1    default                   active          Fa0/1 ,Fa0/2 ,Fa0/3
                                               Fa0/4 ,Fa0/5 ,Fa0/6
                                               Fa0/7 ,Fa0/8 ,Fa0/9
                                               Fa0/10,Fa0/11,Fa0/12
                                               Fa0/13,Fa0/14,Fa0/15
                                               Fa0/16,Fa0/17,Fa0/18
                                               Fa0/19,Fa0/20,Fa0/21
                                               Fa0/22,Fa0/23,Fa0/24

10   test10                    active
20   test20                    active
```

(3)将接口分配到 VLAN。

```
Switch(config-if)# interface fastethernet 0/5              ! 进入 fastethernet
```
0/5 的接口配置模式
```
Switch(config-if)# switch access vlan 10                   ! 将 fastethernet 0/5
```
端口加入 VLAN 10 中
```
Switch(config-if)# interface fastethernet 0/15             ! 进入 fastethernet
```
0/15 的接口配置模式
```
Switch(config-if)# switch access vlan 20                   ! 将 fastethernet 0/15
```
端口加入 VLAN 20 中

(4)两台 PC 互相 ping 不通。

通过以上几步,VLAN 的配置就完成了。

4. 跨交换机 VLAN 配置实例

假设某企业有两个主要部门:销售部和技术部,其中销售部门的个人计算机系统分散连接在两台交换机上,它们之间需要相互进行通信,但为了数据安全起见,销售部和技术

部需要进行相互隔离。现要在交换机上做适当配置来实现这一目标。实验拓扑图如图 6-27
所示。

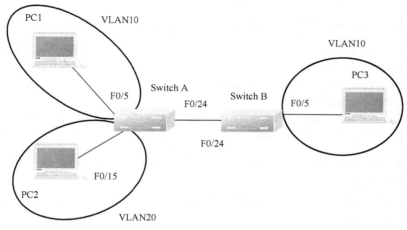

图 6-27　跨交换机的 VLAN 配置拓扑图

实验步骤如下：

(1) 在交换机 SwitchA 上创建 VLAN 10，并将 0/5 端口划分到 VLAN 10 中。

```
SwitchA # configure terminal                  !进入全局配置模式
SwitchA(config) # vlan 10                      !创建 VLAN 10
SwitchA(config-vlan) # name sales              !将 VLAN 10 命名为 sales
SwitchA(config-vlan) # exit
SwitchA(config) # interface fastethernet 0/5   !进入接口配置模式
SwitchA(config-if) # switchport access vlan 10 ! 将 0/5 端口划分到 VLAN 10
```

验证测试：验证已创建了 VLAN 10，并将 0/5 端口已划分到 VLAN 10 中。

```
SwitchA # show vlan id 10
   VLAN Name                 Status   Ports
   10    sales               active   Fa0/5
```

(2) 在交换机 SwitchA 上创建 VLAN 20，并将 0/15 端口划分到 VLAN 20 中。

```
SwitchA(config) # vlan 20                       !创建 VLAN 20
SwitchA(config-vlan) # name technical           !将 VLAN 20 命名为 technical
SwitchA(config-vlan) # exit
Switch(config) # interface fastethernet 0/15    !进入接口配置模式
Switch(config-if) # switchport access vlan 20   !将 0/5 端口划分到 VLAN 20
```

(3) 在交换机 SwitchA 上将 SwitchB 相连的端口（假设为 0/24 端口）定义为 tag VLAN 模
式（即设为 Trunk 口）。

```
SwitchA(config)#interface fastethernet 0/24    !进入接口配置模式
SwitchA(config-if)#switchport mode trunk       !将 fastethernet 0/24 端
口设为 Trunk 口
```

验证测试：验证 fastethernet 0/24 端口已被设置为 tag VLAN 模式。

```
SwitchA#show interfaces fastethernet 0/24 switchport
interface  Switchport  Mode    Access  Native  Protected Vlan Lists
Fa0/24     Enable      Trunk   1       1                 Disabled All
```

(4)在交换机 SwitchB 上创建 VLAN10，并将 0/5 端口划分到 VLAN10 中。

```
SwitchB#configure terminal                    !进入全局配置模式
SwitchB(config)#vlan 10                        !创建 VLAN 10
SwitchB(config-vlan)#name sales                !将 VLAN 10 命名为 sales
SwitchB(config-vlan)#exit
SwitchB(config)#interface fastethernet 0/5     !进入接口配置模式
SwitchB(config-if)#switchport access vlan 10   !将 0/5 端口划分到 VLAN 10
```

使用 show vlan id 10 命令可以验证在 SwitchB 上是否创建了 VLAN10，并将 0/5 端口已划分到 VLAN10 中了。

(5)在交换机 SwitchB 上将与 SwitchA 相连的端口(假设为 0/24 端口)定义为 tag VLAN 模式(即设为 Trunk 口)。

```
SwitchB(config)#interface fastethernet 0/24 !进入接口配置模式
SwitchB(config-if)#switchport mode trunk            !将 fastethernet 0/24 端
口设为 Trunk 口
```

(6)验证 PC1 与 PC3 能互相通信，但 PC2 与 PC3 不能互相通信。

```
C:\>ping 192.168.10.30       !在 PC1 的命令行方式下验证能 ping 通 PC3
Pinging 192.168.10.30 with 32 bytes of data:

Reply from 192.168.10.30:bytes=32 time<10ms TTL=128
Reply from 192.168.10.30:bytes=32 time<10ms TTL=128
Reply from 192.168.10.30:bytes=32 time<10ms TTL=128
Reply from 192.168.10.30:bytes=32 time<10ms TTL=128

Ping statistics for 192.168.10.30:
    Packets: Sent=4, Received=4,  Lost=0(0% loss),
Approximate round trip times in milli-secends:
    Minimum=0ms,Maximum=0ms,Average=0ms
C:\>ping 192.168.10.30       !在 PC2 的命令行方式下验证不能 ping 通 PC3

Request timed out.
Request timed out.
Request timed out.
Request timed out.

Ping statistics for 192.168.10.30:
    Packets: Sent=4, Received=0,  Lost=4(100% loss),
Approximate round trip times in milli-secends:
    Minimum=0ms,Maximum=0ms,Average=0ms
```

6.7 网络地址转换 NAT

NAT（network address translation）顾名思义就是网络 IP 地址的转换。NAT 的出现是为了解决 IP 日益短缺的问题，使用 NAT 技术可以在多重 Internet 子网中使用相同的 IP，以减少注册 IP 地址的使用，将多个内部地址映射为少数几个甚至一个公网地址。同时它还起到了隐藏内部网络结构的作用，对于本地主机而言具有一定的安全性。但 NAT 不支持某些网络层安全协议，如 IPSec，而且本地主机在外网是不可见的，这使得跟踪和调试更加困难。

NAT 主要包括 3 种方式：静态 NAT（static NAT）、动态地址 NAT（pooled NAT）、网络地址端口转换 NAPT（port-level NAT）。其中静态 NAT 是设置起来最简单也最容易实现的一种，内部网络中的每个主机都被永久映射成外部网络中的某个合法地址。而动态地址 NAT 则是在外部网络中定义了一系列的合法地址，采用动态分配的方法映射到内部网络。静态 NAT 和动态地址 NAT 合称为传统的 NAT，要求其同一时刻被映射的内部主机数小于或等于所拥有的外网 IP 数。NAPT 则是把内部地址映射到外部网络的一个 IP 地址的不同端口上。根据不同的需要，3 种 NAT 方案各有利弊。

6.7.1 NAT 的工作原理及配置

1. NAT 的工作原理

NAT 的功能一般是在路由器上实现的，现在也有许多是在硬件防火墙上或纯软件实现的。设置 NAT 功能的设备至少要有一个内部端口（inside）和一个外部端口（outside）。内部端口连接的网络用户使用的是内部 IP 地址，外部端口连接的是外部的网络（如 Internet）。

关于 NAT 的几个概念如下：

- 内部本地地址（inside local address）：分配给内部网络中的计算机的内部 IP 地址。
- 内部合法地址（inside global address）：也称内部全局地址。对外进入 IP 通信时，代表一个或多个内部本地地址的合法 IP 地址。需要申请才可取得的 IP 地址。

下面我们以路由器为例讲述 NAT 的工作原理。其过程如图 6-28 所示。

当内部网络一台主机访问外部网络资源时，详细过程描述如下：

(1) 内部主机 192.168.12.2 发起一个到外部主机 168.168.12.1 的连接。

(2) 当路由器接收到以 192.168.12.2 为源地址的第 1 个数据包时，引起路由器检查 NAT 映射表。该地址有配置静态映射，就执行第(3)步；如果没有静态映射，就进行动态映射，路由器就从内部全局地址池中选择一个有效的地址，并在 NAT 映射表中创建 NAT 转换记录。这种记录叫基本记录。

(3) 路由器用 192.168.12.2 对应的 NAT 转换记录中的全局地址替换数据包源地址，经过转换后，数据包的源地址变为 200.168.12.2，然后转发该数据包。

(4) 168.168.12.1 主机接收到数据包后，将向 200.168.12.2 发送响应包。

(5) 当路由器接收到内部全局地址的数据包时，将以内部全局地址 200.168.12.2 为关键字查找 NAT 记录表，将数据包的目的地址转换成 192.168.12.2 并转发给 192.168.12.2。

（6）192.168.12.2 接收到应答包，并继续保持会话。第（1）步到第（5）步将一直重复，直到会话结束。

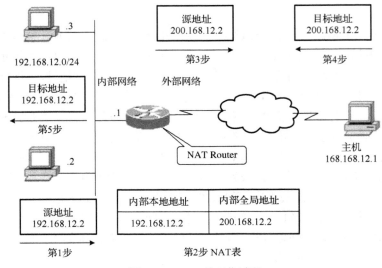

图 6-28　NAT 的工作过程

2. 静态 NAT 配置

静态地址转换将内部本地地址与内部合法地址进行一对一的转换，且需要指定与哪个合法地址进行转换。如果内部网络有 Web 服务器或邮件服务器等可以为外部用户提供的服务，这些服务器的 IP 地址必须采用静态地址转换，以便外部用户可以使用这些服务。

静态地址转换基本配置步骤如下：

（1）在内部本地地址与内部合法地址之间建立静态地址转换。在全局设置状态下输入：

```
router(config)#ip nat inside source static 内部本地地址 内部合法地址
```

（2）指定连接网络的内部端口 在端口设置状态下输入：

```
router(config-if)#ip nat inside
```

（3）指定连接外部网络的外部端口 在端口设置状态下输入：

```
router(config-if)#ip nat outside
```

我们根据下面一个实例来实现这个功能，如图 6-29 所示。

在本例中，由先实现静态 NAT 地址转换功能。将路由器的快速以太口 Fa0/1 作为内部端口，同步端口 S1 作为外部端口。其中 10.1.1.2、10.1.1.3、10.1.1.4 的内部本地地址采用静态地址转换。其内部合法地址分别对应为 210.29.206.2、210.29.206.3、210.29.206.4。

具体相关配置步骤如下：

```
router(config)#ip nat inside source static 10.1.1.2 210.29.206.2(设定静
态转换的对应地址)
router(config)#ip nat inside source static 10.1.1.3 210.29.206.3
```

```
router(config)#ip nat inside source static 10.1.1.4 210.29.206.4
router(config)#interface fa0/1(进入快速以太口配置)
router(config-if)#ip nat inside (设定 NAT 的入口)
router(config-if)#interface S1/1(进入 S1/1 配置)
router(config-if)#ip nat outside(设定 NAT 的出口)
```

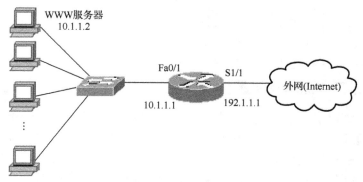

图 6-29　NAT 转换的网络拓扑

配置完成后可以用以下命令进行查看：

```
router#show ip nat statistcs
router#show ip nat translations
```

3. 动态 NAT 配置

动态地址转换也是将本地地址与内部合法地址一对一地转换，但是动态地址转换是从内部合法地址池中动态地选择一个未使用的地址对内部本地地址进行转换。

动态地址转换基本配置步骤如下：

(1)在全局设置模式下，定义内部合法地址池。

```
ip nat pool 地址池名称 起始 IP 地址 终止 IP 地址 子网掩码(其中地址池名称可以任意设定)
```

(2)在全局设置模式下，定义一个标准的 access-list 规则以允许哪些内部地址可以进行动态地址转换。

```
access-list 标号 permit 源地址 通配符(其中标号为 1~99)
```

(3)在全局设置模式下，将由 access-list 指定的内部本地地址与指定的内部合法地址池进行地址转换。

```
ip nat inside source list 访问列表标号 pool 内部合法地址池名字
```

(4)指定与内部网络相连的内部端口在端口设置状态下。

```
ip nat inside
```

(5)指定与外部网络相连的外部端口。

```
ip nat outside
```

还是以图 6-29 为例，配置的具体步骤如下：

```
router(config)#ip nat pool aaa  210.29.206.2  210.29.206.4  netmask
255.255.255.0
router(config)#access-list 1 permit 10.1.1.0 0.0.0.255
router(config)#ip nat inside source list 1 pool aaa
router(config)#interface fa0/1
router(config-if)#ip address 10.1.1.1 255.255.255.0
router(config-if)#ip nat inside
router(config-if)#interface S1/1
router(config-if)# ip nat outside
```

6.7.2　NAPT 的工作原理及配置

很多情况下，当内部网要求上网的主机数很多，而又缺乏全局 IP 地址时，甚至没有专门申请的全局 IP 地址，只有一个连接 ISP 的全局 IP 地址，如何才能保证内部的主机都能上网呢？传统的 NAT 是一对一的地址映射，肯定不能同时满足所有的内部网络主机与外部网络通信的需要了。而使用 NAPT，可以将多个内部本地地址映射到一个内部全局地址，路由器用"内部全局(合法)地址+ TCP/UDP 端口号"来对应"一个内部主机地址+ TCP/UDP 端口号"。当然，进行 NAPT 转换时，路由器需要维护足够的信息(比如 IP 地址、TCP/UDP 端口号)才能将全局地址转换回内部本地地址。

1. NAPT 的工作原理

路由器上实现 NAPT 的原理如图 6-30 所示。

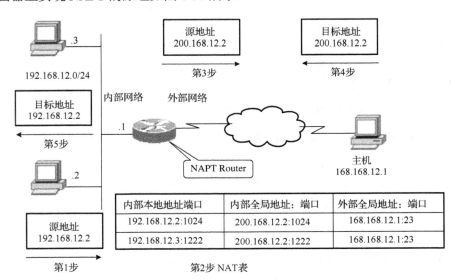

图 6-30　NAPT 的工作原理

图 6-30 反映了内部源地址 NAPT 的整个过程。以下详细描述了内部网络 NAPT 的工作过程：

(1)内部主机 192.168.12.2 发起一个到外部主机 168.168.12.1 的连接。

(2)当路由器接收到以 192.168.12.2 为源地址的第 1 个数据包时，引起路由器检查 NAT

映射表。如果 NAT 没有转换记录，路由器就为 192.168.12.2 做地址转换，并创建一条转换记录；如果启用了 NAPT，就进行另外一次转换，路由器将复用全局地址并保存足够的信息，以便能够将全局地址转换回本地地址。NAPT 的地址转换记录称为扩展记录。

(3) 路由器用 192.168.12.2 对应的 NAT 转换记录中全局地址替换数据包源地址，经过转换后，数据包的源地址变为 200.168.12.2，然后转发该数据包。

(4) 168.168.12.1 主机接收到数据包后，将向 200.168.12.2 发送响应包。

(5) 当路由器接收到内部全局地址的数据包时，将以内部全局地址 200.168.12.2 及其端口号、外部全局地址及其端口号为关键字查找 NAT 记录表，将数据包的目的地址转换成 192.168.12.2，并转发给 192.168.12.2。

(6) 92.168.12.2 接收到应答包，并继续保持会话。第(1)步到第(5)步将一直重复，直到会话结束。

2. NAPT 配置

NAPT 首先是一种动态地址转换，但是它可以允许多个内部本地地址共用一个内部合法地址。针对只申请到少量 IP 地址但却经常同时有多于合法地址个数的用户上外部网络的情况，这种转换极为有用。当多个用户同时使用一个 IP 地址时，外部网络通过路由器内部利用上层的如 TCP 或 UDP 端口号等唯一标识某台计算机。

NAPT 的配置步骤如下：

(1) 在全局设置模式下，定义内部合地址池。

```
ip nat pool 地址池名字 起始IP地址 终止IP地址 子网掩码(其中地址池名字可以任意设定)
```

(2) 在全局设置模式下，定义一个标准的 access-list 规则，以允许哪些内部本地地址可以进行动态地址转换。

```
access-list 标号 permit 源地址 通配符(其中标号为1~99)
```

(3) 在全局设置模式下，设置在内部的本地地址与内部合法 IP 地址间建立复用动态地址转换。

```
ip nat inside source list 访问列表标号 pool 地址池名字 overload
```

(4) 在端口设置状态下，指定与内部网络相连的内部端口。

```
ip nat inside
```

(5) 在端口设置状态下，指定与外部网络相连的外部端口。

```
ip nat outside
```

还是以图 6-29 为例，具体的配置步骤如下：

```
router(config)#ip nat pool bbb 210.29.206.2 netmask 255.255.255.0
access-list 2 permit 10.1.1.0 0.0.0.255
router(config)#ip nat inside source list 2 pool bbb overload
router(config)#interface fa0/1
router(config-if)#ip nat inside
```

```
router(config-if)#interface S1/1
router(config-if)#ip address 192.1.1.1 255.255.255.0
router(config-if)#ip nat outside
```

NAPT 可以使用地址池中的 IP 地址，也可以直接使用接口的 IP 地址。一般来说一个地址就可以满足一个网络的地址转换需要，一个地址最多可以提供 64512 个 NAT 地址转换。如果地址不够，地址池可以多定义几个地址。

说明：访问列表的定义，使得只在列表中许可的源地址才可以被转换，必须注意访问列表最后一个规则是否定全部。访问列表不能定义太宽，要尽量准确，否则将出现不可预知的结果。

本 章 小 结

通过本章的学习，我们了解了很多网络设备的技术与应用，网络设备由单一的集线器、交换机、路由器发展到多层交换机、多功能路由器等新产品。随着新产品在网络上的应用，网络性能也变得越来越好。为了更好地管理网络，我们还讲述了有关 VLAN 和 NAT 的技术与配置方法。通过本章的学习，为网络系统设计提供了必要的知识储备。

思考与练习

1. 从处理数据的方式来分析交换机与 HUB 的区别。
2. 交换机级联和堆叠的主要区别有哪些？
3. 什么是 GBIC 和 SFP？
4. 什么是背板带宽？
5. 二层交换机、三层交换机与路由器的区别是什么？
6. 简述路由器的工作原理。
7. 什么是路由表？静态路由表和动态路由表有何区别？
8. 当使用 CLI 配置路由器时，有哪些常见的配置模式？区别是什么？
9. RIP 使用哪项来为消息确定最佳路径？
10. 在 RIP 路由选择协议中，路由更新多长时间发送一次？
11. 避免路由循环，RIP 等距离向量算法实现了哪几个机制？
12. 描述静态路由的配置方法。
13. 描述动态路由协议 RIP 的配置方法。
14. 说出什么是静态路由、默认路由，它们与动态路由协议有何区别？
15. 什么是 VLAN？为什么要使用 VLAN？
16. VLAN 有哪几种主要的实现方式？
17. 使用 VLAN 帧标记的目的是什么？
18. 常用的网络地址转换方式有哪几种？
19. NAT 与 NAPT 的主要区别是什么？并说出它们的适用场合。

第7章 网络管理

网络管理的目的就是最大限度地提高网络设备的利用率，改善网络的性能，提高网络的服务质量，增加网络的可用时间，增强网络的可靠性。本章首先介绍网络管理概念和主要管理功能，然后着重介绍网络管理协议 SNMP 及工作原理，最后介绍网络管理系统的应用实例，以加深对网络管理的理解。

7.1 网络管理概述

随着计算机技术和 Internet 的发展，企业和政府部门开始大规模地建立网络来推动电子商务和电子政务的发展。伴随着网络的业务和应用的扩展，对计算机网络的管理与维护也就变得至关重要。当前计算机网络发展的特点是规模不断扩大，复杂性不断增加。一个网络往往由若干个子网组成，并且包括了多个不同厂家的网络设备。随着用户对网络性能要求的提高，人们期望有一个网络管理系统，不但能够保证整个网络不间断地正常运行，而且希望能够"统管"各个厂家的设备，并且具有一定的智能性。因此，网络管理是一项复杂的系统工程，它不仅涉及组成网络的各种网络设备或对象(例如路由器、交换机、线路、主机等)，还涉及管理这些不同网络设备或对象的标准。

7.1.1 网络管理的基本概念

网络管理没有精确的定义，一般而言，网络管理就是指对网络的运行状态进行检测和控制，使其能够有效、可靠、安全、经济地提供服务。网络管理的任务是收集、监控网络中各种设备和设施的工作参数、工作状态信息，将结果告知管理员，使之得到有效处理。图 7-1 是一个简单的网络管理模型。

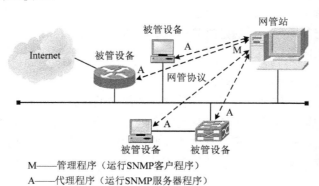

M——管理程序（运行SNMP客户程序）
A——代理程序（运行SNMP服务器程序）

图 7-1　一个简单的网络管理模型

网络管理站(安装了网络管理系统的计算机)是整个网络管理系统的核心，它通常是一个有良好图形界面的高性能工作站，并由网络管理员直接操作和控制，所有向被管理设备发送的命令都是从网络管理站发出的。网络管理站也常被称为网络运行中心 NOC(network operations center)。网络管理站中的关键元素是管理程序,管理程序在运行时就成为管理进程。

在网络中有很多的被管设备,它们可以是主机、路由器、打印机、集线器、网桥或调制解调器等。被管设备有时可称为网络元素或网元,在每一个被管设备中可能有许多被管对象(managed object),被管对象必须维持可供管理程序读写的若干控制和状态信息。这些信息总称为管理信息库 MIB(management information base),而管理程序就使用 MIB 中这些信息的值对网络进行管理(如读取或重新设置这些值)。有关 MIB 的详细信息将在下面讨论。

每一个被管设备中都要运行一个程序,以便和网络管理站的管理程序进行通信。这些运行着的程序叫做网络管理代理程序,简称代理(agent)。

网络管理中还有一个重要的元素就是网络管理协议,简称网管协议。需要注意的是,并不是网管协议本身来管理网络,网管协议只是管理程序和代理程序之间进行通信的规则。管理程序和代理程序按客户/服务器方式工作。管理程序运行 SNMP 客户程序,向某个代理程序发出请求(或命令),代理程序运行 SNMP 服务器程序,返回响应(或执行某个动作)。

目前,已应用的网络管理系统有许多,各个厂家一般对自己的设备都有配套的网络管理系统。虽然各个厂商的网络管理在实现上可能不尽相同,但其基本功能都是实现对网络系统内的设备进行集中管理和对用户进行业务计费、分析等。

7.1.2　网络管理功能

国际标准化组织 OSI 在其总体标准中提出了网络管理标准的框架,即 ISO /IEC 7498-4。在 OSI 网络管理标准中,提出了管理的 5 个功能:故障管理、配置管理、计费管理、性能管理、安全管理。这 5 个管理功能简称为 FCAPS,基本上覆盖了整个网络管理的范围。根据 OSI 定义,一个网络管理系统至少应该具备这 5 个功能。

1) 故障管理(fault management)

在有一定规模的网络中,当发生失效故障时,往往不能轻易、具体地确定故障所在的准确位置,这就需要相关技术上的支持。故障管理就是对计算机网络中的问题或故障进行定位的过程。它主要包含 3 个方面:首先是通过过滤、归并网络事件有效地发现问题,其次是对问题进行分离并找出其原因,最后是排除问题或故障。准确、及时、有效的故障管理保证了网络提供连续可靠的服务。

2) 配置管理(configuration management)

一个实际环境中的网络往往是动态变化的,如用户的增减、设备的维修或更新等,这些都需要调整网络的配置。配置管理就是从网络获取相关设备的数据,并用正确或需要的数据对网络设备进行配置或管理的过程。它主要包括:收集当前网络设备的配置信息,修改网络设备的配置以及保存和维护一个最新的设备清单,并根据数据产生报告。

3) 计费管理(accounting management)

计费管理主要用于记录网络资源的使用情况,目的是监测和控制网络操作的费用。这对一些公共的商业网络尤为重要,它可以估算出用户使用网络资源可能需要的费用和代价,以及已经使用的资源。为了进一步提高网络的利用效率,网络管理员还可以规定用户使用的最大费用，从而避免用户过多地占用和使用网络资源。在非商业化的网络上，仍然需要统计各条通信线路工作的忙闲情况和不同资源的利用情况，以供决策参考。因此，计费管理一般包括的功能有：使用的网络资源数据采集、维护用户基本信息、输入计费政策、计费信息查询等。

4）性能管理（performance management）

由于网络资源的有限性，因此最理想的是在使用最少的网络资源和具有最小通信费用的前提下，提供持续、可靠的通信能力，并使网络资源的使用达到最优化的程度。性能管理就是要保证网络保持在可通过而不拥挤的状态，为用户提供更好的服务。性能管理主要包括：采集和存储网络设备和传输介质实际运行的数据，提供性能数据的显示、分析，并使之能被调整至较佳的状态，从而提高整个网络的运行效率。

5）安全管理（security management）

安全管理是控制对计算机网络中的敏感信息的访问的过程。安全管理主要负责对访问网络系统的操作人员进行安全检查，避免未授权的操作人员对网络资源和网络管理功能的访问。它提供的主要模块有：操作者级别和访问控制权限的管理，数据安全管理，操作日志管理，审计和跟踪等。

7.2 网络管理协议

20 世纪 80 年代，随着 Internet 的发展，人们很快认识到网络管理的重要性和迫切性，研究开发者们相继提出了许多网络管理标准和网络管理方案，其中有 SGMP（简单网关监控协议）、CMIS/CMIP（公共管理信息服务/公共管理信息协议）、CMOT（公共管理信息服务与协议）和 SNMP（简单网络管理协议）等。SNMP 是基于 TCP/IP 网络的，而 CMIS/CMIP 则是国际标准化组织 ISO 开发的。

SNMP 是简单网络管理协议（simple network management protocol）的缩写。它的前身是 1987 年发布的简单网关监控协议（SGMP）。SNMP 一经推出就得到了广泛的应用和支持，而 CMIS/CMIP 的实现却由于过于复杂而遇到了困难。1990 年，IETF 正式公布了 SNMP（RFC1157），1993 年 4 月又发布了 SNMPv2（RFC1441）。当 ISO 的网络管理标准终于趋向成熟时，SNMP 已经得到了数百家厂商的支持，其中包括 IBM、HP、Fujitsu、SunSoft 等大公司。目前 SNMP 已成为网络管理领域中事实上的工业标准，并被广泛支持和应用，大多数网络管理系统和平台都是基于 SNMP 的。下面将进一步介绍 SNMP。

SNMP 是一组协议标准，主要包括 3 个部分：MIB（管理信息库）、SMI（管理信息结构）和 SNMP（管理通信协议）。

（1）SNMP 协议：包括 SNMP 消息的格式及如何在应用程序和设备之间交换消息。

（2）SMI（structure of management information）：它是用于指定一个设备维护的管理信息的规则集。管理信息实际上是一个被管理对象的集合，这些规则用于命名和定义这些被管对象。

（3）MIB（management information base）：设备所维护的全部被管理对象的结构集合，被管理对象按照层次式树形结构组织。

下面我们将结合 SNMP 的网络管理工作模型来介绍这 3 部分的内容。

7.2.1　SNMP 工作模型

SNMP 网络管理工作模型是由管理进程（manager）、代理（agent）、管理信息库（MIB）3 部分构成的，如图 7-2 所示。

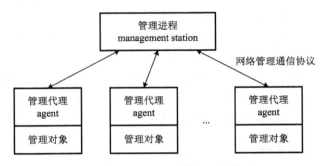

图 7-2　SNMP 网络管理工作模型

管理进程处于管理模型的核心，负责完成网络管理的各项功能，如排除网络故障、配置网络等，一般运行于网络中的网络管理站上。管理进程包含和管理代理进行通信的模块，收集管理设备的信息，同时为网络管理人员提供管理界面。管理代理是运行于被管理设备上的程序进程。可以运行 agent 的设备种类很多，如路由器、集线器、主机等。agent 监测所在网络部件的工作状况及此部件周围的局部网络状况，收集有关网络信息。管理进程和代理进程利用 SNMP 协议报文进行通信，而 SNMP 协议报文又使用 UDP 来传送。

若被管对象使用的不是 SNMP 协议而是另一种网络管理协议，SNMP 就无法控制该设备对象。这时可使用委托代理（proxy agent），委托代理能提供协议转换和过滤操作等功能。

7.2.2　SNMP 协议

1．SNMP 协议的数据格式

SNMP 数据报文包括 3 部分内容：协议版本号、共同体（Community）和协议数据单元 PDU，如图 7-3 所示。

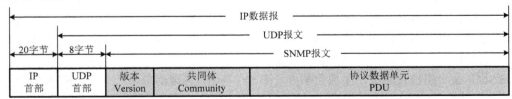

图 7-3　SNMP 数据报文格式

版本号是一个整数，标识当前发送方使用的 SNMP 协议版本，版本字段一般填写 "版本号减 1"，例如 SNMPv1 则写入 0。共同体字段用于规定管理的信任范围，它实际上是一个字符串，作为同一信任范围内管理进程和代理进程之间的约定标记，以实现管理进程和代理进程之间的简单认证。SNMPv1 规定了 5 种协议数据单元 PDU，用来在管理进程和代理进程之间交换信息，如表 7-1 所示。

表 7-1　5 种类型的 SNMP 协议数据单元

协议数据单元	功　　能
get-request	从代理进程处提取一个或多个参数值
get-next request	从代理进程处提取一个或多个参数值的下一个参数值
set-request	设置代理进程的一个或多个参数值
get-response	返回的一个或多个参数值，此操作由代理进程发出
trap	代理进程主动发出的报警报文，通知管理进程有某些事情发生

在网络中，SNMP 使用 UDP 作为传输协议，其默认端口 161 号用于数据的发送和接收，162 号用于 trap 报警信息的接收。虽然 SNMP 是为采用 TCP/IP 协议的网络而设计的，但它并不依赖于具体的传输协议，也能够适应其他类型的网络。

2. SNMP 协议的工作过程

在网络管理系统中，网络管理站与各被管设备之间采用"请求-响应"通信机制，即 SNMP 管理进程定时用一个 get-request PDU 向被管设备周期性地发送请求信息，来收集被管设备的信息。请求报文中包含所请求的一组变量名，如果代理进程收到就应返回一个 get response 报文，get response 报文中包含与 get-request PDU 中相同的一组变量以及各自的取值，如果有变量不能取值，那么将不会返回任何值，并给出出错代码。UDP 数据报使用默认端口 161，由于 UDP 是不可靠的，所以发送的 SNMP 请求不一定能到达被管设备(类似地，它的响应也不一定能回到网管站)，需要通过定义 SNMP 超时和重传来解决。一般情况下，如果管理进程发送一个请求而没有收到响应，则可能是这样几种原因：UDP 包丢失、请求发送到其上的设备无法到达、停机、太忙以至于无法处理 SNMP 请求或请求中使用的共同体名不正确。

get-next request PDU 也是由管理进程发出的，它也包含一组变量名(对象标识符)。不同的是，它请求的是这些变量的"下一个"变量的取值，即在管理代理 MIB 库的树型结构中，位于这些变量后面的那一个变量。在 MIB 中各个变量是根据对象标识符的大小，按"字典顺序"排列的。get-next request 为管理进程提供了动态查看 MIB 结构的能力，管理进程就不需要知道管理代理 MIB 库结构，只需要重复地调用 get-next request 请求即可。

set-request PDU 由管理进程发出，用来请求改变管理代理上某些变量(管理对象)的值。

SNMP 除了简单的"请求-响应"通信机制之外，还提供一种报警(trap)机制，用于意外或突发故障情况下管理代理主动向管理进程发送报警信息。trap 报文是由管理代理发送的，用于向管理进程报告异常事件的发生，它的变量组中包含了与事件有关的信息，但与其他类型的 PDU 不同，它不需要应答。常见的报警类型包括冷启动(cold start)、热启动(warm start)、通信连接失效(link down)、通信连接恢复(link up)、认证失败(authentication failure)等。"认证失败"这个报警表示一个 SNMP 请求在身份认证过程中失败了，这可能是由于一个不匹配的共用体名或没有被包括在能接收的 SNMP 管理工作站列表中。管理设备的厂家还可以指定自己特定的故障类型(enterprise specific)。这种机制的好处是：仅在严重事件发生时才发送报警；报警信息很简单且所需的字节数较少。当 SNMP 网络管理站收到 trap 报文后，会产生相应的动作来诊断故障，并采取恢复措施。

总之，SNMP 采用"请求-响应"通信机制以维持对网络资源的实时监视，同时也采用报文机制报告特殊事件,SNMP 只用了 5 种不同格式的 PDU 就实现了管理进程和管理代理之间的交互，SNMPv2 也不过 7 种 PDU。这些就使得 SNMP 成为一种使用最广泛且有效的网络管理协议。

　　上面介绍这种 SNMP 工作方式属于集中式管理，在这种结构下，一个管理进程与多个管理代理交换管理信息，这种管理方式的优点是简单、易于实现。但如果网络规模越来越大，单一的管理进程将不堪重负。解决问题的方法是采用分布式网络管理结构，即网络管理系统的功能由分布在网络中的多个管理进程共同实现。

7.2.3　管理信息库 MIB

　　管理信息库 MIB 就是指网络中被管对象按规则集合的数据库，这里的规则是指一个层次型、结构化的形式，即类似于域名系统 DNS 的树型结构。SNMP 协议对 MIB 描述中采用了面向对象的概念，这里的被管对象指的就是网络资源。需要指出的是，一个被管对象可以代表一个网络资源，也可以代表多个网络资源。同一个网络资源可以被一个被管对象所表示，也可以被若干个不同的被管对象所表示，而且某些被管对象只是为了支持管理功能而定义的，它们不代表资源，这样的对象包括事件记录、过滤器等。当然，并不是所有的资源都需要由被管对象代表，换句话说，网络中也可以存在不属于管理信息库 MIB 所定义的对象，这些资源不能被 SNMP 直接所管理。在 RFC 1156 中定义了管理信息库 MIB 第 1 个版本 MIB-I，目前已被在 RFC 1213 中定义的第 2 个版本 MIB-II 所取代。实际上，MIB-II 只是在 MIB-I 的基础上做了 RMON（远程网络监视）等 MIB 的扩展。

　　SNMP 的管理信息库 MIB 采用树型结构定义它的被管对象，它的根在最上面，根没有名字，如图 7-4 所示的是管理信息库的一部分。每个网络设备资源为了采用标准的网络管理协议，必须使用 MIB 中定义的格式表示信息。

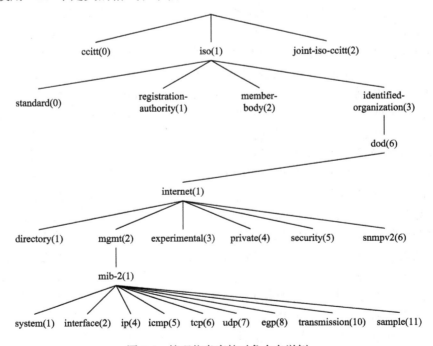

图 7-4　管理信息库的对象命名举例

对象命名树的顶级对象有 3 个，即 ISO、ITU-T 和这两个组织的联合体。在 ISO 的下面有 4 个结点，其中一个(标号 3)是被标识的组织。在其下面有一个美国国防部(department of defense)的子树(标号是 6)，再下面就是 Internet(标号是 1)。在只讨论 Internet 中的对象时，可只画出 Internet 以下的子树，并在 Internet 结点旁边标注上{1.3.6.1}即可。在 Internet 结点下面的第 2 个结点是 mgmt(管理)，标号是 2。再下面是管理信息库，原先的结点名是 mib。1991 年定义了新的版本 MIB-II，故结点名现改为 mib-2，其标识为{1.3.6.1.2.1}，或{Internet(1).2.1}。这种标识为对象标识符。最初的结点 mib 将其所管理的信息分为 8 个类别，如表 7-2 所示。现在的 mib-2 所包含的信息类别已超过 40 个。

表 7-2　最初的结点 mib 管理的信息类别

类　别	标号	所包含的信息
system	(1)	主机或路由器的操作系统
interfaces	(2)	各种网络接口及它们的测定通信量
address translation	(3)	地址转换(例如 ARP 映射)
ip	(4)	Internet 软件(IP 分组统计)
icmp	(5)	ICMP 软件(已收到 ICMP 消息的统计)
tcp	(6)	TCP 软件(算法、参数和统计)
udp	(7)	UDP 软件(UDP 通信量统计)
egp	(8)	EGP 软件(外部网关协议通信量统计)

应当指出，MIB 的定义与具体的网络管理协议无关，这对于厂商和用户都有利。厂商可以在产品(如路由器)中包含 SNMP 代理软件，并保证在定义新的 MIB 项目后该软件仍遵守标准。用户可以使用同一网络管理客户软件来管理具有不同版本的 MIB 的多个路由器。当然，一个没有新的 MIB 项目的路由器不能提供这些项目的信息。

这里要提一下 MIB 中的对象{1.3.6.1.4.1}，即 enterprises(企业)，其所属结点数已超过 3000。例如，IBM 为{1.3.6.1.4.1.2}，Cisco 为{1.3.6.1.4.1.9}等。世界上任何一个公司、学校，只要用电子邮件发往 iana-mib@isi.edu 进行申请，即可获得一个结点名。这样各厂家就可以定义自己的产品的被管理对象名，使它能用 SNMP 进行管理。

MIB 是一个概念上的数据库，在实际网络中并不存在一个这样的库。

在实际应用中，网络管理站点通过使用 SNMP 协议，向被管理站点中的 SNMP 代理发出请求报文，经驻留在被管设备上的 Agent 分析、共同体名认证，得到对象变量在 MIB 树中的对应的节点，从相应的模块中得到管理变量的值，按格式再形成响应报文发送回网络管理站。网络管理站得到响应报文后，经查询这些对象的值或厂商特定的值，按计算机用户的要求最终显示结果。

7.2.4　管理信息结构 SMI

一个定义和构建 MIB 的通用框架结构被称为管理信息结构 SMI(Structure of Management Information)。管理信息结构 SMI 指定了能够在 MIB 中使用的数据类型以及怎样表示和命名 MIB 中的资源，它为 TCP/IP 网络管理的设备提供定义管理对象的命名和所属类型的规则。被管理对象的描述必须按照抽象语法记法(ASN.1，abstract syntax notation one)的一个子集进行编码。

SMI 对一个管理对象的描述包括以下 3 个部分。

(1) 名字：管理对象的标识。

(2) 语法：定义管理对象的类型。

(3) 编码：确定如何将管理对象的内容加以封装，以便通过通信协议传递。

SMI 要求所有被管理的信息和数据都要由 MIB 树型结构来标识,将每个对象放在树上的一个唯一的位置，树的分支和叶子是用数字和名字两种方式表示的，如图 7-5 所示。

在管理树中，从根通向一个节点或叶子的路径序列就构成了一个对象类型唯一的对象标识符（object identifier），例如：

{iso(1) identified-organization(3) dod(6) internet(1) mgmt(2) mib-2(1)…}；

或{1 3 6 1 2 1…}。

ASN.1 定义了一组用来描述 OSI 网络上所传输的数据结构规则，SNMP 使用它作为管理对象的定义语言和传输编码。ASN.1 在 SNMP 系统中的应用如图 7-5 所示。

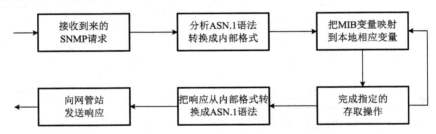

图 7-5　ASN.1 在 SNMP 系统中的应用

SMI 的目的是保持 MIB 的简单性和可扩展性，只允许存储标量和二维数组，不支持复杂的数据结构，从而简化了实现，加强了互操作性，满足协同操作的要求。

7.2.5　SNMP 的发展

尽管 SNMP 因简单、支持厂家多而得到广泛使用，但它的局限性也是毋庸置疑的，其局限性包括：

(1) 因"请求-响应"通信机制的限制，SNMP 不适合大型的网络管理。这是因为"请求-响应"通信机制要求发出一个请求报文是为取回一个响应报文,这样会导致大量的路由消息，并产生可能是不能接受的问题响应时间。

(2) SNMP 不适合获取大量的数据，例如一个完整的路由表。

(3) SNMP 的 trap 是没有认证的。在 UDP/IP 被用来发送 trap 消息的典型情况下，代理不能确保一个关键消息已经到达管理站。

(4) SNMP 的 MIB 模式是有限的，并不真正支持那些基于对象值或者类型进行复杂的管理查询的应用程序。

因此，SNMP 需要不断完善，到目前为止，SNMP 先后已有了 3 个版本，下面简单介绍一下。

1）RMON

尽管 SNMP MIB- II 的定义能够解决一些网络管理问题，但是不能解决所有问题。MIB- II

的最大缺点是只定义了单个设备的参数，而对整个网络的有关问题却无能为力，即使是最简单的流量分析问题也无法解决，因此，也就出现了 RMON(remote network monitoring)标准。RMON 主要针对局域网提供大量的统计信息，这些信息由安装于本地网络中被称为 RMON 监视器(Probe 或探测器)的部件收集。监视器可以是一个单独的设备，也可能位于某个设备内部。管理器通过查询监视器获得信息，相对管理器而言，监视器属于 SNMP 的代理角色。

RMON 是对 SNMP 的增强，主要体现在 MIB 方面，以及相应的管理信息结构。此外，在对表的操作(如插入、修改或删除)上做了更明确的定义。RMON 定义使用的语法仍然是 ASN.1，其管理信息结构与 SMI v2 类似。RMON MIB 定义了 RMON 组，它经历了 3 个发展阶段，最初的 RMON MIB 被称为 RMON1(RFC 1271)，是在 1991 年针对以太网设计的，后来在 1995 年被 RFC 1757 取代。尽管 RMON1 比较成功，但是只定义了链路层上的参数，因此，1997 年进一步开发了 RMON2(RFC 2021)，RMON2 增加了与 OSI 第 3 层到第 7 层的相关的参数。

2) SNMPv2

SNMPv2 对 SNMP 提供的增强包括管理信息结构、协议、安全性等几个方面。

SNMPv2 SMI 在许多方面对 SNMP SMI 进行了扩充。用来定义对象类型的宏被扩充为包括多个新的数据类型，并增强了关于对象的文档说明。一个十分显著的改变就是 SNMPv2 提供了一个新的协定，用于在表中生成或删除一行。该协定受 RMON(远程网络监视)的 MIB 中使用的一个类似协定的启发而产生的，但更为精致。

协议操作中最显著的改变是包括了两个新的 PDU：GetBulk Request PDU 能使管理者高效率地检索大块数据，尤其是非常适于检索一个表中的多个行；Inform Request PDU 是一个要得到响应的 trap，它可以解决使用不可靠的传输协议 UDP 来发送 trap 导致的丢失问题，但并不能彻底解决 trap 的丢失问题。Inform Request PDU 支持"管理者与管理者"之间交换 MIB 信息，从而专门用于支持分布式管理结构。

3) SNMP v3

SNMP v3 不但包含 SNMP v1、SNMP v2 所有功能，还包含验证服务和加密服务在内的全新的安全机制，同时它还规定了一套专门的网络安全和访问控制规则。

SNMP v3 强调了对安全性和扩充能力的定义。RFC 2271 定义了 SNMP v3 体系结构，体现了模块化的设计思想，主要有 3 个模块：信息处理和控制模块、本地处理模块和用户安全模块，可以简单地实现功能的增加和修改。其特点是：

(1)适应性强。适用于多种操作环境，既可以管理最简单的网络，实现基本的管理功能，又能够提供强大的网络管理功能，满足复杂网络的管理需求。

(2)扩充性好。可以根据需要增加模块。

(3)安全性好。具有多种安全处理模块。

总之，SNMPv1 和 v2 版本对用户权力的唯一限制是访问口令(即共用体名)，而没有用户和权限分级的概念，只要提供相应的口令，就可以对设备进行 read 或 read/write 操作，安全性相对薄弱。虽然 SNMPv2 使用了复杂的加密技术，但并没有实现提高安全性能的预期目标，尤其是在身份验证、加密、授权和访问控制以及远程安全配置等方面。而 SNMPv3 采用了新的 SNMP 扩展框架，在此架构下，安全性和管理上有很大的提高。从市场应用来看，目前知名企业的网络产品都支持 SNMPv1、v2 和 v3 这 3 个版本。

7.3 网络管理系统及应用实例

7.3.1 网络管理系统

网络管理系统是由一组软件模块(组件)组成的网络管理工具，它安装运行在主机和各种网络设备中。一个网络管理系统除了具备 ISO 7498-4 所规定的"故障管理、配置管理、计费管理、性能管理、安全管理" 5 个基本功能外，通常还提供图形化的用户界面和其他一些功能，这样的网络管理系统也称为网络管理平台。网络管理系统把整个网络看作一个统一的结构，每个节点有自己的地址和特有的属性，它们通过网络和网络管理系统连接在一起。

网络管理系统产品有通用和专用的两种，通用的网络管理系统采用标准的网络管理协议，为不同的运行网络和设备提供通用的网络管理解决方案。流行的市场产品有 HP 公司的 OpenView、IBM 公司的 NetView 和 SUN 公司的 Net Manager 等。除了通用网络管理平台外，许多厂家针对自己生产的网络设备开发了网络管理产品，这属于专用的产品，它们往往也采用标准网络管理协议，因此也能管理其他厂商的设备。例如，国内曾经使用比较多的有 Cisco 公司的 Cisco Works、华为公司的 QuidView 和锐捷网络公司的 StarView 等。

随着计算机网络的迅猛发展，无论是企业、大专院校还是政府、金融机构，其网络系统越来越大，也越来越复杂，前面提到的系统在市场上已被更智能、业务更综合的管理平台系统或解决方案替代了，如华为公司的 eSight、华三(H3C)的 iMC 以及锐捷网络公司的 RIIL 等。下面将介绍商用的网络管理系统——锐捷网络公司的 RIIL。

7.3.2 网络管理系统实例

网络管理软件(平台)正朝着集成化、开放化、智能化的方向快速发展。集成化是指能够和企业信息系统相结合，运用先进的软件技术将企业的应用整合到网络管理系统中，并且与网络管理软件的接口统一。开放化是指开放私有的 MIB，以实现不同厂家的设备与网管系统的互操作性。智能化是指在网络管理中引入专家系统，不仅能实时监控网络，而且能进行趋势分析、提供建议，真实反映系统的状况。另外，网管系统的操作界面进一步向基于 Web 的模式发展，该模式用户使用方便，也可降低了维护费用和培训费用。网络管理软件系统也增强了可塑性，使用单位可以能够根据自身的需要定制特定的网络管理模块和数据视图。

锐捷公司的 RIIL-BMC 综合业务管理中心(RIIL)就是基于统一、集中管理体系的网络管理软件产品。以业务的角度将传统的技术设备的管理整合到基于业务的管理平台上来，不仅能完成对设备监控的需求，同时能满足根据业务的组成定位问题根源、定位性能瓶颈，保障业务的发展和稳定性。

RIIL 通过 SNMP 等协议对 Cisco、华为、锐捷网络、H3C、联想等厂商生产的网络设备进行监控，对网络设备的基本信息、可用性、性能、配置等指标进行采集和管理，信息帮助管理员及时发现故障和故障隐患。支持网络拓扑管理、配置管理、IP 地址管理等。RIIL-BMC

软件架构图如 7-6 所示，它采用分级管理方法设计，使得它在核心架构上可以扩展（自定义功能模块），便于推广应用于不同行业和单位里。

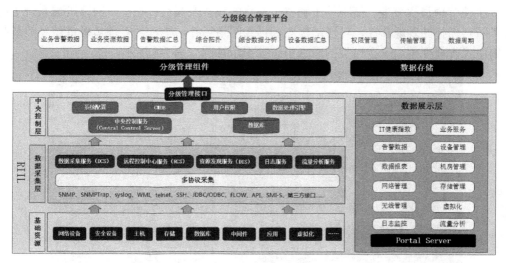

图 7-6　RIIL 系统的架构

　　RIIL 业务服务管理是站在使用单位决策者（领导）的视角关注业务，以业务评估建模为核心，从业务视角对 IT 资源进行管理，使领导掌握全局业务的运行状况，从业务视角洞察异常和变化。支持在拓扑视图中显示告警信息，单击鼠标即可显示告警概要信息。RIIL-BMC 软件主界面如图 7-7 所示，它包括业务服务、告警台、资源管理、日志监控、流量分析以及机房管理等主要功能模块，并且这些功能模块可以根据使用单位的情况进行自定义，如增加无线管理、虚拟化监控、存储管理等功能模块。

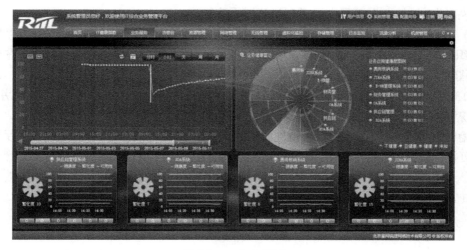

图 7-7　RIIL 主界面

　　网络管理是为了保障网络的可靠运行，一般商用的网络管理系统在 5 个基本功能基础上，往往添加自己特色的功能模块，并使之直观可视，更利于故障诊断和分析。RIIL-BMC 包括拓扑管理、告警管理、性能管理以及流量管理等几大核心功能。

1. 网络拓扑管理

为了使管理员更直观、清晰地了解整个网络的设备及其运行状况，网络管理系统中通常集成了网络拓扑的发现算法，可自动检测和描绘网络拓扑结构，为管理员提供统一的拓扑视图和集中式管理视角。一个典型的网络拓扑发现示意图如图 7-8 所示。

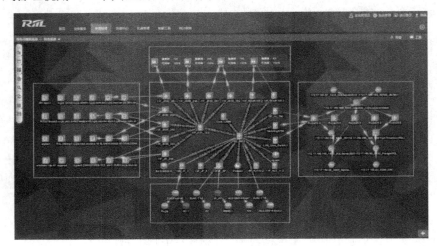

图 7-8　典型的网络拓扑发现示意图

网络拓扑图发现的原理是，管理平台首先选择种子结点(seed)，并读取它的路由表，通过分析路由表确定网络上有哪些已存在的子网。网络管理系统学习到网络的子网情况后，通过发 ping 或 broadcast 报文来确定子网站中的设备，根据学习到的网络信息及设备和主机信息，并按一定的算法形成网络的拓扑结构。

此外，智能的 RIIL 还提供灵活方便的拓扑功能：

(1)全网络的拓扑视图和自定义拓扑视图，除传统的 IP 拓扑视图外，使用户可以根据自己的组织结构、地域情况，甚至楼层情况，清晰灵活地绘制出客户化的网络拓扑。在全网络拓扑视图中，用户可以随意组织和定制子图。

(2)3D 可视化视图的拓扑，通过全 3D 仿真的虚拟机房环境，机房相关信息(机房信息、机房元素指标、机房内设备和元素的告警)、机柜相关信息(包括机柜内的设备信息、设备面板、机柜微环境等)，以及各种机房设施的信息(温度、湿度等)均以分级分层的效果呈现。通过 3D 可视化视图，支持从机房→机柜→设备→面板的可视化数据路径，真正使 IT 管理者的管理步入虚拟现实领域，是提供给 IT 管理者最为直观的一项网络可视化管理工具。数据中心 3D 图如 7-9 所示。

2. 告警管理

在日常的运维过程中，网络中的设备每天会产生大量的事件信息，告警管理是监控系统的重点核心功能之一。RIIL 将系统中各种设备或管理系统产生的事件作为原始事件，按照预定义的事件规则，经过过滤、分类、分级、转换等处理环节，形成有效的预警告警信息，按预定的方式通知管理人员，对生成的告警信息提供受理、升级、删除、生成工单等管理手段。

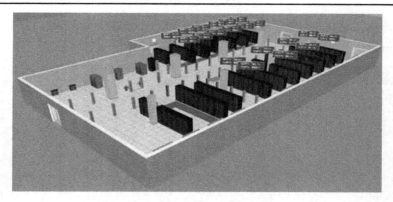

图 7-9 可视化视图 3D 数据中心拓扑

为了方便地了解告警信息，系统提供告警概览功能，支持将用户关注的告警信息和统计信息展现出来。且系统支持展现用户自定义的告警视图，一般情况下告警视图系统默认的告警的信息和自定义的告警信息，如：最近产生的告警、最近恢复的告警、最近受理的告警、持续未恢复的告警、性能告警、可用性告警等。资源告警如图 7-10 所示。

图 7-10 资源告警列表图

RIIL 提供多种多样的告警方式，可以通过邮件、短信、电脑桌面客户端弹窗、消息气泡等手段对运维管理人员进行告警，同时 RIIL 提供标准的开放接口，可以用作与其他告警方式对接。

告警知识库：系统提供了告警知识库模块，可以直接对知识库中与当前告警相关的知识进行查询，还可以向知识库中添加相关知识信息。通过用户使用过程中不断添加知识，可以对其进行进一步的完善，从而最终建立起一套监控平台实际的知识库。

3. 性能管理

网络管理系统的"性能管理"往往会通过视图方式来表示，并以组合式曲线统计方式出现，为网络性能分析和故障分析提供直观的分析视图集，如图 7-11 所示。对各业务系统进行横向对比分析，包括健康度、繁忙度、可用性、宕机次数、宕机时长等，可准确衡量业务系统的健康水平差异。

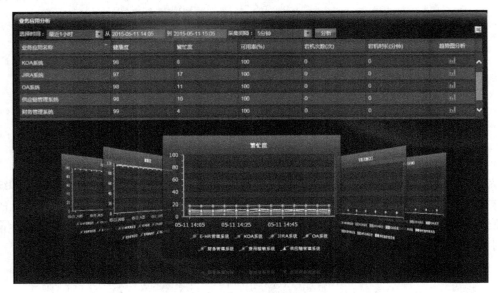

图 7-11　性能管理

4. 流量管理

RIIL 的流量分析模块（NTA）在支持主流多厂商的流量分析协议（IPFIX、NetFlow、NetStream）的基础上为用户提供网络流量信息统计和分析功能。此外，还可以从接口、终端、应用、会话和自定义 IP 分组等多个角度详细展示网络中的流量情况。通过流量分析模块，RIIL 可以帮助用户在网络规划、网络监控、网络维护、故障处理、性能优化等方面做出准确的判断和决策。

图 7-12 从终端、应用、会话和 IP 分组等维度显示了通过该设备接口的流量信息，用户可以选择时间段进行查看，了解上述维度流量排行前 5 或前 10 的项目，每个项目还可以提供出入速率、转发包数等数据。

RIIL 除了上面的管理功能外，还提供 VLAN 管理功能，包括：全网 VLAN 管理、VLAN 设备管理、VLAN 配置报告、VLAN 拓扑、VLAN 批量部署。

为了跟上云计算技术的发展，RIIL 还支持虚拟网络管理，它是针对虚拟化软件（如 VMware ESX、微软 Hyper-v、KVM、Xen）构建的虚拟网络进行统一管理的系统。系统提供对虚拟机（VM）、虚拟机链路、vSwitch、物理服务器（ESX/Hyper-v/KVM/Xen）和 vCenter/VMM/XenCenter 的监控，配置虚拟网络，执行虚拟机迁移，以拓扑方式展示各虚拟网络设备间的连接关系等功能。

为了方便用户管理网络，RIIL 支持智能手机客户端访问 RIIL。目前已支持 Android 操作系统和 iOS 操作系统的智能移动设备访问 RIIL 中的设备、告警、视图等信息，并可接收告警的实时推送。

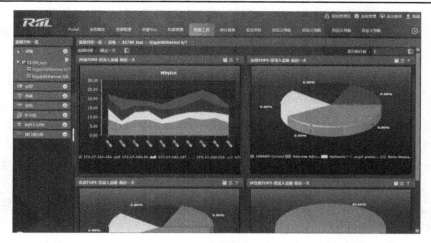

图 7-12　流量管理

本 章 小 结

　　网络管理是指对网络的运行状态进行监测和控制，并能最大限度地满足网络管理者和网络用户对计算机网络的有效性、可靠性、开放性、综合性、安全性和经济性的要求。当前有两种主要的网络管理体系结构，即基于 OSI 参考模型的公共管理信息协议（CMIP）体系结构与基于 TCP/IP 参考模型的简单网络管理协议（SNMP）体系结构。ISO 一直致力于网络管理的标准化，它在 ISO/IEC7498-4 文件中将系统管理的任务划分为 5 个功能域，即故障管理、性能管理、配置管理、安全管理、计费管理。

　　网络 SNMP 是一个应用层协议标准，主要包括 3 个部分：管理信息库（MIB）、管理信息结构（SMI）和管理通信协议（SNMP）。SMI 为 TCP/IP 网络管理的设备提供定义被管对象的命名和所属类型的规则。全体被管对象的集合称作管理信息库 MIB。被管对象的信息用 SMI 定义的规则描述，构成一棵逻辑上的 MIB 树。SNMP 数据报文包含 3 个部分：协议版本号、共用体（名）和协议数据单元。所有数据都采用 ASN.1 语法（子集）进行编码传输。在 TCP/IP 网络上，SNMP 使用 UDP 作为传输协议。

思考与练习

1. 网络管理的含义是什么？它包含哪些功能？
2. SNMP 是什么？
3. 名词解释：MIB、SMI。
4. 简述"管理代理"在网络管理中的作用。
5. 简述网络管理的基本模型以及各组成部分的功能。
6. 网络管理协议主要有哪些？简单描述之。
7. 网络管理系统产品有哪几种？举例说明。
8. 一个商用的网络管理系统主要功能有哪些？为什么？

第8章　网络系统设计与实例

前面我们学习了很多网络知识与技术，那如何将它们综合应用于实际呢？如：你所在学校网络如何搭建一个校园网？要用到哪些知识和技术？校园网如何接入 Internet？这些涉及计算机网络如何建设的问题，网络建设是一项系统化工程，网络方案设计是网络建设中最重要的环节，它不但能帮助我们更好地理解网络和网络的互连，也能将前面所学知识串联起来，熟悉网络工程实际。网络方案设计主要涉及：需求分析、网络拓扑结构设计、网络技术的选择、网络设备选型、网络安全性设计、网络可靠性设计、IP 地址规划和子网划分、路由设计、综合布线设计以及外网连接方式设计等方面的内容。本章主要讲述局域网方案的设计，它包括我们最常见的校园网、企业网、园区网等方案的设计。

8.1　网络系统规划设计概述

8.1.1　网络系统与其生命周期概述

"工程"的概念通常是指一个复杂的设计、生产、制造过程，工程往往是在给定的环境条件和资金条件下，由相关责任人在约定的时间内完成的系列任务。网络工程也具有工程的特点，它包括网络的规划、设计、施工、安装调试、检测验收等环节。一个计算机网络系统(例如校园网络系统)的生命周期包括需求分析、逻辑设计、物理设计、布线施工与设备安装测试、验收以及运行与维护六大环节,网络工程也就是用系统集成方法去实施这些工作环节的集合。

1)需求分析

在建设一个网络系统前，应该确定系统所支持的业务与各种应用、要达到的性能指标以及要实现的网络功能等商业目标和技术目标。对现有系统升级或扩建，需要对现有网络系统进行摸底分析，以了解存在的问题以及升级的目标等。此外必须包括全面细致地勘察整个网络系统架设环境(多少楼，每楼多少层多少房间，楼间距等)。

2)逻辑设计

在需求分析的基础方面着重网络系统部署和网络拓扑等细节设计，包括网络可靠性设计、安全性设计、网络管理方案、路由设计以及 IP 地址和子网规划等，该环节要确定具体网络技术，画出拓扑结构图。一般采用三层结构的设计方法，随着虚拟化技术的出现也可以采用扁平化的方法。

3)物理设计

包括网络技术的选择、网络环境的设计和网络设备选型。其中，网络环境的设计又包括结构化布线系统设计、网络机房系统设计和供电系统的设计等。网络设备选型是指具体采用哪种网络技术，哪个厂商生产的哪个型号设备。

　4) 布线施工与设备安装测试

在设计基础上，必须遵循国家的相关标准进行布线施工，光纤有光纤要求，双绞线有双绞线的布线标准，交换机、路由器等网络设备必须按照功能要求安装与调试。当网络系统构建好后，为了保证可靠性还需要进行系统测试，检查网络系统是否达到了预定的设计目标，能否满足网络应用的性能需求。网络测试通常包括网络协议测试、布线系统测试、网络设备测试、网络应用系统测试以及网络安全测试等多个方面。

　5) 验收

验收是用户方正式认可系统设计施工方完成的网络工程的手续，用户方要确认工程项目是否达到了预定的设计目标，能否满足多种应用的性能需求。

　6) 运行与维护

网络系统成功地安装后，一般要一天 24 小时、一年 365 天地运行，此环节一般由用户单位指定专业人员进行，设计施工方需要对维护人员进行培训，以保证各类设备经济、可靠地运行。

8.1.2　需求分析

需求分析是方案设计者与用户单位进行沟通的过程。需求分析一般包括用户的地理环境分布、信息的存储分布(位置和数量)、信息的流向/流量(带宽需求)、功能需求等方面。需求分析是做好网络设计的前提，通过了解用户面临的问题，详尽了解用户的需求，才能在网络设计中把握方向，向用户提供满足其要求的方案设计。要做好需求分析工作，需要做好以下几个环节。

　1) 调查用户现状与需求，明确用户的建网目的

通过分析用户现状与需求，标识出当前网络或业务的应用瓶颈，有助于所设计的网络能够满足用户特定的需求；查看原有的网络结构及其设备，有助于新设计的网络能够与旧有的网络更好地融合；确定用户近期与中长期的发展目标，有助于所设计的网络具有相当的可伸缩性及扩展性。

　2) 了解用户的信息管理结构，分析用户信息流

收集相应的网络数据类型及流量，了解用户目前的应用程序是如何利用网络的，这些应用程序运行何种协议，其流量如何。设计者需要重点记录用户应用程序的类型及流量，这些数据将有助于理解当前和计划中的网络应用。还需要收集当前运行的网络协议、网络互联的设备及其性能瓶颈，这些应用程序可能也会在新的网络上运行，因此会给将来的网络设备选用提供有用的信息。

如果涉及一些新增加的网络应用，同样也需要分析其数据类型、流量大小和集中在什么地方，确定是否能访问局域网外部的数据。确定其网络性能特征，并记录下可能会遇到的问题，特别是在新设计实施后还可能存在的问题。这些数据是做好需求分析的主要因素，也是与用户达成共识的基础。

　3) 了解用户地理环境分布

用户结构、地理结构、当前和将来的人员以及策略与政策等都会在一定程度上影响网络

设计。这些数据涉及网络的子网规划、设备端口密度等。因为最终的网络设计很可能按部门被划分成同样数量的子网，可能每个部门都是一个独立的网络。其他的设计决策，如网络安全体系的结构、网络中心的设置及服务器的放置等也会受到用户环境的影响。

4）了解用户资金投入的额度

在了解了用户基本信息后，我们还需要了解所设计的网络大致的经费预算状况。我们知道网络产品品种繁多，性能价格差异很大，如果你设计的网络超过了用户所能承受的资金限度，可以说网络的设计是不成功的。一般情况下，能为用户提供最高性价比的网络设计是最成功的。当然，用户如果能够提供足够的资金支持，对于网络设计也是极为重要的，只有具备足够的资金保障，我们才能购买符合要求的各种网络软硬件产品。

需求分析工作做得越细，掌握的用户信息越多，对网络设计与规划就越有帮助。需求分析做得不好或有缺漏，不但影响网络设计者做出准确的决策，还会对网络规划、设计、建设带来致命的影响，甚至可能导致整个网络建设的失败。所以在需求分析时花费较多的时间也是值得的。

8.1.3　网络技术的选择

保护现有投资的有效途径就是在将来网络技术升级时还能使用现有的网络技术和产品。如同计算机的发展速度一样，网络技术的发展也是非常迅速的。如果现有技术不能合理地保证在将来网络升级后还能够使用，那么将会给用户带来极大的资金浪费。由于以太网技术的普及和不断发展，不仅在桌面接入技术中独占鳌头，而且在城域网和园区网的建设中，也逐渐替代了 ATM、FDDI 等组网技术而成为主干网首选技术。

1. 光纤分布式数据接口（FDDI）

FDDI 是高性能的高速宽带 LAN 技术，其标准为 ANSI×3T9.5/ISO9384。FDDI 物理结构是两个平行的、相对反向传输的双环结构网，它采用定时的令牌传送协议。因此，它可以被看作一个令牌环网协议的高速版本。但与 TokenRing 技术不同的是，当其发送完帧后就立即产生新的令牌帧，故其利用率较高，其运行速度可达 100Mbps。FDDI 的优点是它采用的双环结构有非常好的冗余特性。但是，FDDI/CDDI 技术是昂贵而复杂的，始终未成为主流技术，20 世纪 90 年代曾流行过，但目前已基本不用了，将来的前景不被看好。

2. 异步传输模式（ATM）

ATM 作为一种全新的交换技术，有其明显的优越性。ATM 是将分组交换与电路交换优点相结合的网络技术，采用定长的 53 字节的小的帧格式，其中 48 字节为信息的有效负荷，另外 5 字节为信元头部。对于有效负荷在中间节点不做检验，信息的校验在通信的末端设备中进行，以保证高的传输速率和低的时延。因为 ATM 既能够将多种服务多路复用到一种基础设施上，满足功能越来越强的主机对带宽不断增长的需求，又能提供虚拟 LAN 和多媒体等新的网络服务。

但是，ATM 技术也有其缺点。首先是标准还没有完全制定完成，很多重要标准还在修正之中，这就影响了 ATM 技术的推广，尤其是在局域网领域内。其次，ATM 技术目前主要应用是在专用网络和核心网络的范围内，而延展到外围和用户端均仍采用传统的网络技术（以太网、快速以太网、令牌环网等），这就使得在 ATM 网络和传统网络之间要建立一个中间的衔接层，这是一种在 ATM 信元与传统网络的帧结构之间相互转换的技术，如 ATM LANE 等技术，这种技术的优点是可以把传统网络接入 ATM 网络中，但缺点是带来了很大的资源开销，这在很大程度上增加了 ATM 网络的复杂性并且降低了网络的总体性能。另外，目前的大部分网络应用主要是基于 IP 网络的应用，直接针对 ATM 信元的应用很少，这在很大程度上也增加了 ATM 网络使用和管理的复杂性。

3. 高速以太网

具有交换功能的千兆以太网，支持VLAN，并容易升级到万兆，由于性能优越，价格适中，目前为大多数中小型规模的组织和单位采用作为组网的主干技术。当然，如果经济允许的，主干网络也可以采用万兆以太网或者 10 万兆的以太网。

千兆位以太网的设计非常灵活，几乎对网络结构没有限制，可以是交换式、共享式，或基于路由器的。千兆位以太网支持新的交换机之间或交换机与工作站之间全双工的连接模式，同时也支持半双工连接模式，以便与基于 CSMA/CD 存取方式的共享集线器连接。目前，千兆以太网支持单模光纤、多模光纤、非屏蔽双绞线 (UTP) 和同轴电缆。千兆位以太网的管理与以前使用和了解的以太网相同，使用千兆位以太网，主干和各网段及桌面已实现了无缝连接，网络管理也容易。万兆位以太网的使用类似于千兆位以太网，万兆位以太网技术详见相关章节，在此不多说了。

8.1.4　网络设备选型

网络设备主要包括：计算机、网络适配器、各种服务器、集线器/交换机、路由器、共享设备、前端通信处理机、加密设备、测试设备、变压器、稳压器和 UPS 电源等。应根据采用的网络技术和网络应用的不同，考虑各组成部件的选择。这就要求设计人员要熟悉网络设备的主要供应商及其系列产品，并了解各种系列网络产品的特性以及技术走向、市场行情等。

8.2　网络逻辑设计

网络逻辑设计的目标是：根据需求分析得到各项功能应用等要求，选用匹配的网络技术，提供一个能满足用户要求的技术解决方案，包括网络部署拓扑结构设计、网络可靠性设计、安全性设计、路由设计以及 IP 地址和子网规划等。网络拓扑结构设计一般采用三层结构的设计方法，随着虚拟化技术的出现也可以采用扁平化的方法，在此着重介绍三层的设计方法。

8.2.1　三层结构的设计方法

历史上曾有过很多的网络设计方法，而分层设计方法经过了时间的考验，是目前公认的网络拓扑结构设计方法，三层结构模型是由 Cisco 公司和其他网络厂家共同提出的。这 3 个层次分别是：核心层 (core layer)、分布层 (distribution layer) 和接入层 (access layer)。尽管该模型是在描述路由器层次结构时开发的，如图 8-1(a) 所示，但它也可以用在交换式网络中，如图 8-1(b) 所示。核心层为下两层提供优化的数据输送功能，它是一个高速的交换主干，其作用是尽可能快地交换数据包而不卷入具体数据报的逻辑运算中 (ACL、过滤等)，否则会降低数据包的交换速度。分布层提供基于统一策略的互连性，它是核心层和接入层的分界点，定义了网络的边界，对数据包进行复杂的运算。分布层主要提供如下功能：地址的汇聚、部门和工作组的接入、广播的定义、VLAN 间的路由、介质的转换及安全控制。接入层的主要功能是为最终用户提供网络访问的途径。

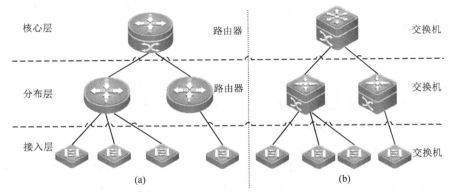

图 8-1　层次设计示例

1. 分层设计的意义与原则

分层设计是指将网络拓扑结构设计成具有核心层、分布层和接入层 3 个特定的层次的方法。在网络设计中进行分层设计的主要意义在于：

(1)这样的网络结构清晰，容易理解，即使是最复杂的网络也能够划分成 3 个部分，即使是最为复杂的 ATM 网络，经过分层设计方法划分后，也可使其结构变得更加清晰。

(2)这种三层方法使得每一层可以单独检查，这就使得一个网络更容易管理。如果网络产生的问题能被隔离到一个特定的区域，用户可以将更多的时间来对该问题进行修复，而不是花费大量时间来判断该问题出现在网络中的何处。

(3)一个网络具有 3 个可分的层，则每一层可以被连接到另一层的各个部位上。这将可以通过该网络创建多条路径，这样，在设备出现故障时可以大大减少中断时间。每一层在设计时应当冗余地接到其他层中的多个设备上。另外，如果要更改网络，这种层次结构将会使得更改更为容易。网络的各层可能扩大或缩小，总是处于不断变化中，通过实现一个三层模型，可以将网络部件添加到一个特定的层而无需更改整个网络的设计。只有受影响的那个层才需要进行更改，这样可以大大节约网络改造的资金。

按照分层设计网络拓扑结构时，应遵守以下两条基本原则：

(1)网络中因拓扑结构改变而受影响的区域应被限制到最小程度；

(2)路由器(及其他网络设备)应传输尽量少的信息。

在这个层次模型中，每一层都有其特定的功能要求。核心层提供主干传输服务，分布层提供基于策略的连接，接入层提供最终用户到网络的访问。最后，这三层组合成一个网络。在局域网和广域网设计中都可以采用此三层模型，但两者在各层上功能要求有差别。下面我们主要以局域网的设计来讨论每个层次的功能及要求。

2. 核心层设计

核心层需要提供与外网以及所有分布层可靠、高速的连接。核心层一般要求具有：高可靠性与冗余、提供故障隔离、迅速适应升级、低延时和快速交换以及可管理等功能特性。

核心层一般部署在单位的网络中心或者数据中心，网络之间大量的数据流量都通过核心层设备进行交换，核心层设备一旦出现故障，整个网络就面临瘫痪。因此核心层设备的选择，不仅要求其具有强大的数据交换能力，而且要求其具有很高的可靠性。为了保证核心层设备的可靠性，在网络设计中，通常选择高端网络设备作为核心层设备。这不仅是因为高端设备的数据处理能力高，而且也因为高端设备独有的高可靠性设计。高端网络设备的主要组件都采用冗余设计：双处理板，互为备用；双交换网板，互为备用；甚至电源都采用了多个电源备份，确保核心网络设备正常工作。同时，也可以采用链路备份的形式，核心层设备通过两条或者两条以上链路连接到其他设备。如果单个设备不够可靠的话，也可以在核心层再放置一台设备，作为另一台高端设备的备份，一旦主用设备整机出现故障，立即切换到备用设备，确保核心层设备的高可靠性。

考虑到管理的需要，一般将核心设备集中放置（即网络中心）。核心层交换机是目前使用最多的核心设备，要充分利用核心交换机的路由、控制和安全的功能，达到服务器资源的有效利用。而与外网的连接方式视具体需求而定，在外网与内网间通常采用防火墙来隔离，以确保内网的安全。核心层的设计拓扑如图 8-2 所示。

图 8-2 中的路由器一般选用广域网接入路由器，通过它可接入 Internet。该路由器的主要作用是在 Internet 和校园网内网间路由数据包，除了完成路由任务外，还可以利用其访问控制列表 ACL（access control list）来完成以路由器为中心的流量控制和过滤功能，也能完成一定的安全功能。需要指出的是，目前已不太用接入路由器，而是通过核心路由交换机直接接入 Internet。

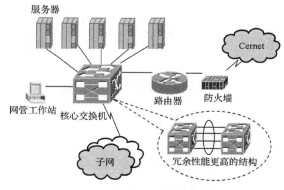

图 8-2　核心层设计示例

3. 分布层设计

分布层又称汇聚层，它是核心层与访问层之间的分界点。它在这两层之间提供基于策略的连接。分布层提供的主要功能有：地址汇聚、虚拟 LAN（VLAN）之间的路由、介质的转换（例如，在 Ethernet 和令牌环之间进行通信时）、服务质量（QoS）机制（例如，要保证路径上的所有设备能适应所需的参数）、策略（例如，要保证从特定网络发送的流量从一个接口转发，而所有其他流量由另一个接口转发）以及部门或工作组的接入等。如果是广域网的分布层还要有网络地址转换（NAT）、访问控制以及加密等功能。

局域网的分布层为连接本地的逻辑中心，仍需要较高性能的网络设备。分布层的交换机既可以选用三层交换机也可选择普通交换机。可以视核心层交换机的能力和最终用户发生的流量而定。选择三层交换机，它可以有效地均衡路由流量，大大减轻核心层交换机的路由压力；选择普通交换机，则核心层的交换机的路由压力会增加，需要在核心层交换机上加强性能，选择稳定、可靠、性能高的设备。

对于大型校园网络，分布层的设计类似于核心层的设计思想，如图 8-3 所示。就是将分布层当作本地交换的核心来设计，每个分布层的设计应该符合本地交换的应用需求。比如，对于教学系统，可能存在大量的语音和视频传输。在设计时，应该考虑分布层对 QoS 有较好的支持，并且能提供较大的带宽。如果本地子网无特殊需求，可以考虑降低网络投资成本，选用一般设备即可。

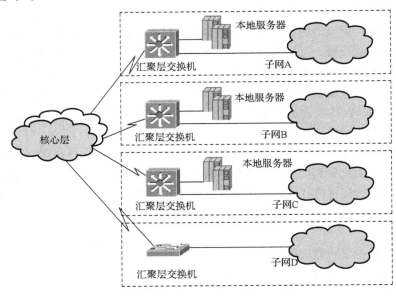

图 8-3　　分布层设计示例

4. 接入层设计

接入层也称访问层。在核心层和分布层的设计中主要考虑的是网络性能和功能性要求，而接入层则主要用来为最终用户提供网络访问的途径。接入层的主要功能有分解带宽冲突、MAC 层过滤等。在广域网环境中，接入层还要提供 Frame Relay、ISDN、租用数字线路接入远程节点的功能。

广域网中的接入层要有丰富的业务接口，不但能提供语音、XDSL 等基本接入手段，还要能提供 DDN、ADSL、LAN 专线等增值业务接口，满足广大客户对话音、数据、视频多种业务的接入需求，真正实现业务的无缝覆盖。另外，需要注意的是接入层设计不仅要关注宽带接入的问题，还需考虑窄带的接入需求，传统业务在一定时间内还将占据相当一部分业务比例。

在局域网中，接入层设备没有多少限制，这一层通常使用交换机(或者 Hub)来实现，如图 8-4 所示。接入层的交换机能提供好的性能价格比，而不要过高的性能。一般要求提供 10/100M 自适应下行端口，提供千兆/百兆光纤上行能力。如果要求高的话，所有端口应全线速转发，并支持端口绑定。如果端口密度高的话，需要交换机支持堆叠，支持组播和可控组播。例如，校园网应用，应该支持对多媒体信息的传输，如语音、视频的传输，最好提供端到端的组播(Multicast)支持。对于终端用户如果有较高的管理要求，还需要交换机支持 MAC 绑定，支持全网设备统一配置、统一管理，支持通过 802.1Q VlAN，实现用户隔离，支持 802.1X 认证等智能化功能。

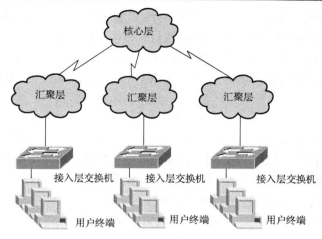

图 8-4　接入层设计示例

8.2.2　网络可靠性设计

网络可靠性主要是指当设备或网络出现故障时，网络提供服务的不间断性。可靠性一般通过设备本身的可靠性和链路、路由、设备的备份来实现。可靠性设计又称可用性设计，设计技巧包括设备冗余、链路冗余等。

分析网络的组成和应用，影响网络可靠性的因素主要有以下几点：

（1）操作错误。通常是由管理流程设计的不科学，或者缺少相应的网络文档所造成的。

（2）网络故障。主要包括网络设备故障、服务器故障、网络线路故障以及单点故障等。

（3）软件故障。主要包括操作系统缺陷、软件系统故障、潜在的代码故障等。

（4）病毒与黑客。病毒与黑客影响网络的稳定，破坏网络及其应用服务的正常运行等。

在网络设计过程中，要实现网络的高可靠性，除了需要知道影响其可靠性的因素外，还需要有具体的解决方案，如网络设备冗余、链路备份等。

1.　网络设备冗余及数据备份

网络设备冗余是指冗余的硬件、处理器、线路板卡及链路。网络的设计应保证关键硬件（如核心交换机等）不出现单点故障。硬件可用性应能够对模块卡或其他设备实施热替换处理，而无需中断设备的运行。数据备份是指保证网络应用数据的完整性，可采用冗余数据中心彼此互为备份，如果一个数据中心（配备有服务器、数据库以及组网设备）不可用，网络可在最少数据丢失的情况下自动重新路由到冗余数据中心。

RFC2338 所描述的虚拟路由器冗余协议 VRRP（virtual router redundancy protocol）为用户提供了局域网上的设备备份机制。VRRP 是一种 LAN 接入设备备份协议。

VRRP 它能将局域网的一组路由器组织成一个虚拟路由器，称为一个备份组。路由器根据其优先级将一个作为主用（Master），其余的作为备用（Backup）。

这个虚拟的路由器拥有自己的 IP 地址（这个 IP 地址可以和备份组内的某个路由器的接口地址相同），备份组内的路由器也有自己的 IP 地址。局域网内的主机仅仅知道这个虚拟路由器的 IP 地址并与其通信，而并不知道具体的某个路由器的 IP 地址，它们将自己的缺省路由设置为该虚拟路由器的 IP 地址。于是，网络内的主机就通过这个虚拟的路由器来与其他网络进行通信，实际的数据处理由 Master 路由器执行。当备份组内的 Master 路由器发生故障时，备份组内的其他 Backup 路由器将会接替它成为新的 Master，继续向网络内的主机提供路由服务，从而实现网络内的主机不间断地与外部网络进行通信，保证了局域网络的可靠性。

2. 链路备份

局域网链路备份，可以使用二层交换机支持的 STP 协议实现。生成树协议 STP（spanning-tree protocol）属于 IEEE802.1D 标准，STP 协议的主要思想就是当网络中存在备份链路时，只允许主链路激活，如果主链路因故障而被断开后，备用链路才会被打开。其主要作用是避免环路并实现冗余备份。生成树协议的发展过程经过了三代：第一代生成树协议（STP/RSTP）；第二代生成树协议（PVST/PVST+）；第三代生成树协议（MISTP/MSTP）。

1）生成树协议

我们知道，使用链路的备份连接，可以提高网络的健全性、稳定性。但形成的环路问题，将会导致广播风暴、多帧复制及 MAC 地址表的不稳定等问题，如图 8-5（a）所示。为了避免问题，就采用某种算法来临时断开网络中冗余的链路，如图 8-5（b）所示。即当主链路因故障而被断开后，备用链路才会被打开，这就是生成树协议产生的道理。下面我们以锐捷网络的交换机产品为例介绍生成树的配置。

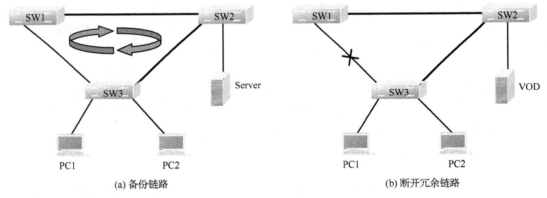

　　　　（a）备份链路　　　　　　　　　　　　　　（b）断开冗余链路

图 8-5　生成树的产生

2）生成树的配置

（1）打开、关闭 Spanning Tree 协议：

```
Switch(config)#Spanning-tree
```

（2）配置 Spanning Tree 的类型：

```
Switch(config)#Spanning-tree mode STP/RSTP
```

（3）配置交换机优先级：

```
Switch(config)#spanning-tree priority <0-61440>
```

"<>"中的数值必须是 0 或 4096 的倍数，共 16 个，缺省值是 32768。

(4)配置端口优先级：

```
Switch(config-if)#spanning-tree port-priority<0-240>
```

"<>"中的数值必须是 0 或 16 的倍数，共 16 个，缺省值是 128。

(5)显示 STP、RSTP 信息：

```
SwitchA#show spanning-tree        ！显示交换机生成树的状态
SwitchA#show spanning-tree  interface fastthernet 0/1    ！显示交换机接口
```

　　利用生成树固然可以达到链路备份的目的，但是同一时刻只有一条线路处于通信状态，其他线路均处于备份状态，导致链路带宽资源的浪费。为了克服这一缺点，可以采用交换机支持的链路聚合(link aggregation)技术，也称端口聚合(port aggregation)技术。

　　3)链路聚合

　　将多条特性相同的局域网线路进行聚合，聚合后的线路负荷分担传输数据，聚合线路中的一条链路故障并不会影响其他线路的聚合，更不会影响数据的传输。根据这一特性，可以在重要的节点之间部署多条物理链路，并将它们聚合在一起，线路之间既实现了负载均衡又保证了节点间数据传输的可靠性。

　　链路聚合符合 IEEE802.3ad 标准。它把多个端口的带宽叠加起来使用，比如全双工快速以太网端口形成的链路聚合最大可以达到 800Mbps，或者千兆以太网接口形成的链路聚合最大可以达到 8Gbps。链路聚合标准在点到点链路上提供了固有的、自动的冗余性。

　　如图 8-6 所示。把多个物理接口捆绑在一起形成一个逻辑接口，这个逻辑接口称为一个 Aggregation Port(AP)。下面我们以锐捷网络的交换机产品为例，介绍链路聚合的配置。

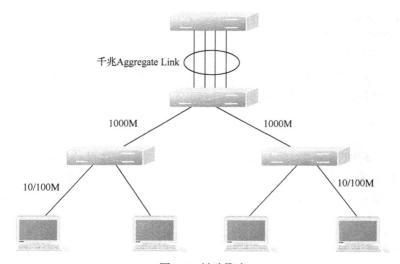

千兆Aggregate Link

1000M　　　　　1000M

10/100M　　　　　　　　　　　10/100M

图 8-6　链路聚合

　　4)链路聚合配置

　　(1)配置二层 aggregate port：

```
Switch#configure terminal    ！进入全局配置模式
```

```
Switch(config)#interface interface-id    !选择端口,进入接口配置模式
Switch(config-if-range)#port-group port-group-number    !将该接口加入一个
```
AP(如果这个 AP 不存在,则同时创建这个 AP)

(2)配置三层 aggregate:

```
Switch#configure terminal    !进入全局配置模式
Switch(config)#interface aggregate-port  aggregate-port-number  !进入接
```
口配置模式,并创建一个 AP 接口(如果这个 AP 不存在)
```
Switch(config-if)#no switchport    !将该接口设置为三层模式
Switch(config-if)#ip address  ip address mask  !给 AP 接口配置 IP 地址和子网
```
掩码

(3)配置聚合端口流量平衡:AP 根据报文的 MAC 地址或 IP 地址进行流量平衡,即把流量平均地分配到 AP 的成员链路中去。流量可以根据源 MAC 地址、目的 MAC 地址或源 IP 地址/目的 IP 地址对来平衡。

源 MAC 地址流量平衡是根据源 MAC 地址把报文分配到各个链路中。不同的主机转发的链路不同,同一台主机的报文从同一个链路转发。

目的 MAC 地址流量平衡是根据报文的目的 MAC 地址把报文分配到各个链路中。不同目的主机的报文从不同的链路转发,同一目的主机的报文从同一个链路转发。

源 IP 地址/目的 IP 地址对流量平衡根据报文源 IP 地址与目的 IP 地址来进行流量分配。不同的源 IP 地址/目的 IP 地址对报文通过不同的链路转发,同一源 IP 地址/目的 IP 地址对的报文通过同一个链路转发。该流量平衡一般用于三层 AP。在特权模式下,按下面的步骤配置一个 AP 的流量平衡算法。

```
Switch#configure terminal    !进入全局配置模式
Switch(config)#aggregateport load-balance {目的 mac |源 mac |ip}  !设置 AP
```
的流量平衡,选择使用的算法

配置链路聚合要注意的事项:组端口的速度必须一致;组端口必须属于同一个 VLAN;组端口使用的传输介质相同;组端口必须属于同一层次。

3. 线缆管理

在网络实施过程中,对线缆的有效管理看似浪费时间,但凌乱不堪的布线及拙劣的实施可能会带来网络灾难。采取一些简单的措施(如标记线缆、理顺线缆及采用简单的网络设计等)可节省时间和费用并减少故障发生机率,在发生故障时才能及时排除故障,从而提高了网络的可靠性。

4. 网络监控与管理

采用网络管理软件用来监控网络,监控网络服务器和设备,使管理人员能够快速检测故障,最大限度地缩短网络停机时间。这也是人们常采用的提高可靠性的方法。

一个可靠性的网络可以有效防止经济损失,保证正常的工作效率,同时还可以大大降低被动的管理成本。

8.2.3　IP 地址规划和子网划分

设计 IP 网络时，要面对的一个关键问题就是地址规划问题，良好的地址规划是网络正常运行的前提，也为建好后的网络管理和维护打好基础。IP 是一台主机在网络中的唯一标识，由类别字段、网络地址和主机地址组成。IP 地址的设计体现了分层设计思想，但类别的机械划分造成了 IP 地址的严重浪费，为此人们提出了子网的概念，其主要思想是把原 IP 地址的部分主机位借用为网络位，从而增加了网络数目，进而可以分配给更多的单位(地区)使用，提高了 IP 地址资源的利用率。

在一个具体的局域网中，如校园网、企业网或园区网，IP 地址分配可以采取如下 4 种方法。

1) 按顺序分配

在一个地址池中，没有规划，只按主机接入网络的次序取出需要的地址。如果网络规模比较大，地址空间会变得非常混乱(相对于网络拓扑而言)，没有简单方法可以实施路由聚合以缩减路由表规模。

2) 按行政部门分配

按行政部门分配地址，即每一部门都有一组可以供其使用的地址。若某些部门分布于不同地理位置，在大规模网络中，这个方案会产生与按申请顺序分配方案相同的问题。

3) 按地理位置分配

即按地理区域将地址分开，使每栋楼或楼层都有一组可供其使用的地址。此方法提供一定的路由聚合，但行政级别管理较麻烦。

4) 按拓扑结构分配

该方式基于网络中设备的位置及其逻辑关系分配地址(在某些网络中可能会与按地理位置分配相类似)。其优点是可以有效地实现路由聚合。其缺点是，如果没有相应的图表或者数据库参考，要确定一些连接之间的上下级关系(比如确定一个部门具体属于哪一个网络)是相当困难的。这种情形下，把它和前面的方法结合起来使用会达到较好的效果。

那么，在一个具体的环境中如何去选择地址分配的方案呢？一般遵循如下的分配原则。

(1) 管理便捷原则：对私有网络尽量采用 IANA 规定的私有地址段：10.0.0.0/8, 172.16.0.0/12, 192.168.0.0/16，可采用与电话区号等特殊号码一致的策略。

(2) 整网原则：各个地址空间大小应是 2 的幂次，便于各种安全策略、路由策略的选择和设置。

(3) 地域原则：一般高位用来标识级别高的地域，低位用来标识级别低的地域。

(4) 业务原则：将越来越多的网络进行集中，允许不同的业务在同一个网络中传输，但不允许其相互访问。不同的业务通过地址中的某位来识别(如建立 VLAN)。

(5) 地址节省原则：采用网络地址转换(NAT)、地址代理 VLSM(可变长子网掩码)等节省的方式。此外，对选定的地址也需要进行节省，地址的节省同时也是网络扩展性的需要。

下面我们就按以上原则来举一个例子。如图 8-7 所示是一个典型的按层次结构设计的局域网例子，其 IP 地址分配如表 8-1 所示。

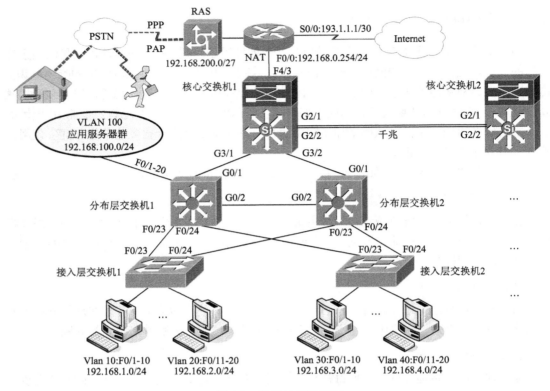

图 8-7　IP 地址分配举例

表 8-1　IP 地址分配表

VLAN 号	VLAN 名称	IP 网段	默认网关	说明
VLAN 1	—	192.168.0.0/24	192.168.0.254	管理 VLAN
VLAN 10	JWC	192.168.1.0/24	192.168.1.254	教务处 VLAN
VLAN 20	XSSS	192.168.2.0/24	192.168.2.254	学生宿舍 VLAN
VLAN 30	CWC	192.168.3.0/24	192.168.3.254	财务处 VLAN
VLAN 40	JGSS	192.168.4.0/24	192.168.4.254	教工宿舍 VLAN
VLAN 50	YSX	192.168.5.0/24	192.168.5.254	艺术系 VLAN
VLAN 60	GLX	192.168.6.0/24	192.168.6.254	管理系 VLAN
VLAN 70	JSJX	192.168.7.0/24	192.168.7.254	计算机系 VLAN
VLAN 100	FWQQ	192.168.100.0/24	192.168.100.254	应用服务器群

以上例子只要稍加扩展，就可以广泛应用于校园网、企业网或园区网中。

总之，在网络逻辑设计阶段，就要确定满足满足网络功能和性能要求的网络总体解决方案。再加上设备和工程造价预算表，这往往也是网络设计公司给甲方的招投标方案，也就是我们所说的网络解决方案。

8.3　综合布线系统与设计

综合布线系统 GCS（generic cabling system）是伴随着智能大厦的发展而崛起的，它是智能大厦得以实现的"高速公路"，在智能大厦尚不成熟和完善的今天，它甚至成为智能大厦的代名词。综合布线系统是大厦所有信息的传输系统,利用双绞线或光缆来完成各类信息的传输,区别于传统的楼宇信息传输系统的是它采用模块化设计、统一标准实施,以满足智能化建筑高效、可靠、灵活性等要求。由于各国产品类型不同,综合布线系统的定义是有差异的。在我国综合布线系统又称为"建筑物与建筑群综合布线系统",是在中华人民共和国国家标准GB/T50311-2000 中命名的。

综合布线是一种模块化的、灵活性极高的建筑物内或建筑群之间的信息传输通道。它既能使语音、数据、图像设备和交换设备与其他信息管理系统彼此相连,也能使这些设备与外部相连接。目前所说的建筑物与建筑群综合布线系统,是指一幢建筑物内(或综合性建筑物)或建筑群体中的信息传输媒质系统。它将相同或相似的缆线(如对绞线、同轴电缆或光缆)、连接硬件组合在一套标准的、通用的、按一定秩序和内部关系,简单说,目前它还是以通信自动化为主的综合布线系统。今后随着科学技术的发展,会逐步提高和完善,形成能真正充分满足智能化建筑要求的网络集成系统。

8.3.1　综合布线系统标准及适用范围

1. 综合布线标准的发展过程

1985 年初,计算机工业协会(CCIA)提出大楼布线系统标准化的倡议。

1991 年 7 月,ANSI/EIA/TIA568[①],即《商务建筑电信布线标准》问世,同时推出与布线通道及空间、管理、电缆性能及连接硬件性能等有关的相关标准。

1995 年底,EIA/TIA 568 标准正式更新为 EIA/TIA/568A:1995《商务建筑电信布线标准》,同时,国际标准化组织(ISO)推出相应标准 ISO/IEC/IS11801:1995《信息技术—用户房屋综合布线》。

1997 年 TIA 出台六类布线系统草案,同期,基于光光纤的千兆网标准推出。

1999 年至今,TIA 又陆续推出了六类布线系统正式标准,ISO 推出七类布线标准。

1997 年,我国原邮电部制定了 YD/T926.1《大楼通信综合布线系统第一部分总规范》、YD/T926.2《大楼通信综合布线系统第二部分综合布线用电缆光缆技术要求》以及 YD/T926.3《大楼通信综合布线系统第三部分综合布线用连接硬件技术要求》。

2007 年,我国制定了 GB 50311-2007《综合布线系统工程设计规范》和 GB 50312-2007《综合布线系统工程验收规范》两个重要标准。

2. 综合布线系统的国际与国内标准

目前,各国生产的综合布线系统的产品较多,其产品的设计、制造、安装和维护中所遵循的基本标准主要有两种,一种是美国标准 ANSI/EIA/TIA568A;另一种是国际标准化组织/国际电工委员会标准 ISO/IEC 11801。上述两种标准有极为明显的差别,如从综合布线系统的组成来看,美国标准把综合布线系统划分为建筑群子系统、干线(垂直)子系统、配线(水平)子系统、设备间子系统、管理子系统和工作区子系统 6 个独立的子系统。国际标准则将其划分为建筑群主干布线子系统、建筑物主干布线子系统和水平布线系统 3 部分,并规定工作区布线为非永久性部分,工程设计和施工也不涉及为用户使用时临时连接的这部分。当综合

---

① ANSI:美国国家标准学会;EIA:电子工业协会;TIA:通信工业协会

布线系统刚刚引入我国之际，因为都采用美国产品，所以国内书籍和资料，甚至有些标准一般都以美国标准为基础，介绍综合布线系统的有关技术。我国制定的 GB 50311-2007 标准中增加了管理子系统，形成了第七个子系统。管理子系统对设备间、电信间、进线间和工作区的配线设备、缆线、信息点灯设施按一定模式进行标识和记录。

  3. 综合布线系统标准适用范围

  综合布线系统广泛应用在政府部门、科研院所、金融机构、教育部门、医疗机构等领域。它是现代化的商务贸易中心、金融机构(如银行和保险公司等)、高级宾馆饭店必不可少的配套设备。此外，在军事基地和重要部门(如安全部门等)的建筑以及一些高级住宅小区等也采用了综合布线系统。在 21 世纪，随着科学技术的发展和人类生活水平的提高，综合布线系统的应用范围和服务对象会逐步扩大和增加。

  概括起来，综合布线系统的适用地理空间范围一般有两种，即单幢建筑和建筑群体。单幢建筑中的综合布线系统范围，一般指在整幢建筑内部敷设的管槽系统、电缆竖井、专用房间(如设备间等)和通信缆线及连接硬件等。建筑群体因建筑幢数不一、规模不同，有时可能扩大成为园区式的范围(如高等学校校园或工业园区)，因此，综合布线系统的工程范围除上述每幢建筑内的通信线路和其他辅助设施外，还需包括各幢建筑物之间相互连接的通信管道和线路。

  我国通信行业标准《大楼通信综合布线系统》(YD/T 926)明确规定其适用范围是跨越距离不超过 3000m、建筑总面积不超过 100 万 m^2 的布线区域，其人数为 50 人～50 万人。当然，如布线区域超出上述范围时可参照使用。上述范围是从基建工程管理的要求考虑的，与今后的业务管理和维护职责等的划分范围可以是不同的。因此，综合布线系统的具体范围应根据网络结构、设备布置和维护管理等因素来划分。

8.3.2 综合布线系统介绍

  根据 EIA/TIA568 标准，建筑物综合布线系统由 6 个独立的子系统组成，如图 8-8 所示。

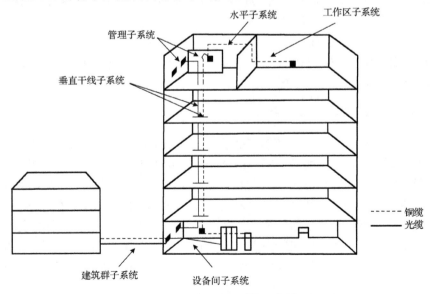

图 8-8 综合布线子系统示意图

1. 工作区子系统(用户端)

工作区子系统由从水平系统而来的用户信息插座延伸至数据终端设备(工作站)的连接线缆和适配器组成。其中,信息插座有墙上型、地面型、桌上型等多种。

工作区子系统中所使用的连接器必须具有国际 ISDN 标准的 8 位接口,这种接口能接收楼宇自动化系统所有低压信号以及高速数据网络信息和数码声频信号。工作区子系统设计时要注意如下要点:

(1)从 RJ45 插座到设备的连线用软线材料,一般是双绞线,最大长度不能超过 5m。
(2)RJ45 插座须安装在墙壁上或不易碰到的地方,插座距离地面 30cm 以上。
(3)插座和插头(与双绞线)不要接错线头。

2. 水平子系统

水平子系统指从楼层配线间至工作区用户信息插座,由用户信息插座、水平电缆、配线设备等组成。综合布线中水平子系统是计算机网络信息传输的重要组成部分,采用星型拓扑结构,每个信息点均需连接到管理子系统。由 UTP 线缆构成,最大水平距离 90m,指从管理间子系统中的配线架的端口至工作区的信息插座的电缆长度。工作区布线的总长度不能超过 10m。水平布线系统施工是综合布线系统中最大量的工作,在建筑物施工完成后,不易变更。因此要施工严格,保证链路性能。综合布线的水平线缆可采用超五类、六类双绞线,也可采用屏蔽双绞线,甚至可以采用光纤连接到桌面。

3. 垂直干线子系统(垂直竖井系统)

垂直干线子系统由连接主设备间至各楼层配线间之间的线缆构成。其功能主要是把各分层配线架与主配线架相连,用主干电缆提供楼层之间通信的通道,使整个布线系统组成一个有机的整体。垂直干线子系统采用分层星型拓扑结构,每个楼层配线间均需采用垂直主干线缆连接到大楼主设备间。垂直主干采用 25 对大对数线缆,每条 25 对大对数线缆对于某个楼层而言是不可再分的单位。垂直主干线缆和水平系统线缆之间的连接需要通过楼层管理间的跳线来实现。

垂直主干线缆安装原则是从大楼主设备间主配线架上至楼层分配线间,各个管理分配线架的铜线缆安装路径要避开高电磁干扰源区域(如马达、变压器),并符合 ANSI TIA/EIA-569 安装规定。

电缆安装性能原则是保证整个使用周期中电缆设施的初始性能和连续性能。当大楼垂直主干线缆长度小于 90m 时,建议按设计等级标准来计算主干电缆数量;但每个楼层至少配置一条 CAT5 UPT/FPT 做主干。若大楼垂直主干线缆长度大于 90m,则每个楼层配线间至少配置一条室内六芯多模光纤做主干。主配线架在现场中心附近,保持路由最短原则。

4. 管理子系统(布线配线系统)

管理子系统设置在楼层配线房间,是水平系统电缆端接的场所,也是主干系统电缆端接的场所,由大楼主配线架、楼层分配线架、跳线、转换插座等组成。用户可以在管理子系统中更改、增加、交接、扩展线缆,用于改变线缆路由。建议采用合适的线缆路由和调整件组成管理子系统。

管理子系统提供了与其他子系统连接的手段，使整个布线系统与其连接的设备和器件构成一个有机的整体。调整管理子系统的交接则可安排或重新安排线路路由，因而传输线路能够延伸到建筑物内部各个工作区，是综合布线系统灵活性的集中体现。

管理子系统有 3 种应用：水平/干线连接；主干线系统互相连接；入楼设备的连接。线路的色标标记管理可在管理子系统中实现。

5. 设备间子系统(机房子系统)

设备间子系统是一个集中化设备区，连接系统公共设备，如 PBX、局域网(LAN)、主机、建筑自动化和保安系统，及通过垂直干线子系统连接至管理子系统。

设备间子系统是大楼中数据、语音垂直主干线缆终接的场所，也是从建筑群来的线缆进入建筑物终接的场所，更是各种数据语音主机设备及保护设施的安装场所。建议设备间子系统设在建筑物中部或在建筑物的一、二层，而且为以后的扩展留有余地，不建议在顶层或地下室。建议从建筑群来的线缆进入建筑物时应有相应的过流、过压保护设施。

设备间子系统空间要按 ANSI/TIA/EIA-569 要求设计。设备间子系统空间用于安装电信设备、连接硬件、接头套管等，为接地和连接设施、保护装置提供控制环境；是系统进行管理、控制、维护的场所。设备间子系统所在的空间对门窗、天花板、电源、照明、接地还有要求。

6. 建筑群子系统(户外系统)

当学校、部队、政府机关、大院的建筑物之间有语音、数据、图像等相连的需要时，可由两个及以上建筑物的数据、电话、视频系统电缆组成建筑群子系统，包括大楼设备间子系统配线设备、室外线缆等。可能的路由：架空电缆、直埋电缆、地下管道穿电缆。

建筑群子系统介质选择原则是楼和楼之间在 2km 以内，传输介质为室外光纤，可采用埋入地下或架空(4m 以上)方式，需要避开动力线，注意光纤弯曲半径。建筑群子系统施工要点：路由起点、终点；线缆长度、入口位置、媒介类型、所需劳动费用以及材料成本计算。建筑群子系统所在的空间对门窗、天花板、电源、照明、接地还有要求。

8.3.3　综合布线系统设计原则

计算机网络涉及许多内容和协议，每个协议都有在遵循国际标准的基础上各自的特点，对布线要求有一些差别。同时随着技术的发展，用户对带宽需求的增加，要求布线工程在不用做较大改变的同时，适应新的技术应用和用户的增加或传输速率的增加，具有良好的智能性和灵活性。结构化布线作为整个网络系统乃至整个集成系统的基础，布线系统必须具有以下特性。

1) 可靠性、实用性

布线系统要能够充分适应现代和未来技术发展，实现话音、高速数据通信、高显像图片传输，支持各种网络设备、通讯协议和包括管理信息系统、商务处理活动、多媒体系统在内的广泛应用。布线系统还要能够支持其他一些非数据的通讯应用，如电话系统等。

2) 先进性

布线系统作为整个大楼的基础设施，要采用先进的科学技术，要着眼于未来，保证系统具有一定的超前性，使布线系统能够支持未来的网络技术和应用。

3) 独立性

布线系统对其服务的设备有一定的独立性，能够满足多种应用的要求，每个信息点可以连接不同的设备，如数据终端、模拟或数字式电话机、程控电话或分机、个人计算机、工作站、打印机和多媒体设备等。布线系统要可以连接成星型、环型、总线型等各种不同的逻辑结构。

4) 标准化

布线系统要采用和支持各种相关技术的国际标准、国家标准及工业标准，使得作为基础设施的布线系统不仅能支持现在的各种应用，还能适应未来的技术发展。综合布线系统(PDS)使用户可以把设备连到标准的话音/数据信息插座上，使安装、维护、升级和扩展都非常方便，并节省费用。PDS 使用星型拓扑结构，使系统的集中管理成为可能，也使每个信息点的故障、改动或增加不影响其他的信息点。

5) 模块化

布线系统中除了固定于建筑物内的水平线缆外，其余所有的设备都应当是可任意更换插拔的标准组件，以方便使用、管理和扩充。

6) 扩充性

布线系统应当是可扩充的，以便在系统需要发展时，可以有充分的余地扩展其他设备。

8.3.4　综合布线系统设计

目前，国际上各综合布线产品都只提出 15 年质量保证体系，并没有提出多少年投资保证。为了保护建筑物投资者的利益，一般要求采取"总体规划，分步实施，水平布线尽量一步到位"的方针。这是因为主干线大多数都设置在建筑物弱电井，更换或扩充比较省事。而水平布线是在建筑物的天花板内或管道里，施工费比初始投资的材料费高，如果更换水平布线，要损坏建筑结构，影响整体美观。因此，在设计水平布线时，应尽量选用档次较高的线缆及连接件，缩短布线周期。

1. 设计步骤

综合布线是智能大厦建设中的一项新兴技术工程项目，它不完全是建筑工程中的"弱电"工程。智能化建筑是由智能化建筑环境内系统集成中心利用综合布线系统连接和控制"3A"系统组成的。布线系统设计是否合理，将直接影响"3A"的功能。3A，即楼宇自动化—Building Automation、办公自动化—Office Automation、通信自动化—Communication Automation。设计与实现一个合理综合布线系统一般有 6 个步骤：

(1) 分析用户需求；

(2) 获取建筑物平面图；

(3) 系统结构设计;

(4) 布线路径设计;

(5) 绘制综合布线施工图;

(6) 编制综合布线用料清单。

在设计中,常采用星型拓扑结构布线方式,因为此方式具有多元化的功能,可以使任一子系统单独地布线,每一子系统均为一独立的单元组,更改任一子系统时,均不会影响其他子系统。

2. 布线系统选型

当今世界市场上几种主要的布线系统产品是由美国和欧洲几家公司提供的,例如:COMMSCOPE(康普)、SIEMON(西蒙)、AMP(安普公司,已并入泰科 Tyco)、DAETWYLER(德特威勒)、施耐德、LUCENT(朗讯,AT&T)等。布线系统选用时可以从容量、可靠性、数据类型和环境范围等多方面综合考虑。一般情况下,政务、金融、商业、信息产业等对网络数据要求比较高的行业和工程,国外产品的使用占据国内高端市场的。而国产品牌如普天、天诚、鸿雁等大多用在小区布线、家居布线等低端市场。随着经济技术的发展,国内品牌产品的市场占有率会有大的提升。

3. 综合布线系统的设计等级

按照 GB50311 中的规定,综合布线系统的设计可以划分为 3 种标准的设计等级:基本型、增强型、综合型。

1) 基本型

适用于综合布线系统中配置标准较低的场合,用铜芯电缆组网。基本型综合布线系统配置如下:

(1) 每个工作区(站)有一个信息插座;

(2) 每个工作区(站)的配线电缆为一条 4 对双绞线,引至楼层配线架;

(3) 完全采用夹接式交接硬件;

(4) 每个工作区(站)的干线电缆(即楼层配线架至设备间总配线架电线)至少有两对双绞线。

2) 增强型

适用于综合布线系统中中等配置标准的场合,用铜芯电缆组网。增强型综台布线系统配置如下:

(1) 每个工作区(站)有两个以上信息插座;

(2) 每个工作区(站)的配线电缆均为一条独立的 4 对双绞线,引至楼层配线架;

(3) 采用夹接式(110A 系列)或接插式(110P 系列)交接硬件;

(4) 每个工作区(站)的干线电缆(即楼层配线架至设备间总配线架)至少有 3 对双绞线。

3) 综合型

适用于综合布线系统中配置标准较高的场合,用光缆和铜芯电缆混合组网。综合型综合布线系统配置如下:

(1)在基本型和增强型综合布线系统的基础上增设光缆系统；

(2)在每个基本型工作区的干线电缆中至少配有 2 对双绞线；

(3)在每个增强型工作区的干线电缆中至少有 3 对双绞线。

所有基本型、增强型、综合型综合布线系统都支持语音、数据、图像等系统，能随工程的需要转向更高功能的布线系统。它们之间的主要区别如下：

(1)支持语音和数据服务所采用的方式；

(2)在移动和重新布局时实施线路管理的灵活性。

4. 综合布线常用介质及连接硬件

在结构化布线系统中，布线硬件主要包括：配线架、传输介质、通信插座、插座板、线槽和管道等。

1)介质

主要有双绞线和光纤，在我国主要采用双绞线与光缆混合使用的方法。光纤主要用于高质量信息传输及主干连接，按信号传送方式可分为多模光纤和单模光纤两种，线径为 62.5/125 微米。在水平连接上主要使用多模光纤，在垂直主干上主要使用单模光纤。

我国基本上采用北美的结构化布线策略，即使用"双绞线+光纤"的混合布线方式。双绞线又分为屏蔽线与非屏蔽线两种。屏蔽系统是为了保证在有干扰环境下系统的传输性能。抗干扰性能包括两个方面，即系统抵御外来电磁干扰的能力和系统本身向外插射电磁干扰的能力。对于后者，欧洲通过了电磁兼容性测试标准 EMC 规范。实现屏蔽的一般方法是在连接硬件外层包上金属屏蔽层以滤除不必要的电磁波。现已有 STP 及 SCTP 两种不同结构的屏蔽线供选择。现在，使用无屏蔽双绞线已成为一种共识，它分为 3 类、4 类、5 类、6 类等多种。目前使用较多的是超 5 类和 6 类 UTP。

2)接头及插座

在每个工作区至少应有两个信息插座，一个用于语音，一个用于数据。RJ-45 插座的管脚组合为：1&2、3&6、4&5、7&8。

(1)信息插座(信息模块)。常见的信息模块主要有两种形式，一种是 RJ-45(网线)，还有一种是 RJ11(电话线)，如图 8-9 所示。

(a) RJ-45 普通模块、紧凑式模块、免打模块　　　　　(b) RJ11 电话模块

图 8-9　两种形式的信息模块

(2)配线架。配线架的作用是使所有信息点的数据线缆均集中到配线架上。常见的配线架有 RJ-45 配线架、电话配线架、光纤配线箱等，如图 8-10 所示。

(3)跳线与理线器。跳线适用于设备间或水平子系统的互配端接，符合 T568A 和 T568B 线序和传输标准。跳线具有极大的灵活性，并有多种长度、接头方式和颜色可供选择，如图 8-11(b)所示。

(a) RJ-45 配线架

(b) 电话配线架

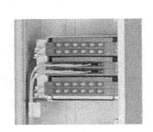
(c) 光纤配线箱

图 8-10　配线架实物图

跳接块、理线器是用来整理凌乱的线缆的，跳接块在机架上用，理线器在设备间中常用，如图 8-11(a)、(c)所示。

(a) 线缆管理器(理线器)

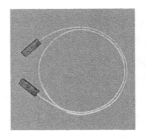
(b) 110 型跳线

(c) 5 对超五类 110 跳接块

图 8-11　跳线与理线器实物图

5. 工作区子系统设计要点

工作区子系统是一个从信息插座延伸至终端设备的区域。工作区布线要求相对简单，这样就容易移动、添加和变更设备。该子系统包括水平配线系统的信息插座、连接信息插座和终端设备的跳线以及适配器。工作区的每个信息插座都应该支持电话机、数据终端、计算机及监视器等终端设备。同时，为了便于管理和识别，有些厂家的信息插座做成多种颜色：黑、白、红、蓝、绿、黄，这些颜色的设置应符合 TIA/EIA 606 标准。工作区子系统设计要点如下：

(1)工作区内线槽的敷设要合理、美观；

(2)信息插座设计在距离地面 30cm 以上；

(3)信息插座与计算机设备的距离保持在 5 m 范围内；

(4)网卡接口类型要与线缆接口类型保持一致；

(5)所有工作区所需的信息模块、信息插座、面板的数量要准确。

工作区设计时，具体操作可按以下 3 步进行：

(1)根据楼层平面图计算每层楼布线面积。

(2)估算信息引出插座数量，一般设计两种平面图供用户选择：为基本型设计出每 $9m^2$ 一个信息 I/O 插座的平面图；为增强型或综合型设计出两个信息 I/O 插座的平面图。

(3)确定信息 I/O 插座的类型。

6. 水平子系统设计要点

水平布线可选择的介质有 3 种(100 欧姆 UTP 电缆、150 欧姆 STP 电缆及 62.5/125 微米光缆)，最远的延伸距离为 90m，除了 90m 水平电缆外，工作区与管理子系统的接插线和跨接线电缆的总长可达 10m。水平区子系统应由工作区用的信息插座，楼层分配线设备至信息插座的水平电缆、楼层配线设备和跳线等组成。一般情况下，水平电缆应采用 4 对双绞线电缆。在水平子系统有高速率应用的场合，应采用光缆，即光纤到桌面。水平子系统根据整个综合布线系统的要求，应在二级交接间、交接间或设备间的配线设备上进行连接，以构成电话、数据、电视系统和监视系统，便于进行管理。

水平子系统沿大楼的地板或顶棚布线。水平子系统应根据下列要求进行设计：

(1) 根据用户工程提出近期和远期的终端设备要求；

(2) 每层需要安装的信息插座数量及其位置；

(3) 终端将来可能产生移动、修改和重新安排的详细情况；

(4) 一次性建设与分期建设的方案比较。

水平布线是将电缆线从配线间接到每一楼层的工作区的信息输入/输出(I/O)插座上。设计要根据建筑物的结构特点，从路由(线)最短、造价最低、施工方便、布线规范等几个方面考虑水平子系统布线方案。一般可采用 3 种类型。即直接埋管线槽方式；先走线槽再分管方式(即先走吊顶内线槽再走支管到信息出口的方式)；地面线槽方式(适合大开间及后打隔断的)。其余都是这 3 种方式的改良型和综合型。但由于建筑物中的管线比较多，往往会遇到一些矛盾，所以，设计水平子系统必须折中考虑，优选最佳的水平布线方案。

线槽由金属或阻燃高强度 PVC 材料制成，有单件扣合方式和双件扣合式两种类型。水平子系统设计步骤如下：

(1) 确定路由；

(2) 确定信息插座的数量和类型；

(3) 确定导线的类型和长度；

(4) 确定电缆类型，水平布线优选方案为 4 线对双绞线，这种双绞线具有支持办公室环境中的语音和大多数数据传输要求所需的物理特性和电气特性；

(5) 确定电缆长度。

7. 管理间子系统设计要点

管理间子系统设置在楼层分配线设备的房间内。管理间子系统应由交接间的配线设备、I/O 设备等组成，也可应用于设备间子系统中。管理间子系统应采用单点管理双交接。交接场的结构取决于工作区、综合布线系统规模和选用的硬件。在管理规模大、复杂、有二级交接间时，才设置双点管理双交接。在管理点，应根据应用环境用标记插入条来标出各个端接场。交接区应有良好的标记系统，如建筑物名称、建筑物位置、区号、起始点和功能等标志。交接间和二级交接间的配线设备应采用色标区别各类用途的配线区。

管理子系统的设计要点如下：

(1) 管理子系统中干线配线管理宜采用双点管理双交接。

(2)管理子系统中楼层配线管理应采用单点管理。

(3)配线架的结构取决于信息点的数量、综合布线系统网络性质和选用的硬件端接线路模块化系数。

(4)设备跳接线连接方式要符合下列规定：

● 对配线架上相对稳定的一般不经常进行修改、移位或重组的线路，宜采用卡接式接线方法。

● 对配线架上经常需要调整或重新组合的线路，宜使用快接式插接线方法。

8. 垂直主干线子系统设计要点

垂直干线子系统应由设备间的配线设备和跳线以及设备间至各楼层分配线间的连接电缆组成。主干布线要采用星型拓扑结构，接地应符合 EIA/TIA607 规定的要求。垂直主干线子系统设计要点如下：

(1)在确定干线子系统所需要的电缆总对数之前，必须确定电缆中话音和数据信号的共享原则。

(2)应选择干线电缆最短、最安全、最经济的路由。

(3)干线电缆可采用点对点端接，也可采用分支递减端接以及电缆直接连接的方法。

(4)如果设备间与计算机房处于不同的地点，而且需要把话音电缆连至设备间，把数据电缆连至计算机房，则宜在设计中选干线电缆的不同部分来分别满足话音和数据的需要。

(5)干线中的双绞线电缆设计时应注意：线要平直、走线槽、不要扭曲；两端点要标号；室外部要加套管，严禁搭接在树干上；双绞线不要拐硬弯。

垂直干线子系统布线设计的步骤如下。

(1)确定每层楼的干线电缆要求：根据不同的需要和经济因素选择干线电缆类别。

(2)确定干线电缆路由：选择干线电缆路由的原则，应是最短、最安全、最经济。

(3)绘制干线路由图：采用标准中规定的图形与符号绘制垂直子系统的线缆路由图，图纸应清晰、整洁。

(4)确定干线电缆尺寸：干线电缆的长度可用比例尺在图纸上实际量得，也可用等差数列计算。每段干线电缆长度要有备用部分(约10%)和端接容差。

垂直主干光缆的选择：光纤分单模(8.3/125μm)和多模(62.5/125μm、50/125μm)两种。从目前国内外局域网应用的情况来看，采用单模结合多模的形式来铺设主干光纤网络是一种合理的选择。

9. 设备间子系统设计要点

设备间子系统由建筑物的进线设备、电话、数据、计算机等各种主机设备及其安保配线设备等组成。设备间子系统设计要点如下：

(1)最近与方便原则。

(2)主交接间面积、净高选取原则。

(3)接地原则。

(4)色标原则。

(5)操作便利性原则。

设备间子系统的硬件大致与管理子系统的硬件相同，基本上由光纤、铜线电缆、跳线架、引线架、跳线构成，只不过规模比管理子系统大得多。

10. 建筑群子系统的设计要点

(1)建筑群数据网主干线缆一般应选用多模或单模室外光缆。

(2)建筑群数据网主干线缆需使用光缆与电信公用网连接时，应采用单模光缆，芯数应根据综合通信业务的需要确定。

(3)建筑群主干线缆宜采用地下管道方式进行敷设，设计时应预留备用管孔，以便今后扩充使用。

(4)当采用直埋方式时，电缆通常在离地面 60.96cm 以下的地方或按当地法规埋设。

在建筑群子系统中电缆布线敷设方法通常有 4 种：架空电缆布线、直埋电缆布线、管道系统电缆布线和隧道内电缆布线。表 8-2 是 4 种建筑群布线方法比较。

表 8-2 4 种建筑群布线方法比较

方法	优 点	缺 点
管道内	提供最佳的机构保护，任何时候都可敷设；电缆的敷设、扩充和加固都很容易；保持建筑物的外貌	挖沟、开管道和入孔的成本很高
直埋	提供某种程度的机构保护；保持建筑物的外貌	挖沟成本高；难以安排电缆的敷设位置；难以更换和加固
架空	如果本来就有电线杆，则成本最低	没有提供任何机械保护；灵活性差；安全性差；影响建筑物美观
隧道	保持建筑物的外貌，如果本来就有隧道，则成本最低、安全	热量或漏泄的热水可能会损坏电缆；有被水淹没的风险

8.4 校园网设计实例

为了更好地理解网络方案的设计方法，我们以设计校园网为例介绍。校园网是局域网的典型代表，作为新技术的发祥地，学校、尤其是高等学校，和网络的关系十分密切。网络最初是在校园里进行实验并获得成功的，许多网络新技术也是首先在校园网中获得成功，进而才推向社会的。正是因为看到网络与学校之间的密切关系，国家从 1994 年正式启动中国教育科研计算机网(CERNET)，几十年来已与国内几千所学校相连，为广大师生及科研人员提供了一个良好的网络环境。而校园网正是接入 CERNET 的起始。

8.4.1 某学院网络需求分析及建设目标

1. 校园网一般需求分析

校园网的建设涉及基础网络设施建设和业务应用平台建设两个不同的层面，一般高校的网络建设都有以下共同的需求。

1)复杂多出口与计费的需求

许多校园网出口同时接入中国教育和科研网(CERNET)出口和运营商网络出口,因此要求用户可通过不同的账号名或采用相同的账号名获得相关访问网络的权限。

2)安全管理的需求

学生接受新事物的能力非常强,校园网也成为黑客最多的地方,如何保障校园网络的安全成为建网时不得不考虑的问题。校园网应该从设备本身的访问安全、内部网之间资源访问安全、路由系统的安全、互联网访问安全等方面保证网络安全运行。

3)网络管理的需求

校园网的信息点非常庞大,而且用户密集,所以用户接入层设备数量庞大,如何利用有限的人力、物力对网络进行高效管理也是学校应考虑的问题。

4)关键业务服务质量保证

校园网中有各种各样的应用业务数据流,当网络流量处于高峰期时,必定会影响关键业务数据流的响应时间,对于多媒体业务来说就会有说话结巴、图像马赛克的情况。因此高性能的网络也还是需要有 QOS 服务质量保证的。

5)统一信息标准的需求

包括网络设备的协议标准性、兼容性以及上层业务系统的规范与标准。

6)降低综合建设成本的需求

教育信息化在发展中遭遇到了教育经费紧张问题,如何合理规划校园网络系统建设,降低整体建设成本,成为网络发展的当务之急。

从总体上分析,校园网应具有较先进的水平,体现现代教育思想。校园网的规划与学校的长远发展统一起来,把服务教学作为网络建设的着眼点和落脚点。针对不同学校的不同实际情况,根据学校的财力、物力和规模等具体情况,本着"实用,先进,扩充性好,开放性好,升级简单"的原则,实行统筹规划、分步建设、逐步到位的措施,最终建成一个技术先进、安全可靠、有良好的开放性和扩展性的校园计算机网络。

2. 某学院校园网建设目标

目前某学院校园网的建设主要分为 4 个区域网络建设:综合楼中心、教学楼中心、宿舍区中心、办公楼中心。每个网络独立运行,同时又要求各网之间能够实现相互的互联,实现全网的网络互通。

3. 某学院校园网建设内容

(1)网络资源平台:包括核心、汇聚、接入路由交换设备,主干线路规划实施,为 XXX 学院一系列基于网络应用的业务和工作提供强大网络资源平台。

(2)数据中心平台:包括主机/存储等基础硬件、数据库软件及应用平台软件,构成 XXX 学院网应用系统的数据汇聚、管理支撑环境。

(3)资源中心平台:以网络化教学和数字图书馆应用系统为核心,整合教学资源的制作、管理、发布及应用。

(4)管理中心平台：整合各校、各管理系统需共享和发布的数据，构建统一的管理信息系统和业务系统，并为学校领导决策提供支持。

(5)服务中心平台：以一卡通及网络基础服务系统为核心，对全园区的学生消费、社区生活、校内服务整合和管理。

(6)信息门户平台：包括部门级信息门户、个人工作平台，为用户提供个性化信息与服务，是数字化园区对外服务的窗口。

4. 某学院校园网功能分析

某学院网的建设应当以当前及未来应用为驱动。目前，在教育网络建设和营运的应用主要可分为两类：

1)一般功能

网络都需具有教育行政办公自动化、教学管理自动化、多媒体教学、网站和电子邮件、资源学习、网络管理和连接互联网的功能。这些业务主要通过整合性的软硬件一体化平台来实现，其中包括资源库平台、应用软件平台、网络监控和管理平台等。

2)高级功能

(1)课件点播：学生可以随时观看以前的授课内容。

(2)网络直播：教师授课的现场影像可以通过 IP 网络实时发送到各个教室或学生的电脑上。

(3)远程教学：网校学习。

(4)在线考试：通过网络进行在线的练习、考试和竞赛。

(5)视频会议：通过网络召开系统内的会议，提高效率。

从以上功能需求出发，某学院网络应该是以网络信息中心为主管部门的高速、可控、相对开放、服务完善、资源丰富、交互特征明显的网络体系。

8.4.2 网络系统设计原则与技术选型

1. 网络系统设计原则

(1)高可靠性：应合理设计网络架构，制订可靠的网络备份策略；设备有充分的冗余设计。

(2)高性能：网络链路和设备具备足够高的数据转发能力，保证各种信息(数据、图像)的高质量传输。

(3)灵活性及可扩展性：根据未来业务的增长和变化，网络可以平滑地扩充和升级，最大程度地减少对网络架构和现有设备的调整。

(4)高可管理性：因系统节点众多，网络规模大，所以要求能对网络实行集中监测、分权管理，并统一分配带宽资源。

(5)安全性：网络设备支持统一的安全策略，能有效防止外部攻击，并保证关键数据不被非法窃取、篡改或泄露。

(6)兼容性：支持国际上通用的网络协议、路由协议等开放的协议标准，有利于保证不同品牌网络设备之间以及与其他网络(如中国教育网、公共数据网、学校之间等)之间的平滑连接互通，以及将来网络的扩展。

2. 网络技术选型

由于以太网技术的普及和不断发展，不仅在桌面接入技术中独占鳌头，而且在城域网和园区网的建设中也逐渐替代了 ATM、FDDI 等组网技术，而成为骨干网首选技术。因此选择以太网技术作为校园网的组网技术，完全可以满足某学院组网需要，也符合当前技术发展的趋势。

某学院网络的建设中，主干网的组网目前建议采用千兆以太网技术。楼与楼之间的交换节点采用千兆光纤连接，楼交换节点和楼层交换节点之间可以采用千兆/100M 光纤或双绞线连接，具体选择需要根据布线和信息点数量而定。桌面接入采用 10/100M 以太网技术。

8.4.3 网络拓扑设计

网络建设中，为保证整个网络系统的高效率、高可用性、高可靠性和高稳定性，采用了完全的三层结构，如图 8-12 所示。网络中心选用两台高性能的锐捷 RG-S6806 万兆智能核心路由交换机，对全网的数据进行高速无阻塞的交换，负责路由管理、网络管理、网络服务、核心数据处理等。RG-S6806 万兆核心路由交换机支持负载均衡、冗余备份、QOS、ACL、NAT、策略路由等功能，同时板卡支持分布式处理和热插拔。核心层之间设计为双链路，使用链路聚合功能提高了核心网络设备间的带宽，并能提供两条聚合链路间的相互冗余备份。在汇聚层配置了 6 台高性能的锐捷 STAR-S3550-48 核心路由交换机。接入层采用 RG-S2126GS。网络的子网交换在各子网核心设备处理，网络的主要流量是在各子网核心设备间进行通信。主干采用 2G(单模)光纤相连，设计为全双工时两条链路可以提供高达 4G 的带宽。

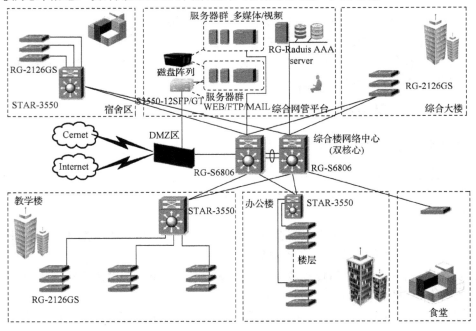

图 8-12　某学院的网络拓扑图

接入层选用的 RG-S2126GS 交换机，它是一款全线速智能堆叠交换机，支持 802.1P、DSCP 标准，这使得 QOS 保障可以延伸到桌面，配合 STAR-3550-48 也可以按 802.1X 标准实现接入访问控制 ACL，即实现对二到四层数据流的控制，因此可以灵活地实现各种基于客户的接入策略。本方案中各接入层交换机通过百兆链路对上连到各汇聚层设备，对下连的桌面设备提供全双工的百兆连接，为各类用户提供无阻塞的交换性能。

为了方便网络管理，配置了 RIIL 网管软件以及日志服务器，可以对网络进行监控管理。日志服务器，记录有用户完整的访问记录，包括源 IP、目的 IP、源端口、目的端口、源 MAC、目的 MAC、访问开始时间、访问结束时间、发送流量、接受流量等，结合日志管理查询系统，可以进行快速完整的审计。

8.4.4　Internet 接入和安全性设计

某学院网络的互联网出口为电信的百兆出口，为了分担流量和提高访问的响应速度，可以同时使用 CERNET 或其他网络出口。两条互联网出口，可以对校园网内部访问外部资源的流量进行负载分流和相互备份，负载分流和相互备份在 RG-S6806 交换机上实现。对于外部网络访问校园网内部服务器的资源只能通过 CERNET 连接口。出口配置一台 RG-Wall 防火墙，用来抵御外部和内部的非法网络攻击，保护校园网络的正常运行，NAT 功能在防火墙上通过硬件实现。校园网所有对外提供信息服务的服务器全部连接在出口防火墙的非军事化区上，外部不能直接访问校园网内部的资源。

校园网的互联网接入部分（平台）可以提供以下功能：

(1) 对外提供信息服务，包括学校介绍、网络学校、招生计划等；

(2) 入侵防御和入侵检测，保护内网资源的安全；

(3) 访问外网服务加速功能，缩短了网络访问的响应时间，同时也减少了出口流量；

(4) NAT（网络地址转换），保护内部网络资源的安全，解决 IP 地址不足问题。

8.4.5　某学院网络 IP 地址规划

对于校园网来说，需要全局 IP 地址的有以下几种情况：

(1) 对互联网提供信息服务的服务器，这些服务器一般放置在防火墙的 DMZ 区；

(2) 内部分配私有 IP 地址的网络访问互联网时，需要全局 IP 地址做 NAT；

(3) 内部网络中对全局 IP 地址有特定需求的网段，比如对外服务的研究所或校办企业等。

(4) 与 CERNET 和 ChinaNet 的互联地址一般由 ISP 另外分配。

对于校园网内的互联网络设备，以及没有对全局 IP 地址有特定需求的网段，钧采用内部网络私有 IP 地址空间 172.16.0.0/12，共有 16 个 B 类地址。

1.　对外服务器 IP 地址分配

校园网对外的信息服务器，一般是采用 CERNET/IP 地址和域名体系。建议预留一个 C 类 CERNET 地址作为对外服务器的 IP 地址空间。为了保证充分的扩展性，将该 C 类地址分成两个子网，每个子网可以容纳 126 个主机。先分配 1～126，预留 129～254 地址。

在一个网段 IP 地址分配中，服务器地址从低开始分配，网络设备地址从高开始分配。比如防火墙的地址可以分配 Net.254，其中 Net 为 C 类地址的网络号。由于服务器是放置在 DMZ 区，可以将 IP 地址直接配置到服务器上。

2. NAT 的全局地址

两个互联网出口，都需要分配 NAT 的全局 IP 地址。CERNET 出口 NAT 的全局地址从对外服务器 IP 地址中分配两个 IP 地址，作为校园网内部访问互联网的转换地址。基于端口的 NAT 转换，一个 IP 地址可以提供 65535 个 NAT 会话。

ChinaNet 出口从该 ISP 分配的 IP 地址中，分配 2 个 IP 地址作为 NAT 全局地址，其余全部预留。

3. 特定需求网段的全局地址分配

全局 IP 地址资源是十分宝贵的，一些教师或学生有时为了一些特别的应用，需要申请分配全局 IP 地址。为了满足个别的应用需要，同时也为了所有信息点都有可能得到全局 IP 地址，需要细分一个 C 类 IP 地址。

对于学生、教职工宿舍的用户，每个楼都可以得到若干个以 14 个全局 IP 地址为单元的 IP 地址资源，对需要利用全局 IP 地址的用户，在开户时需要说明，并采取加收一定费用的计费策略。

每个 C 类地址，可以分为 16 个这样的地址单元，网段掩码为 28 位，初期按每栋楼一个地址单元分配，宿舍的信息点就需要占用一个 C 类地址。

对于教学楼、图书馆的信息点，全局 IP 地址的分配与学生、教职工宿舍用户的地址分配策略相同。大约也需要一个 C 类地址。

对于一些整个网段需要分配全局 IP 地址的，根据实际需要进行分配。

4. 内部私有 IP 地址规划

除了有特殊要求的信息点，所有其他的信息点全部分配内部私有的 IP 地址。从可扩展性和规模上考虑，建议选择 172.16.0.0/12 地址空间作为校园网内部私有 IP 地址。

该地址空间有 16 个 B 类地址，共有 4096 个 C 地址块，因此有足够的 IP 地址。信息点根据 VLAN 的划分，每个 VLAN 的规模限制在 126 台主机以下，这样每个 VLAN 可以分配半个 C 类地址块。

5. IP 地址的分配管理

校园网的信息点多，如何对 IP 地址的分配进行有效的管理是十分重要的。针对不同的情况，可以对 IP 地址进行静态或动态的分配方式。

1) 静态分配的情况
(1) 对外提供信息服务的服务器。
(2) 校园网内提供信息及管理服务的服务器。
(3) 对于一些老师或学生用户，需要对校园网内部或外部提供信息服务的信息点。
(4) 路由器、交换机等网络设备的 IP 地址分配。

2) 动态分配的情况
(1) 不提供信息服务，只访问校园网内部或互联网的资源。

(2)为了方便管理，大部分的 IP 地址分配都采用动态分配的方式，动态地址分配需要在网络中心配置一台 DHCP 服务。

本 章 小 结

网络方案设计是一个综合性的工作，需要设计人员掌握多方面的知识。这不但涉及网络设计理论本身，还需要了解各种网络设备、综合布线以及技术走向、市场行情等相关知识，有时还涉及国家的法律法规。尽管有许多网络设计的方法，但事实上，网络世界的复杂性，有时是很难用图表和数据来说明的，面对着网络的技术升级、设备升级、规模由小到大等不确定内素，人们总是无法用一种方法来一劳永逸地解决问题。因此，需要设计者利用科学的设计思想，结合工程实践，来指导网络设计。

总体上，高可靠性是核心层是网络设计成功的关键。而冗余是核心层的一个关键特征，是网络高可靠性的保障。在经济允许的情况下，所有核心设备都可以连接到两个或更多其他核心设备上，即实施主干层的完全冗余。当然，到分布层服务的连接也应当是冗余的。如果分布层连接失败，则最可靠的冗余主干层也是无用的。

接入层网络应该可以满足各种客户的接入需要，而且能够实现客户的接入策略、业务 QOS 保证、用户接入访问控制等。目前流行的接入层交换机通过百兆链路对上连到各分布层设备，并对下连的桌面设备提供全双工的 10 兆或 100 兆连接，为各类用户提供无阻塞的交换性能。

综合布线系统也是随着新技术的发展和新产品的问世，逐步完善而趋向成熟。综合布线系统是一个能够支持任何用户选择的话音、数据、图形图像应用的信息传输系统。系统应能支持话音、图形、图像、数据多媒体、安全监控、传感等各种信息的传输，并支持 UTP、光纤、STP、同轴电缆等各种传输介质，支持多用户多类型产品的应用，以及支持高速网络的应用。从功能上看，综合布线系统包括工作区子系统、水平子系统、管理子系统、垂直干线子系统、设备间子系统、建筑群子系统，各子系统的功能要求不同，设计要求也不一样。综合布线是现代网络的基础，在现代建筑和建筑群中采用综合布线，可使系统结构更清晰、更灵活，更便于管理和维护，同时也节约费用，更有利于提高系统的可靠性。

思考与练习

1. 在网络设计前需要准备哪些工作？其重点和难点是什么？
2. 你的学校校园网的结构什么样？请你为学校设计一个校园网。
3. 考察学校校园网的信息资源建设，并提出你自己的建议与想法。
4. 简述分层设计原则，指出其有什么优点，有什么不足之处。
5. 考察市场上常用的一款交换机，写出其性能，并指出其适用于网络构架中的哪一部分。
6. 综合布线包括哪些子系统？分别写出其特点。
7. 在综合布线时，电话线、有线电视线(同轴电缆)、双绞线能放在一个走线槽里吗？用双绞线里的一对线代替电话线有什么优缺点？

参 考 文 献

蔡开裕，朱培栋，徐明，2015. 计算机网络. 2 版. 北京：机械工业出版社

陈鸣，李兵，2014. 网络工程设计编程：系统集成方法. 北京：机械工业出版社

陈鸣，2013. 计算机网络：原理与实践. 北京：高等教育出版社

大卫·伊斯利(David Easley)，乔恩·克莱因伯格(Jon Kleinberg)，2013. 网络、群体与市场：揭示高度互联世界的行为原理与效应机制. 北京：清华大学出版社

高传善，曹袖，毛迪林，2013. 计算机网络教程. 2 版. 北京:高等教育出版社

韩红章，严莉，杨俊，等，2016. 计算机网络实验教程. 北京：科学出版社

何波，2016. 计算机网络教程. 2 版. 北京：清华大学出版社

金光，江先亮，2015. 无线网络技术教程：原理、应用与实验. 北京：清华大学出版社

拉里 L. 彼得森(Larry L. Peterson)，布鲁斯 S. 戴维(Bruce S. Davie)，2015. 计算机网络：系统方法. 5 版. 北京：机械工业出版社

平山工作室，赵江，张锐，2008. 非常网管——Windows Server 2008 配置与应用指南. 北京：人民邮电出版社

施晓秋，张纯容，金可仲，2010. 网络工程实践教程. 北京：高等教育出版社

佟震亚，马巧梅，2010. 计算机网络与通信. 北京：人民邮电出版社

王波，2014. 网络工程规划与设计. 北京：机械工业出版社

王畅，张天伍，2011. 计算机网络技术. 北京：清华大学出版社

王达，2013. 深入理解计算机网络. 北京：机械工业出版社

吴功宜，吴英，2009. 计算机网络技术教程自顶向下分析与设计方法. 北京：机械工业出版社

吴功宜，吴英，2015. 计算机网络高级教程. 2 版. 北京：清华大学出版社

谢希仁，2013. 计算机网络. 6 版. 北京：电子工业出版社

许毅，陈立家，甘浪雄，等，2015. 无线传感器网络技术原理及应用. 北京：清华大学出版社

杨庚，章韵，成卫青，等，2015. 计算机通信与网络. 2 版. 北京：清华大学出版社

周鸣争，2011. 计算机网络教程. 北京：清华大学出版社

Kurose J F, Ross K W，2014. 计算机网络自顶向下方法[M]. 北京：机械工业出版社

Hwang K，Fox G C，Dongarra J J，2013. 云计算与分布式系统：从并行处理到物联网. 北京：机械工业出版社

http://linux.com

http://www.cisco.com

http://www.h3c.com.cn/

http://www.huawei.com/cn/

http://www.kernel.org

http://www.linux.org

http://www.linuxforum.net

http://www.ruijie.com.cn

https://www.redhat.com/